准噶尔盆地勘探理论与实践系列丛书

准噶尔盆地
重大油气发现勘探战例

宋 永 李学义 等著

石油工业出版社

内容提要

本书展现了准噶尔盆地近 10 年油气勘探的全过程。从准噶尔盆地上乌尔禾组、南缘冲断带及玛湖凹陷风城组源内等 3 个领域的 6 个勘探战例入手，系统梳理和总结了当前勘探热点地区的认识和勘探经验，不仅为读者提供了准噶尔盆地深层油气勘探重要成果和成功范例，而且对国内外其他盆地深层油气勘探具有指导和借鉴意义。

本书可供从事油气勘探的科研工作者、技术人员及高等院校相关专业师生参考阅读。

图书在版编目（CIP）数据

准噶尔盆地重大油气发现勘探战例 / 宋永等著 . — 北京：石油工业出版社，2023.11

（准噶尔盆地勘探理论与实践系列丛书）

ISBN 978-7-5183-6504-3

Ⅰ.①准… Ⅱ.①宋… Ⅲ.①准噶尔盆地－油气勘探－研究 Ⅳ.① P618.130.8

中国国家版本馆 CIP 数据核字（2023）第 231981 号

出版发行：石油工业出版社

（北京安定门外安华里 2 区 1 号　100011）

网　　址：www.petropub.com

编辑部：（010）64523746

图书营销中心：（010）64523633

经　　销：全国新华书店

印　　刷：北京中石油彩色印刷有限责任公司

2023 年 11 月第 1 版　2023 年 11 月第 1 次印刷

787×1092 毫米　开本：1/16　印张：19.75

字数：550 千字

定价：180.00 元

（如出现印装质量问题，我社图书营销中心负责调换）

版权所有，翻印必究

《准噶尔盆地重大油气发现勘探战例》
编 写 组

组　　长：宋　永

副 组 长：李学义

成　　员：何文军　王　俊　白　雨　朱政文　熊　婷

　　　　　刘超威　李艳平　吴爱成　李　菁　李　娜

　　　　　钱永新　肖立新　魏凌云　朱伶俐　贾春明

　　　　　潘　拓　李　辉

PREFACE

序　言

准噶尔盆地为我国大型含油气盆地之一，具有百年的勘探历史。自1955年10月29日克1号井喷出工业油流，宣告新中国第一个油气田的发现并被誉为共和国的"石油工业长子"至今，已走过68年的风雨路程。油气资源当量达到$143×10^8$t，截至2022年，油气探明率分别为27%和5.4%，油气探明程度仍然处于盆地勘探阶段的早中期，勘探潜力巨大。

准噶尔盆地作为一个老油田在经历了漫长的勘探开发至今，一直保持着油气储量"稳中有升"的发展趋势。特别是近10年，三个勘探领域不断有新发现、新突破。风城组砂砾岩、火山岩、云质岩勘探全面突破，展现$10×10^8$t规模勘探前景，已成为新疆油田规模上产新基地。玛南上乌尔禾组落实储量$6.6×10^8$t，上斜坡基本探明，下斜坡已获突破，勘探前景广阔。玛湖凹陷突破后，以风险战略布控引领、预探适度甩开拓展的思路，由围凹源边勘探转为下凹源内勘探，快速推进全盆地上二叠统上乌尔禾组的整体突破。2018年沙湾凹陷沙探1井获重大突破，证实了沙湾凹陷同样具备大面积成藏的地质条件，坚定了在沙湾凹陷南部沙门子寻找规模砂体勘探的信心；2019年向南探索沙门子扇体含油气性，部署钻探沙探2井，采用3.5mm油嘴日产油12.8m^3、日产气6842m^3，实现了沙湾西斜坡上乌尔禾组整体突破；2020年，针对阜康凹陷上乌尔禾组一段大型地层圈闭部署首口风险井——康探1井，该井3层均获高产工业油气流，拉开了下凹勘探的序幕，标志着上二叠统盆地级重大领域整体突破的态势基本形成；展现出盆地东、西两大富烃坳陷勘探比翼齐飞的新局面。南缘冲断带属大型前陆构造，构造目标发育，纵向上分为下、中、上三套成藏组合，平面上划分为西段、中段、东段。2018年，部署风险探井高探1井。2019年1月6日，高探1井试油，在白垩系清水河组获日产油1213m^3、日产气$32.17×10^4 m^3$的高产油气流，成为中国石油陆上深层超深层碎屑岩储层产量最高的油井，实现了南缘下组合油气勘探历史性突破，推动了南缘中段整体部署。2019年部署的位于南缘中段的呼探1井在白垩系清水河组（7367~7382m）试油获高产工业气流，实现了南缘整体意义上突破，开辟了南缘中段下组合天然气勘探新领域。

这些巨大成果的背后无不蕴含着新疆石油人艰苦奋斗、勇于创新的时代精神及文化传承。总结是为了更好地继承和发展。《准噶尔盆地重大油气发现勘探战例》是近10年来新疆油田应用新的勘探理论认识和先进适宜的勘探技术方法，在不断深化盆地油气勘探过程中取得的系列重大成果的高度提炼和总结。从历史沿革的角度，系统梳理和总结当前勘探热点地区的认识和勘探经验，包括勘探阶段的准确划分、不同勘探阶段所依托的地质理论认识、主要勘探技术方法、勘探突破的做法和启示等。本书系统解剖了准噶尔盆地六个勘探战例："准噶尔盆地玛湖凹陷风城组发现第二个10亿吨级大油区——全油气系统理论的实践""准噶尔盆地南缘下组合大构造勘探终获突破""准噶尔盆地玛湖凹陷上乌尔禾组大面积油气藏群的发现""准噶尔盆地沙湾凹陷上乌尔禾组油藏的发现""准噶尔盆地阜康凹陷上乌尔禾组源内勘探开创新篇""准噶尔盆地东道海子凹陷上乌尔禾组开新局"。

  该专著的构思和设想对于丰富准噶尔盆地油气勘探地质理论和进一步扩大勘探成果将起到十分重要的指导作用。该专著的问世,将为业内油气勘探提供极为弥足珍贵的地质理论认识和勘探实践经验,同时,也将持续为准噶尔盆地进一步扩展油气勘探领域,扩大油气勘探成果奠定理论基础。

中国科学院院士 贾承造

前 言

FOREWORD

《准噶尔盆地重大油气发现勘探战例》是针对目前盆地油气勘探重大发现，从历史沿革的角度，系统梳理和总结当前勘探热点地区及重大发现领域勘探理论认识和勘探经验。包括勘探阶段的准确划分、不同勘探阶段所依托的地质理论认识、不同勘探阶段的主要勘探技术方法。主要目的是记录勘探历史时期全过程脚印，给后人留下可以追踪的历史，记录勘探突破或成果认识的经验，给业内同行以启示。

本书创作时间为2021年7月—2023年10月，创作过程主要分为三个阶段。第一阶段主要是提出问题、梳理资料、确定研究内容、讨论创新点、编写提纲。第二阶段主要是组织讨论会，走访关键人物、制作所需关键图件、组织封闭讨论，形成勘探战例初稿。第三阶段主要是邀请相关专家审核，根据审查结果和整改要求深化提高，完成最终文稿。

本书是油气勘探领域专家学者集体智慧的结晶。宋永提出本书的提纲构想和研究涉及的领域，李学义对六章内容进行了策划和全文统稿。第一章为准噶尔盆地玛湖凹陷风城组发现第二个10亿吨级大油区——全油气系统理论的实践，由宋永、何文军、李娜、钱永新编写；第二章为准噶尔盆地南缘下组合大构造勘探终获突破，由李学义、王俊、肖立新、魏凌云编写；第三章为玛湖凹陷上乌尔禾组大面积油气藏群的发现，由白雨、朱政文、朱伶俐编写；第四章为准噶尔盆地沙湾凹陷上乌尔禾组油藏的发现，由熊婷、贾春明编写；第五章为准噶尔盆地阜康凹陷上乌尔禾组源内勘探开创新篇，由宋永、刘超威、李辉、李菁编写；第六章为准噶尔盆地东道海子凹陷上乌尔禾组开新局，由李艳平、潘拓、吴爱成编写。

本书在编写过程中，得到了杜金虎、雷德文、唐勇、王屿涛、吴晓智等的帮助与指导，阿布力米提·依明、杨海波、吴俊、王刚、安志渊、郭文建、潘进等在专著修编过程中提供了技术支持，在此一并表示感谢。

尽管本书针对准噶尔盆地三个领域的勘探战例进行了系统阐述，完善了油气勘探理论，但是由于勘探的全过程历史漫长并且复杂，本书还不能把丰硕的勘探成果和历史过程完全展现出来，不妥之处，敬请广大读者提出宝贵意见。

目 录 CONTENTS

第一章 准噶尔盆地玛湖凹陷风城组发现第二个 10 亿吨级大油区——全油气系统理论的实践 ……… 1
 第一节 勘探概况 ……… 1
 第二节 勘探历程 ……… 6
  一、断裂带构造（岩性）油气藏探索阶段（1964—2007 年） ……… 7
  二、斜坡区多类型风险探索阶段（2008—2016 年） ……… 16
  三、凹陷区非常规油气藏勘探阶段——全油气系统首添实例（2017 年至今） ……… 33
 第三节 勘探启示 ……… 60
  一、全油气系统理论引领勘探全面突破 ……… 60
  二、优质烃源岩是全油气系统形成的资源保障 ……… 61
  三、常规—非常规储层有序分布是全油气系统形成的必要条件 ……… 64
  四、"源储耦合"成藏模式是全油气系统的典型特征 ……… 66

第二章 准噶尔盆地南缘下组合大构造勘探终获突破 ……… 74
 第一节 勘探概况 ……… 74
 第二节 勘探历程 ……… 79
  一、上部组合构造勘探阶段（1909—1995 年） ……… 79
  二、中部成藏组合勘探阶段（1996—2008 年） ……… 87
  三、下组合突破勘探阶段（2008—2019 年） ……… 96
  四、下组合规模勘探阶段（2019 年至今） ……… 127
 第三节 勘探启示 ……… 139
  一、南缘勘探道阻且长，须坚定信心、行则致远 ……… 139
  二、深化构造建模及圈闭准确落实是南缘油气勘探突破的关键 ……… 143
  三、物探技术进步是南缘重大油气发现的重要保障 ……… 145

第三章 准噶尔盆地玛湖凹陷上乌尔禾组大面积油气藏群的发现 ……… 149
 第一节 勘探概况 ……… 149
 第二节 勘探历程 ……… 154
  一、断裂带构造油藏初期探索阶段（1964—2010 年） ……… 154
  二、中拐扇断凸构造带扇三角洲控藏理论探索阶段（2011—2015 年） ……… 159
  三、白碱滩扇断层—岩性油气藏群扇三角洲大面积成藏理论建立阶段（2016 年至今） ……… 168

第三节　勘探启示 ··· 187
一、"水区"找油,金龙2井的发现和玛湖8井的试油成功是玛湖凹陷上乌尔禾组突破的关键 ··· 187
二、不断解放思想,创建大型地层背景下大面积成藏地质理论是勘探获得新发现的源泉 ··· 187

第四章　准噶尔盆地沙湾凹陷上乌尔禾组油藏的发现 ··· 188
第一节　勘探概况 ··· 188
第二节　勘探历程 ··· 192
一、凹陷边开展探索,上乌勘探露苗头(1993—2012年) ··· 193
二、下斜坡寻找储层,地质攻关获突破(2013—2018年) ··· 198
三、明确扇体钻目标,扩大领域启征程(2019年至今) ··· 208
第三节　勘探启示 ··· 219
一、创新勘探思路从断裂走向斜坡带是找油探气的源泉 ··· 219
二、扇三角洲前缘相带发育优质储层是落实目标的前提 ··· 220
三、成藏模式反思带来地质认识变化是油气发现的关键 ··· 223

第五章　准噶尔盆地阜康凹陷上乌尔禾组源内勘探开创新篇 ··· 226
第一节　勘探概况 ··· 226
第二节　勘探历程 ··· 230
一、定凹探隆多找出油点,草帽圈南北多点开花(1980—2007年) ··· 231
二、探索斜坡岩性油气藏,折戟低孔致密砂砾岩(2008—2014年) ··· 245
三、重新认识谋凹陷,源内探井谱新篇(2015—2022年) ··· 249
第三节　勘探启示 ··· 267
一、源外古隆起是开辟新区勘探的首选目标区 ··· 267
二、退覆式沉积模式的建立是开创油气勘探新局面的思想源泉 ··· 267
三、"两宽一高"多块高密度三维地震的部署是引领勘探突破和领域拓展的重要基石 ··· 268
四、钻井提速、压裂提效是支撑新领域油气持续发现的关键手段 ··· 269

第六章　准噶尔盆地东道海子凹陷上乌尔禾组开新局 ··· 270
第一节　勘探概况 ··· 270
第二节　勘探历程 ··· 273
一、定凹探边获显示,勘探领域露端倪(1991—2011年) ··· 274
二、下凹断块获发现,上乌尔禾组展新颜(2012—2015年) ··· 282
三、凹内岩性获高产,东道海子谋新篇(2018年至今) ··· 291
第三节　勘探启示 ··· 295
一、凹内规模高成熟烃源岩的确立是坚定下凹勘探信心的前提 ··· 296
二、退覆式扇三角洲沉积体系的确立是下凹勘探的物质基础 ··· 296
三、"相带控藏、孔缝控产"成藏模式的确立是持续获得发现的保障 ··· 298

参考文献 ··· 300

第一章　准噶尔盆地玛湖凹陷风城组发现第二个 10 亿吨级大油区——全油气系统理论的实践

玛湖凹陷位于准噶尔盆地西部，构造上属于准噶尔盆地中央坳陷，是中央坳陷西北部的一个次级凹陷。玛湖凹陷以西紧邻西部隆起，自北向南依次为乌夏断裂带、克百断裂带及中拐凸起。东北与陆梁隆起西段相接，东南为中央坳陷的达巴松凸起。整体呈北东—南西向展布，凹陷面积 4258km^2。

第一节　勘探概况

玛湖凹陷先后经历了海西期、印支期、燕山期和喜马拉雅期四期构造演化，受到西准噶尔洋向哈萨克斯坦板块的强烈碰撞挤压运动影响，尤其在中—晚石炭世—早二叠世准噶尔地块与哈萨克斯坦板块的碰撞作用加剧，在盆地西北缘形成大型推覆体构造，前方玛湖凹陷—盆1井西凹陷一带形成前陆坳陷，也奠定了现今的构造格局。石炭纪末—二叠纪，是准噶尔盆地坳隆构造格局形成、演化的最关键时期，这一时期以前陆断陷盆地为主，下二叠统受伸展构造作用的影响及海陆交互相控制，形成了厚层砂泥岩夹薄层硅质岩、滨浅海砂泥岩夹石灰岩建造。早二叠世晚期—中二叠世早期，在准噶尔盆地周缘褶皱山系向盆地的冲断推覆作用下，深层断陷开始上隆，主要分布于玛湖凹陷—盆1井西凹陷，以陆缘近海湖相砂泥岩为特征。晚二叠世—中三叠世，准噶尔盆地开始进入多期叠加的前陆盆地发展阶段，表现为盆地周边山系向盆地内部逆冲，造成山系前缘岩石圈低幅度挠曲沉降，同时由于盆地内部基底构造的控制和影响，在盆地内部表现为多沉降中心同期发育的特点。但由于动力源来自西南侧，因此准噶尔盆地南侧为强挤压逆冲，东北侧和西北侧被动响应，为弱挤压逆冲，表现在盆地沉降上，南侧形成了较深的盆地，而西北侧和东北侧形成浅盆。这个阶段经历了多幕逆冲挤压建设，每幕弱逆冲期以盆地边缘负载沉降、中部基底上隆为特征，玛湖凹陷即为沉降中心之一。燕山运动是该区中生代期间最为强烈的构造运动，在盆地内部表现为西强东弱，盆地西部边缘发生强烈的逆冲，玛湖凹陷西侧受山前逆冲作用的影响被不断抬升，直至侏罗纪晚期，构造格局基本定型，形成了东南倾的平缓单斜构造形态，局部发育低幅度平台、背斜或鼻状构造（图1-1）。玛湖凹陷在二叠纪开始至侏罗纪早期，长期为盆地的沉降中心之一，接受了大量的陆源碎屑沉积，也形成了风城组—佳木河组巨厚的烃源岩，为中央坳陷内最富的生烃凹陷。

玛湖凹陷地层发育较全，自下而上有石炭系，二叠系佳木河组、风城组、夏子街组、下乌尔禾组，三叠系百口泉组、克拉玛依组、白碱滩组，侏罗系八道湾组、三工河组、西山窑组、头屯河组及白垩系。其中二叠系与三叠系，三叠系与侏罗系，侏罗系与白垩系为区域性不整合接触（图1-2）。在二叠纪至白垩纪的沉积演化过程中，由二叠系近陆源的冲积扇、近湖泊环境的扇三角洲沉积过渡为湖泊沉积，再由三叠系的砾质辫状河、三角洲过渡为湖泊环境，以及侏罗系的扇三角洲、三角洲、湖泊环境，最终演化为白垩系的三角洲、湖泊环境。

玛湖凹陷风城组沉积期，季节性的潮湿环境与干旱环境交替出现，湖水的咸化程度较高，蒸发作用形成的碱性矿物大量发育，整体为扇三角洲—湖泊沉积体系，发育扇三角洲平原、前缘—滨浅湖—半深湖亚相（图1-3、图1-4）。风城组沉积厚度为500~1800m，平面上由西向东部厚度变薄直至尖灭，纵向上从下至上依次发育风城组一段、二段与三段。风城组存在云质岩、碎屑岩和火山岩等多种岩石类型，表明风城组是由陆源碎屑岩和爆发相火山岩（外源）与湖盆内化学沉积的碳酸盐岩（内源）叠合组成的混合沉积，其中碎屑岩、碳酸盐岩和火山岩三者比例变化较大，呈现相互消长的关系（图1-3、图1-4）。

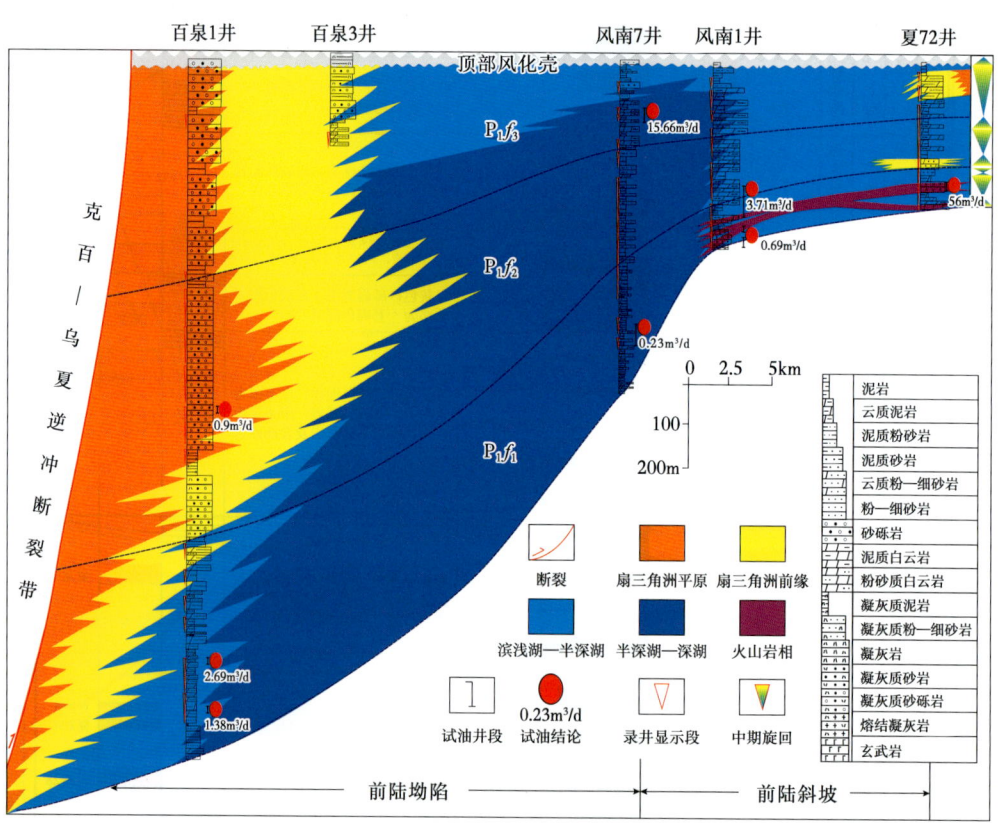

图1-3　准噶尔盆地玛湖凹陷前陆坳陷钻井揭示岩性与沉积相关系剖面

为了方便描述，把玛湖凹陷分为玛北地区和玛南地区［图1-1（a）］，玛北地区包括玛湖凹陷北部斜坡区和紧邻的乌夏断裂带，玛南地区包括玛湖凹陷南部斜坡区及紧邻的克百断裂带。自20世纪60年代开始，风城组已落实三级储量6.8×10^8t，其中探明储量0.77×10^8t，控制储量2.75×10^8t，预测储量3.29×10^8t（图1-4，表1-1）。

第一章　准噶尔盆地玛湖凹陷风城组发现第二个 10 亿吨级大油区——全油气系统理论的实践

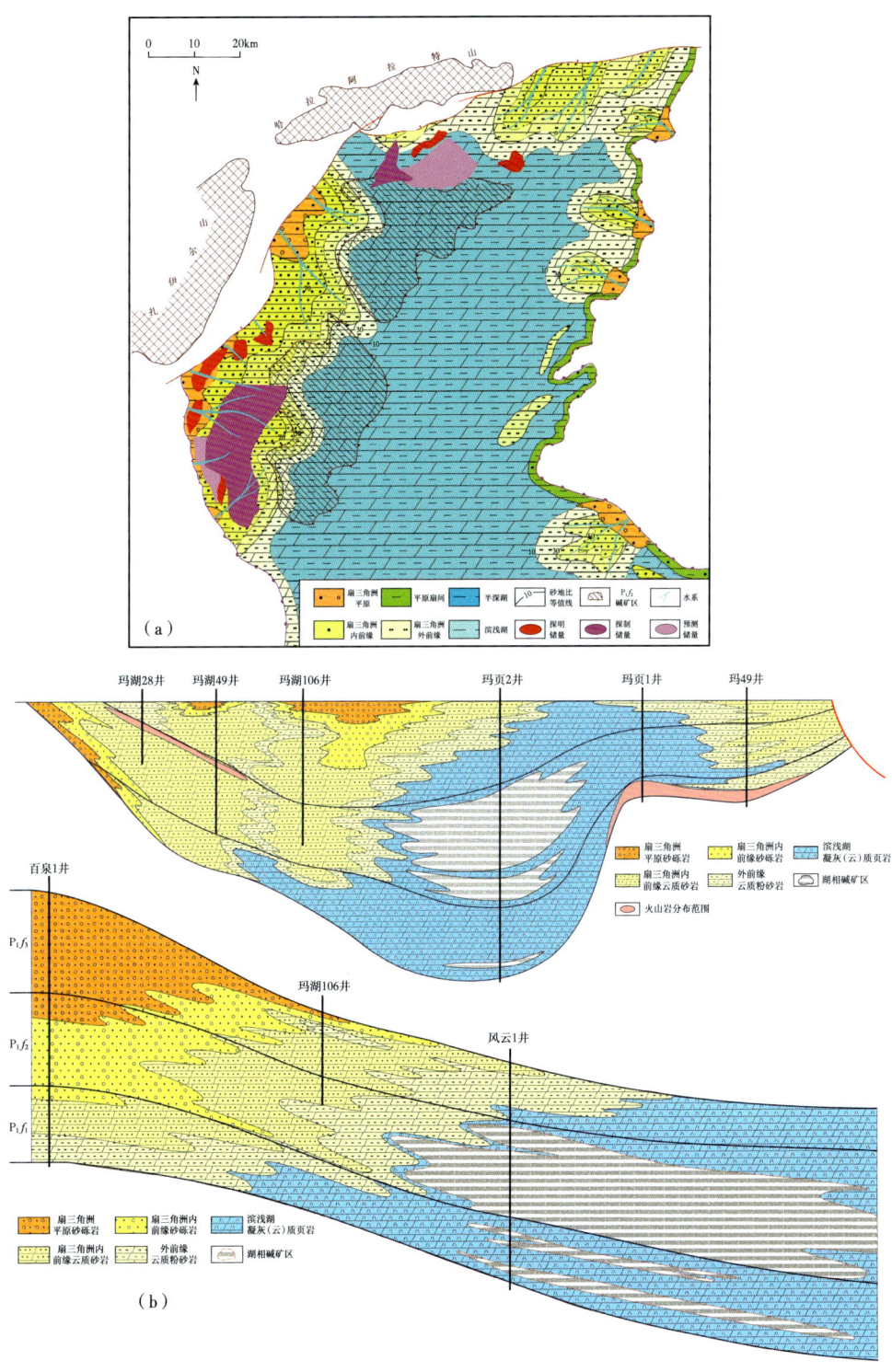

图 1-4　准噶尔盆地玛湖凹陷二叠系风城组沉积相平面、剖面图

表 1-1 玛湖凹陷风城组三级储量统计表

储量级别	区块名称	层位	储量（10⁴t）	岩性	时间
探明储量	八区	P_1f_2	3733	砂砾岩	20 世纪 60 年代
	风 3 井区	P_1f_3	426.36	泥质白云岩	1996 年
	夏 69 井区	P_1f_2	103.21	泥质白云岩	1997 年
	克 80 井区	P_1f_2	986	玄武岩	1999 年
	风 5 井区下盘	P_1f_3	444.85	泥质白云岩	2001 年
	风 5 井区上盘	P_1f_2	253.63	白云质砂岩	2006 年
	白 25 井区	P_1f_2	1312	砂砾岩	2015 年
	夏 72 井区	P_1f_1	438.10	熔结角砾岩	2018 年
	合计		7697.15		
控制储量	风城 1 井区	P_1f_1	3575	泥质白云岩	2009 年
	风南 5 井区	P_1f_1	1943	白云质粉细砂岩	2010 年
	克 81 井区	P_1f	21963	砂砾岩、云质砂岩	2020 年
	合计		27481		
预测储量	风南 4 井区	P_1f_1	2122	熔结角砾岩	2009 年
	风 21 井区	P_1f_1	321	熔结凝灰岩	2010 年
	风南 14 井区	P_1f_2、P_1f_3	12352	白云质粉细砂岩	2021 年
	玛 49 井区	P_1f_2	18117	白云质粉细砂岩	2022 年
	合计		32912		

第二节　勘探历程

　　玛湖凹陷风城组的油气勘探可追溯到 20 世纪 60 年代，最初以重力、磁力、电法等区域普查勘探为主，70 年代中后期开始地震勘探，90 年代进入大规模地震勘探。长期勘探的结果认为玛湖凹陷区为风城组烃源岩发育区，主要为泥质岩细粒沉积，储层不发育，油气勘探按照"源控""断控"由源到圈的含油气系统找油理念，仅能围绕凹陷周缘断裂带的近物源区寻找粗碎屑沉积体，或者围绕生烃灶，寻找构造活跃、裂缝较发育的构造目标开展部署。后期随着非常规油气勘探理念的引入，形成了常规—非常规油气有序共生的全油气系统成藏模式，在其指导下，真正揭开了风城组大油区的神秘面纱。

第一章 准噶尔盆地玛湖凹陷风城组发现第二个10亿吨级大油区——全油气系统理论的实践

纵观风城组油气勘探，按照勘探战略理念、目标类型、理论认识及技术工艺大体可以划分为3大勘探阶段（表1-2，图1-5）。

表1-2 玛湖凹陷风城组勘探阶段划分表

序号	勘探阶段	时间	储层	圈闭类型
1	断裂带构造（岩性）油气藏探索阶段	1964—2007年	砂砾岩、砂岩、火山岩	构造（岩性）圈闭
2	斜坡区多类型风险探索阶段	2008—2016年	砂砾岩、砂岩、白云质岩类、火山岩	构造圈闭、岩性圈闭、复合圈闭
3	凹陷区非常规油气藏勘探阶段	2017年至今	白云质岩类、火山岩	连续型油藏

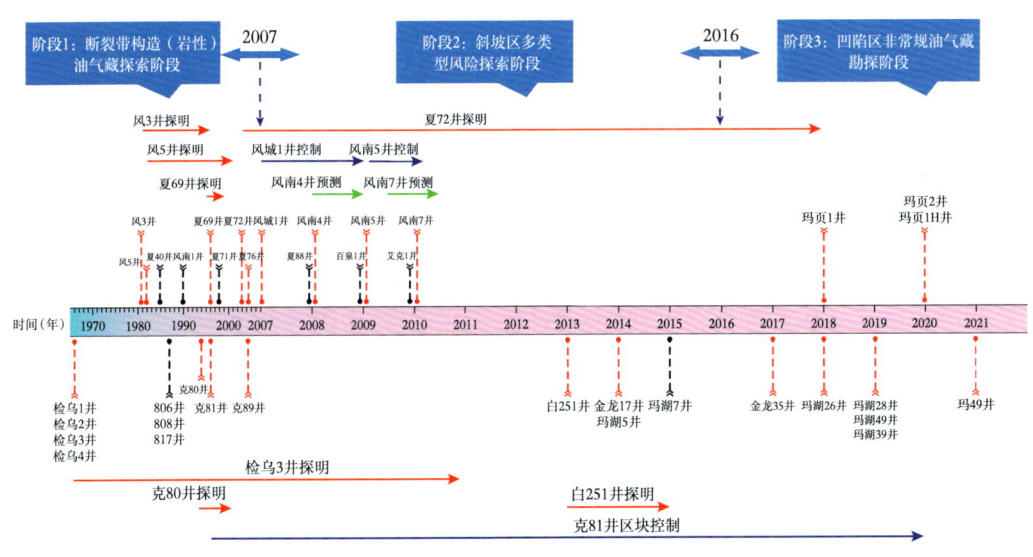

图1-5 玛湖凹陷风城组勘探阶段划分图

一、断裂带构造（岩性）油气藏探索阶段（1964—2007年）

早期风城组油气勘探按照"源控""断控"由烃源岩到圈闭的含油气系统找油理念，围绕凹陷周缘断裂带、近物源区寻找粗碎屑沉积体，或者寻找构造活跃、裂缝较发育的鼻凸构造目标开展部署，落实了如检乌3井、白251井、585井等砾岩油藏及风3井、风5井、风城1井等白云质泥岩裂缝型油藏，此外，围绕火山岩也偶尔有小的发现，例如夏72井油藏。这些油藏规模均较小，累计三级石油地质储量仅 2.08×10^8 t。

1. 一上玛南断裂带，风城组内初见油气

1）老油区部署新层系，风城组首获油流

1964—1965年，准噶尔盆地的石油勘探工作主要是围绕已发现的克拉玛依油区进行精

细勘探。1965年，受到当时支援大庆、江汉石油、陕甘宁等石油会战的影响，新疆石油的勘探队伍和设备成批成建制地调出。在人员大幅度减少、资金和器材缺乏的条件下，为控制当时油田原油产量下滑的局面，主要是围绕已发现的克拉玛依油区进行精细勘探。在此背景下，在玛南克拉玛依油田八区部署了检乌1井（图1-6），一方面提升油区井控程度，另一方面为探查二叠系乌尔禾群（对应现今地层：下部为风城组，上部为下乌尔禾组，夏子街组缺失）含油情况。检乌1井在风城组裸眼中途测试日产天然气2000m³，后完井试油，获得日产15m³的工业油流。

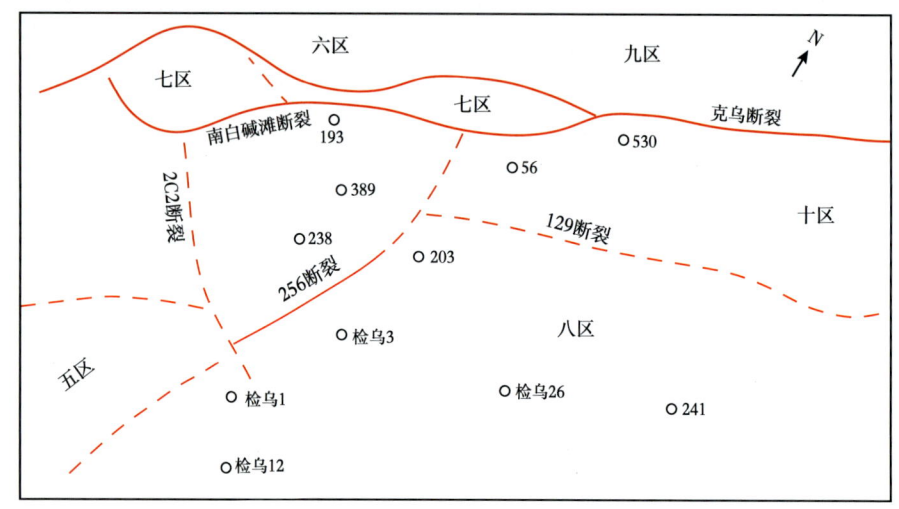

图1-6　克拉玛依油田分区地理位置图

2）八区油藏成规模，滚动勘探结硕果

为进一步探明检乌1井区二叠系含油气情况，落实储量面积，取全取准第一手地质资料，部署检乌2井、检乌3井、检乌4井、检乌8井，相继获得工业突破，随着二叠系钻井增加，开展岩心样品物性分析、油气水样分析及测井解释工作，逐步摸清地层、油层特征，同时根据有限的地震地质资料分析八区风城组构造形态为由西北向东南倾的单斜，发现了风城组受断裂控制的八区砾岩油藏（图1-7），并形成一个开发实验区，进而打开了风城组的勘探局面。但受到当时勘探力量严重不足的影响，直到1979年才投入开发，同年申报含油面积43.6km²，地质储量8457×10⁴t。在检乌3井区发现后，在滚动勘探及评价兼顾拓展的部署思路下，又相继在其东部落实530井风城组油藏及446井两个构造油藏。

3）油水同出效果差，勘探工作遭停滞

检乌3井获得突破后，外甩部署检乌22井、检乌24井、检乌26井等，风城组试油结论均为含油水层、水层，分析认为八区油藏为一个带边水/底水的构造—岩性油藏（图1-8），原因为远离烃源灶，油气充注程度不高，往斜坡区走不具备勘探价值，至此玛南地区的风城组勘探工作整体基本停滞，一上玛南失利。

第一章 准噶尔盆地玛湖凹陷风城组发现第二个10亿吨级大油区——全油气系统理论的实践

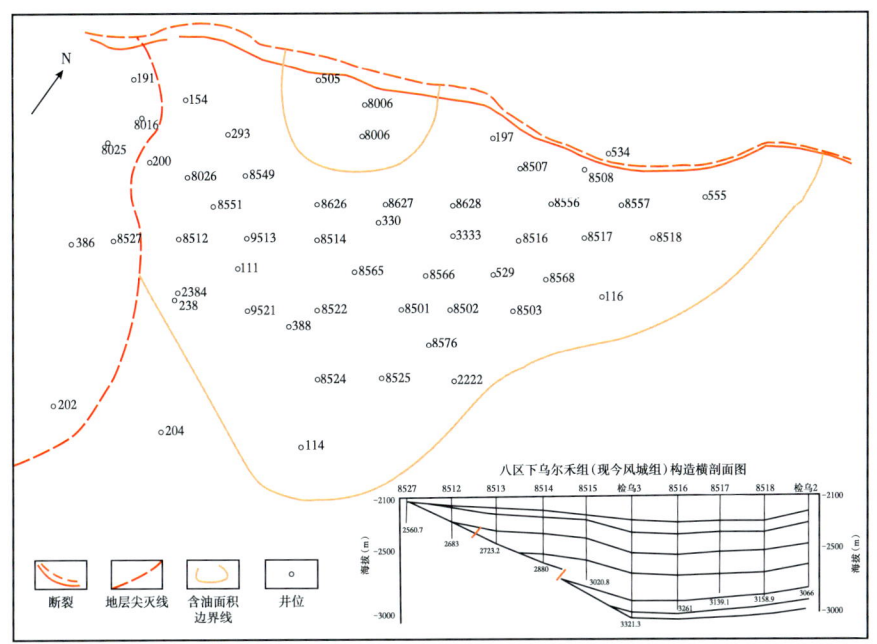

图1-7 八区风城组油藏综合图（1978年）

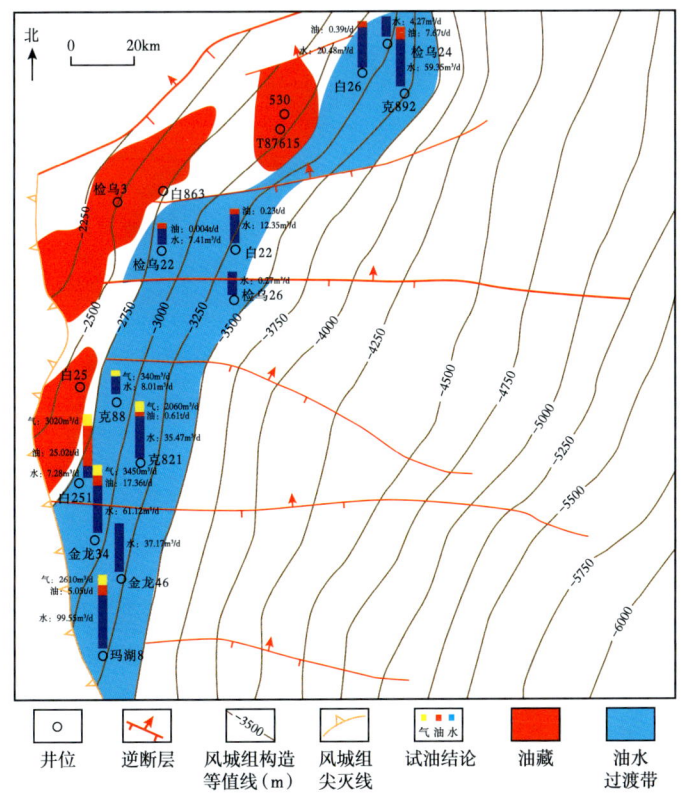

图1-8 玛南地区风城组油气勘探成果图（截至2000年）

2. 二上玛北背斜带，散点开花未成规模

1）二维测线布玛北，落实背斜构造带

玛南克拉玛依油田八区二叠系勘探先后发现检乌3井区、530井区和446井区3个构造油藏（图1-8），总结玛南勘探经验，并受此启发重新分析二叠系构造和有利储层分布特征，认为二叠系是继三叠系后又一个有利勘探层系，玛湖凹陷北部断裂较发育的构造带是有利目标区，勘探潜力大。加之早期针对三叠系的物探工作于1980年以后也转向了二叠系，截至1985年底，在玛北地区共做测线99条，总长1470km，相当于1km×1km测网密度，重点构造目标区测网密度更高。基于这些物探工作，开展精细地震解释，落实了玛北地区存在风城背斜构造带（现称为风南鼻凸或乌尔禾鼻隆），该构造带是被断裂切割的背斜带和鼻隆带（图1-9）。

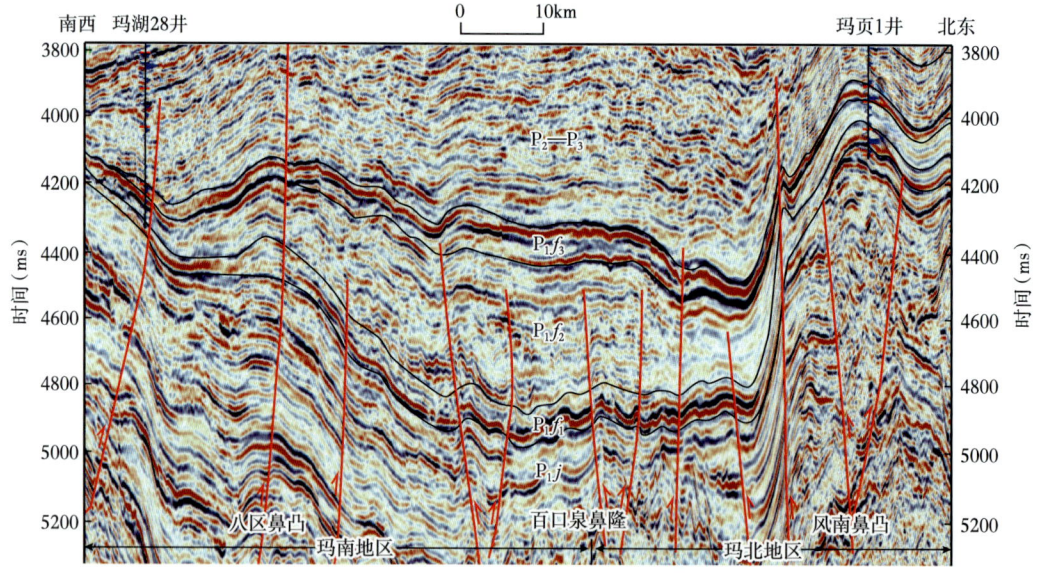

图1-9 玛湖地区风城组地层结构地震地质解释剖面

2）背斜高点风3井，裂缝发育促高产

1981年7月在风城背斜构造上，部署了风3井，以二叠系为主要目的层。风3井首次钻揭风城组细粒白云质岩超低孔、超低渗储层，裂缝极其发育，用7mm油嘴试油，日产油72.6m^3，日产天然气6874m^3。为落实储量规模及拓展领域相继部署了风2井、风5井、乌50井等10余口探井，其中，风5井在二叠系风城组试油，压裂后采用5mm油嘴日产油6.7t、日产气958m^3，发现了风5井风城组油藏。1985年，按照"快速突破，快速落实，快速建产"的思路，又部署了一批开发试验井，落实了该区地质储量896×10^4t（图1-10）。风3井、风5井油藏的发现，也明确了风城组细粒致密储层裂缝是储层的主要渗流通道，裂缝的存在和发育程度对能否获得工业油流至关重要，是玛北背斜带找油的重要理论依据，也是之后指导玛北地区风城组勘探部署的重要依据。

第一章 准噶尔盆地玛湖凹陷风城组发现第二个10亿吨级大油区——全油气系统理论的实践

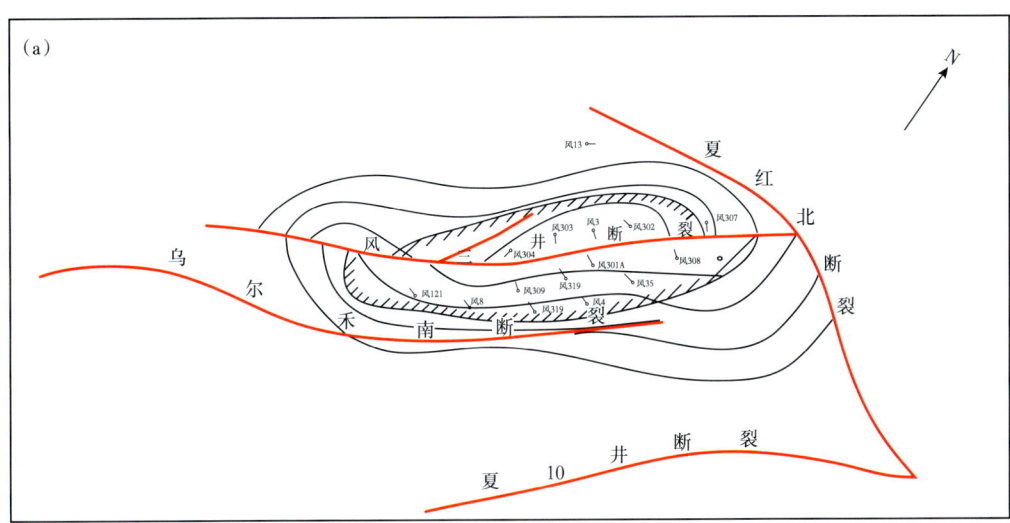

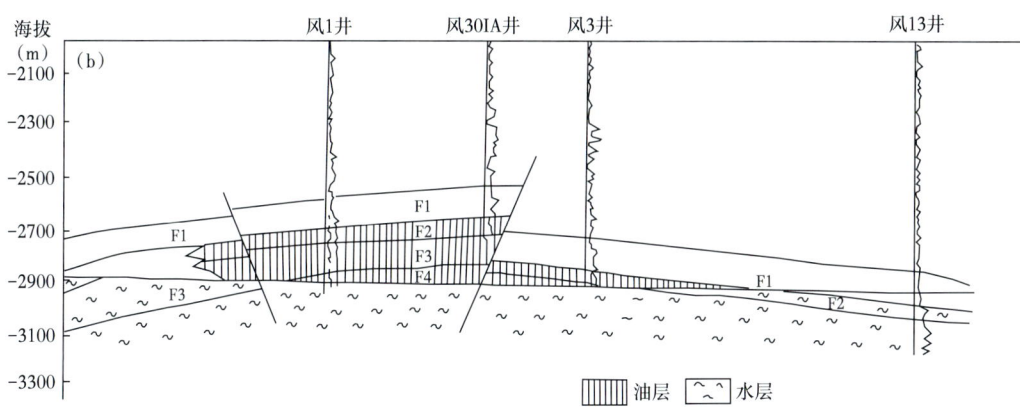

图1-10 风城油田风3井区二叠系油藏构造格局图（a）与风城油田
过风3井—风13井二叠系风城组油藏剖面图（b）

3）类比甩开效果差，背斜找油陷低谷

在风城背斜带风3井、风5井油藏发现之后，利用二维地震资料在夏子街地区也发现了鼻凸构造带，并落实夏40井背斜。1985年上钻夏40井，在深层二叠系风城组4810.0~4886.0m发生4次油气侵，但中途测试无成效，后完井常规试油3层，其中4831.0~4886.0m获日产油3.65t、日产水1.48m³，效果不理想，岩心分析其物性极差，孔隙度3.76%~8.07%，裂缝发育程度低。为持续探索背斜构造含油气性，在风城背斜东翼风南断鼻上，于1991年部署了风南1井，风城组油气显示活跃，但试油效果不佳，中途测试及气举试油均低产。

4）再寻构造活跃裂缝带，油藏规模未获突破

基于夏40井较丰富的岩心资料，岩性以白云质泥岩、泥质白云岩为主，取心具有较好代表性，岩心见裂缝外渗褐色中质油，分析物性极差，属于极差—差储层，但烃源岩评价整体为好的生油岩。通过几口风城组探井的部署，认识到风城组储层基质物性差，常规试

— 11 —

油不理想,需在构造活跃区微裂缝发育带寻求突破。因此,在1995年围绕乌夏断裂带风城组部署了夏69井(图1-11),该井纵向穿过4个断块,多条断裂,风城组白云质岩类裂缝及溶蚀孔较发育,经压裂改造,获日产天然气$15.35×10^4m^3$、日产油9.94t的突破,随后风城组试油三层,相继获工业油气流,发现了夏69井油气藏(图1-11),但由于裂缝性储层主要围绕构造活跃的裂缝带分布,普遍存在边水/底水,油藏规模较小,导致后续勘探多井出水,勘探陷入低谷。

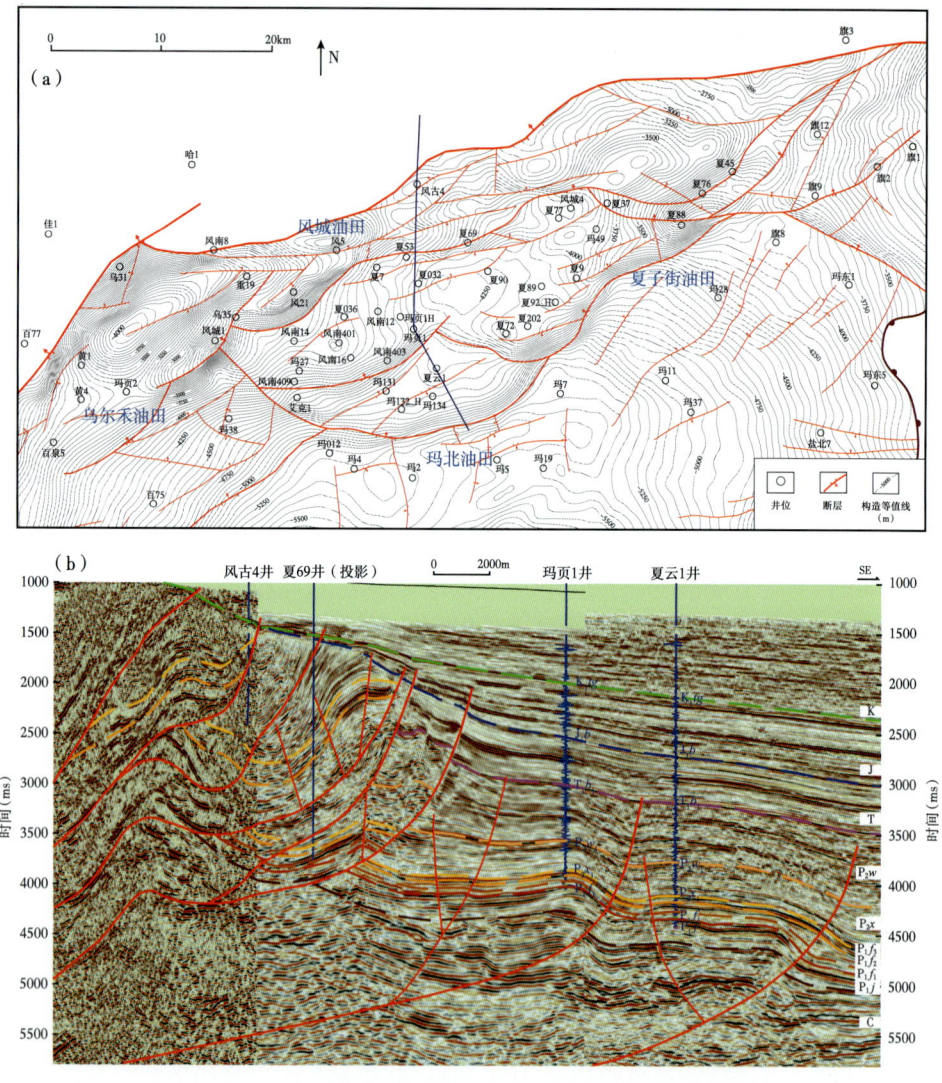

图1-11 玛北地区构造平面图(a)及构造剖面图(b)

3. 地震落实岩性体,火山岩体油气现

1)地震资料显著提升,玛南火山岩体获突破

随着90年代规模地震勘探的快速发展,二维地震测线密度整体提高,部分区块部署了

三维地震、储层反演技术开始推广应用，地震异常体（岩性体）的识别成为可能，岩性和构造—岩性目标受到重视。由于风城组构造高部位的构造目标基本上已经勘探完毕，勘探方向逐步转向玛南地区和玛北地区构造较低部位埋藏深度较大的构造和岩性目标上。依据丰富的地震资料解释和反演工作，1995年发现玛南斜坡区克拉玛依油田八区南部风城组存在异常岩性体（图1-12），兼顾探索二叠系上乌尔禾组、下乌尔禾组岩性、物性及含油气性部署了克80井，风城组钻遇一套火山岩，压裂后用7.5mm油嘴试产，日产油67.172t，日产水51.87m³，日产气9602m³。后续相继部署克81井、克201井等，于1997年落实探明储量986×10⁴t火山岩油藏（图1-13）。克81井的发现直接推动了两块三维地震部署，为后期勘探的部署提供了更加充足的物探资料。

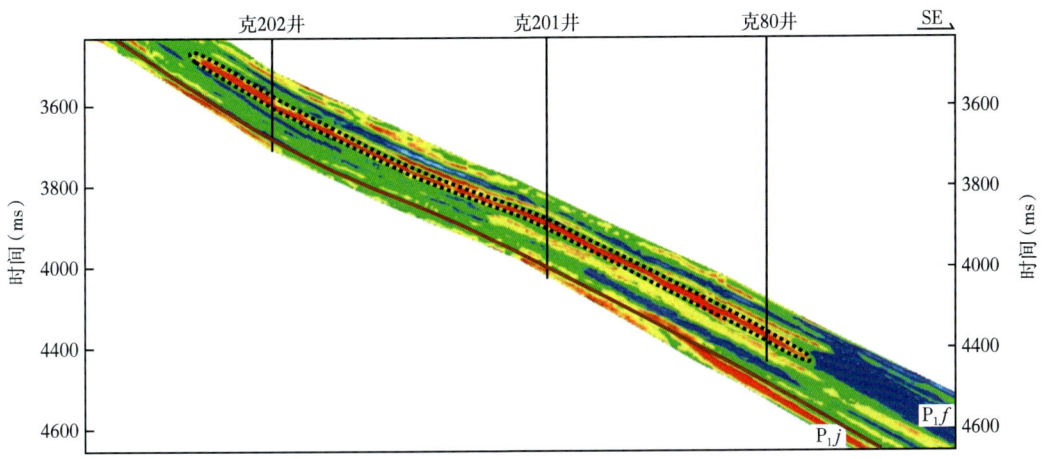

图1-12 过克202井—克201井—克80井波阻抗反演剖面

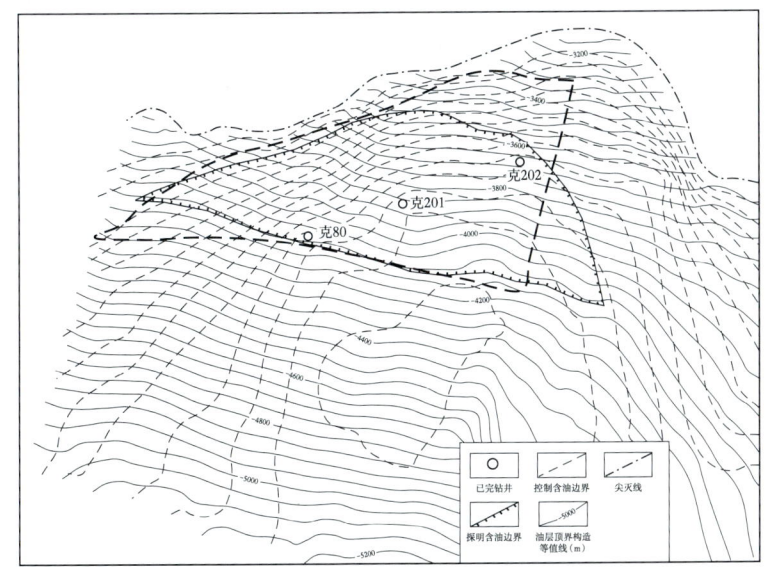

图1-13 克80井区块二叠系风城组火山岩含油面积图（1997年）

2）新三维落实构造岩性目标，发现高孔火山岩油藏

前期夏40井在钻井过程中，三叠系和二叠系油气显示非常活跃，二叠系佳木河组和风城组均获低产油流，展现了该地区二叠系的勘探潜力。为了落实夏40井区二叠系佳木河组低幅度构造形态和风城组断块圈闭，同时为了查清夏40井邻区已探明的侏罗系八道湾组、三叠系百口泉组及克下组各出油层的油藏控制因素，2002年，在玛北夏40井区部署了三维地震，重新落实构造形态（图1-14），发现背斜面积略有增大，受夏40井南断裂及夏40井西断裂牵引作用影响，其两翼西陡东缓，长轴为东西向，短轴为南北向，前期部署的夏40井位于背斜宽缓处，裂缝发育程度低。获取新的三维地震资料后，优选夏40井背斜核部上钻夏72井（图1-14、图1-15），该井在风城组底部钻遇一套凝灰岩，孔洞非常发育，压裂后用3.5mm油嘴试油，日产油42.79t，日产天然气3230m³。

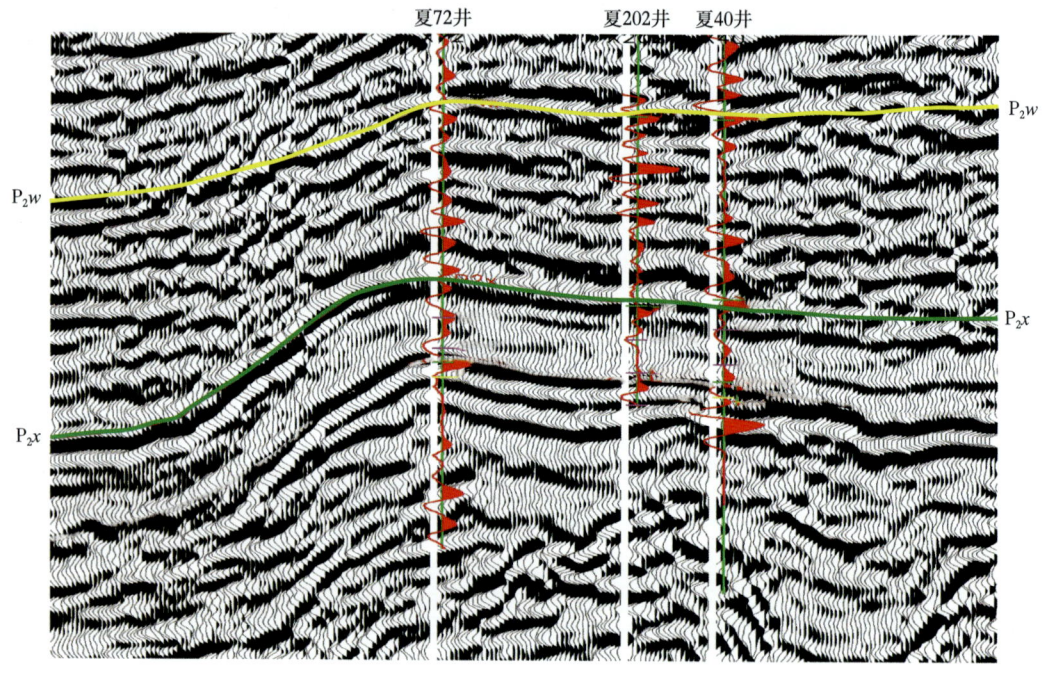

图1-14 过夏72井—夏202井—夏40井三维地震剖面（2002年）

3）富集机理不清、技术受限，火山岩勘探陷低谷

夏72井突破之后，为扩大勘探成果，又相继上钻了夏201井、夏202井落实含油面积（图1-16），夏201井试油效果不理想，最终落实含油面积14.6km²，石油地质储量1549.00×10⁴t，该油藏后续开发效果不佳，陷入停滞。而针对该区风城组的勘探，后续按夏40井找油思路，相继又甩开部署了夏76井、夏77井、夏87井、夏88井等多口探井（图1-16），但由于对火山结构和高孔火山岩形成机理研究不够，同时地震预测技术手段有限，导致没有钻遇高孔火山岩，常规试油效果均不佳，风城组火山岩勘探再次陷入低谷。

第一章 准噶尔盆地玛湖凹陷风城组发现第二个 10 亿吨级大油区——全油气系统理论的实践

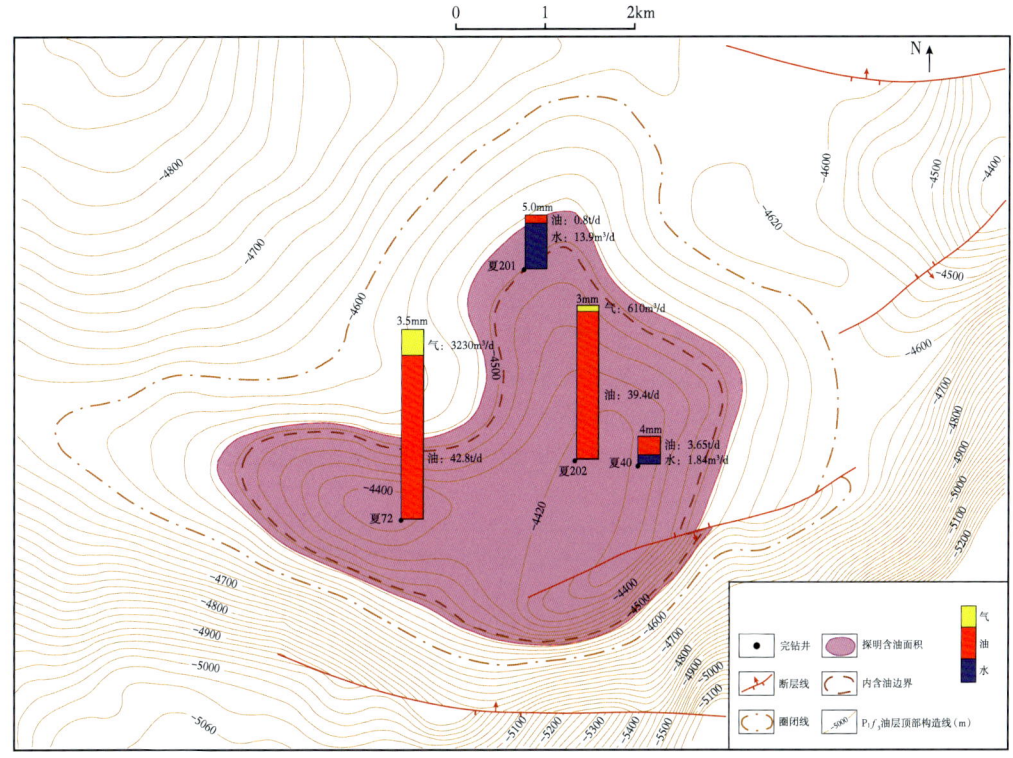

图 1-15 夏 72 井区二叠系风城组含油面积图（2005 年）

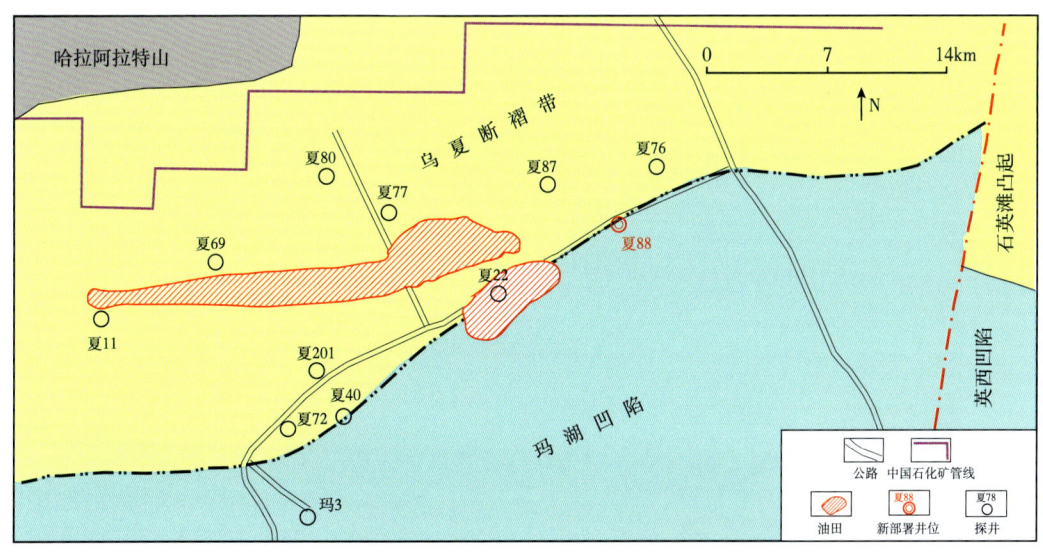

图 1-16 玛北地区风城组火山岩井位部署图（2008 年）

二、斜坡区多类型风险探索阶段（2008—2016 年）

自 1999 年进行西北缘百口泉—乌尔禾油田滚动勘探以来，该区勘探成果主要集中在三叠系，彼时玛湖凹陷及其周缘已经发现的油藏中三叠系油藏占据很大比例，油源对比证实，三叠系油藏来源于二叠系风城组。既然三叠系能够发现大量油藏，更接近风城组烃源岩的二叠系必定是油气聚集的有利层位。根据 2000—2003 年盆地第三次油气资源评价（况军等，2006），玛北风城组油气资源量 1.5×10^8t，白云质岩类油藏探明储量仅为 1577×10^4t，探明程度低，勘探潜力很大，是该区落实储量最现实区层。2004 年开始，为了整体解剖断裂带的构造特征，分别对克百地区、乌夏地区和中拐—五八区采集时间跨度较大三维地震资料针对二叠系进行叠前时间连片重新处理（图 1-17），资料品质得到明显改善，主要目的层的信噪比和分辨率均有提高，有力地推动了二叠系的勘探进程。2007 年精细勘探之后，随着二叠系地震资料品质提升，在进一步分析断层、不整合面、储层及烃源岩的有效配置关系后，预探转移主攻战场，前缘斜坡深层二叠系成为该区下一步风险勘探的主要方向。

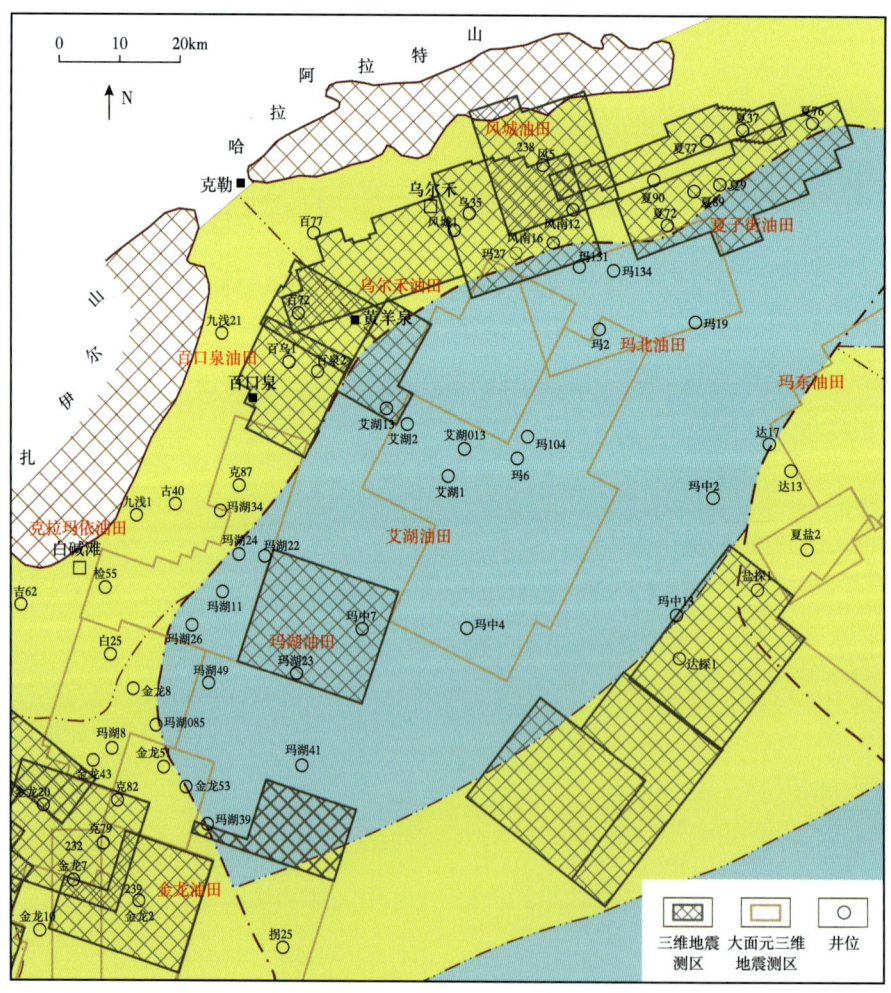

图 1-17 玛湖凹陷周缘三维地震覆盖图（截至 2007 年）

第一章 准噶尔盆地玛湖凹陷风城组发现第二个10亿吨级大油区——全油气系统理论的实践

1. 玛北首场风险战，构造油藏再获突破

1）首探斜坡区构造目标，风城1井断鼻现油流

根据前期风3井、风5井等油藏的发现及风城组的探索，认识到一个共同特点，即玛北风城组储层岩性多为白云质岩类，纵向均见显示，油层厚度大，常规试油效果不理想，但裂缝发育带产量高。斜坡区风城组靠近生烃灶，但探明程度低，是勘探空白区，属风险勘探领域。为打开这一风险领域，2005年对乌夏地区5块三维地震测区进行连片处理，新资料连续性变好，品质得到较大改善。在此基础上进行精细构造解释，结合沉积储层研究、钻试资料、测井资料分析，认为逆冲断层、不整合与储集体及下伏烃源岩的不同配置形成了西北缘冲断带5个不同的油气勘探领域：超覆尖灭带、前缘断块、前缘斜坡带、推覆体、掩伏构造带（图1-18）。其中前缘斜坡深层二叠系成藏条件有利，构造简单，地震资料品质好，是一个具有较大潜力的勘探领域。同时二叠系勘探程度低，是一个勘探潜力较大的层系。2007年，优选乌尔禾鼻隆背景下前缘斜坡带断裂发育区论证实施了风城1风险探井（图1-19）。风城1井风城组全井段见良好油气显示，整体钻遇白云质泥岩、粉砂岩等细粒混积岩（图1-20）；2008年，风城1井在风城组云质粉砂岩（4193~4272m）中途测试获高产油气流（折算日产油132.96m^3，日产气33197m^3），同年申报预测石油地质储量6675×10^{4}t。预测储量上交后，风城1井完井在风城组一段再试油2层，均获得了工业油流。风城1井突破后，系统总结前期勘探的成果，认识到风城组电性和岩性特征具有明显的三段特征；发育多种云质细粒混积岩均可成为有效储层，储集空间类型多样；此外风城1井风城组一段的云质岩储层首获高产油气流，进一步证实了风城组综合立体勘探潜力。

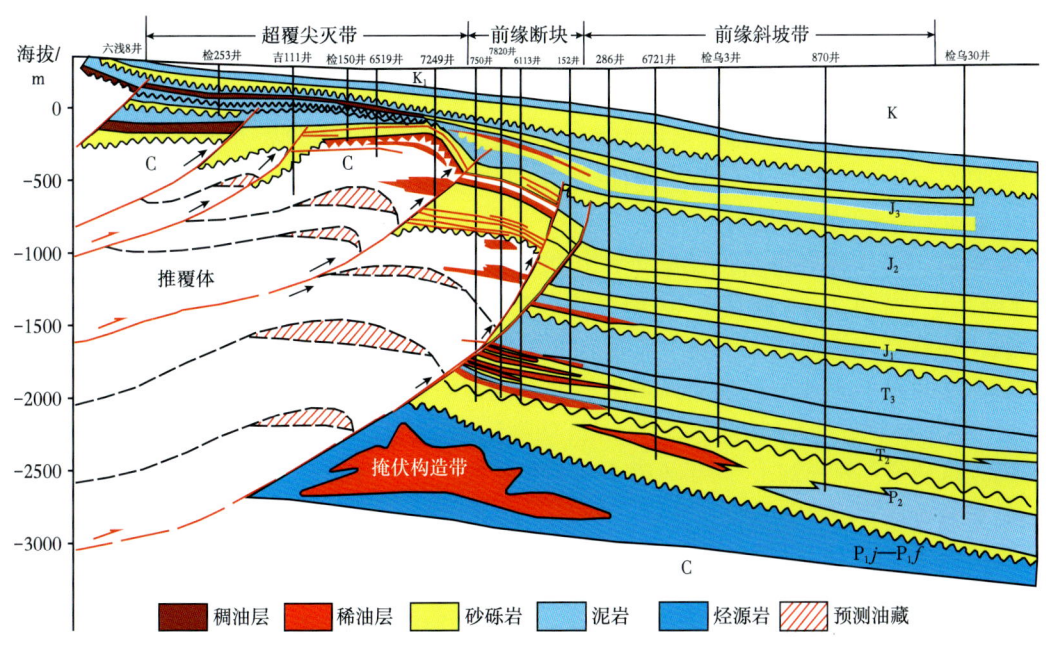

图1-18 准噶尔盆地西北缘冲断带油气勘探领域示意图（2007年）

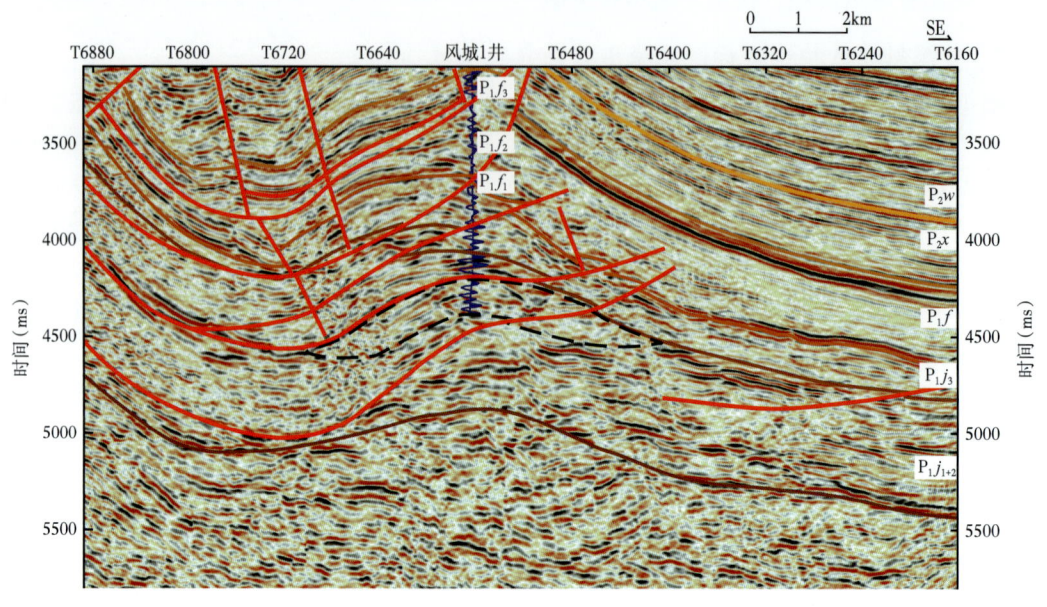

图 1-19 过风城 1 井 Inline11218 测线地震地质解释剖面（2007 年）

2）风险带动预探，断块油藏再获突破

风城 1 井获得突破后，为了加快白云质岩勘探步伐，新疆油田公司加强了对西北缘二叠系整体勘探研究力度，根据泥质、砂质、云质、凝灰质和膏质等五种风城组主要矿物成分，重新落实已钻井风城组岩性，并结合测井地震进行风城组地层对比，对已钻井风城组重新进行三段分层，落实风城组一段厚度及其沉积体系分布（图 1-21），风城组一段厚度显示自北东向南西，厚度逐渐增加，指示沉积中心处于风 26 井以西地区，风城 1 井区处于缓坡背景下的滨浅湖沉积环境。风城 1 井中测段优质储层分布主要受岩性及构造应力控制，在地震振幅属性上，风城 1 井中测段有利储层表现为短轴不连续的中强振幅，综合预测在断裂下盘也有分布（图 1-22）。

在构造、岩性综合分析的基础上，相继部署了风城 011 井、风南 4 井（断鼻）、风南 5 井（断块）、风南 7 井（断块）、风南 8 井（断鼻）等一批探井（图 1-23），多口井油气显示活跃，并获高产工业油流。其中风城 011 井在风城组一段试油获日产油 28.35t，日产气 6310m^3，2009 年风城 1 井区提交风城组控制石油地质储量 3575×10^4t。风南 5 井于 2010 年 6 月 11 日在风城组一段中途测试，用 5mm 油嘴试产，折日产油 236m^3，从而发现了风南 5 井区风城组油藏（图 1-24），同年风南 5 井上交风城组控制石油地质储量 3346×10^4t。

2. 提属性做反演，岩性目标再失利

1）钻后评价总结，指导选区选带

为了整体推进西北缘风城组整体的油气勘探，按照"风险探索，预探甩开"的原则，根据前期玛北风城 1 井区的勘探启示，在玛湖凹陷开展针对风城组地层、构造、沉积、储层、成藏等方面整体研究，通过半年的联合会战，对风城组有了一个整体性的认识：风城组油

第一章 准噶尔盆地玛湖凹陷风城组发现第二个10亿吨级大油区——全油气系统理论的实践

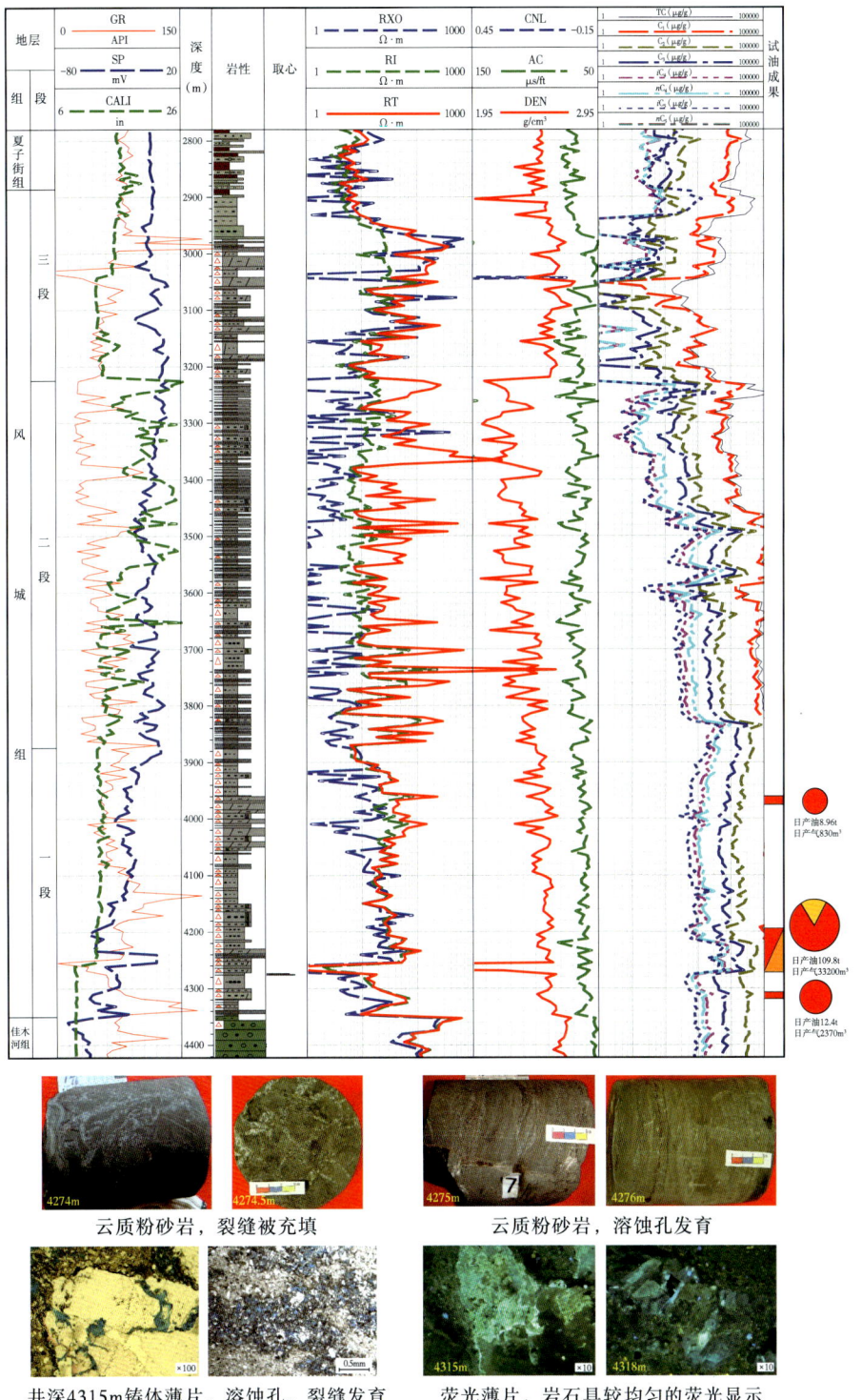

图1-20 风城1井风城组综合柱状图及其储集空间类型

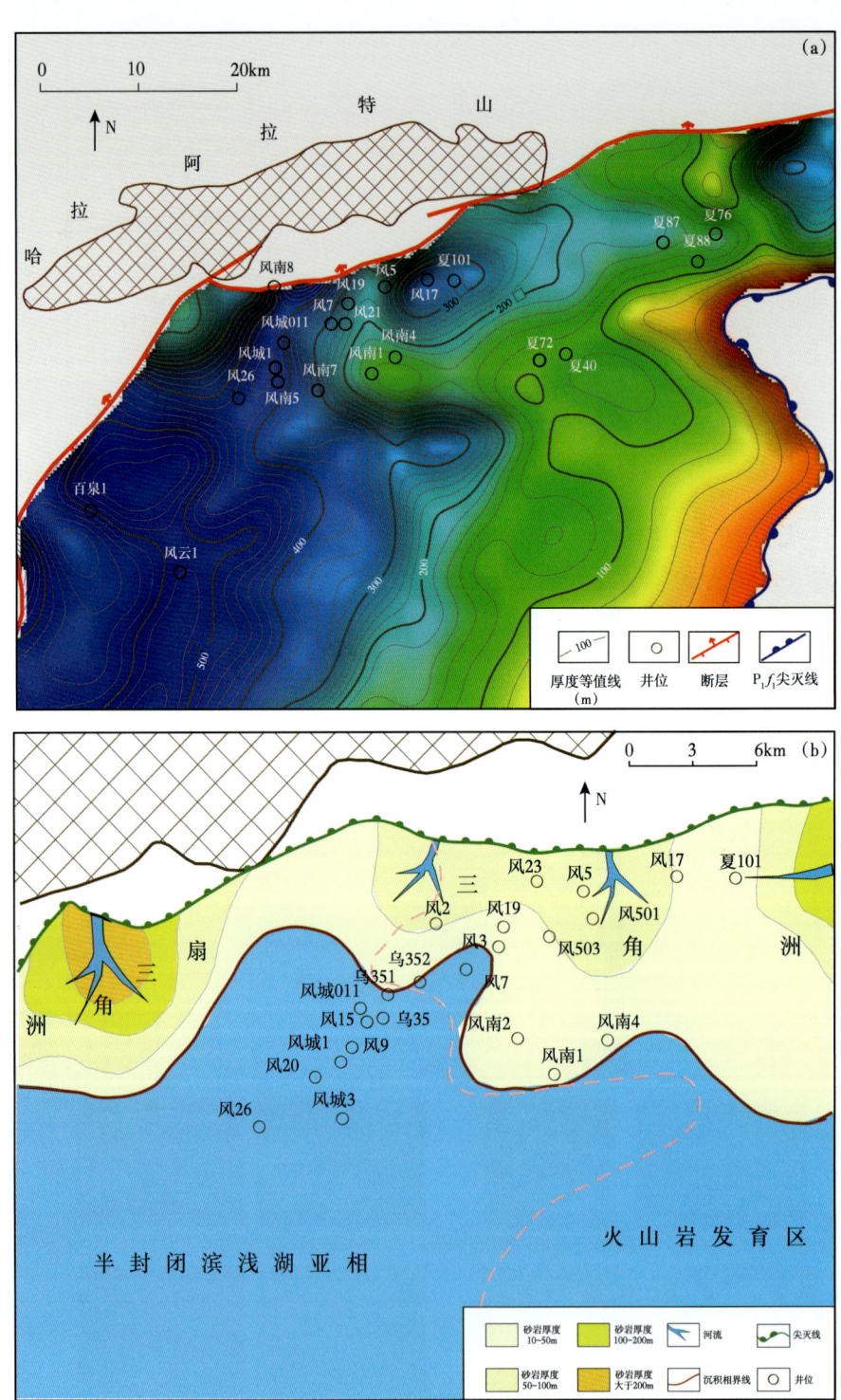

图1-21 乌尔禾地区风城组一段厚度图(a)及沉积体系图(b)(2009年)

第一章 准噶尔盆地玛湖凹陷风城组发现第二个 10 亿吨级大油区——全油气系统理论的实践

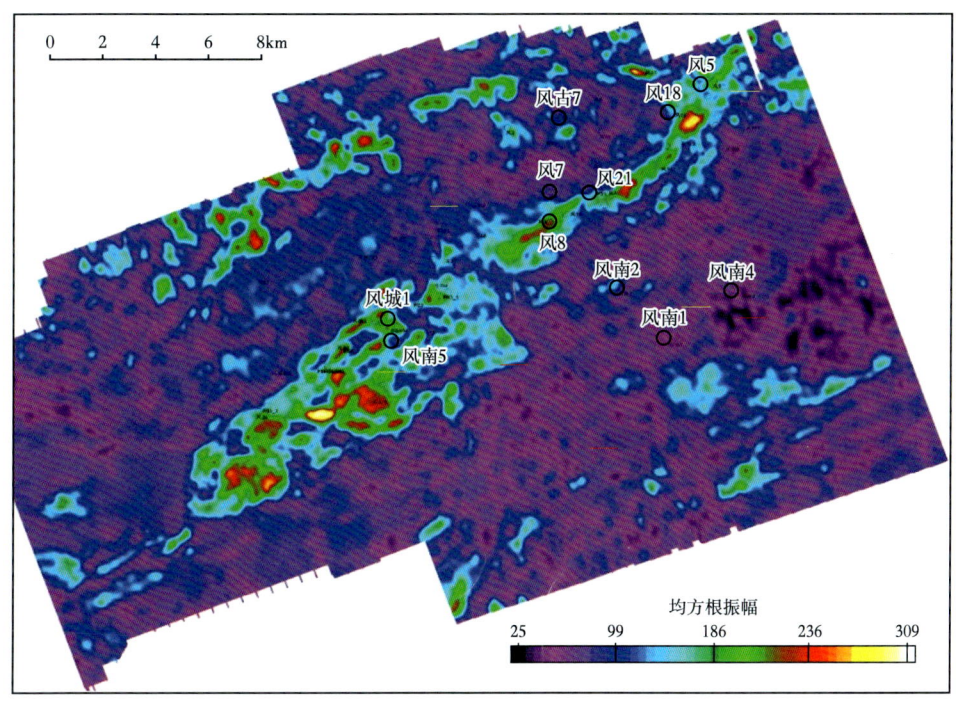

图 1-22 风城 1 井区风城组一段向上 60ms、15Hz 分频均方根振幅图（2009 年）

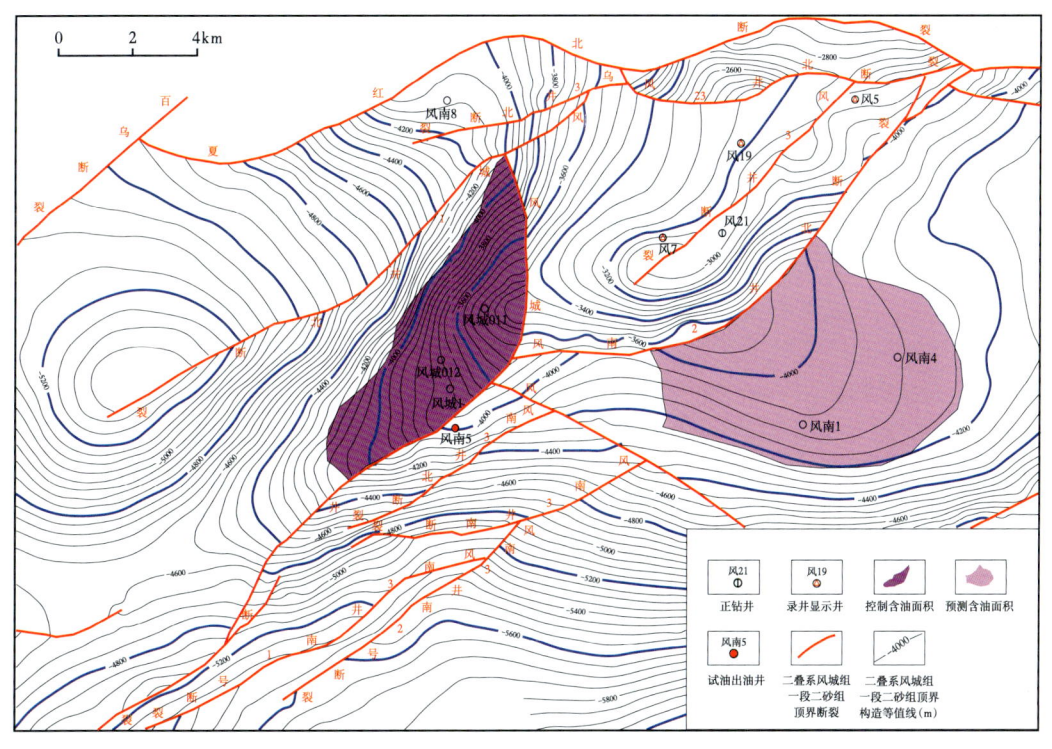

图 1-23 风城地区风城组井位部署图（2010 年）

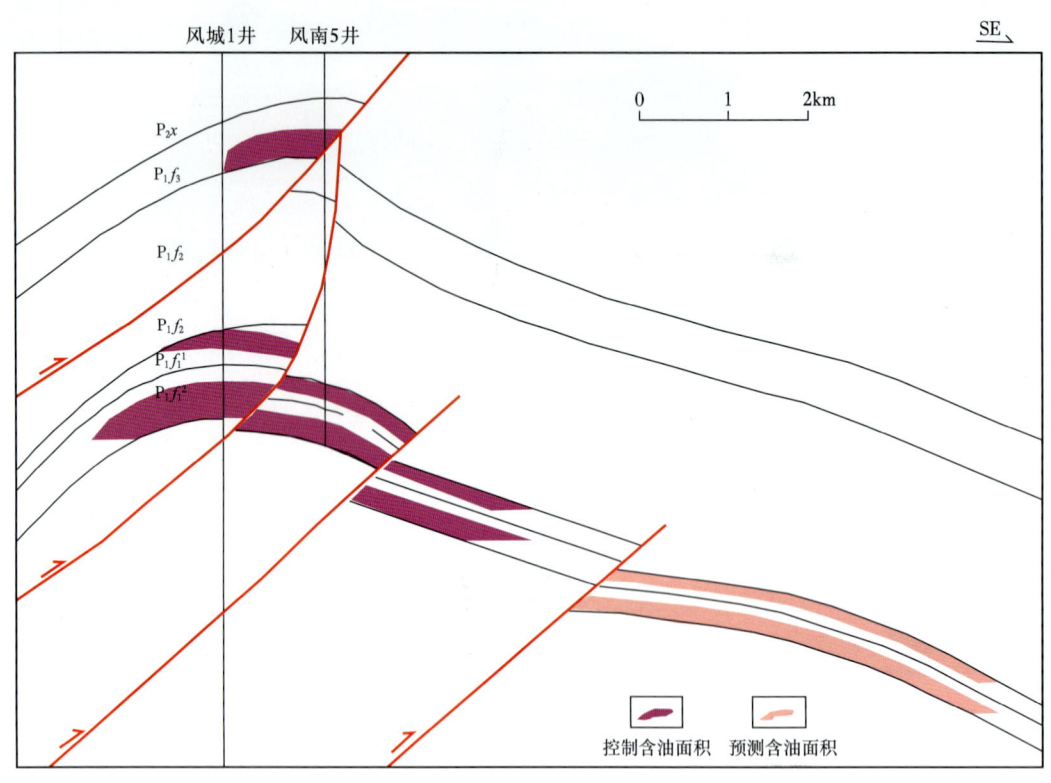

图 1-24 过风城 1 井—风南 5 井风城组一段油藏剖面图（2010 年）

层厚度大，产量高，普遍含气，为目前西北缘重要高产层系之一，其油气藏是西北缘重要高效开发区块。根据已钻井资料分析，风城组油气显示活跃，所有井均见大段连续荧光显示和气测异常，最厚超过千米的连续荧光显示，平面上在玛南地区到玛北地区均有分布，依据其岩电关系风城组具有明显的三段特征，已发现的油藏在风城组一段、二段和三段中均有分布。白云质岩、火山岩、砂砾岩三类储层都是优质储集体，已发现的油藏有砂砾岩油藏（八区风城组油藏）、火山岩油藏（夏 72 井区风城组油藏）、白云质岩类油藏（风 3 井区、风 5 井区、风城 1 井区、风南 5 井区风城组油藏），均为高产油藏。其中云质岩储层形成于陆源物质供给较少的清水、静水、咸化的潟湖环境，平面分布与碎屑岩沉积体系呈相互消长和互为补充的关系，主要分布于碎屑物质供给的较少的扇间区和湖泊中心（图 1-25）。白云质岩类储层主要为云质粉砂岩和泥质云岩，为双重孔隙介质型储层，溶孔与裂缝的发育程度和配置关系决定了产能高低。断裂与鼻隆带有着明显的成因关系，断裂不仅控制着构造的发育（图 1-26），同时控制着油气的运聚和富集，油气受构造和岩相的控制沿鼻隆带富集，油藏类型多样（图 1-27），表现为背斜带含油、断裂控油、断裂下盘岩性含油、洼中隆含油等多种油气运聚特征。

基于以上勘探启示，认为风城组下一步的勘探方向应加快鼻隆带的探索。借助新的三维地震资料，发现了与乌尔禾鼻隆对称分布的百口泉鼻隆（图 1-28），勘探程度低，潜力巨大，是拓展白云质岩类风险勘探的首选新领域。

第一章 准噶尔盆地玛湖凹陷风城组发现第二个10亿吨级大油区——全油气系统理论的实践

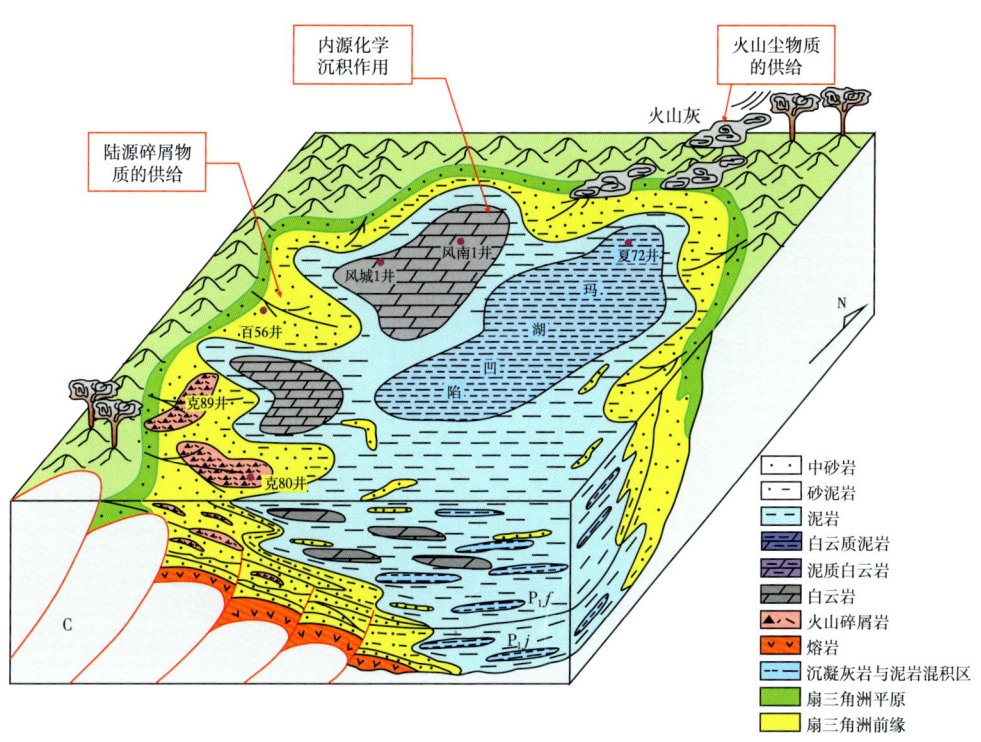

图1-25 准噶尔盆地西北缘风城组云质岩类内源和外源混合沉积模式（2009年）

图1-26 准噶尔盆地西北缘风城组顶界2912ms时间切片（2009年）

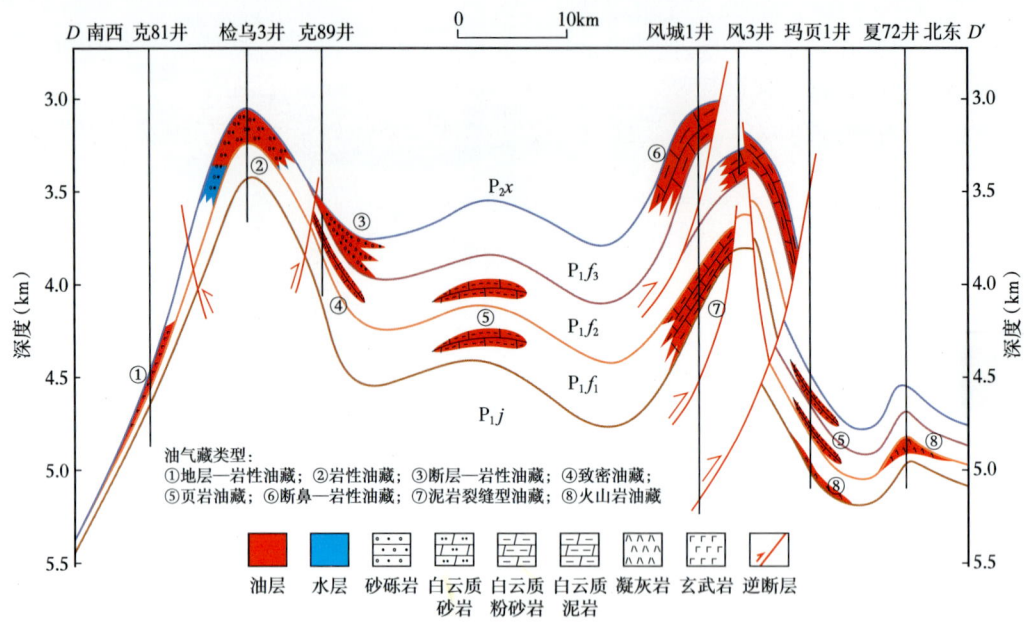

图 1-27　玛湖凹陷风城组油藏类型模式图

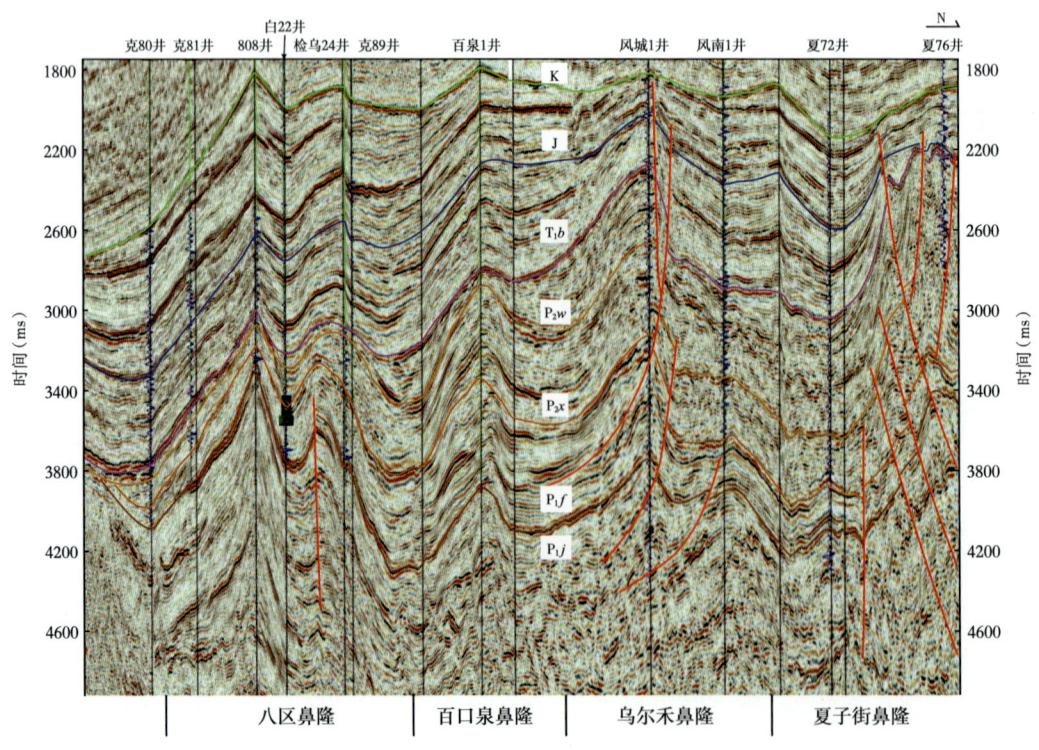

图 1-28　西北缘地震构造解释剖面（2009 年）

第一章　准噶尔盆地玛湖凹陷风城组发现第二个 10 亿吨级大油区——全油气系统理论的实践

2）地震预测云质储层，百泉 1 井未获成功

为落实风城组一段白云质岩类的勘探潜力，类比风城 1 井区地震属性，预测百口泉鼻隆云质岩类储层发育，按照构造—岩性的目标于 2009 年部署上钻了百泉 1 井（图 1-29）。部署井百泉 1 井与检乌 24 井、风城 1 井波组特征相似，推测风城组一段发育云质岩类储层。

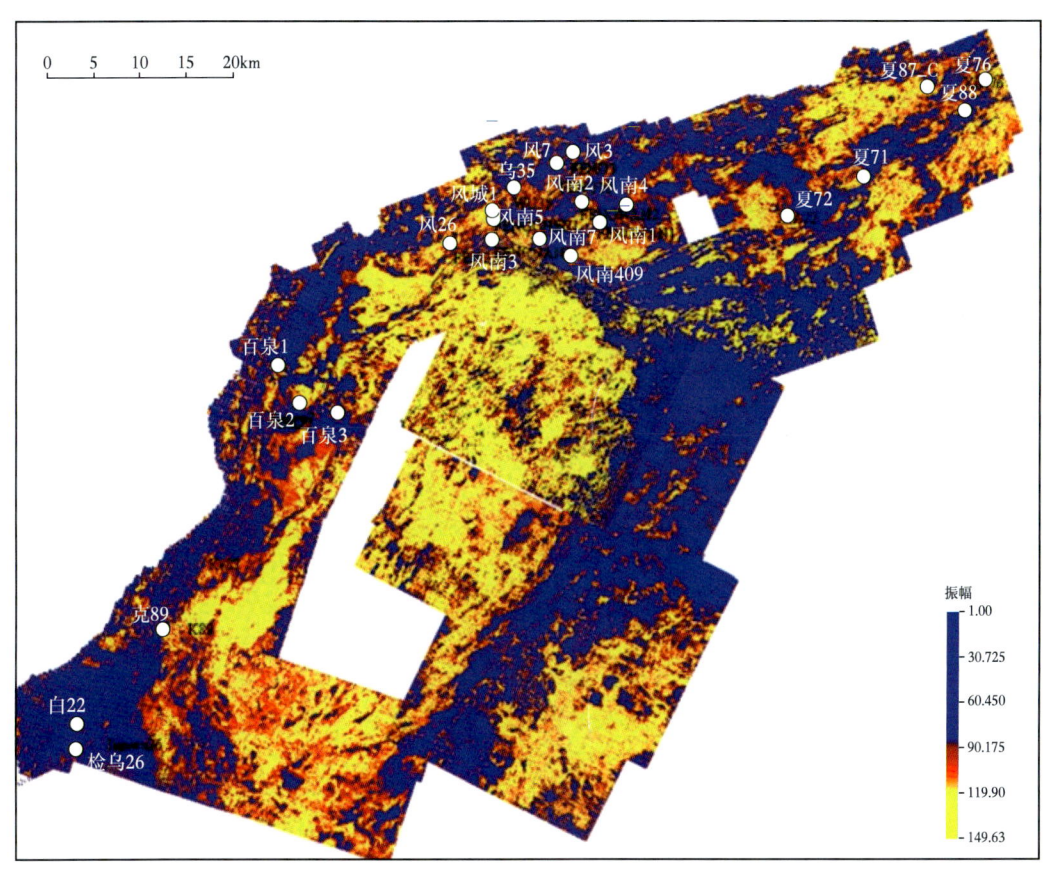

图 1-29　准噶尔盆地西北缘二叠系风城组底部最大峰值振幅属性平面图（2009 年）

百泉 1 井钻揭风城组厚度 1757m，油气纵向显示厚度 900m，底部风城组一段为云质粉砂岩、云质泥岩互层，中部风城组二段白云质砂砾岩，顶部风城组三段为巨厚致密砾岩，纵向呈现反旋回沉积特征（图 1-30）。

百泉 1 井风城组试油 3 层均未获得突破，其中风城组一段试油两层，小规模压裂改造获低产油流，风城组三段云质砂砾岩未经压裂，射孔即见油，但试油效果不理想，井口返出物显示原油乳化严重。百泉 1 井钻遇近千米油气显示，试油却未获得突破，分析原因认为风城组储层致密，孔隙度普遍小于 5%，渗透率普遍小于 0.05mD，并且微裂缝欠发育（图 1-31）；储层含碱性（碳酸钠钙石等）矿物，常规瓜尔胶压裂液进入地层后破胶不彻底，原油乳化阻塞井筒，产量提升困难。另外，风城组二段和风城组三段是连续超过千米的巨厚砂砾岩，风城组一段以白云质砂岩为主，没有形成有效的储盖组合，导致油气充注度低。

— 25 —

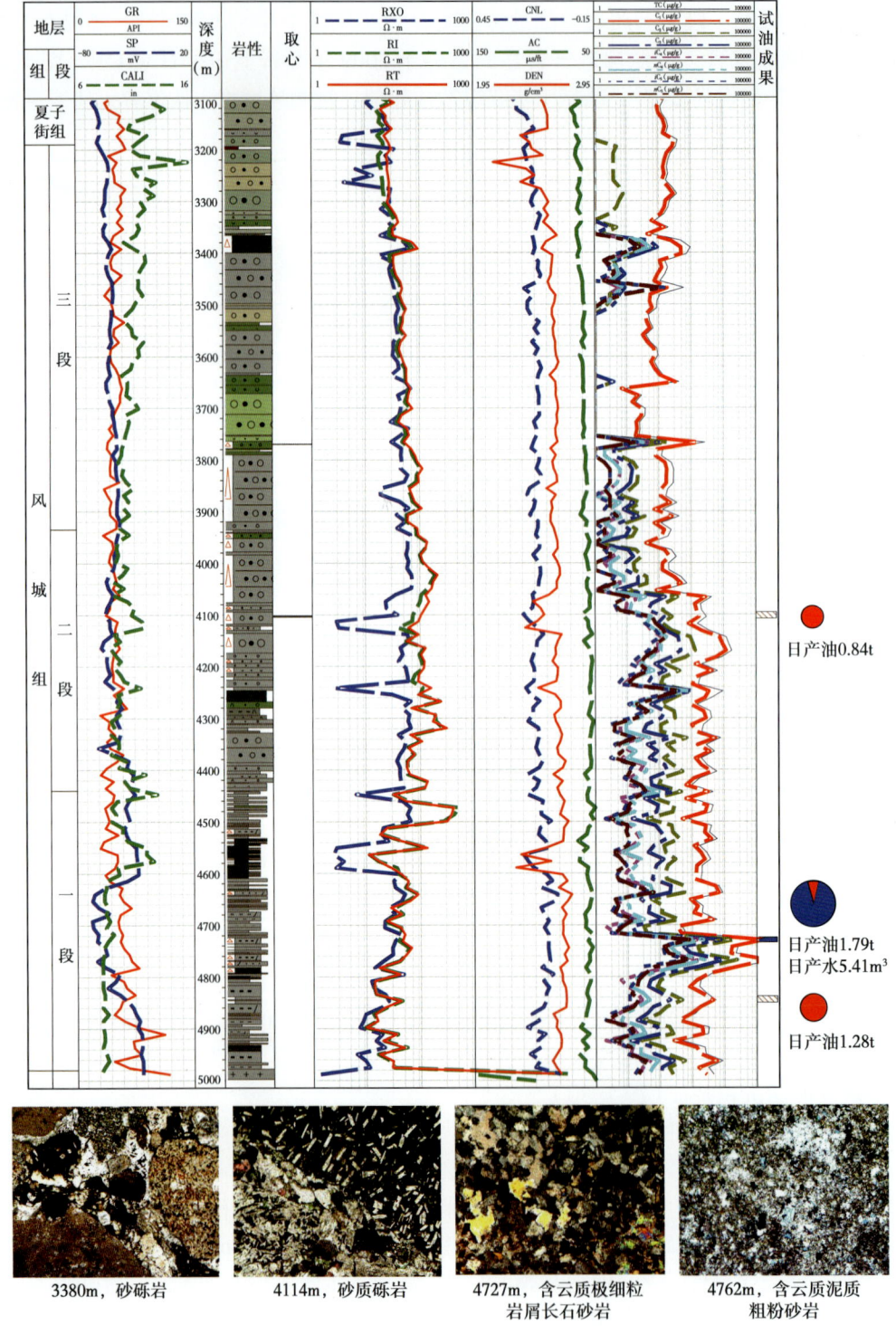

图1-30 百泉1井风城组综合柱状图及其岩性特征

第一章 准噶尔盆地玛湖凹陷风城组发现第二个 10 亿吨级大油区——全油气系统理论的实践

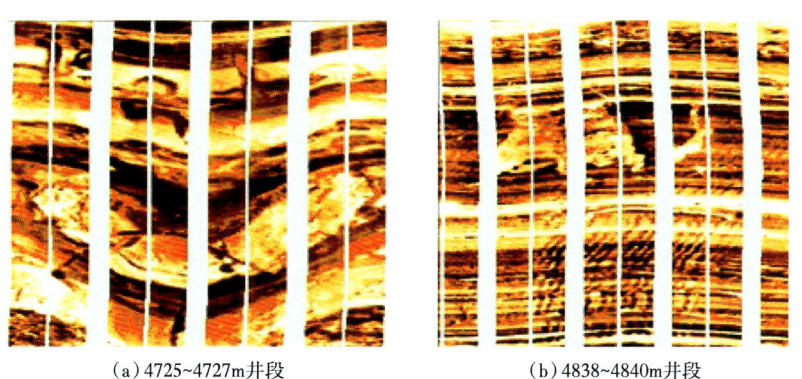

(a) 4725~4727m 井段　　　　　　(b) 4838~4840m 井段

图 1-31　百泉 1 井二叠系风城组 4725~4727m（a）、4838~4840m（b）井段成像测井图

3) 储层预测出偏差，艾克 1 井无功返

根据风城 1 井、风南 5 井及百泉 1 井等的钻探结果，总结成藏地质因素和高产因素，进一步深化玛西—玛北风城组云质岩领域的研究，认为云质类储层平面分布广（图 1-32），相对远离西部物源区及风城组一段厚度大的位置是云质岩发育区，云质岩厚度比例大，故应跳出鼻凸带，向斜坡区寻找有利储层。对比百泉 1 井、风南 5 井与风南 4 井风城组储盖发育情况可见（图 1-33），3 口井风城组一段均发育有效储层，其中风南 5 井风城组二段主要为膏质砂岩与云质泥岩互层，风南 4 井风城组二段主要为泥质云岩夹云质泥岩，均可作为有效直接盖层，但百泉 1 井风城组二段主要为砂砾岩，风城组一段云质砂岩之上缺少有效盖层是其钻探失利的主要原因之一，所以勘探领域优选必须重点考虑风城组一段云质岩与风城组二段膏岩纵向叠置发育区。另外从风城 1 井区的勘探结果来看，云质岩厚度大，断裂带附近的裂缝发育区为油气富聚区，裂缝发育是高产的前提，井位部署要首选断裂带附近裂缝发育区。

基于上述认识，2010 年通过风城 1 井及风南 5 井风城组精细标定，发现在地震剖面上盐岩盖层与云质岩储层之间为一强反射，其内部均为杂乱反射，连续性较差。根据已建立的井震响应模式，以地震特征识别的方法分别对风城组一段云质岩及风城组二段盐岩顶底进行了剖面追踪对比，并形成相应的叠合面积图（图 1-34）以指导井位部署。利用小波尺度积边缘检测、广义希尔伯特变换、曲率分析等裂缝检测等方法对乌夏断裂带风城地区风城组一段底开展裂缝检测，检测结果该区与风城 1 井、风南 5 井区类似，位于裂缝发育区（图 1-34），对云质岩储集性能有很好的改善。因此，优选了风城组一段有利云质岩储层、风城组二段膏质岩盖层及裂缝发育区的相互叠置区部署了艾克 1 井，成为跳出鼻凸构造带走向斜坡区的第一口风险探井，且埋深进入 4500m 以深的深层领域。

艾克 1 井钻探结果表明其风城组以一套细粒沉积为主，风城组一段未钻遇云质岩有利储层，物性相对较差，裂缝发育；在风城组三段顶部砂砾岩段 4594~4688m 试油，试油结果为水层，在夏子街组砂砾岩段 4520~4532m 试油，试油结果为水层（见油）。结合录井、常规测井和 FMI 成像测井资料综合分析认为，由于过于靠近深大断裂，风城组三段顶部砂岩与上部夏子街组底部砂砾岩（水层）之间存在较大的直劈裂缝，压裂后两层沟通，导致该井风城组试油为水层（见油）。艾克 1 井的失利直接影响了该区大规模的风城组勘探拓展工作，与此同时，斜坡区三叠系百口泉组多点开花，勘探主要工作量转向了百口泉组砾岩大油区（唐勇等，2019）。

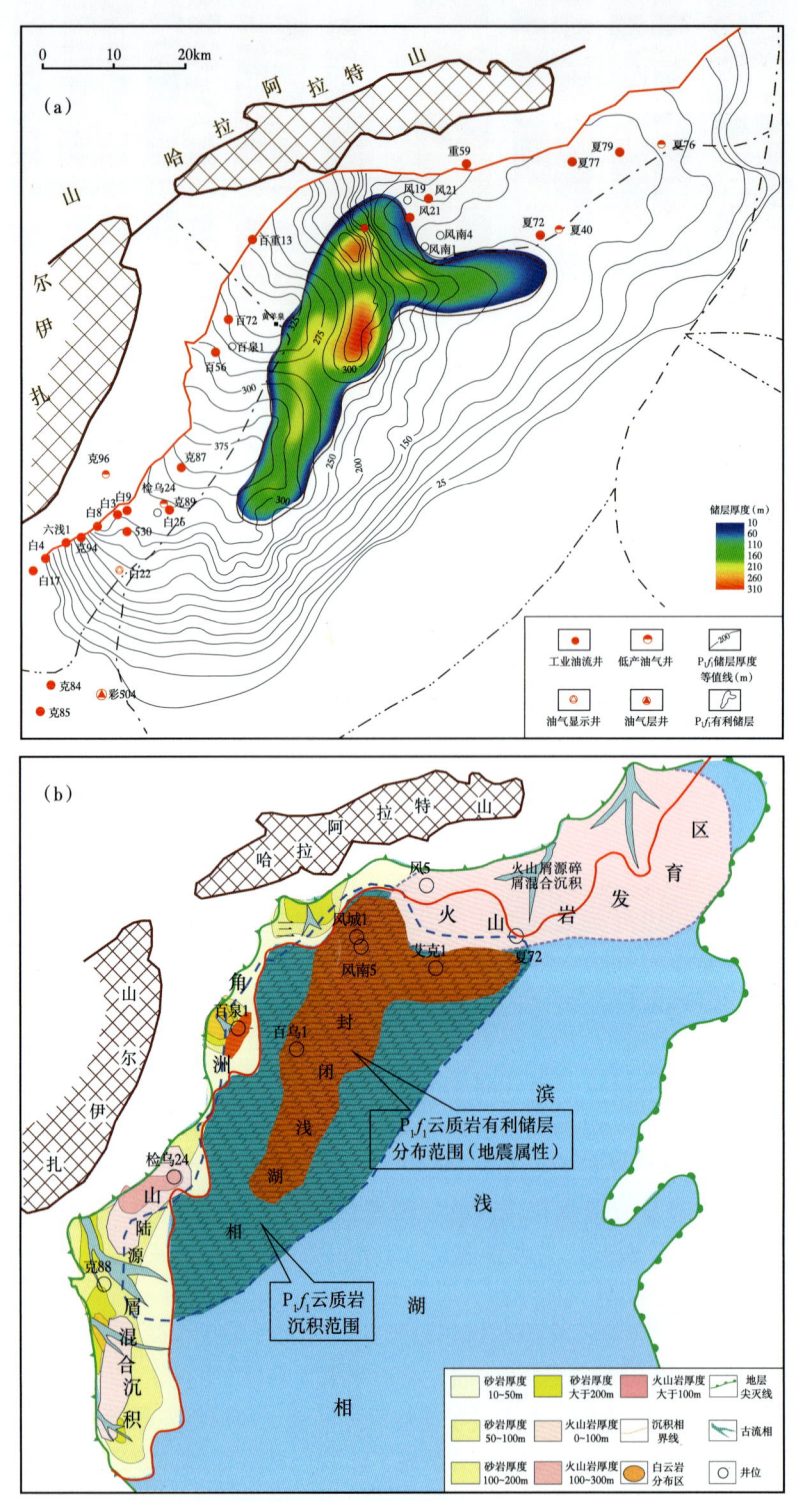

图 1-32 西北缘二叠系风城组一段储层厚度图（a）与沉积体系图（b；2010 年）

第一章 准噶尔盆地玛湖凹陷风城组发现第二个10亿吨级大油区——全油气系统理论的实践

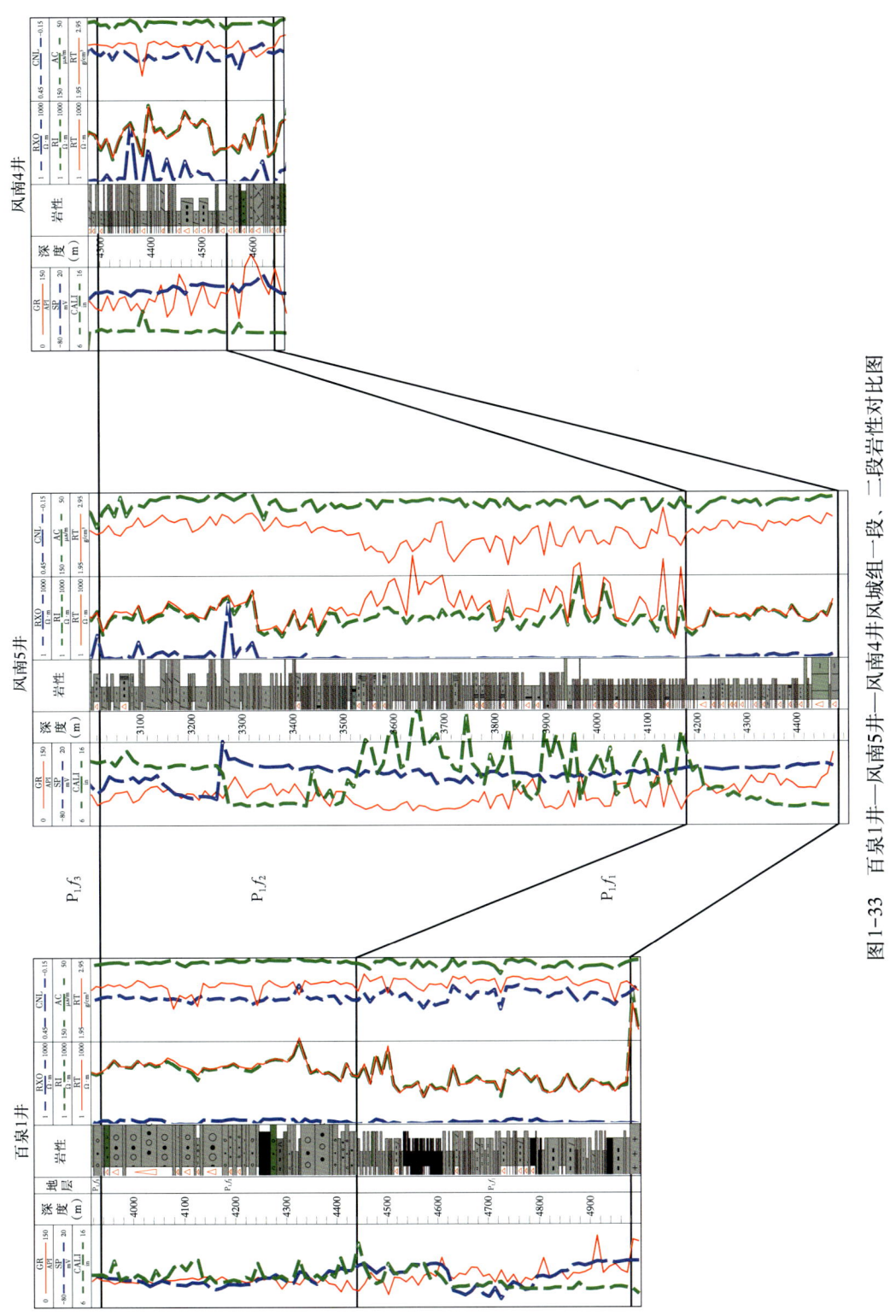

图1-33 百泉1井—风南5井—风南4井风城组一段、二段岩性对比图

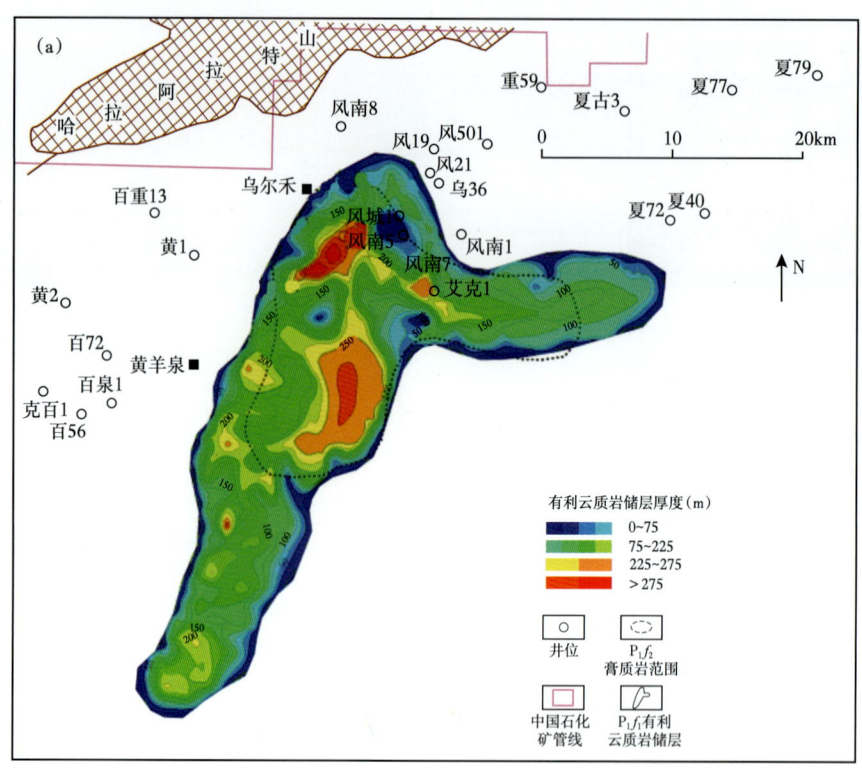

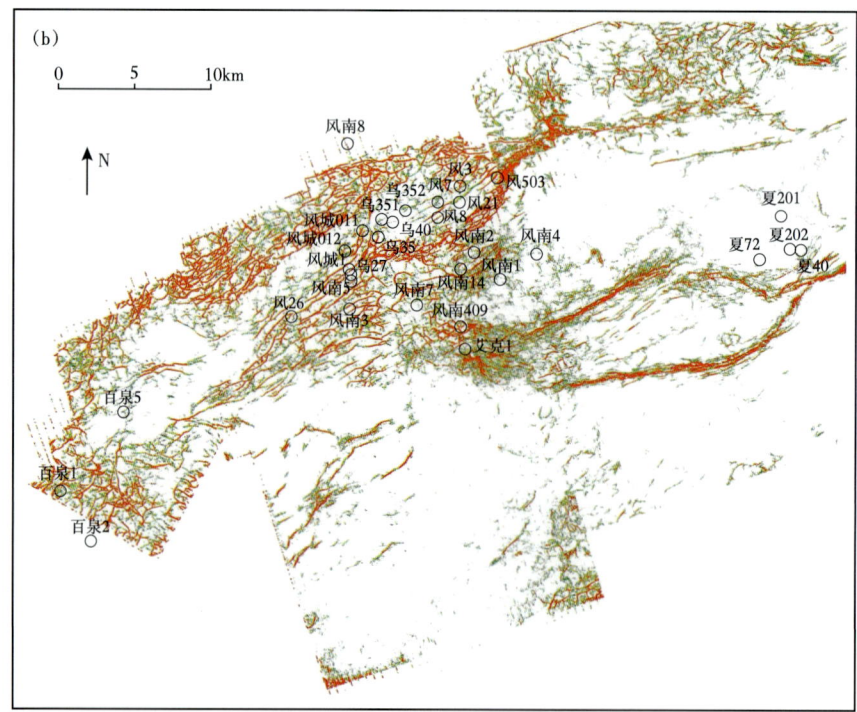

图 1-34 风城组一段有利云质岩储层与风城组二段膏质岩叠合面积分布图（a）及裂缝发育区预测图（b；2010 年）

3. 刻画地层尖灭线，玛南地层型油藏现

1）二叠系逐层尖灭，风城组兼探获高产

2011年以后，风城组以滚动扩边及兼探为主。利用中拐五八区连片三维进行精细构造解释，对二叠系尖灭线和断裂进行精细刻画，结合成藏模式分析，认为白25井区发育的主要断裂（256井西断裂）控制了断裂下盘二叠系油藏的展布（图1-35），油藏与油藏之间主要受扇（砂）体控制。

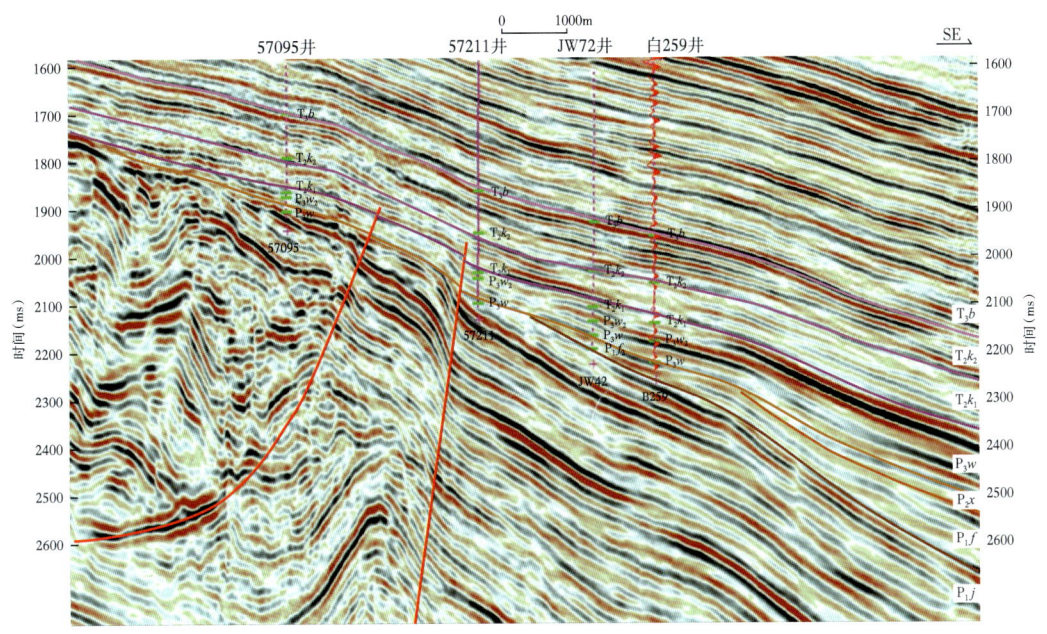

图1-35 过57095井—57211井—JW42井—白259井地震地质解释剖面（2015年）

基于新认识，对该区白251井区（风城组）、白255井区（上乌尔禾组）、白258井区（上乌尔禾组）3个二叠系油藏进行了整体部署，共部署评价井10口（白251井—白260井），其中白251井风城组在2836.0~2856.0m井段试油，压裂后用3.0mm油嘴日产油25.02t，日产气3020m³，日产水7.28m³。分析认为白251井区风城组为扇三角洲平原辫状河道沉积，岩性主要为砂砾岩，储集空间类型以次生溶蚀孔为主。并于2015年落实白251井区油藏，油藏类型为带底水的地层—构造油藏（图1-36），提交探明储量1312×10^4t。

2）老井复查获突破，水区之下现油流

正值百口泉组大面积准连续油藏全面突破时期，新疆油田依然坚持风城组探索，尤其玛南斜坡是油气运移的主要指向，油源十分丰富，是二叠系有利成藏组合带。此外，新的地震资料清晰地显示了玛南五八区上倾方向二叠系均受到了不同程度的剥蚀（图1-37），表现为朝上倾方向逐渐尖灭的特征，沿尖灭线下倾方向是形成不整合地层圈闭油气藏的有利地区。并且克81井区周边多井出油，证实已成藏，认为风城组具备形成大型断层地层目标的有利条件。

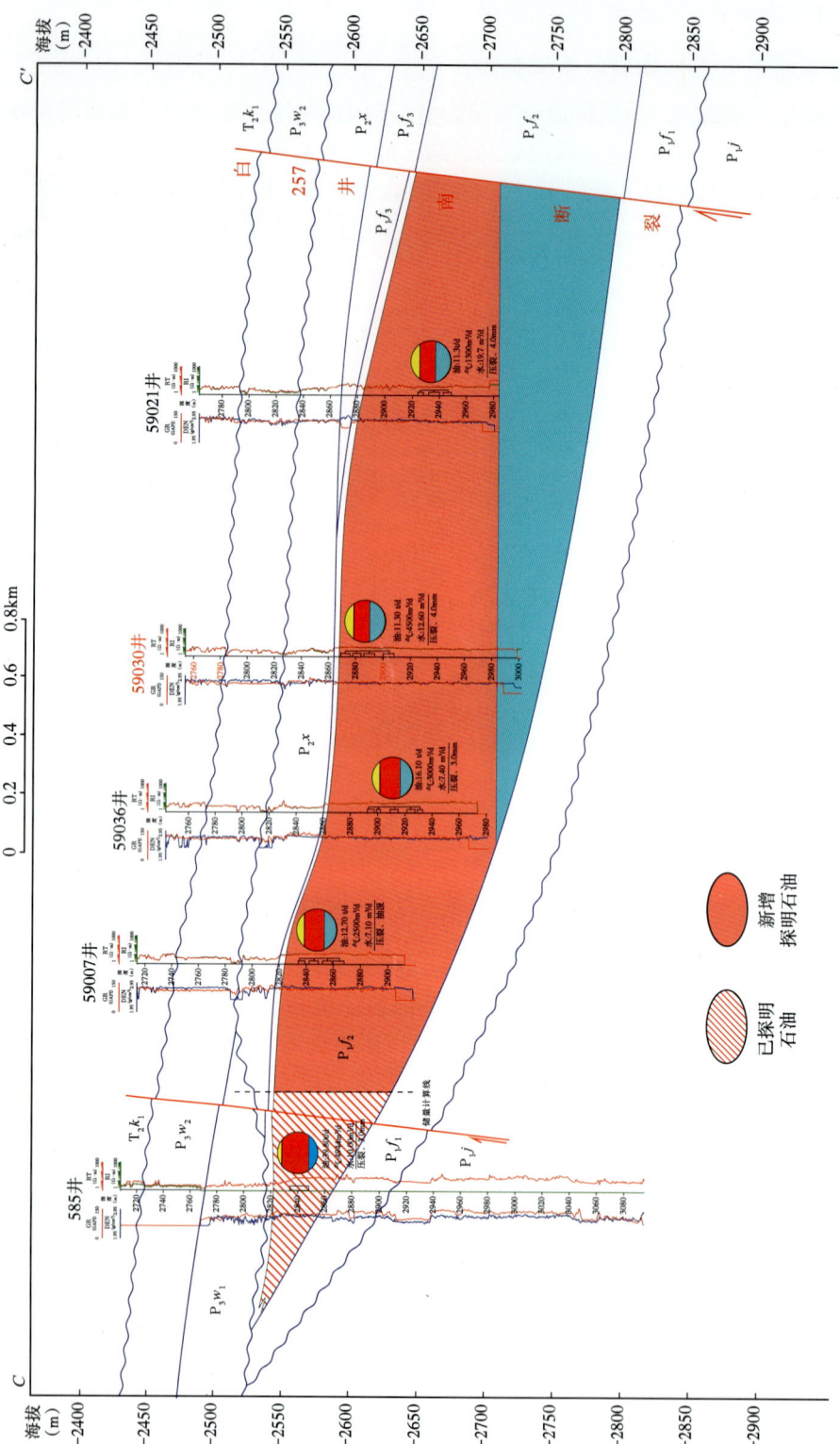

图1-36 过585井—59007井—59036井—59030井—59021井二叠系风城组油藏剖面图（2015年）

第一章 准噶尔盆地玛湖凹陷风城组发现第二个10亿吨级大油区——全油气系统理论的实践

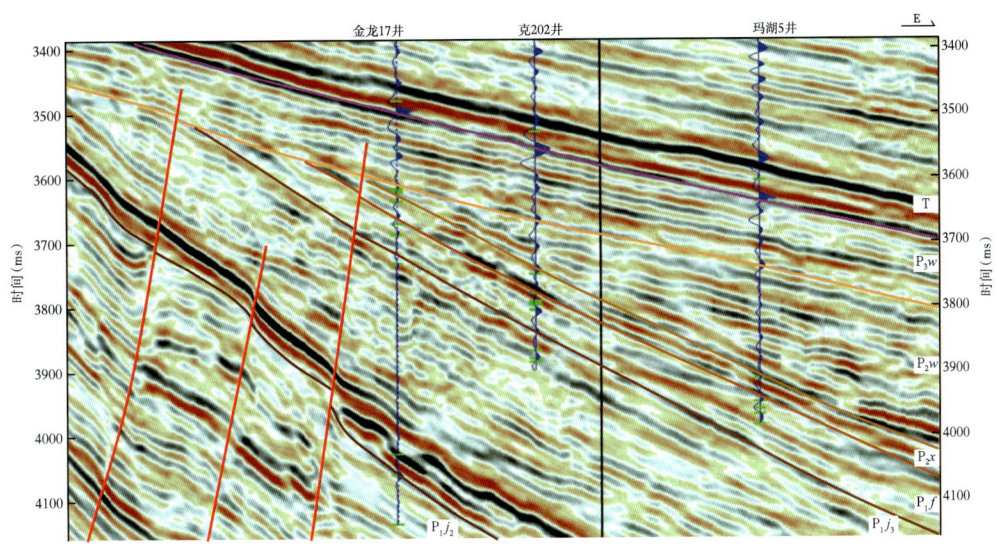

图1-37 过金龙17井—玛湖5井地震地质解释剖面

基于上述认识，2014年8月对玛南斜坡开展老井复查，发现了早期部署的克81井风城组除了火山岩储层外，还存在油气显示较好的砂砾岩储层，但是前期钻探结果和地质研究认为，八区砂砾岩油藏的构造低部位是水层，认为克81井风城组的砂砾岩储层是水层的可能性较大，未引起重视。该井风城组钻井取心、岩屑录井和气测录井均见良好显示，取获油斑级岩心，测井重新解释油层13层27.55m，对3927~3995m井段恢复试油，用3mm油嘴日产油10.15t。为落实克81井区块二叠系风城组砂砾岩油藏产能及储层展布特征，2014年在克81井上倾方向部署克811井，试油获日产油9.31t，日产气3730m³。2015年完钻的金龙17井在风城组二段试油获日产油8.5t，日产气5150m³。根据构造解释、储层研究、试油成果等资料综合分析认为，克81井区块二叠系风城组油藏为受地层尖灭线和断裂共同控制的构造地层油藏（图1-38），2015年申报克81井区块二叠系风城组预测石油地质储量4415×10⁴t。一举打破八区之下是水带的认识，坚定了八区之下找"八区"的决心。

三、凹陷区非常规油气藏勘探阶段——全油气系统首添实例（2017年至今）

随着克81井风城组砂砾岩获得突破，在中国石油天然气股份有限公司"玛湖—盆1井西凹陷三叠系—二叠系规模效益油藏目标评价"专项支撑下，结合前期勘探成果，重新认识风城组沉积体系，风城组发育进积型反旋回沉积序列，碎屑岩与白云质岩在时空上表现为"消长互补，有序共生"特点，断裂带为冲积扇—扇三角洲内前缘厚层砂砾岩、斜坡区为扇三角洲前缘—湖相块状白云质砂岩夹薄层泥岩、凹陷区广泛分布着滨浅湖相—深湖相厚层白云质泥页岩。同时，受非常规油气勘探热潮的影响（邹才能等，2012；贾承造等，2012），以及贾承造（2017）、邹才能等（2014）常规—非常规油气有序共生的全油气系统概念的启发，认识到风城组受相序的影响应该存在常规油藏—非常规油藏有序共生的成藏模式，可能存在源内全油气系统。因此，2017年伊始，新疆油田率先在风城组按照"源储耦合，有序聚集"的全油气系统成藏模式（图1-39）开展综合勘探部署工作。

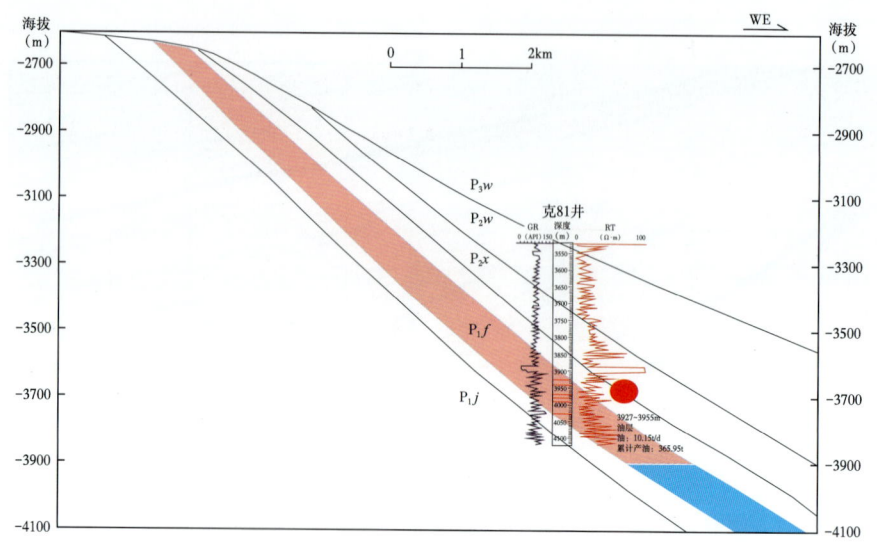

图 1-38 过克 81—金龙 17 井二叠系风城组油藏剖面图（2015 年）

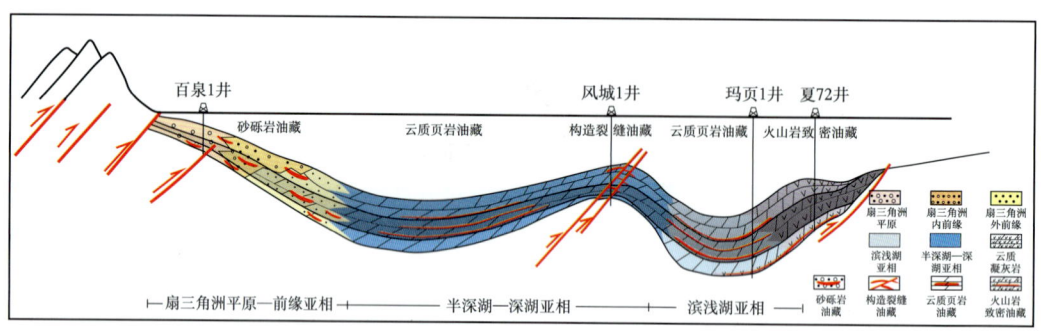

图 1-39 玛湖凹陷风城组全油气系统成藏模式示意图

1. 新三维助力近凹勘探，水带下致密油获突破

1）深化成藏认识，寻求突破思路

风城组早期发现的油藏基本都是常规油藏，以玛湖凹陷南部八区砾岩油藏的发现为典型代表。目前发现了构造—岩性油藏和地层—岩性油藏两类（图 1-41），前者主要受构造控制，后者受不整合结构控制。从发现来看，以逆冲断裂或超覆尖灭带发育的近物源区砂砾岩油藏最为普遍，埋深普遍小于 4500m，分布相对局限，整体油藏开发效果较好，采收率可以达到 27%。常规油藏主要表现为：（1）具有明显圈闭外形，受断裂、储层、盖层控制形成不同类型圈闭，油气于圈闭中聚集，油藏之间不连续，相互独立，边界特征明显；（2）浮力成藏为主，常规储层物性相对较好，油气在储层中受到的毛细管阻力较小，普遍表现为浮力成藏，高部位聚集的特点，油水分异作用明显，如图 1-40（a）中 50028 井—白 25 井油藏；（3）源储分离，需要借助断裂、不整合、砂体等优势运移通道，经过油气的二次运移调整聚集，在高部位圈闭聚集成藏。此外，还有一类发育于玛湖凹陷北部风城 1 井区构造控制下的泥岩裂缝型油藏，其储层岩性为白云质泥页岩，本身为优质烃源岩，但受到区域构造

第一章 准噶尔盆地玛湖凹陷风城组发现第二个10亿吨级大油区——全油气系统理论的实践

运动的挤压形成鼻状构造，在鼻状构造轴部附近及大断裂附近的应力集中区形成微裂缝发育带，造就了致密泥岩背景下以裂缝为主的油气储集空间，受到浮力作用，高部位大尺度裂缝中聚集成藏［图1-40（b）］，这类油藏试油过程中往往初期产油量较高，但产量递减快，后期稳产能力相对差。此时，提出一个假设，沉积粒度更细的凹陷区、也是烃源灶发育区，是否具备勘探潜力？如果具备，埋深已超过4000m，是否能够获得效益规模储量？

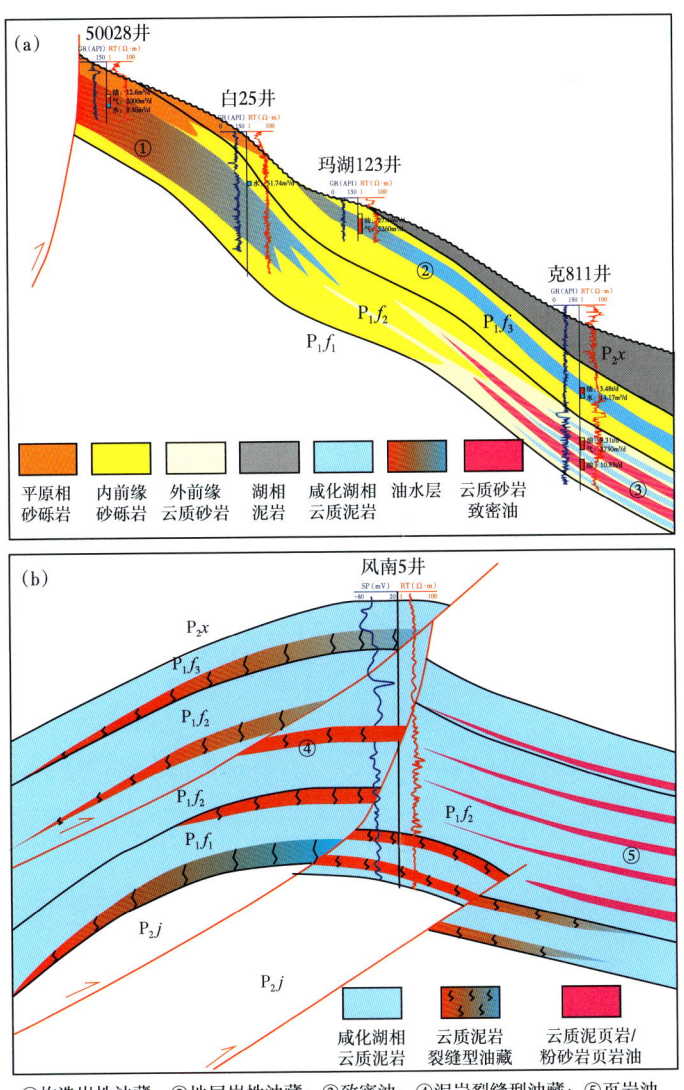

图1-40 玛湖凹陷风城组典型常规油藏模式图

①构造岩性油藏；②地层岩性油藏；③致密油；④泥岩裂缝型油藏；⑤页岩油

2）新三维建立新模式，发现坡下勘探潜力

为探索玛南斜坡区克拉玛依扇坡折之下三叠系百口泉组有利前缘相带的含油气性，扩大该区的勘探领域，同时兼顾拓展凹陷区二叠系勘探潜力，2017年部署玛湖1井南三维地震，主要勘探目的层为三叠系百口泉组、二叠系上乌尔禾组、下乌尔禾组，围绕玛湖凹陷多层系开展立体勘探（图1-41）。

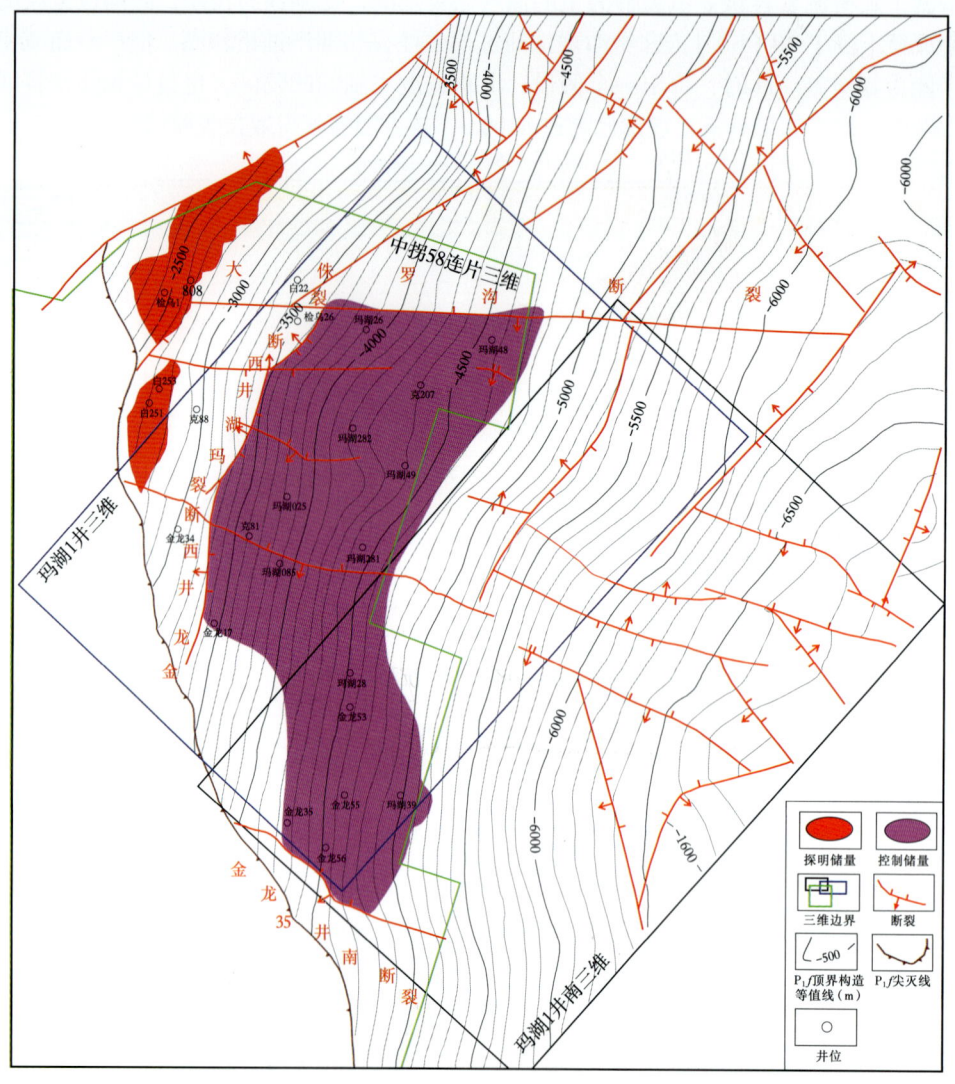

图1-41 玛南斜坡二叠系风城组勘探程度图

克81井风城组恢复试油获得突破的同时，也带来了新的疑问，为什么斜坡区高部位以油水同出为主，存在明显的水带，而水带下克81井获得纯油流？为解决这一疑虑，明确该区的油水分布规律，利用新部署的玛湖1井区三维及玛湖1井南三维和新钻井资料，风城组地震反射特征更加清晰，重新对风城组开展了地层展布、断裂组合、沉积体系分布等系统研究，结果表明，斜坡区高部位发育冲积扇和扇三角洲平原块状砂砾岩，坡下扇三角洲前缘相和外前缘相砂泥互层结构砂体广泛发育（图1-42）。发育北东—南西向坡折断裂，起到上倾遮挡作用，形成了一系列断层—岩性圈闭和岩性圈闭群，同时紧邻风城组烃源岩中心，油气充注度更高，成藏条件非常有利。建立湖侵背景多期砂体退覆成藏新模式（图1-43），风城组一段、二段发育水进退覆沉积，斜坡区形成多期互层状连片砂岩，不同于高部位块状砾岩；风城组三段表现为水退砂进，陆源碎屑供给充足，形成块状砾岩，紧邻中二叠统泥岩盖层，形成有利储盖组合。综合分析认为，玛南斜坡坡下风城组具备发育岩性油藏群的地质条件，推测在水带之下发育一套主要受岩性控制的含油气系统，具有良好的勘探潜力。

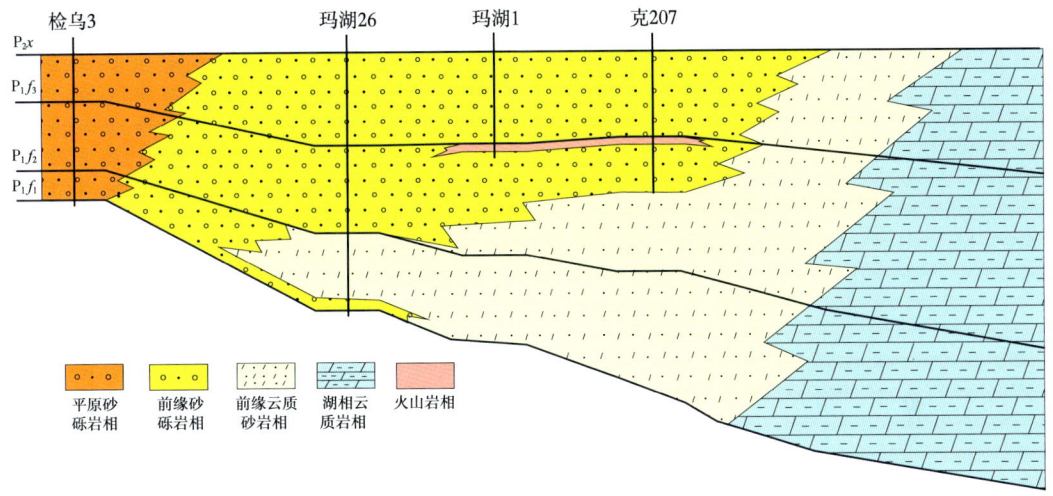

图1-42 玛南地区风城组沉积相剖面图

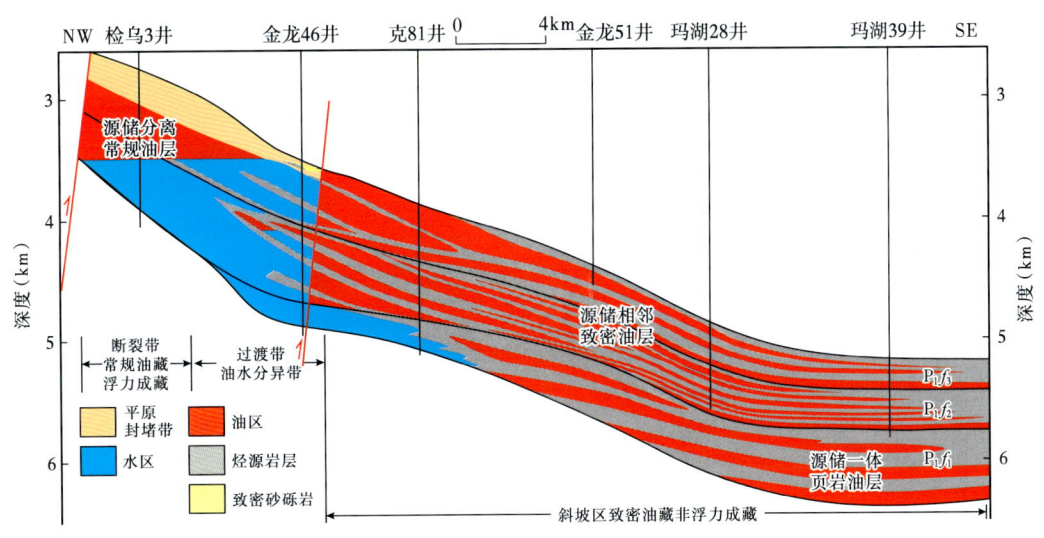

图1-43 玛南斜坡风城组油气成藏模式图

3）水带之下再拓展，致密储层获突破

在湖侵背景多期砂体退覆成藏新模式的指导下，玛南风城组整体布控（图1-44），多井获突破。2017年在玛南斜坡区克81井下倾方向部署上钻金龙35井，在风城组三段砂砾岩储层4506~4532m试油，用5mm油嘴，获日产油15.67t，日产气8450m³，累计产油

206.99t,从而发现了克81井区块风城组三段砂砾岩油藏。之后沿着该带又相继部署了金龙51井、克205井等均获油流,落实了水带之下连续型致密油(贾承造等,2021)的存在。风城组三段储层岩性主要为灰色砂砾岩、含砾砂岩,平均孔隙度7.13%,平均渗透率0.74mD,为特低孔、特低渗储层。

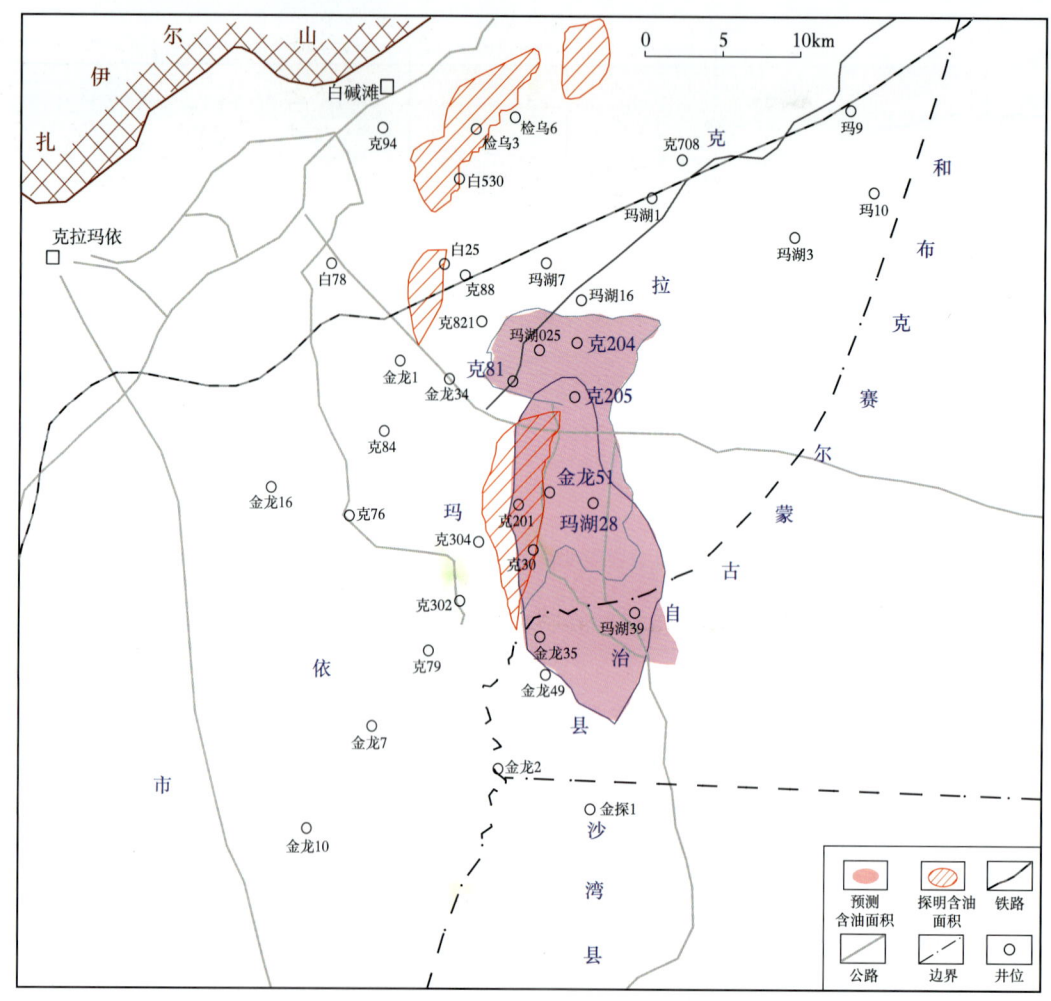

图1-44 克81井区风城组井位部署图

为进一步扩大勘探成果,2019年向凹陷区甩开部署玛湖28井。借助新的地震资料,开展古地貌恢复工作,发现玛南地区两大沟槽控制南北两大物源沉积体系(图1-45),近源主槽以砂砾岩沉积为主,坡下白云化作用变强。玛湖28井靠近坡折带,风城组二段取心为厚层块状云质砂岩夹薄层云质泥岩互层(图1-46),其中灰黑色云质泥岩段TOC为1.22%~1.32%,表现为源储一体、储源比高的特征,在风城组二段4871~4962m试油,用5mm油嘴,最高日产油41.54m³,日产气4120m³,从而发现了玛湖28井区块风城组二段砂岩油藏。表现为储层厚(大于300m);全井见油气显示;储层物性差,平均孔隙度4.95%,平均渗透率0.07mD;油质轻(密度0.846g/cm³),含气(气油比236),压力高(压力系数

第一章 准噶尔盆地玛湖凹陷风城组发现第二个 10 亿吨级大油区——全油气系统理论的实践

1.5）的油藏特征。玛湖 28 井的突破进一步证实了凹陷区致密油的勘探潜力，成为盆地深层"进源"领域第一块整装油藏的发现井。

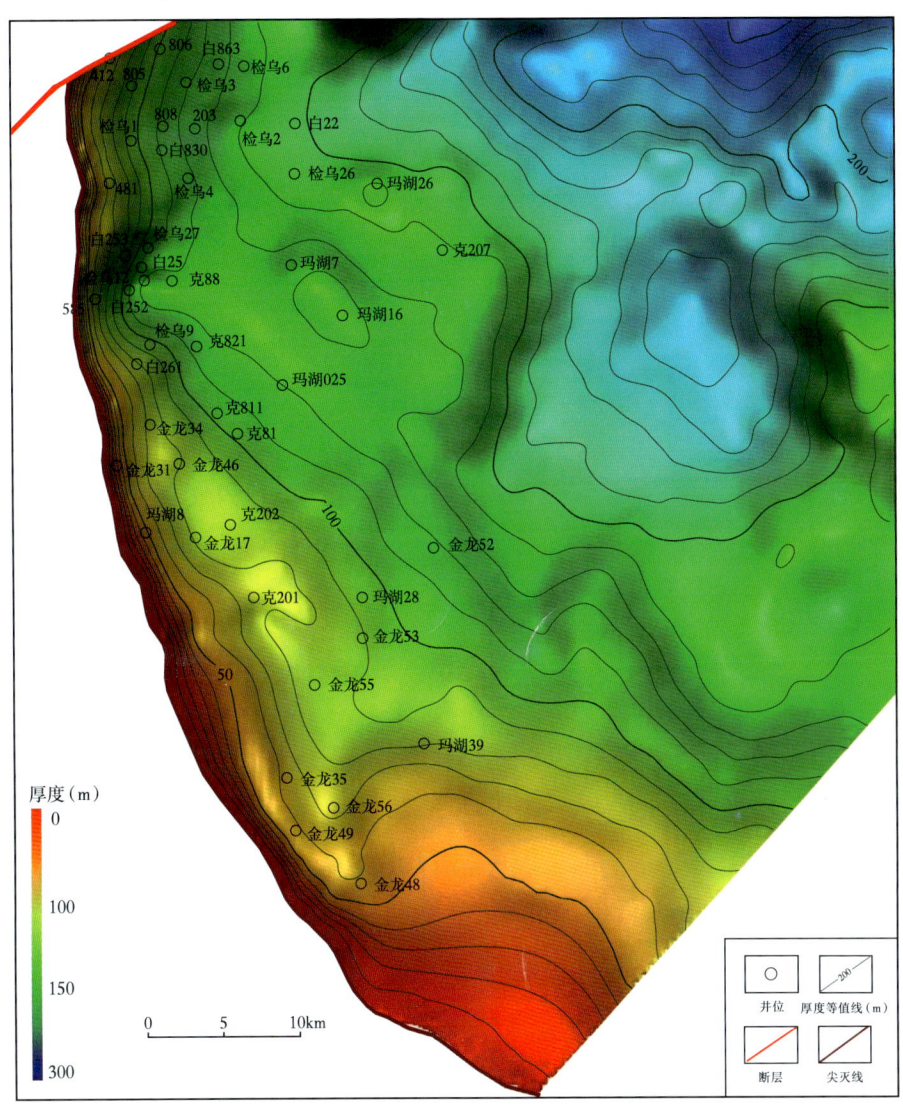

图 1-45 玛南地区二叠系风城组厚度图

4）探评产落实整装致密油藏，全油气系统实例揭序幕

为加快资源转化，新疆油田公司加快全面推进玛南地区风城组储量升级工作，整体部署 29 口井（预探井 6 口、评价井 22 口、开发水平井 1 口），分步实施，循序推进。2020 年外甩加评价落实含油面积 280.3km^2，提交控制石油地质储量 $2.20×10^8$t（图 1-47），形成盆地深层"进源"领域第一块整装油藏。克 207 井、玛湖 28 井、玛湖 39 井位于玛南斜坡区的坡下带，整体为东南倾的单斜，局部发育古隆起，南北向受大侏罗沟断裂带与克 81 井南断裂分割，东西向受玛湖 7 井西断裂与金龙 17 井西断裂将盆缘断裂带与斜坡区分隔，储层岩

性由凹陷边缘砂砾岩过渡为以砂岩、白云质砂岩为主，泥质含量降低，云质含量上升，岩性横向与纵向的有序变化与断裂的侧向封堵，形成准连续型致密油区。

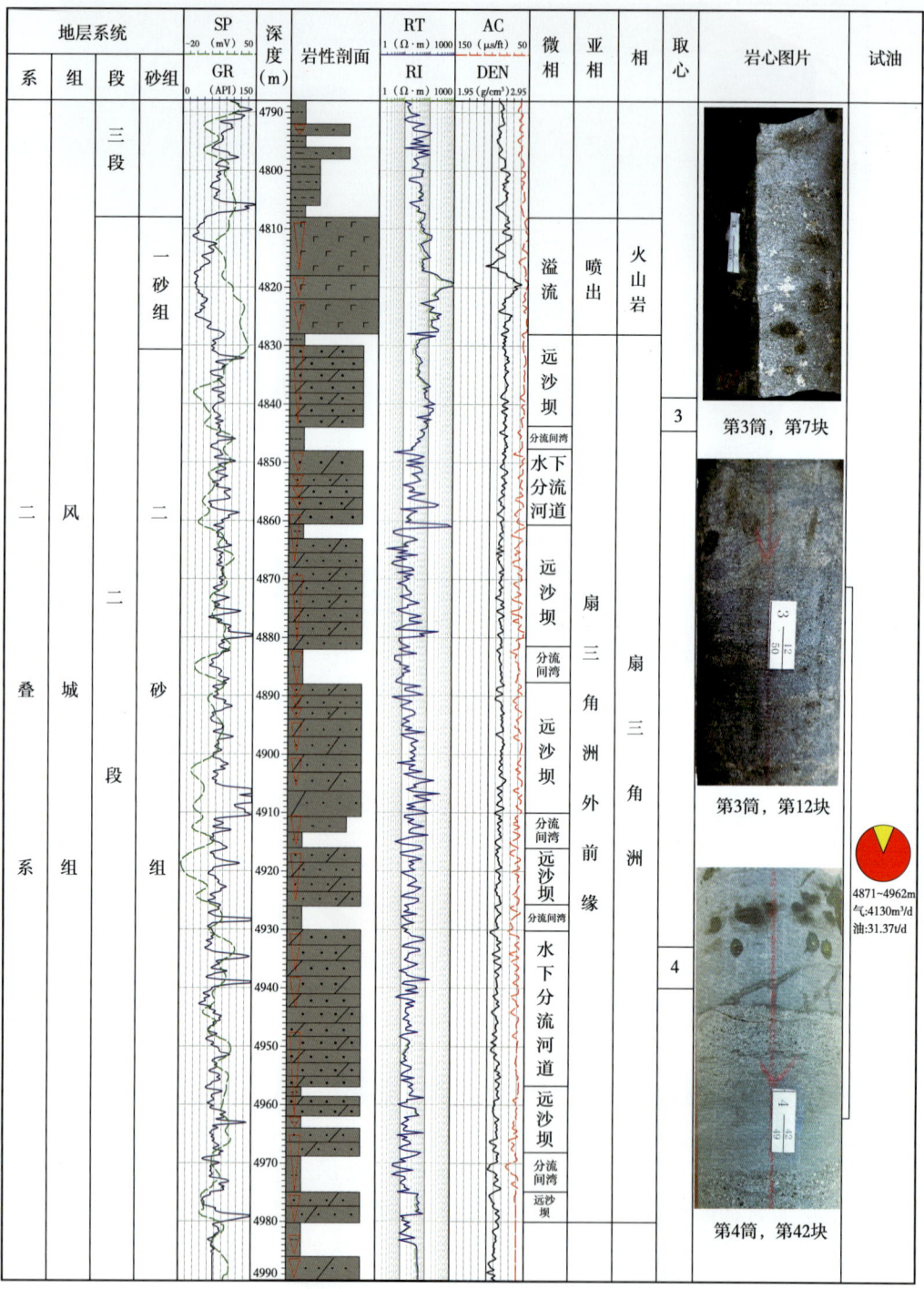

图 1-46　玛湖 28 井风城组二段综合柱状图及岩性特征

第一章 准噶尔盆地玛湖凹陷风城组发现第二个10亿吨级大油区——全油气系统理论的实践

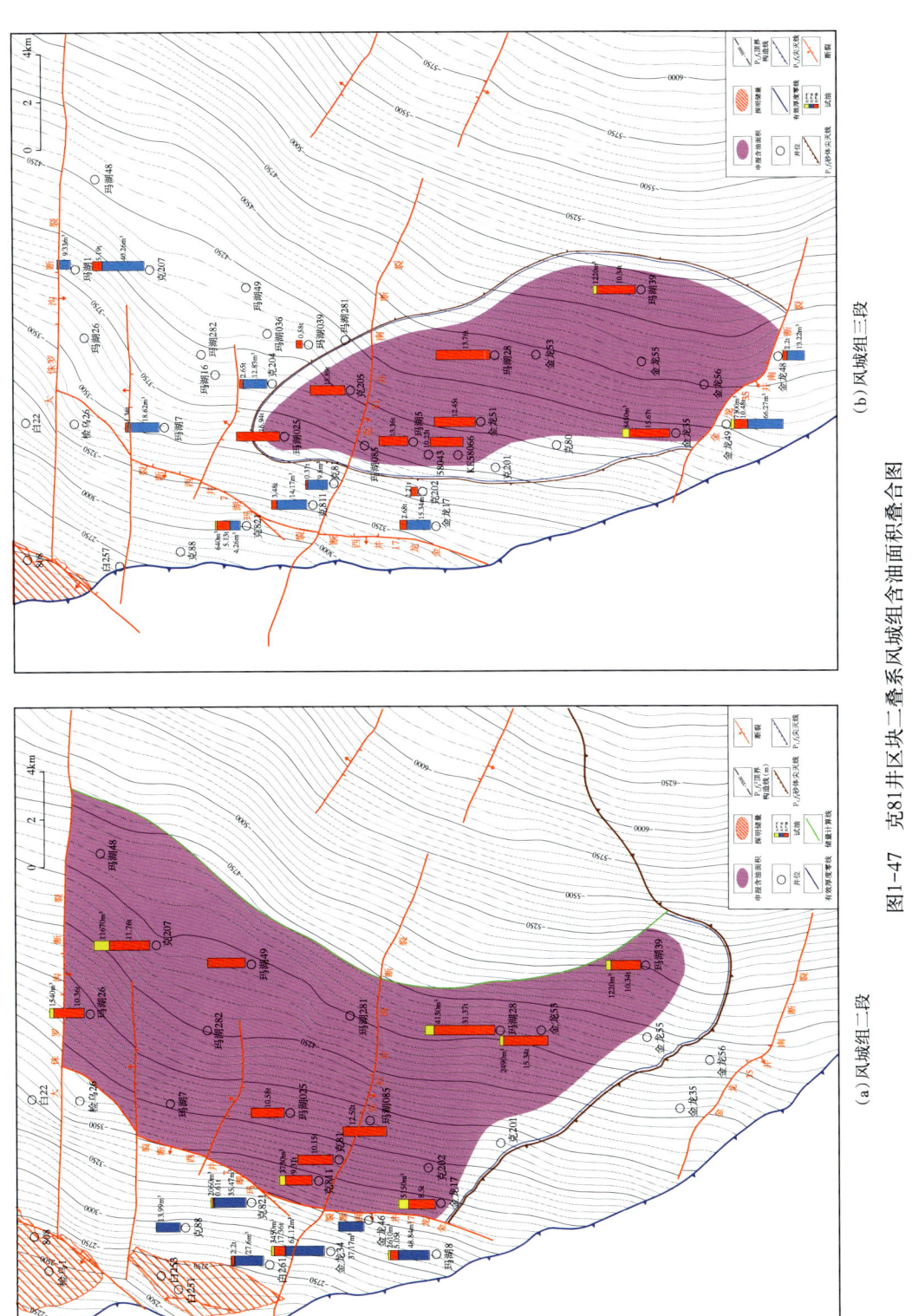

图1-47 克81井区块二叠系风城组油面积叠合图
(a) 风城组二段 (b) 风城组三段

2. 优选玛北地区生烃区，页岩油勘探掀高潮

探索玛南致密油的同时，按照常规油藏—致密油—页岩油序列成藏模式，积极探索风城1井落实的玛北地区白云质泥岩与高孔熔结凝灰岩叠置区勘探潜力。前期针对该区的探索以"构造目标、裂缝发育带"为主线，钻探结果显示油水关系复杂，进展缓慢。2016年，吉木萨尔芦草沟组页岩油区的阶段成功以后，开始按照页岩油思路重新认识玛湖凹陷风城组。

1）吸收吉木萨尔经验，玛北地区开展页岩油勘探

玛湖凹陷是准噶尔盆地已经勘探证实了的最富生烃凹陷（雷德文等，2017），钻井及油气源对比也已证实了的油气主要来源于以生油为主的下二叠统风城组。曹剑等（2015）研究指出玛湖凹陷风城组烃源岩是全球迄今最古老碱湖优质烃源岩，比前人报道的古近纪同类实例早2亿多年。风城组发育淡水—微咸水—碱湖背景下的泥岩、白云质泥岩、泥质白云岩全类型烃源岩，目前也已发现低成熟—成熟—高成熟全过程生排烃形成的油气聚集（图1-51），具备形成超级富烃凹陷的资源基础（支东明等，2021）。

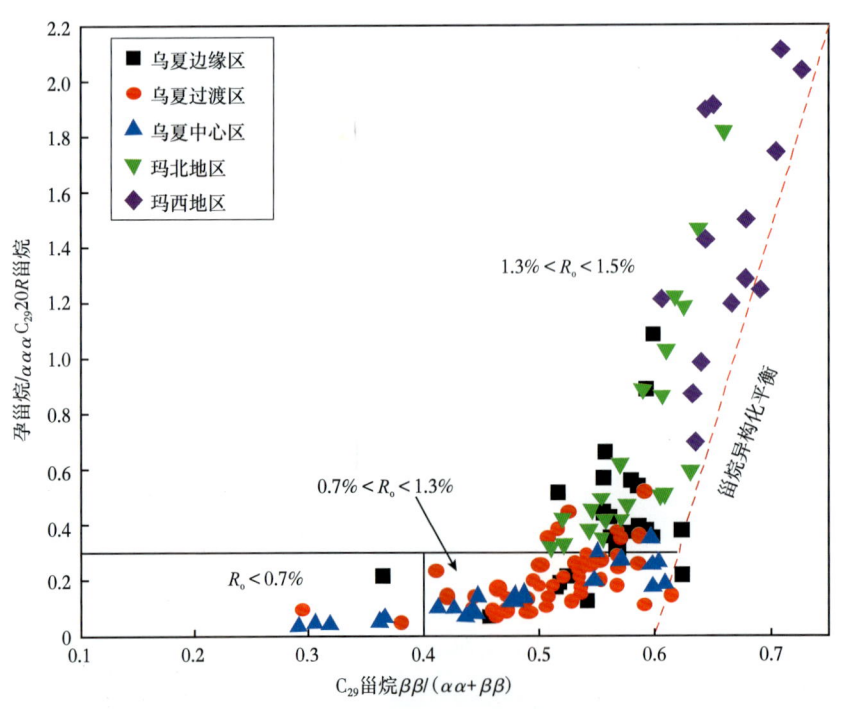

图1-51 玛湖凹陷原油成熟度分布图

从反映烃源岩的品质参数分析，其烃源岩热解 S_1 值分布 0.01~9.35mg/g，平均值约 1.27mg/g，其中 S_1 值超过 2mg/g 的样品占比 25%，部分超过了 4mg/g，证实其源内滞留烃 S_1 含量高；烃指数（S_1/TOC）在 3200~6000m 深度范围内较多数据超过 100mg/g，存在页岩油的富集（图1-52）。风城组在淡水—高盐度卤水演化过程中，受控于古水体盐度，发育不同生油母质，形成三类优质烃源岩，具有不同的生烃行为。沉积边缘区为淡水湖—咸化湖

环境，烃源岩类型主要为泥质岩，发育蓝细菌，主要为早期生油，产烃率相对较低；沉积中心区为咸化湖—碱湖环境，烃源岩类型主要为云质岩，发育蓝杜士藻，表现为晚期生油，产烃率高。不同有机相烃源岩或混积岩的叠加形成了成熟—高熟双峰式高效生油特点，生烃能力是传统湖相烃源岩的两倍，生烃潜力巨大。此外，烃源岩的优势还表现在碱湖背景下生烃母质的特殊性：以菌藻类为主，高等植物丰度低。藻类属种多样，包括褶皱藻、沟鞭藻、宏观底栖藻类的红藻及少量疑源类等，细菌主要为蓝细菌。这类独特的生烃母质是稀缺环烷基原油形成的物质基础。

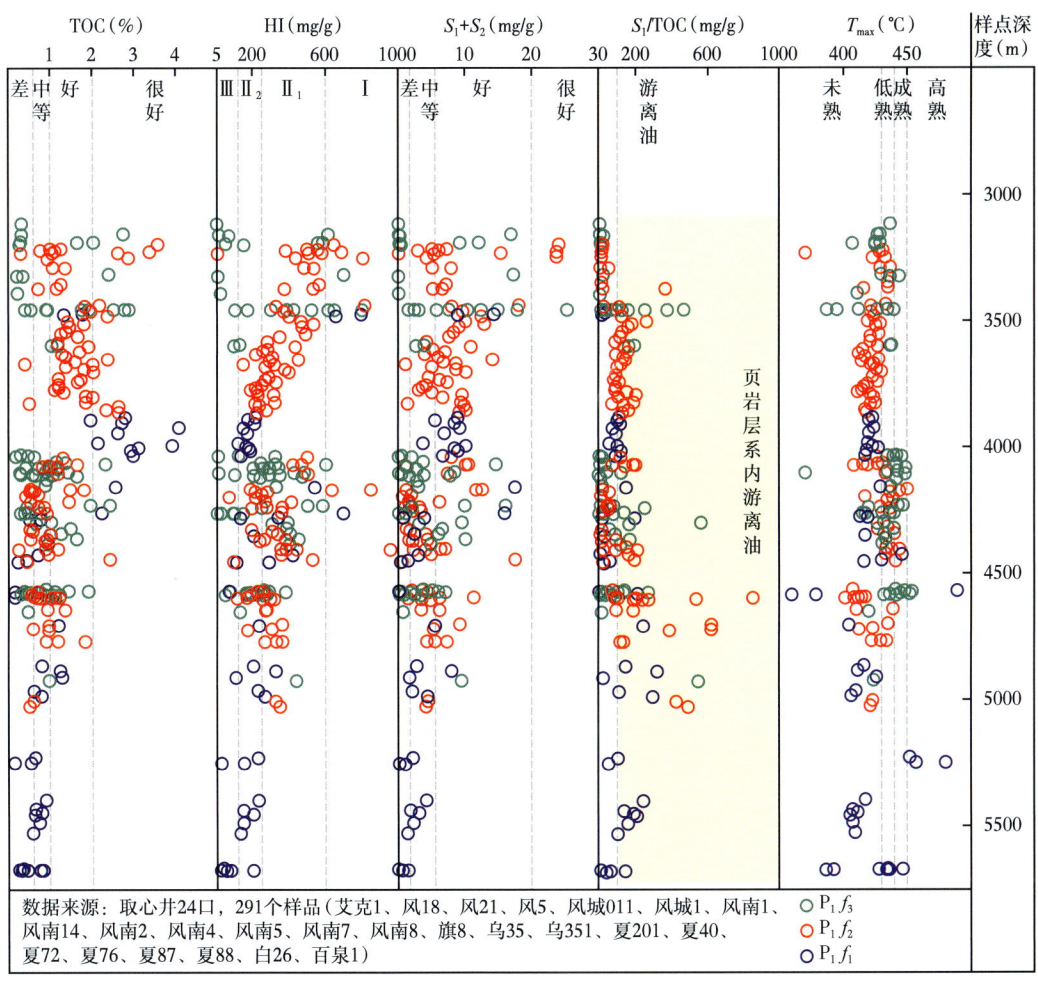

图 1-52　玛湖凹陷风城组烃源岩地球化学综合评价剖面

2018年底，为了进一步推进勘探玛北斜坡区二叠系风城组，在综合考虑风城组构造发育特征、沉积特征、储层分布的基础上，按照页岩油勘探思路，寻找构造稳定区，优选夏子街鼻凸与风南鼻凸之间向斜区，兼顾考虑火山岩发育带，2019年在埋深相对较浅的部位部署了玛湖凹陷首口深层页岩油风险探井玛页1井（图1-53）。

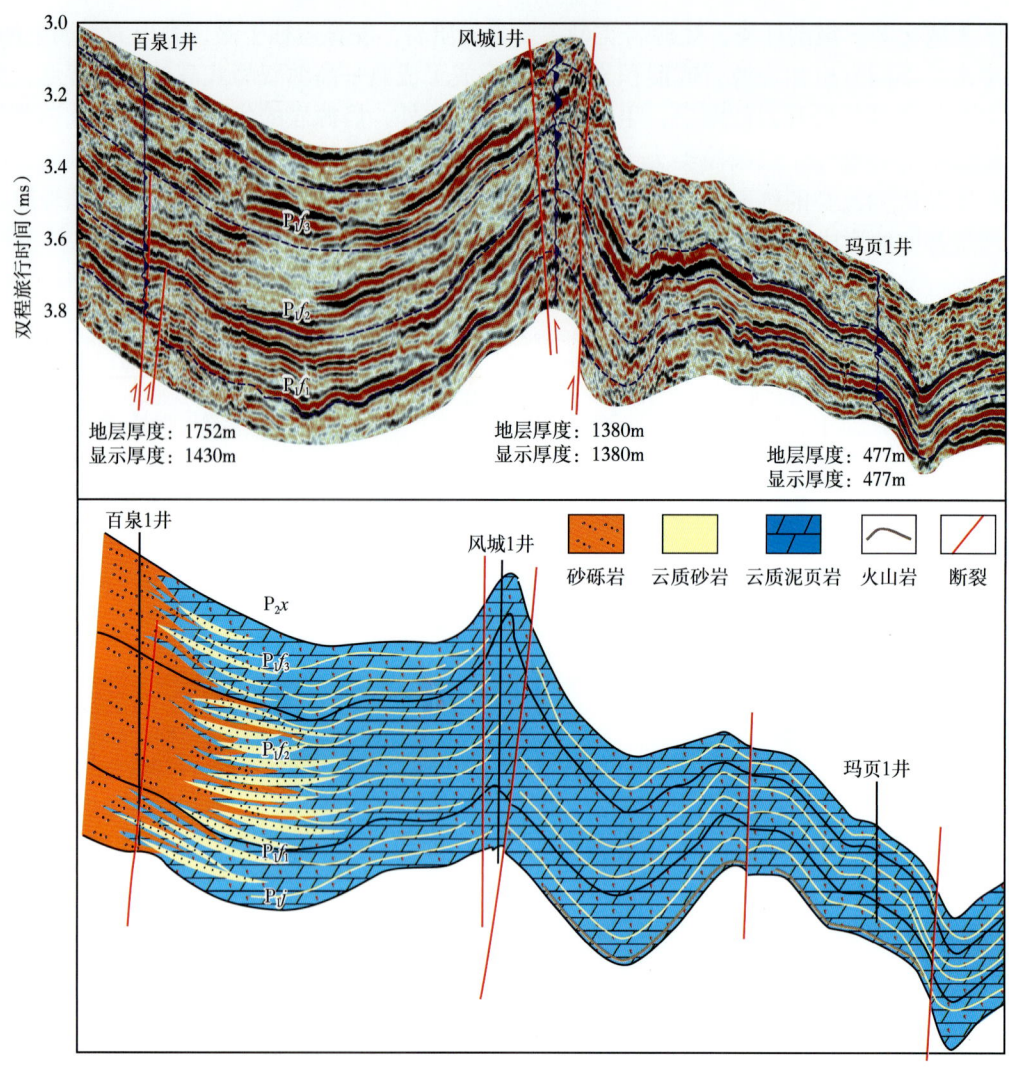

图1-53 玛湖凹陷风城组过百泉1井—玛页1井地震地质解释剖面

2) 玛页1井获页岩油突破,连续取心建评价铁柱子

玛页1井的钻探为细致研究储集岩石类型提供了充足的资料,风城组连续取心284.31m,岩性为厚层云质泥页岩夹薄层云质、泥质粉砂岩,整体含油,油迹级以上267.12m,岩心含油面积高达54%(图1-54)。玛页1井风城组厚度大,整体含油,无甜点集中发育段,采用直井多层压裂提产,在风城组一段4877~4937m碎屑岩夹火山岩段试油,压裂后用3.0mm油嘴试产,获日产油16.03t工业油流;后上返在4579~4852m页岩油段试油,压裂后用2.5mm油嘴试产,获日产油20.78t工业油流,最高日产油50.6m³。玛页1井的突破,证实了玛北斜坡风城组整体含油,展现了良好的勘探潜力,推动了常规—非常规全油气系统有序共生新模式的建立,玛湖地区二叠系风城组接替态势进一步呈现。

第一章 准噶尔盆地玛湖凹陷风城组发现第二个10亿吨级大油区——全油气系统理论的实践

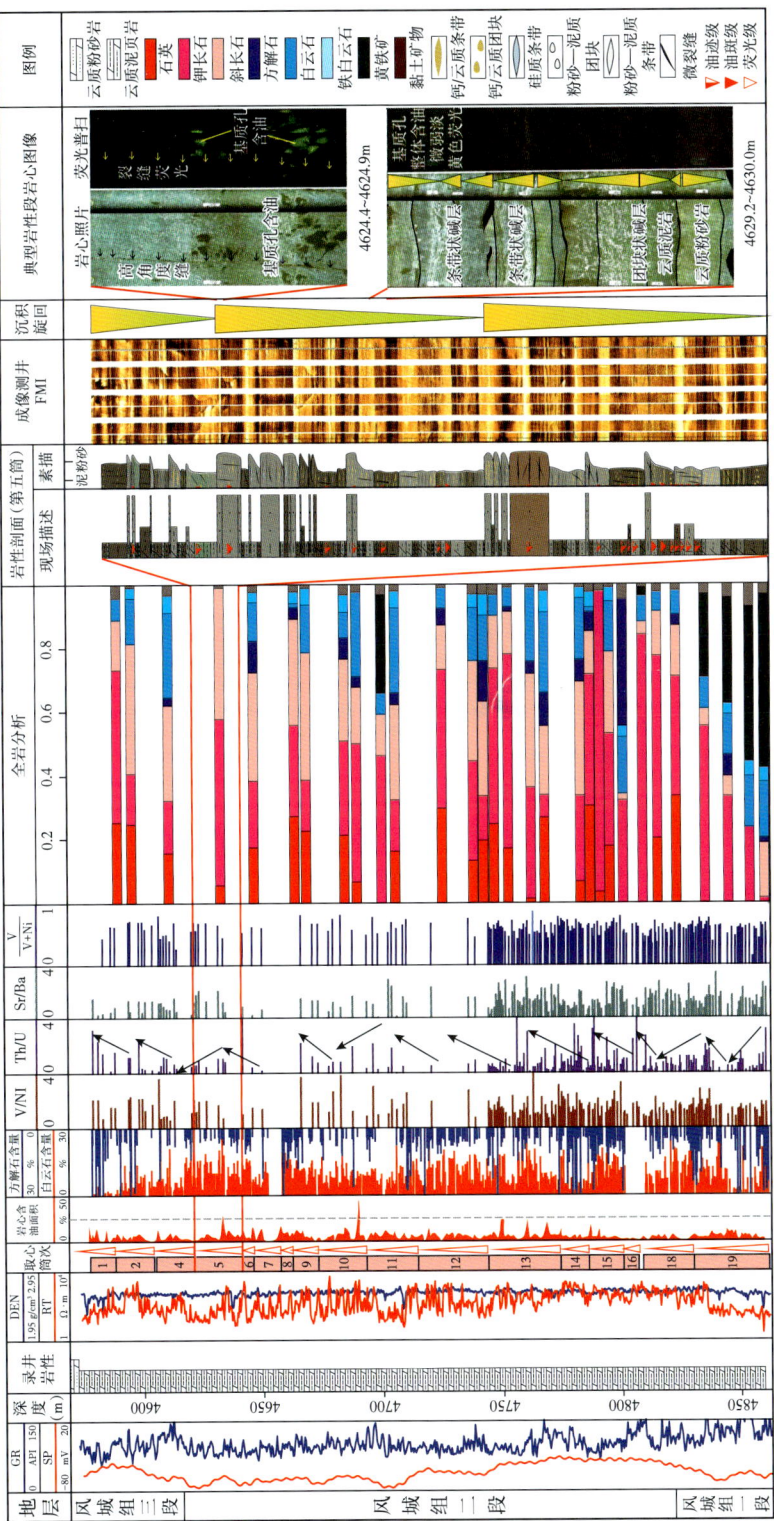

图1-54 玛页1井取心厘米级描述及快速分析综合图

玛页1井突破后加快测井七性关系评价研究，建立了风城组第一口页岩油评价铁柱子，统筹设计三品质联测实验开展综合评价，初步建立风城组甜点评价标准，划分三类甜点共102层326.5m，纵向发育4套Ⅰ类组合甜点体（图1-55）。基于源储组合划分甜点段，存在夹层（粉砂岩）型、纹层（混积岩）型、块状/页理（纯页岩）型三种类型页岩油（图1-56）。夹层型页岩油主要发育于顶部风城组三段，其特点为米级砂质储层上下被优质烃源岩夹持；纹层型主要发育于风城组二段中下部，受高频振荡的水体影响，砂质条带与烃源岩层频繁互层沉积；纯页岩型则主要发育于风城组二段中上部，在咸化湖盆发育的主体期，有机质勃发，形成优质烃源岩，同时外部陆源碎屑供给能力减弱，形成了纯泥页岩或者白云质泥页岩集中发育段。

3）超前探索动用，不同井型均突破

2020年，按照"直井控面，落实资源；不同井型提产试验储备技术；逐个落实"的思路，根据玛页1井风城组页岩油综合评价铁柱子和甜点识别方法重新复查区域老井，优选夏202井、风南14井恢复试油，均获高产工业油流，2021年10月，提交玛北地区风南14井区二叠系风城组二段、三段石油预测储量1.24×10^8t。

同时，深化该区沉积体系研究，认为玛北风城组陆源碎屑从凹陷北部进入湖盆，井震资料联合分析表明该区发育扇三角洲—湖泊相（图1-57），存在由粗到细的沉积结构，玛页1井、风南14井为滨浅湖相云质泥岩夹白云质粉砂岩，系属夹层型页岩油。按照相序变化，应存在半深湖—深湖相厚层云质泥岩夹纹层状白云质粉砂岩的纹层型页岩油领域，和与玛湖28井类似的扇三角洲外前缘相白云质砂岩致密油领域。

故此，围绕纹层型页岩油和云质砂岩致密油两个新领域，2020年分别部署了玛页2井、夏云1井与玛49井（图1-57）。玛页2井钻探位置为风城组前陆坳陷中心区，钻遇1300m大厚度白云质岩，均见油气显示，风城组钻进期间钻井现场发生2次油气侵，钻遇油层基本落实，但该井钻遇碱湖中心，碱矿十分发育，提产工艺尚需攻关。夏云1井钻遇碱湖中心边部，风城组二段受碱矿影响，获油未达到工业标准；而风城组三段发育夹层型页岩油，获高产突破。玛49井致密带风城组二段试油获得日产油20m³的工业突破，2022年玛49井区上交预测储量1.7×10^8t。至此，玛北地区1250km²的致密油—页岩油连续油藏带基本落实，玛北地区风城组5亿吨级地质储量规模勘探新场面初步形成。

2021年按照"超前水平井提产试验，风险探索动用效果"的勘探思路部署上钻玛页1H水平井、玛51X大斜度井（图1-58）。玛页1H井于2021年10月2日完钻，水平段长1022m，钻遇Ⅰ类甜点452m；Ⅱ类甜点172m，Ⅲ类甜点445m（图1-59），在风城组三段4728~5750m设计28级压裂，2022年用5mm油嘴自喷，最高日产油108.08m³。

玛51X井于2022年8月13日完钻，斜深段长1025m，钻遇Ⅰ类甜点806m；Ⅱ类甜点77m，Ⅲ类甜点359m，风城组二段4791~5816m，按照24级49簇，2022年10月用3mm油嘴自喷，最高日产油125.89m³（图1-59），连续百吨稳产超百天。两口大斜度井按照"探井也是开发井"的理念，分别做了产液能力测试，整体显示风城组致密油（页岩油）整体含油，局部富集的特征，储层以裂缝+基质双重孔隙为主。裂缝发育段表现为供液快、递减快，基质孔表现为供液慢、稳产能力强。两口提产井均取得良好成效，坚定了探索风城组页岩油有效动用的信心。

第一章 准噶尔盆地玛湖凹陷风城组发现第二个10亿吨级大油区——全油气系统理论的实践

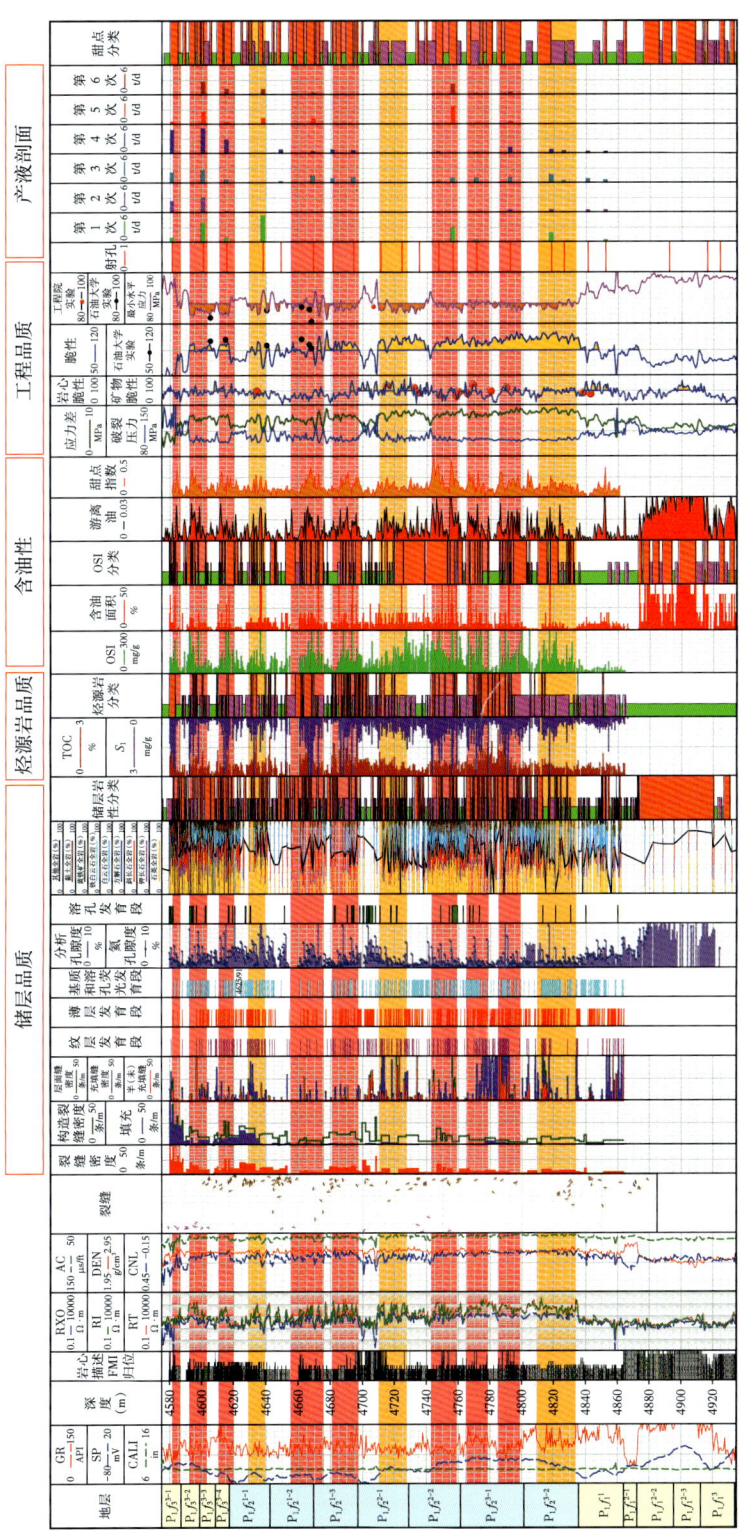

图1-55 玛页1井风城组三品质综合分类评价图

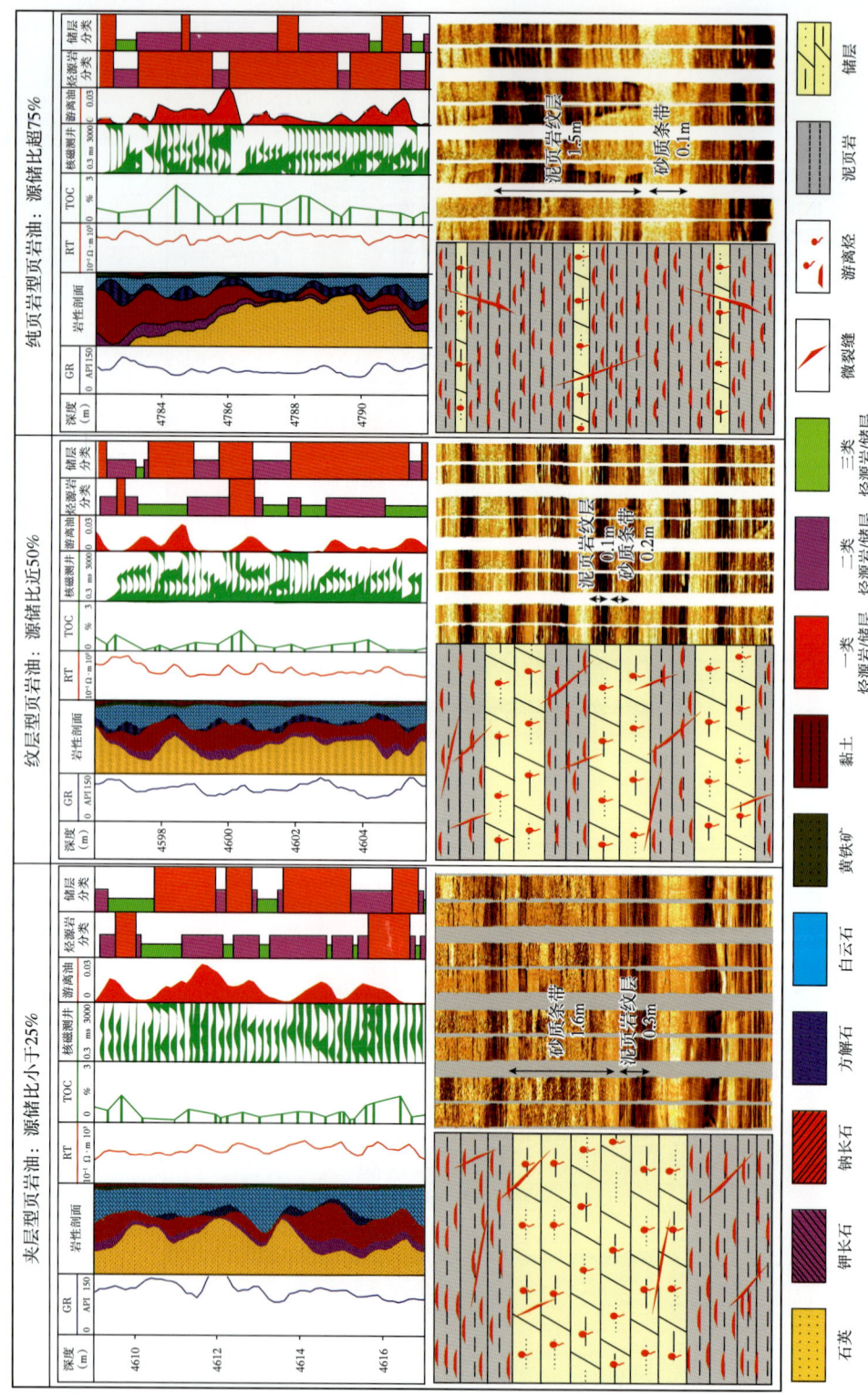

图 1-56 风城组页岩油源储组合类型划分及特征图

第一章 准噶尔盆地玛湖凹陷风城组发现第二个10亿吨级大油区——全油气系统理论的实践

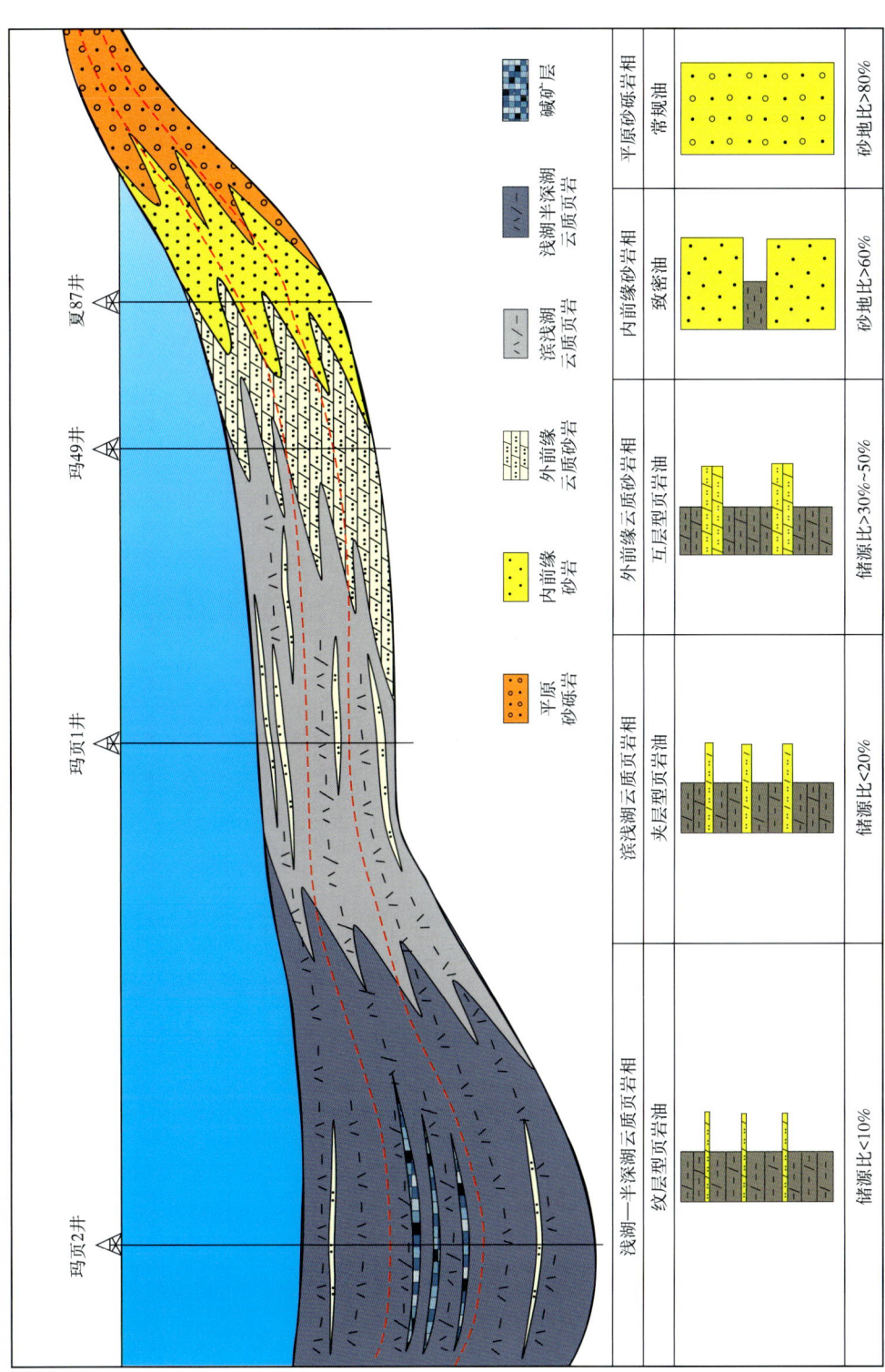

图1-57 过玛页2井—玛页1井—玛49井—夏87井风城组连井相模式图

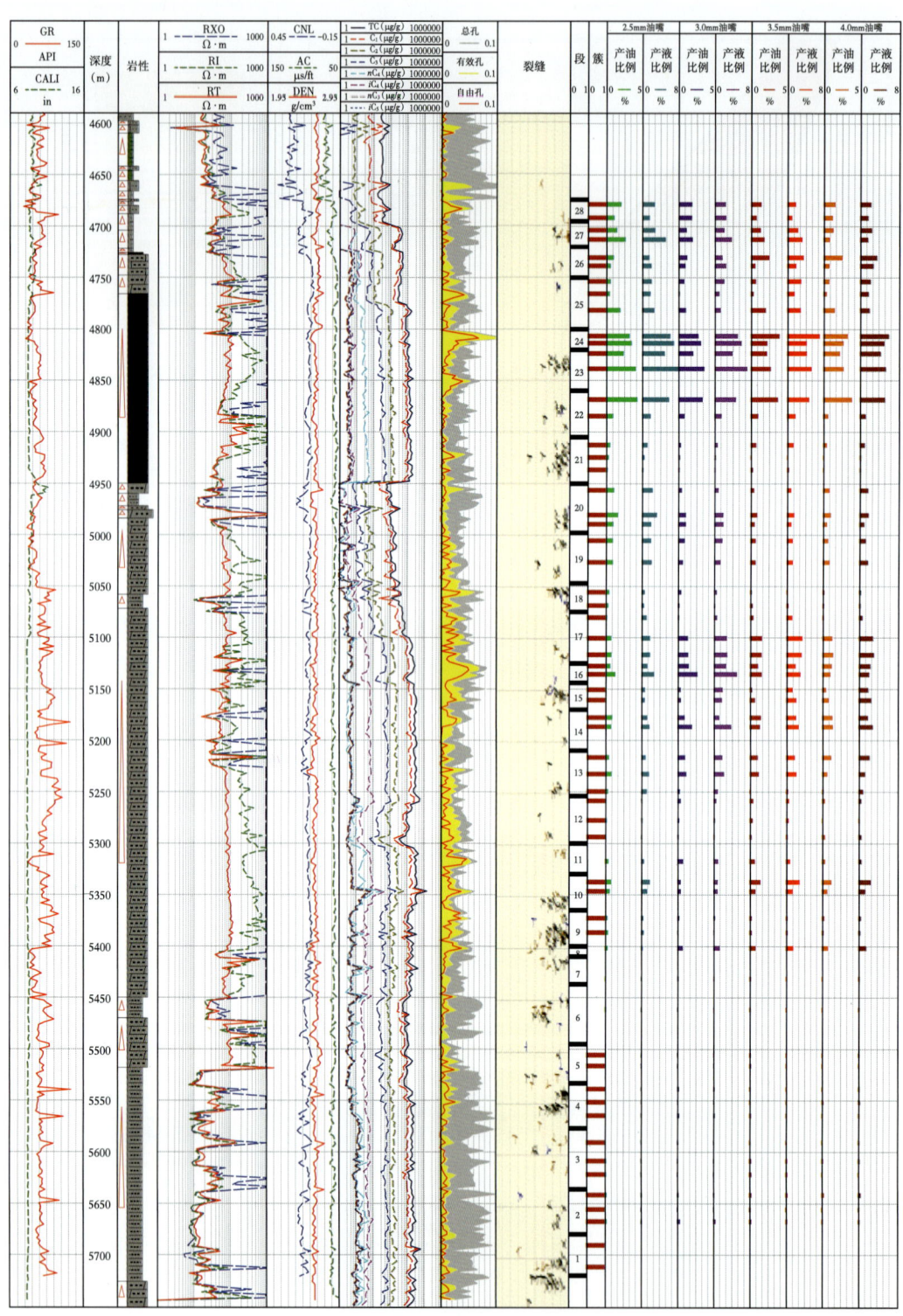

图 1-58 玛北地区玛页 1H 井综合柱状图及产液剖面

第一章 准噶尔盆地玛湖凹陷风城组发现第二个 10 亿吨级大油区——全油气系统理论的实践

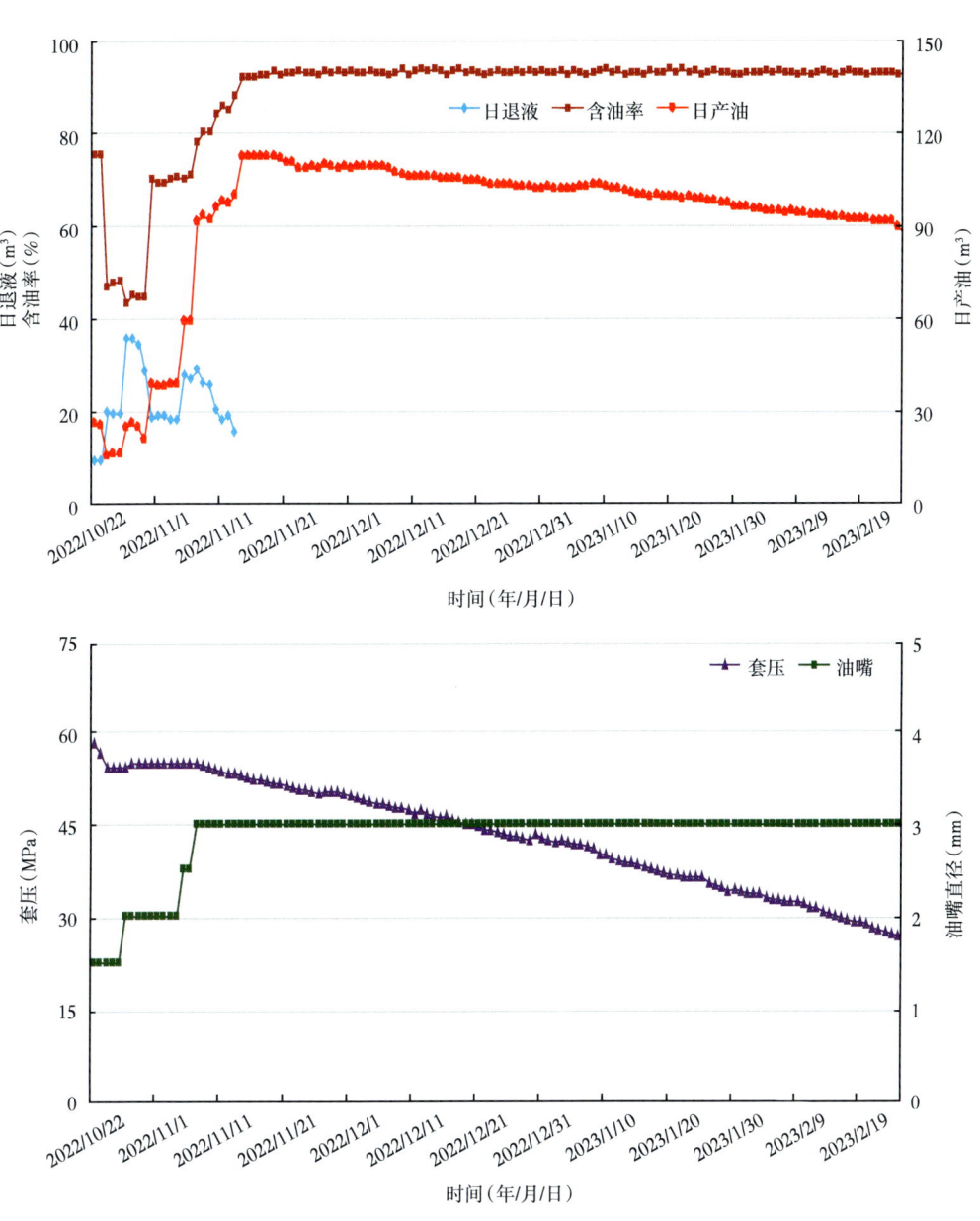

图 1-59 玛北地区玛 51X 井试产曲线

至此，玛湖凹陷风城组常规—非常规油气有序连续分布的局面已全面展现，受区域烃源岩热演化、构造及岩相分布的控制，存在以下 3 个带：（1）成熟常规油带，受构造与岩性控制，主要分布于凹陷周缘断裂带；（2）中高成熟致密油带，受储层分布的控制分布于常规油下倾方向，呈条带状展布；（3）中高成熟度页岩油带，受白云质岩控制广泛分布于构造稳定的凹陷区。由断裂带向凹陷区构成成熟常规油—中高成熟致密油—中高成熟页岩油的首例全油气系统实例。

3. 玛湖西侧全突破，全油气系统露真容

Magoon 在 2000 年提出了全油气系统的概念，指以一个正在生烃或曾经生烃的烃源岩透镜状聚集区为源，所有已发现和未发现的相关油气（油气苗、油气显示、油气藏）及对油气聚集至关重要的所有地质要素（烃源岩、储集岩、围岩和盖层）和过程（油气生、运、聚及圈闭的形成）的总和。事实上，在概念的内涵中，全油气系统是含油气系统与该油气系统中未发现的油气田的集合，针对的仍然是一个活跃或曾经活跃的烃源岩。随着勘探的不断进行，目前国外提出了新的勘探概念——评价单元（Assessment unit），指全油气系统中一定体积的岩石，包括已发现和未发现的油田，在地质、勘探策略和风险特征方面均质性足够，就资源评估标准而言，构成单一的油田特征群体，并指出评价单元是基于相似的地质要素和油气聚集类型，它可以代表要被评价的一个成藏组合或一组成藏组合（Pollastro，2007）。越来越多的勘探和研究揭示，在同一个含油气系统内，会出现常规和非常规油气"有序共生"现象（邹才能等，2014；崔景伟等，2019），形成全油气系统（Pollastro，2007；贾承造，2017）。但前期对于全油气系统的已有研究停留于概念构想，缺乏实例印证，应重新审视全油气系统理论，赋予其新的内涵，构建新的研究方法与评价体系，推动油气地质基础理论的发展，进而指导勘探实践。

目前，玛湖凹陷西侧风城组常规油气—致密油—页岩油已全面突破（图 1-60），形成了国内外第一个全油气系统典型实例，也基于此领域的解剖，率先在国内外形成全油气系统内涵，丰富和发展了油气系统论。

总结前期认识认为，风城组沉积建造较复杂，从岩石组分构成来看主要有陆源碎屑岩类、火山岩类和内源化学碳酸盐岩类和蒸发岩类（张志杰等，2018；支东明等，2020），形成全序列沉积。滨浅湖—半深湖细粒沉积岩类多是上述三端元岩类组分以不同的比例混积而成。根据贾承造等（2012）关于致密油储层评价标准，以空气渗透率 1mD，基质覆压渗透率 0.1mD，孔喉直径 1μm 为界，将风城组储层分为常规和非常规两大类（图 1-61）。常规储层包括岩屑砾岩、岩屑砂岩、裂缝型云岩，此外，还局限分布着熔结凝灰岩、玄武岩；非常规储层包括白云质砂岩（细—粗）、白云质粉砂岩、白云质泥岩、泥质白云岩等（图 1-62）。不同类型储层粒度由粗至细序次变化，储层物性由三角洲平原相的砂砾岩常规储层过渡为三角洲前缘相的白云质砂岩优质致密储层，进一步过渡为凹陷区滨浅湖相的白云质泥页岩储层。

通过构建斜坡区二叠系风城组碱湖沉积模式，结合实钻发现坡下发育厚层云质岩，随碱湖发育程度的变化，碎屑岩与云质岩呈互补沉积，建立了玛湖凹陷风城组从断裂带到凹陷区砾岩—砂岩—页岩的全序列沉积模式（图 1-63），明确风城组岩相受沉积期坡折控制：一级坡折之上断裂构造带发育砂砾岩，二级坡折之上斜坡区发育云质砂岩，凹陷区发育云质泥岩。

风城组具有全过程生烃、全类型储层、全尺度孔喉系统、全类型油气藏的特征。通过"源储耦合"分析，风城组的油气聚集还表现出全过程成藏耦合的特征。具体而言，随着区域的构造演化，早期快速埋藏垂向压实作用导致沉积物孔隙缩小，并开始发生胶结作用，在成岩作用早期胶结物充填了大量原生粒间孔，加之压实作用储层逐渐转变为低孔低渗的致密储层。后期随着构造抬升，早期胶结物受大气淡水淋滤发生溶蚀作用，产生了大量的

第一章 准噶尔盆地玛湖凹陷风城组发现第二个10亿吨级大油区——全油气系统理论的实践

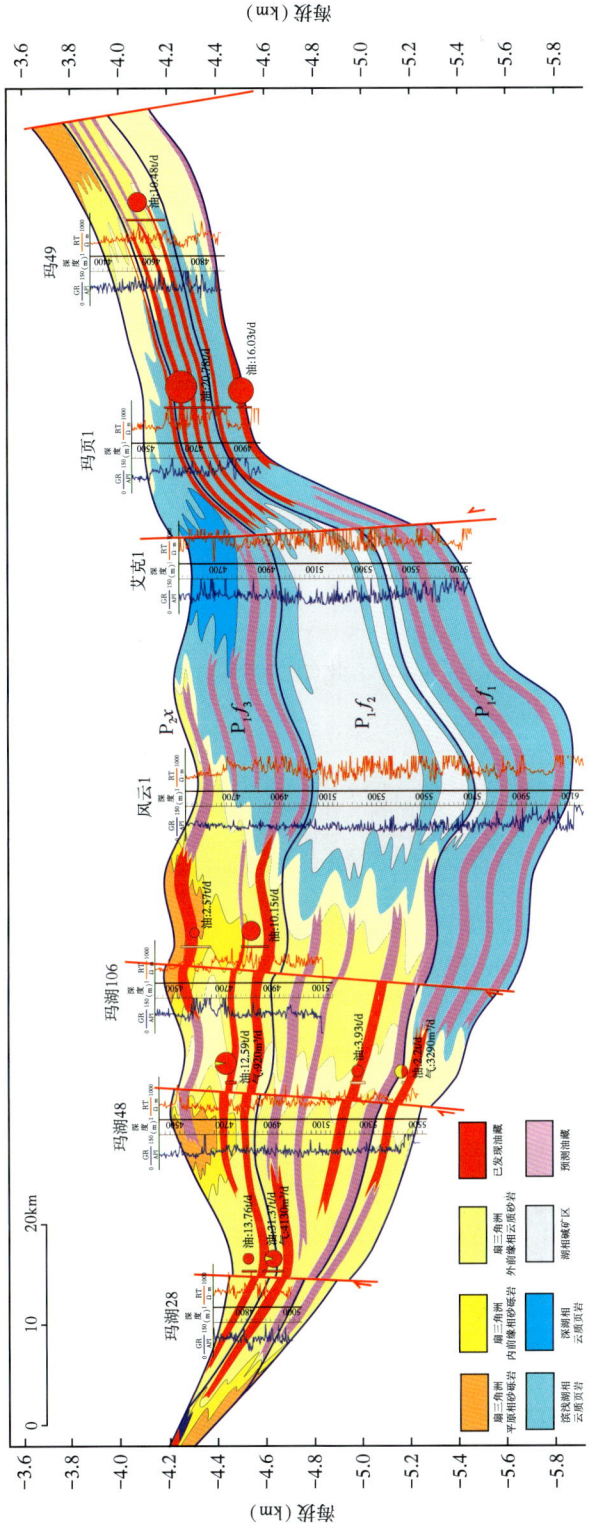

图1-60 玛湖凹陷二叠系风城组油藏模式图

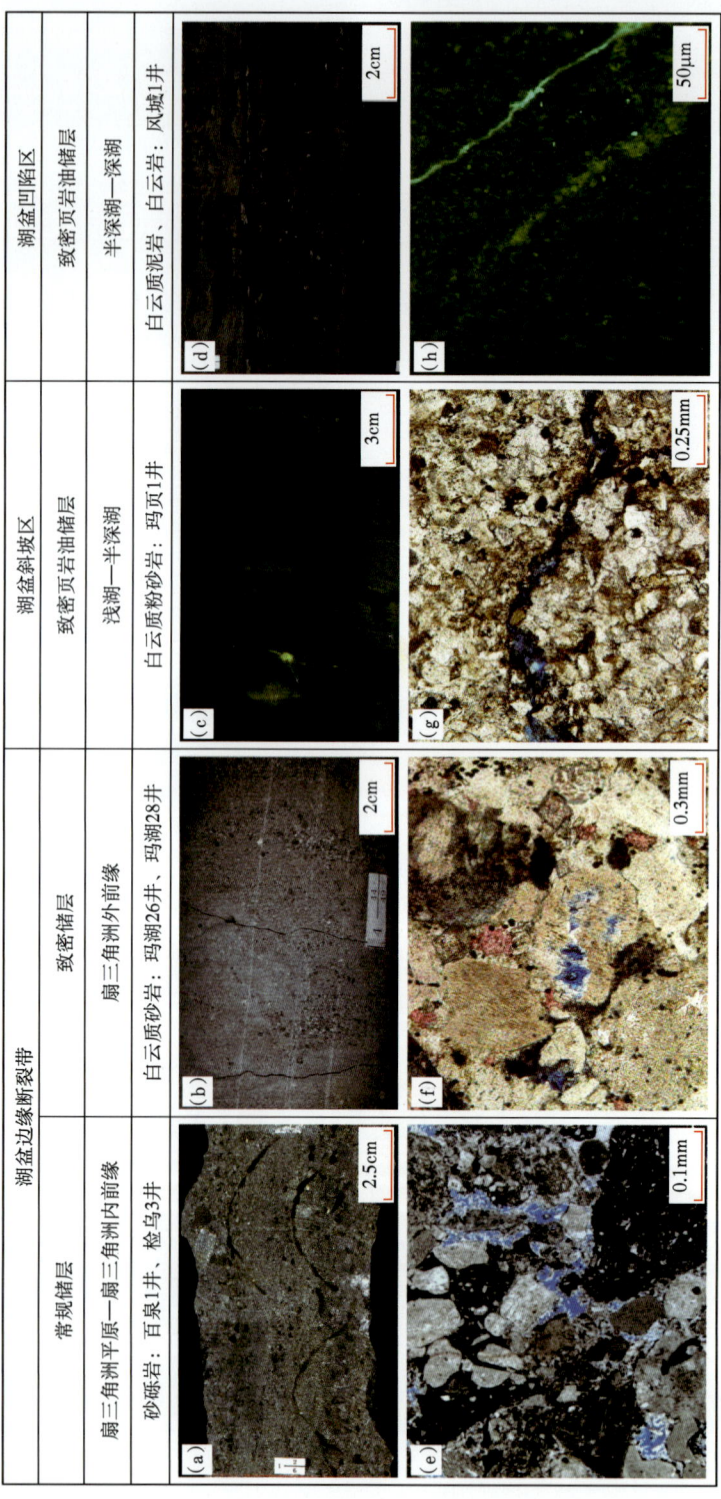

图1-61 玛湖凹陷风城组不同相带岩性及储集空间类型

第一章　准噶尔盆地玛湖凹陷风城组发现第二个 10 亿吨级大油区——全油气系统理论的实践

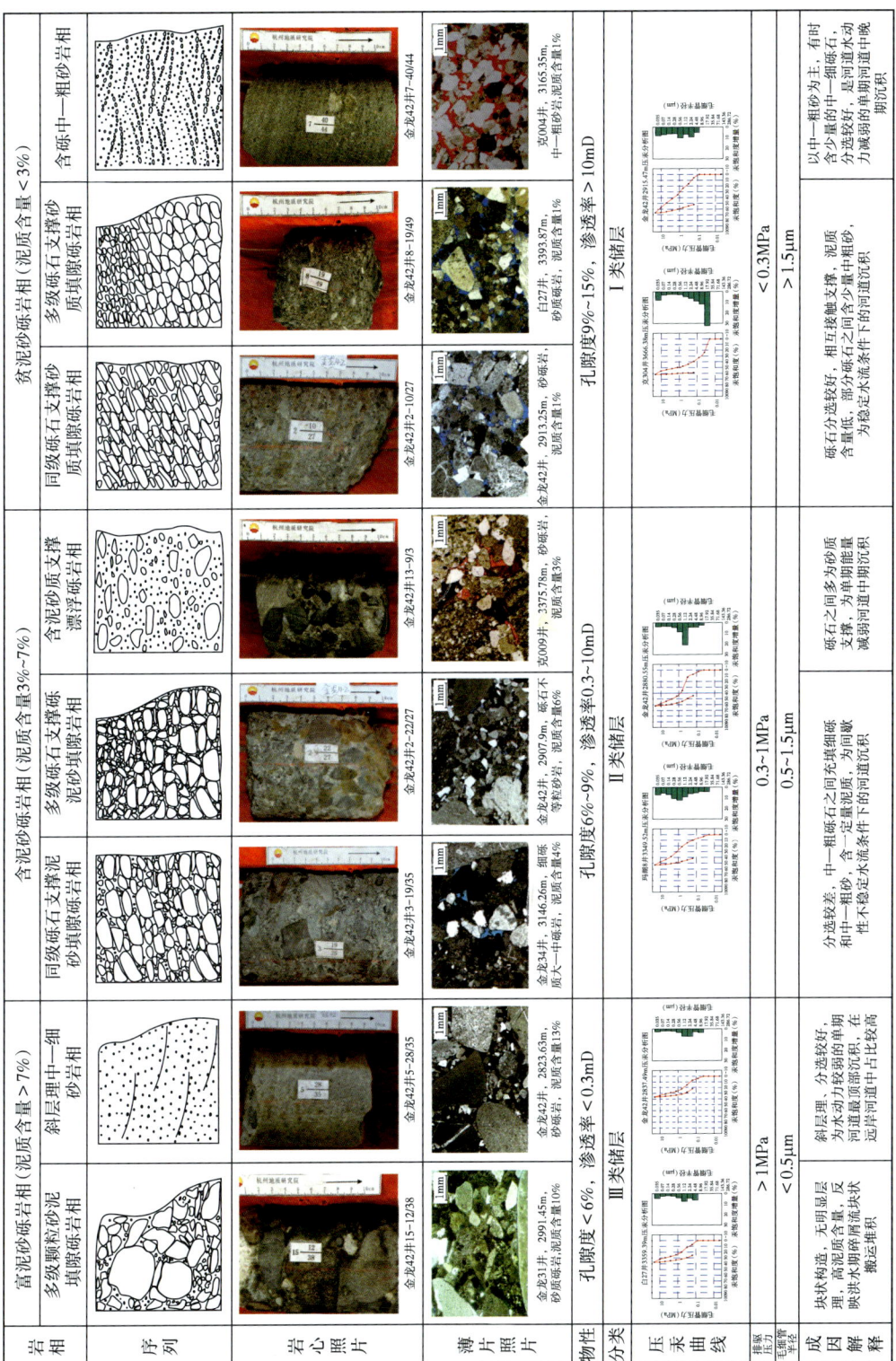

图 1-62　玛湖凹陷风城组不同相带岩性、粒度储层综合评价图

准噶尔盆地重大油气发现勘探战例

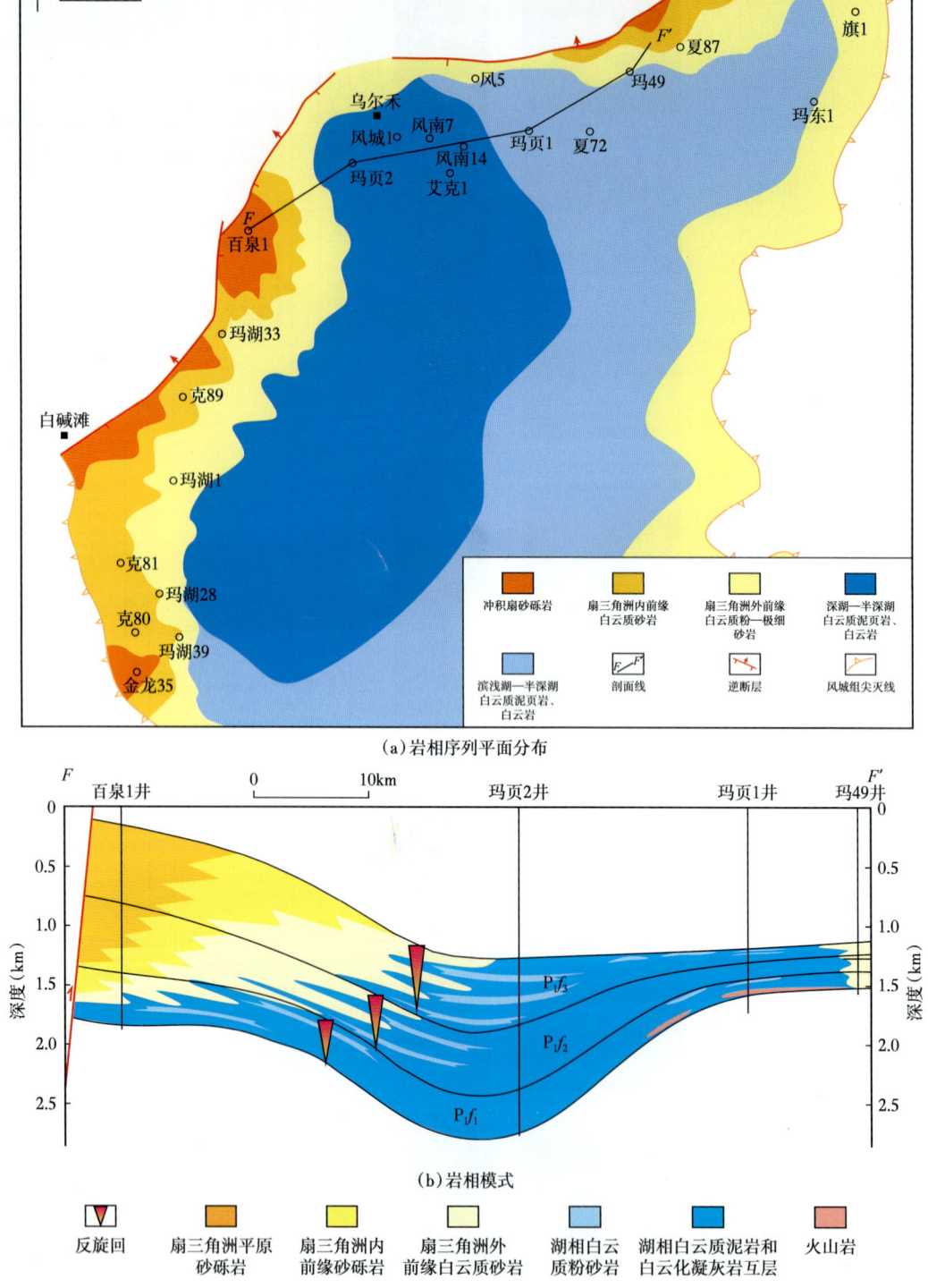

图 1-63 玛湖凹陷风城组岩相序列分布及沉积模式图

第一章 准噶尔盆地玛湖凹陷风城组发现第二个 10 亿吨级大油区——全油气系统理论的实践

溶蚀孔,增大储层孔隙度和渗透率,改善储层物性,溶蚀孔构成此时期的主要储集空间,成为油气聚集的主要场所。断裂带临近凹陷早期的烃源灶先进入低成熟阶段,发生油气规模运移和聚集,溶蚀相储层次生孔隙成为油气聚集的场所。随着盆地沉降,垂向压实及其他矿物胶结作用导致储层孔隙度和渗透率进一步降低,储层致密化,伴随烃源岩深埋,进入高成熟热演化阶段,受压实排烃作用,排出烃类经过输导体系的二次运移形成常规油气藏;未排出的烃类滞留在烃源岩微纳米孔喉中,以吸附态或者游离态形成烃源岩油气。整体反映出生烃—排烃—储层演化—构造演化—油气聚集全过程的耦合成藏。也造就了断裂带低熟—成熟常规油藏—斜坡区成熟—中高熟致密油—凹陷区中高成熟—高成熟页岩油的有序分布模式(支东明等,2021)。目前,风城组这一全油气系统的成功勘探为全油气系统概念内涵提供了首个实证(图 1-64)。

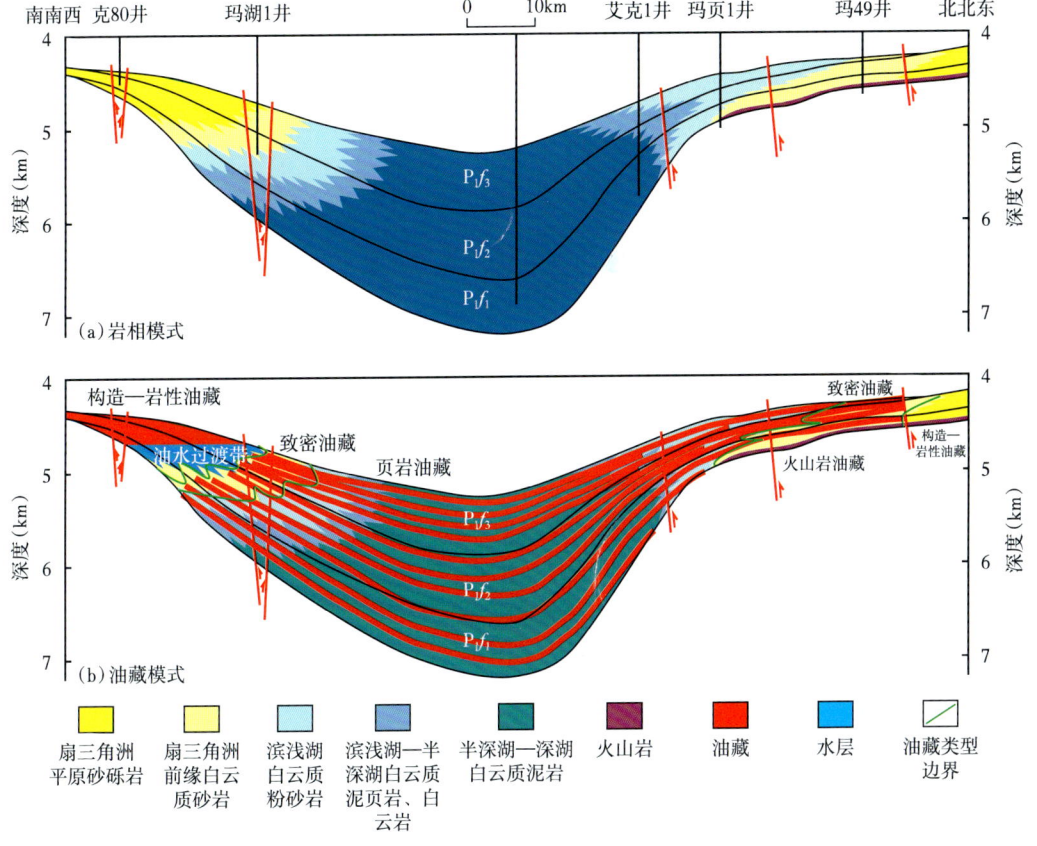

图 1-64 玛湖凹陷全油气系统成藏模式图

在玛湖凹陷风城组全油气系统成藏模式指导下,准噶尔盆地已经实现了其他富烃凹陷全油气系统的勘探突破,阜康凹陷康探 1 井下凹进源勘探在上乌尔禾组和芦草沟组均获重大突破,沙湾凹陷沙探 2 井在上乌尔禾组获重大突破,盆 1 井西凹陷石西 16 井上乌尔禾组见重要苗头。

第三节 勘探启示

纵观玛湖凹陷风城组油气勘探，已历时半个多世纪。勘探目标由源外走进源内，由常规走向非常规，由单一圈闭走向连续地质体，由正向构造单元走向凹陷区，由中浅层向深层发展。其勘探发展趋势可以说是各大盆地油气勘探发展变化的一个缩影，具有代表性，又有其特色的全油气系统特征。因此，总结风城组全油气系统勘探实践经验，对于准噶尔盆地其他富烃凹陷乃至国内外含油气盆地的勘探均有借鉴意义，尤其全油气系统内涵的确立与实践对油气系统理论的丰富和发展意义重大。

一、全油气系统理论引领勘探全面突破

回顾玛湖风城组源内常规—非常规亿吨油区的发现，认识到通过解放思想、创新地质理论认识是勘探获得新发现的源泉。非常规油气地质理论的出现，引领在玛湖凹陷油气勘探思路又一次革新，启示前人对全油气系统的地质理论构想是客观存在的，但同时因为过去尚无地质实证，所以在"进源找油"背景下的全油气系统勘探并无成熟理论指导，需要系统开展研究。

玛湖风城组大油区的发现是全油气系统理论发展的直接反映，1964—2007年油气勘探按照"源控""断控"由源到圈的含油气系统找油理念，仅能围绕凹陷周缘断裂带的近物源区寻找粗碎屑沉积体；2008—2016年围绕生烃灶，寻找构造活跃、裂缝较发育的构造目标开展部署；自2017年开始，随着非常规油气勘探理念的引入，玛湖凹陷勘探思路向"下凹进源、常非并重"的方向转变，形成了常规—非常规油气有序共生的全油气系统成藏模式，在其指导下，真正地揭开了风城组大油区的神秘面纱。

基于全油气系统找油思路，打破断裂带—斜坡带找油的限制，勘探领域由围绕富烃凹陷正向构造拓展至负向构造，由单一目标勘探向岩性领域拓展。作为世界上为数不多的复杂叠合盆地全油气系统，玛湖凹陷提供了常规—非常规油气有序共生的经典实例，把这一概念从理论推向了实际。然而，从全油气系统的概念及内涵来看，单纯的"全油气系统"并不能很好地表达常规—非常规油气有序聚集的过程，因此迫切需要构建新的覆盖常规、非常规油气新内涵的全油气系统地质理论，并在广泛吸收勘探实践与科学研究的最新成果的基础上，从源储耦合、有序聚集视角，重新定义关键地质要素的内涵，从生—排—运—聚全过程，系统总结各类油气资源的分布规律与形成机制，提出与之配套的评价体系与统筹立体勘探的技术系列，对油气勘探具有重要意义。目前，准噶尔盆地已经实现了其他富烃凹陷全油气系统的勘探突破，以阜康凹陷为例，早期沿北三台凸起寻找小规模构造—岩性油藏，按照全油气系统综合勘探思路，下凹进源勘探，2020年康探1井取得源内芦草沟组及源上上乌尔禾组的重大突破（何海清等，2021）；在盆1井西凹陷以及沙湾凹陷，按照常规—非常规油气有序共生模式均取得了深层油气勘探重大突破，形成了重要的储量接替区。此外，目前针对风城组的勘探依然围绕现今构造的斜坡区开展工作，其烃源岩处于成熟—中高成熟热演化阶段，向凹陷区方向，风城组埋深进一步增大，烃源岩将进入高成熟—过成熟热演化阶段（支东明等，2021），应该存在规模生气的可能性，结合前述沉积特征，按照"源储耦合"的理念，向着凹陷中心区，应该存在规模的致密气、页岩气的可能性，可作

第一章 准噶尔盆地玛湖凹陷风城组发现第二个 10 亿吨级大油区——全油气系统理论的实践

为风险战略领域开展部署，加快推动全油气系统的丰富和完善。

二、优质烃源岩是全油气系统形成的资源保障

玛湖凹陷是准噶尔盆地已经勘探证实的油气最为富集的生烃凹陷，钻井及油气源对比也已证实其油气主要源自以生油为主的下二叠统风城组。在淡水—微咸水—碱湖沉积背景下，风城组发育泥岩、白云质泥岩和泥质白云岩等多类型烃源岩，水体盐度与有机质丰度具有很好的相关性（图 1-65）。勘探开发也已发现油气的生排烃及聚集具有低成熟—成熟—高成熟全过程发育的特点，为玛湖凹陷形成超大规模油气聚集提供了资源基础。风城组烃源岩也已被认为是全球迄今为止已发现的最古老的碱湖优质烃源岩。

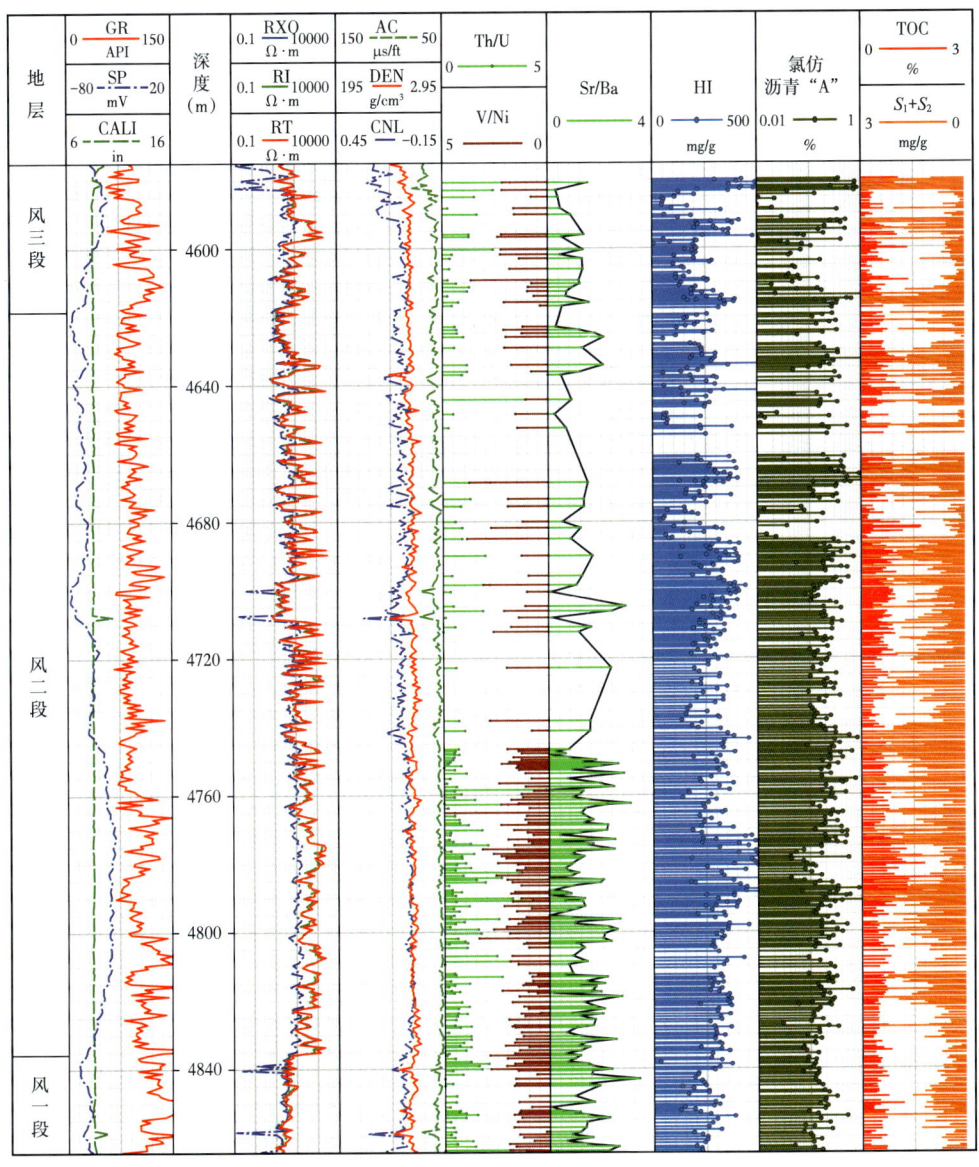

图 1-65 玛北地区风城组烃源岩有机质丰度与古盐度参数关系图

风城组烃源岩生烃母质主要为细菌和藻类（图1-66），高等植物的输入量相对较为局限（Cao et al.，2015；支东明等，2021）。层状藻类与无机矿物互层，与通常含有结构藻类和丰富高等植物的二叠纪其他地层具有不同的特征（支东明等，2016；Cao et al.，2020）。在风城组烃源岩沉积过程中，细菌比藻类更为常见，并在藻类降解过程中起着重要作用（Cao et al.，2015；支东明等，2016）。在玛湖凹陷，蓝细菌只在凹陷边缘的岩石中被发现，而杜氏藻则在沉积中心的岩石中被发现，这种生烃母质在凹陷分布上的差异可能影响了生烃过程。现代杜氏藻油脂含量高，可用于生产生物油。热解实验表明，现代杜氏藻在600℃下可生产多达47%（质量分数）的生物油（Francavilla et al.，2015）。现代蓝藻细菌也可以产出大量的生物油，但是达到最大产油量所需要的温度（400℃）及最大产出量（25%）（Li et al.，2014）要低于杜氏藻降解。细菌可以提高油气比和生烃转化率，在生烃窗口后产生轻油，并延缓生烃（Wang et al.，1995；Cao et al.，2020；支东明等，2021），丰富的碱性矿物和火山碎屑成分也可以在一定程度上延缓烃类生成（Guo，2002）。

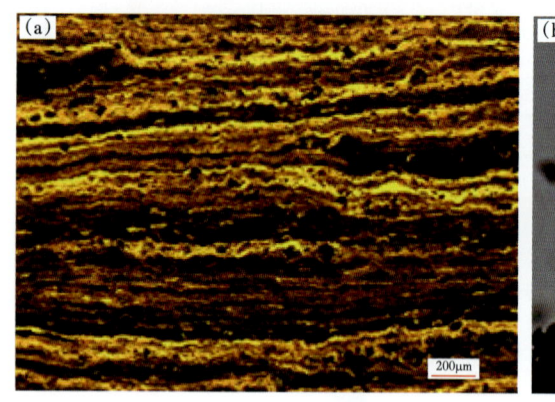 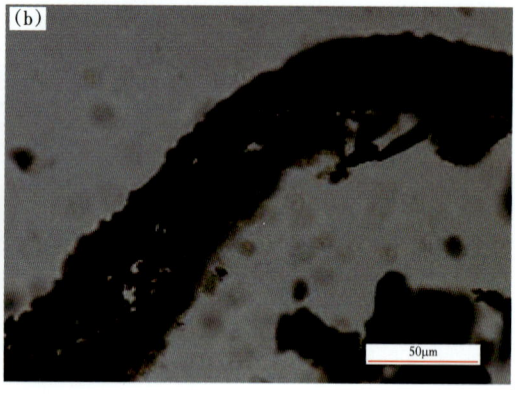

图1-66　风城组典型有机质照片

（a）风南8井，3595m，层状藻；（b）风12井，3070m，底栖红藻

从反映烃源岩的品质参数分析，风城组为一套含碳酸盐岩型烃源岩，主体为一套成熟—高成熟的有机质丰度高（TOC含量普遍大于0.6%）、类型好（以Ⅰ—Ⅱ$_1$型为主）的油源岩（王绪龙等，2013；陈建平等，2016；王小军等，2018）。以玛页1井为例，实测生烃潜量（S_1+S_2）高达15.2mg/g，烃指数（S_1/TOC）大于100mg/gTOC的占比超过36%，具有丰富的游离烃，反应为致密油或者页岩油的富集。综合前人对区域地温分布（邱楠生等，2002）和地层层序（王绪龙等，2013）的研究结果，选取玛湖凹陷沉积中心的虚拟井进行数值模拟（图1-67）。结果表明，风城组在二叠纪末期进入生烃门限，在三叠纪末期进入生油高峰期，目前已进入高成熟演化阶段（埋深大于5000m）。

油气标定表明，玛湖凹陷内部存在多期成藏，成熟—高成熟油气连续运聚。储层中抽提出两种不同性质的原油，一种为黑色，油质较重；另一种为黄褐色，油质较轻，分别对应着早、晚两期原油充注。此外，对储层显微观测也发现，蓝光激发下的薄片可以观察到两种不同荧光色的有机质，分别为偏黄绿色和亮黄色，第一期成熟油，油质较重，颜色深，荧光较弱；第二期高熟油，油质轻，颜色浅，荧光强。总之，这一油气连续充注特征与烃源岩的多期生烃相吻合。

第一章 准噶尔盆地玛湖凹陷风城组发现第二个10亿吨级大油区——全油气系统理论的实践

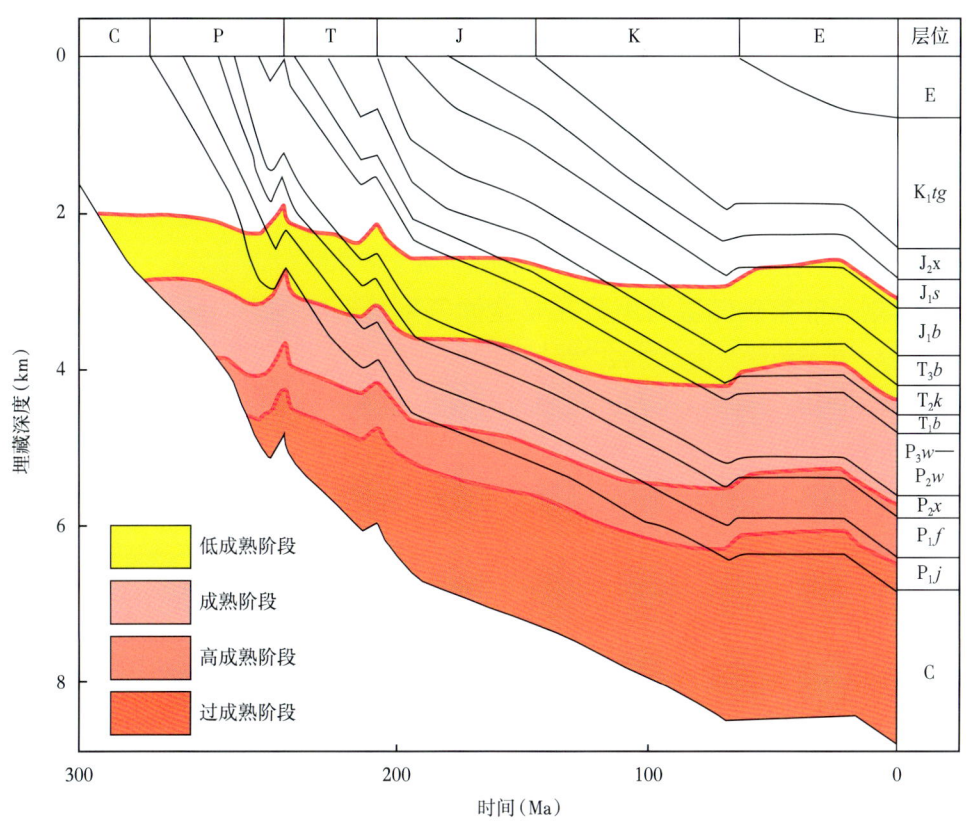

图 1-67 准噶尔盆地玛湖凹陷埋藏—热演化史

风城组烃源岩的展布显示这些烃源岩在整个玛湖凹陷均存在,甚至延伸至盆1井西凹陷,最大厚度超过300m(图1-68)。残留TOC含量大于0.5%的烃源岩平均厚度约为

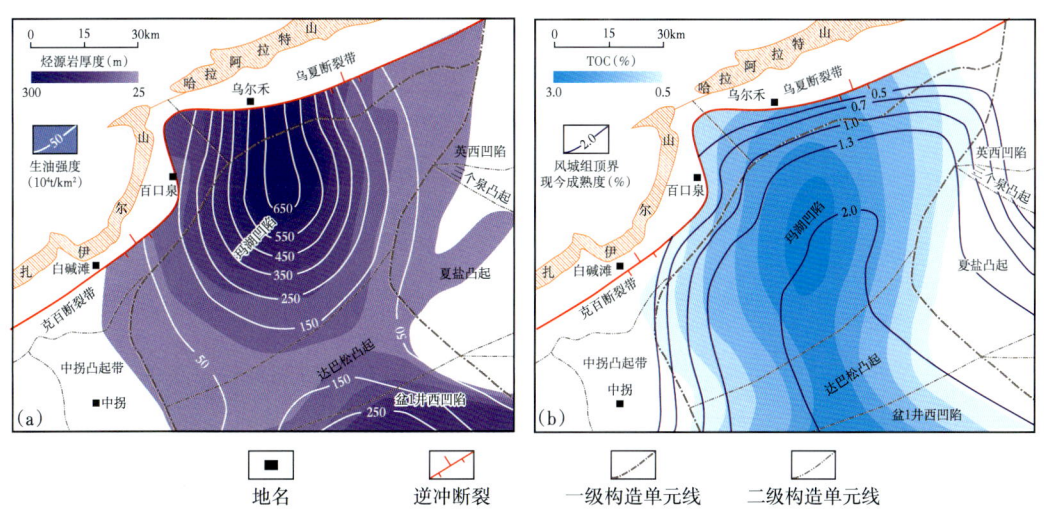

图 1-68 风城组烃源岩展布在玛湖凹陷内的展布范围(a)和生烃强度图(b)

233m，残留TOC含量大于1.0%的平均厚度在196m。总生烃潜力大约为143×10^8t，尤其是在沉积中心生烃潜力较大。生烃强度最大可达800×10^4t/km^2，展现出了巨大的油气富集潜力。图1-68清晰地展示出，风城组烃源岩的沉积中心位于玛湖凹陷西部，残留TOC含量在凹陷中心最高，风城组现今的成熟度从中心向两侧递减。

综合来看，风城组碱湖白云质混积岩与传统湖相烃源岩相比，其生烃具有多期性和高效性，成熟—高成熟连续生烃，高效生烃，总有机碳产烃率大，最高峰达到800mg/g，并且烃源岩展布范围广，为全油气系统的形成提供了重要的基础。

三、常规—非常规储层有序分布是全油气系统形成的必要条件

前已述及，风城组存在白云质岩、碎屑岩和火山岩类多种岩石类型，表明风城组是由陆源碎屑岩和爆发相火山岩（外源）与湖盆内化学沉积的碳酸盐岩（内源）叠合组成的混合沉积，其中碎屑岩、碳酸盐岩和火山岩三者比例变化较大，呈现相互消长的关系（图1-69）。

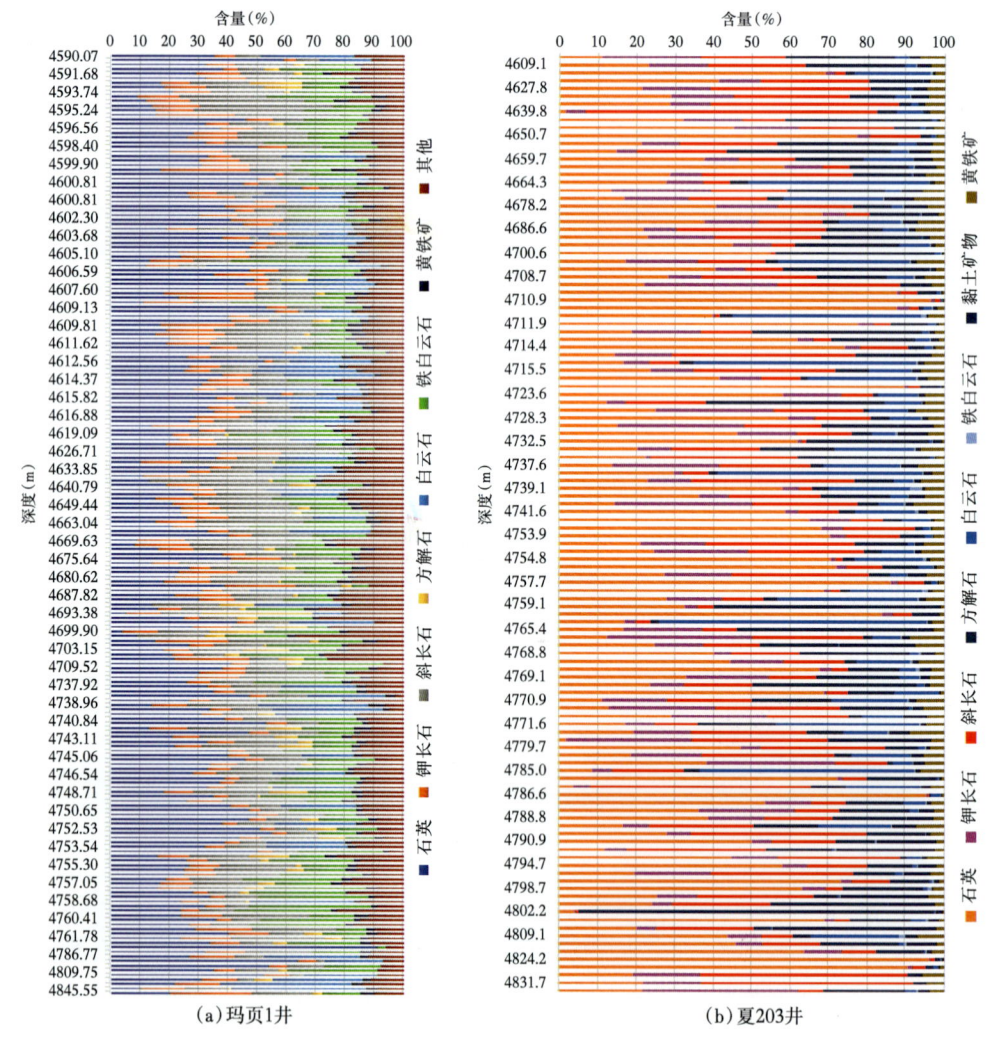

(a) 玛页1井 (b) 夏203井

图1-69　玛湖凹陷风城组典型井全岩矿物含量图

第一章 准噶尔盆地玛湖凹陷风城组发现第二个10亿吨级大油区——全油气系统理论的实践

研究发现，靠近哈拉阿拉特山及扎伊尔山存在4大物源体系：玛北扇、玛西扇、玛南、中拐扇物源，4大物源体系形成了近源的扇三角洲沉积，受前陆坳陷的控制，靠近西缘断裂带具有充足的可容纳空间，在一定的物源供给背景下，形成巨厚的短轴局限扇体。相对粗碎屑的扇三角洲平原砂砾岩与推覆断裂构成了常规地层背景下断层—岩性油藏发育带。向斜坡方向受物源、湖盆水体盐度、古气候的影响，陆源碎屑、内源化学沉积及火山活动的影响，多源混合沉积形成三角洲前缘白云质砂岩带，该带相对来说碎屑颗粒粒度较粗，主要为细—中砂岩，但成岩作用较强，储层致密，向凹陷方向侧接油源区，形成近源大面积致密岩性油藏。进一步向凹陷方向，较细粒的碎屑沉积物与内源化学混合沉积，加之间歇性的湖平面升降，在凹陷—斜坡区大范围内形成薄层白云质粉—细砂岩、白云质泥岩、泥质岩互层结构，形成了非常典型的源储一体的页岩油带。凹陷主体区域沉积了纹层状的白云质泥页岩、泥页岩，形成厚度较大的纯页岩型页岩油有利区。从单井统计的细粒沉积厚度与属性结果的趋势预测，凹陷区泥页岩厚度100~1500m，平面分布广，能够形成储量规模巨大的以碱湖烃源岩为背景的页岩油。需要指出的是，泥页岩形成页岩油过程中，裂缝的存在可较大改善储集性能，风城组泥页岩受白云质含量及构造应力的影响，局部构造带，因油气水在构造圈闭中发生分异，形成有统一油水边界的裂缝性构造油气藏，这类油藏主要分布于风城1井—风南14井周缘。向凹陷中心区，裂缝不发育，油气以页岩油形式赋存（图1-70）。

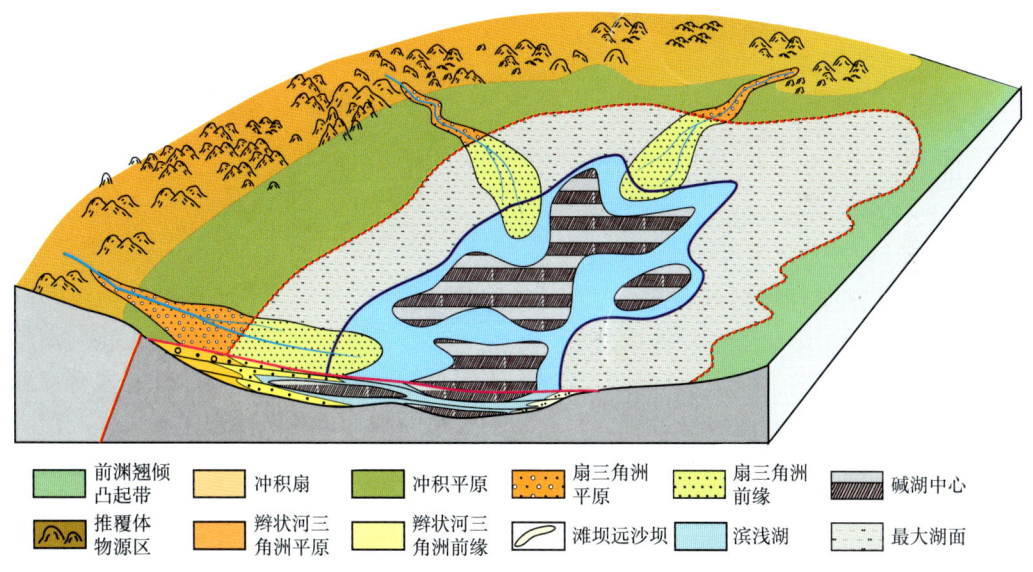

图1-70 风城组碱湖"三元"混积沉积模式

通过构建斜坡区二叠系风城组碱湖沉积模式：结合实钻发现坡下发育厚层云质岩，随碱湖发育程度的变化，碎屑岩与云质岩呈互补沉积，建立了玛湖凹陷风城组从断裂带到凹陷区砾岩—砂岩—页岩的全序列沉积模式（图1-71），明确风城组岩相受沉积期坡折控制：一级坡折之上断裂构造带发育砂砾岩，二级坡折之上斜坡区发育云质砂岩，凹陷区发育云质泥岩。根据二叠系风城组的沉积相分析表明，水体相对比较安静的前扇三角洲主要发育在乌尔禾—风城—玛湖凹陷西缘，该区是二叠系风城组云质岩类的主要分布区域。纵向上，受湖平面由深变浅再变深的演化过程影响，陆源碎屑沉积体呈现反旋回特征，反映从风城组一段到三段，常规砂砾岩油藏、致密油范围以二段范围最广，一段、三段相对局限，但页岩油范围此消彼长，以三段分布最广。此外，在玛北地区、玛南地区靠近深大断裂带的区域，存在一定范围的火山活动，在风城组一段早期形成火山岩及火山碎屑岩沉积，与源灶邻近，能够形成近源的火山岩油藏或者致密油，类型类似于三塘湖盆地的芦草沟组。

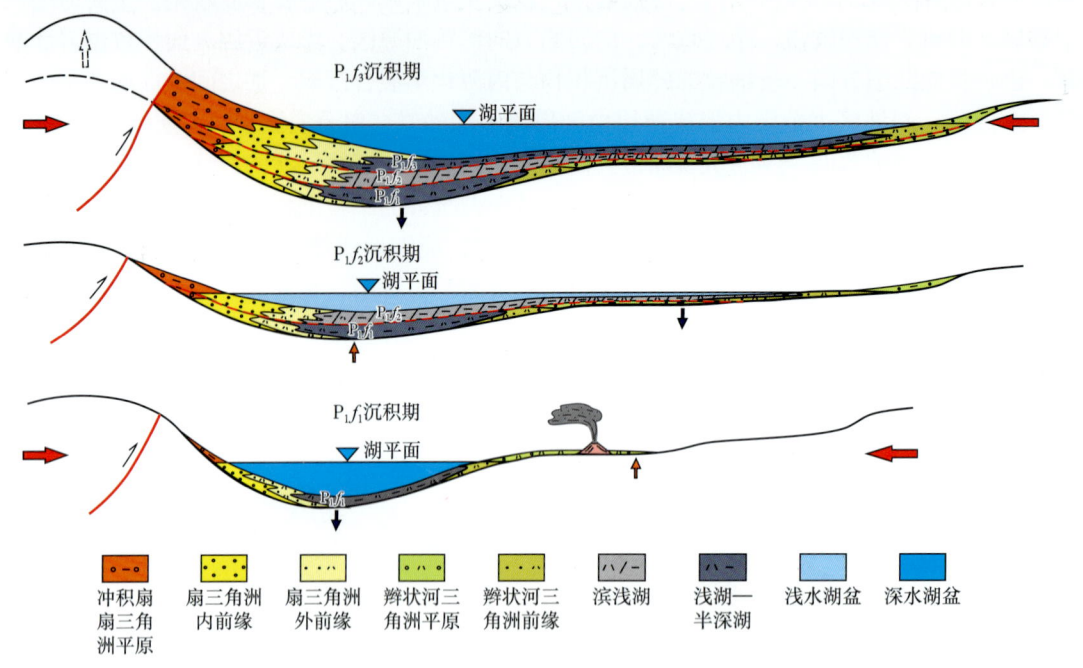

图 1-71　玛湖凹陷风城组沉积体系演化模式图

研究表明，风城组云质烃源岩主要分布于潟湖的主体部位，平面受扇体物源的影响离湖岸有一定距离，以化学沉积作用为主。区域上云质烃源岩类厚度变化较大，与湖相泥岩的发育关系较为密切，横向对比性差，与泥岩发育状况呈正相关，与砂砾岩发育程度呈负相关。乌夏断裂带风城组纵向上自下而上沉积具粗—细—粗的岩性变化规律，电性具高阻—相对低阻—高阻的测井响应，总体上反映风城组由于构造抬升—沉降—抬升的次级构造演化，导致水体下降—上升—下降的湖平面变化，垂向上为退积—进积的沉积充填序列，沉积早期伴有火山活动。因此，通常风城组云质烃源岩类与碎屑岩和火山岩呈互层分布，云质烃源岩类的发育贯穿风城组整个沉积过程。总体上云质烃源岩类厚度及所占地层比例变化大，从不到5%至超过70%。云质烃源岩累计厚度由北西往南东方向逐渐减薄。

四、"源储耦合"成藏模式是全油气系统的典型特征

对于风城组全油气系统，烃源岩的热演化、生排烃、生成烃类性质的演化，储层储集空间的成岩演化，以及两者的演化耦合是不同类型油藏得以形成的关键。

1. 全过程生烃

热史演化模拟显示（图 1-72），受盆地基底沉降及西北缘造山带的推覆作用影响，风

城组沉积早期碱湖沉积中心最早进入低成熟阶段，至二叠纪末风城组主体区基本进入生烃门限，这个阶段风城组有少量的低熟油生成并排出，在构造高部位形成低成熟重质油聚集。三叠纪构造沉降及沉积变化相对缓慢，成熟度随地层埋深增大，主体进入低成熟—成熟演化阶段，尤其中三叠世大量的成熟油生成，受上覆地层压力的影响，压实作用较弱，原生孔隙体积较大，生成的油大量排出。至早侏罗世，受到盆地南降北升的翘倾运动影响，玛湖凹陷主体埋深变化不大，成熟度上升缓慢，但已进入成熟演化阶段，此时期以生成成熟油为主，在凹陷周缘因埋藏相对较浅，也有一些相对低成熟度的原油。值得注意的是，自中—晚三叠世，由于烃源岩长期生排烃，沉积作用持续进行，风城组在生烃增压作用下开始出现剩余压力，这部分剩余压力的出现加速源内生成烃类的排出，形成了晚三叠世—早侏罗世的成熟油排油高峰。后期随着中侏罗世—白垩纪的快速沉降，烃源岩成熟度快速升高，至白垩纪末基本与现今成熟度相当。平面上，玛湖凹陷中部地区埋深最大，成熟度最高，最高可达 2.0%，向凹陷斜坡区逐渐降低。在侏罗纪末期，玛湖凹陷周缘受车莫古隆起抬升的影响，沉降沉积作用停滞，形成较长的排烃期，至早白垩世再一次开始生排烃过程。

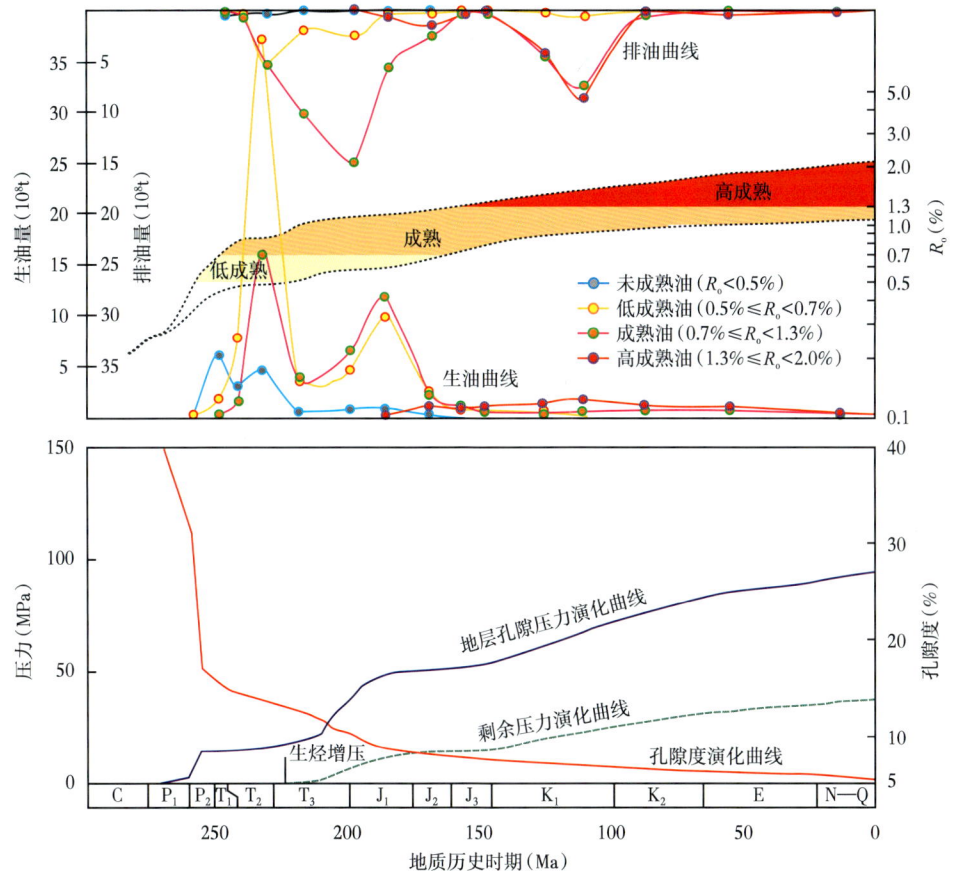

图 1-72 玛湖凹陷风城组源—储演化的时序性耦合图

整体而言，中侏罗世以来，风城组沉积中心主体烃源岩已经入高成熟演化阶段，开始大量生成高熟油，与早期滞留于烃源岩内的低熟—成熟原油一起排出，形成"早生烃、早排烃、两阶段、长时序"的特征，这种两阶段连续生烃的特征为风城组全油气系统的形成奠定了良好条件。较长的生烃窗，形成玛湖凹陷区目前发现的原油密度从周缘向凹陷逐渐变小，埋深上由浅至深密度逐渐减小，气油比逐渐增大的趋势。

总之，风城组连续的有机质热演化形成充足的油源，决定了油气类型的多样性，排出的烃类能够形成源外的常规油藏，致密的粗碎屑储层中不同热演化阶段的原油充注可形成连续分布的致密油，而烃源岩层系内存在的中—高成熟阶段细粒致密储层中的原位聚集可以形成规模页岩油（图1-73）。油气形成的超压环境，决定后期不同油气类型产能大小。

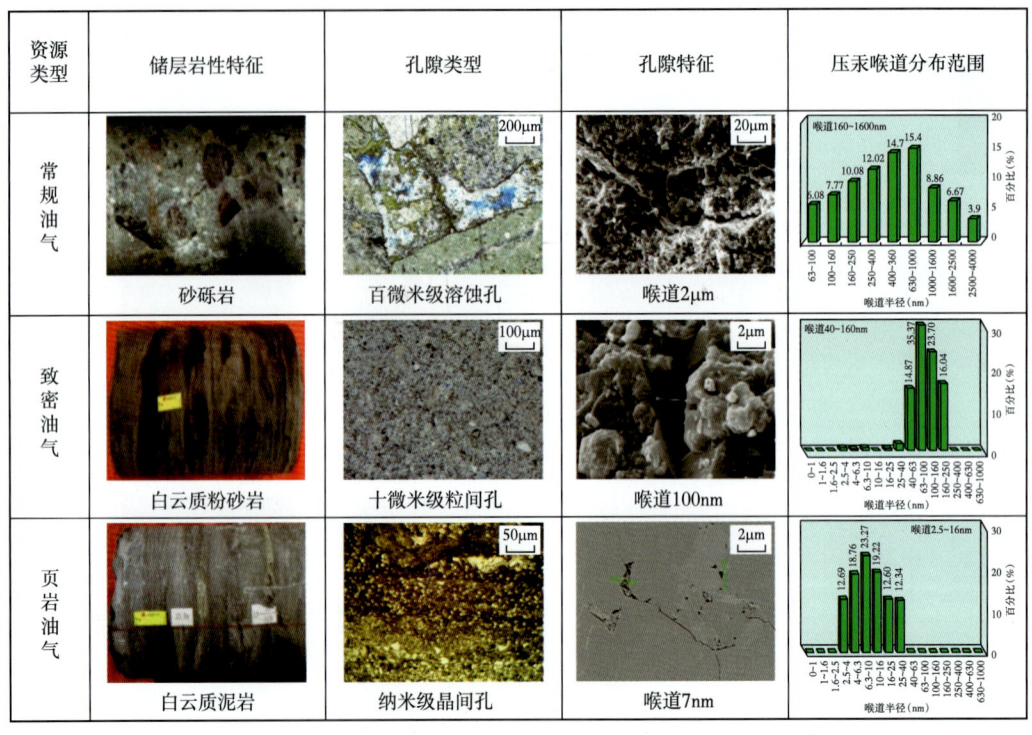

图1-73　玛湖凹陷风城组不同相带岩性及储集空间类型

2. 全类型油藏

综合来看，风城组油藏聚集有三种类型，故而形成三种类型油藏（图1-74，表1-3）：

（1）烃源岩自身可以作为良好储层（源内），形成页岩油藏。在这种模式下，油气滞留在风城组泥岩和白云岩的孔隙和裂缝中，在烃源岩内部无运移或只能运移很短的距离。

（2）储层与烃源岩紧密相连（源内），形成致密油藏。在这种模式下，油气可以发生初次或非常有限的二次运移，通常处于游离状态，并包含在基质孔隙中。

（3）烃源岩与储层分离（源外），存在有效运移通道，形成常规油藏。原油发生长距离二次运移。

第一章 准噶尔盆地玛湖凹陷风城组发现第二个10亿吨级大油区——全油气系统理论的实践

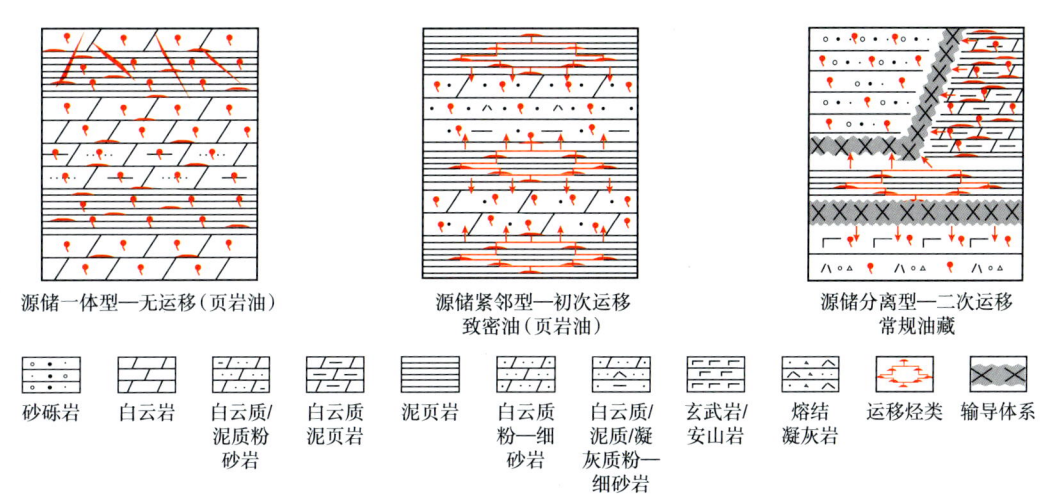

图1-74 风城组原油聚集的三种模式

表1-3 全油气系统中常规—非常规各类型油藏成藏特征要素表

资源类型	源储关系	内部结构	储层岩性	储集空间	运移特征	成藏动力	相态	相带类型	典型井
页岩油	源储一体	页理型块状	云质、泥（页）岩白云岩	微裂缝层理缝微纳米孔	无运移	生烃增压形成源储压差及扩散	吸附态为主游离态	半深湖—深湖	玛页2井玛页1井夏云1井
		纹层型	云质、泥质粉砂岩		微运移+自生		游离态为主吸附态	滨浅湖—半深湖前扇三角洲	
		夹层型	云质、泥质粉砂岩	微裂缝层理缝基质孔	初次运移+自生				
致密油	源储相邻	纵向叠置	云质、泥质、凝灰质砂岩	微裂缝+基质孔为主	初次运移+自生	源储压差浮力	游离态	前扇三角洲扇三角洲外前缘	玛湖28井玛湖26井
		横向交互	云质、凝灰质砂岩		二次运移	源储压差	游离态	扇三角洲内前缘	玛湖33井
	源储分离	无接触	砂砾岩		二次运移	浮力	游离态	冲积扇扇三角洲平原	百泉1井检乌3井

风城组早期勘探，按照含油气系统理论在靠近断裂带附近"顺藤摸瓜"寻找常规油藏，并于八区发现源外源储分离的常规油藏。风城组常规油藏储层以砂砾岩、含砾砂岩及火山岩为主，在空间上与泥质烃源岩相分离，处于烃源岩远源位置，油气发生长距离二次运移。储层孔隙尺寸较大，为 $10\sim1000\mu m$，临界喉道半径大于 $100nm$，呈现大孔隙、粗孔喉的特点，受此影响，喉道受毛细管力影响较小，自封闭作用较弱，油气受浮力作用控制以达西流方式渗流运移。油气成藏需要圈闭、运移通道条件配合，油气的充注导致圈闭水层被驱替，油水分异作用明显，形成油水界面。形成的油气藏类型多以构造—岩性或地层岩性油

气藏为主，呈单体式或集群式分布在断裂带及斜坡区。

对于源储紧邻或源储一体的非常规致密油藏、页岩油藏，非常规油气聚集与常规油气聚集的特征有所不同，在风城组表现尤为明显。在空间分布上，非常规致密油、页岩油与烃源岩关系更近，为紧邻烃源岩或位于烃源岩内。储层岩性上以粉砂质白云岩、云质粉砂岩、云质泥岩、云质页岩为主，储集空间致密，致密储层孔隙尺寸为 0.5~10μm、临界喉道半径为 50~100nm，页岩储层更为致密，孔隙尺寸为 50~500nm、临界喉道半径为 5~50nm，与常规砂砾岩储层较大尺寸、相互连通孔喉的区别，在于非常规储层为孤立或半连通的微纳米级微细喉道，喉道受毛细管力影响较大，自封闭作用强，油气受浮力作用影响弱，以生烃增压形成的幕式初次运移或微运移为主，以非达西流形式渗流运移。在成藏方式上，致密油藏以活塞式在紧邻烃源岩的致密储层中形成准连续型分布的油藏，而页岩油藏主要为烃源岩内驻留，形成连续型油藏。在油水关系上，受源储结构关系控制，超压驱动使得生成油气充满储层的整个储集空间，形成连续性的高含油饱和度的油藏，地层水往往以束缚水态存在。在分布上，致密油藏主要分布在斜坡区，页岩油藏分布在凹陷区，油气往往受烃源岩分布的控制，成大面积连续出现，无明显圈闭要求。

3. 全过程耦合

前述全类型油藏有序性基于宏观静态要素的耦合关系，但对于烃源岩层系内的常规—非常规储层，油气过路、聚集受烃源岩生排烃过程的持续性供烃影响，其油气富集成藏过程会有所不同，更具有连续性。不同类型、粒度的储层，由于孔隙结构演化的差异，可能导致局部成藏机理和成藏模式发生改变。邹才能等（2012）提出不同喉径储层油气形成机理与聚集模式。近期，贾承造等（2021）提出非常规储层的自封闭成藏机理，从现今储层孔隙结构与油气藏类型二者之间的关系给与静态解释。但对于风城组这类烃源岩层系内的各类储层的成岩演化与烃源岩生排烃过程之间的全过程历史耦合关系尚无研究。

基于此，本书根据目前已证实的玛湖凹陷风城组全油气系统，基于 23 口典型取心井的储层物性、压汞实验、薄片鉴定等分析资料，开展了 8 个不同类型油藏解剖。宏观上，源储耦合，岩相控藏。微观上，对比常规油藏（检乌 3 井区及百泉 1 井区风城组三段砂砾岩油藏和风城 1 井—乌 35 井区受构造控制的白云质泥岩裂缝型油藏）、致密油藏（白 25 井区、克 81 井区、玛湖 28 井区风城组三段云质砂砾岩、玛湖 28 井区风城组二段及玛 49 井区白云质砂岩）和玛页 1 井区页岩油藏之间储层物性与结构变化（图 1-75）。

常规油藏储层物性整体较好，平均渗透率普遍高于 0.1mD；平均毛细管半径普遍大于 1μm，高压压汞实验排驱压力较小；而致密油与页岩油储层物性较差，孔隙度普遍小于 10%，渗透率小于 1mD，致密油储层平均毛细管半径在 25~2000nm 之间，页岩油储层平均毛细管半径普遍小于 10nm，整体高压压汞结果显示排驱压力均较大。需要注意的是，部分致密储层受微裂缝发育的影响，最大孔喉半径可能优于常规储层，反映出各类储层内部依然存在一定的非均质性。进一步的，综合前人对于风城组储层成岩作用过程（潘晓添等，2013；鲁新川，2012）与生排烃过程（支东明等，2021）的研究成果及目前各类油藏生产特征，开展了层孔喉结构的演化与油气运移充注调整的动态耦合过程分析（图 1-76）。

第一章 准噶尔盆地玛湖凹陷风城组发现第二个 10 亿吨级大油区——全油气系统理论的实践

风城组孔喉结构与油气成藏关系图	岩性序列典型井区	孔隙度（%）	渗透率（mD）	平均毛管半径（μm）	排驱压力（MPa）
裂缝型白云质泥岩 风城1井区、乌35井区		1.0~14.8 / 5.3(92)	0.01~111.3 / 6.6(55)	0.04~10.19 / 1.84(26)	0.1~5.07 / 1.33(26)
砾岩 检乌3井区、百泉1井区		5.2~17.9 / 10.0(46)	0.02~81.0 / 3.4(44)	0.01~4.68 / 1.21(25)	0.1~6.76 / 1.52(25)
砂质砾岩 玛25井区、玛湖28井区		5.3~12.4 / 8.2(66)	0.01~43.6 / 1.8(28)	0.09~3.69 / 0.6(67)	0.1~12.28 / 2.45(67)
含砾（云质）砂岩 玛湖28井区、克81井区		2.6~8.8 / 6.2(23)	0.02~7.2 / 0.07(21)	0.07~3.28 / 0.52(20)	0.1~14.48 / 4.66(20)
白云质砂岩 玛湖28井区、玛49井区		2.5~11.5 / 5.3(36)	0.01~9.8 / 0.06(27)	0.05~2.08 / 0.043(36)	0.67~13.75 / 6.59(36)
白云质泥页岩 白云1井区、玛页1井区		3.5~9.6 / 4.5(497)	0.01~9.8 / 0.02(486)	0.001~1.23 / 0.035(133)	13.75~103.42 / 34.52(497)

注：表中数据为 $\dfrac{\text{最小值~最大值}}{\text{平均值（样品数）}}$

图 1-75 风城组常规—非常规储层孔喉结构与油气成藏关系图

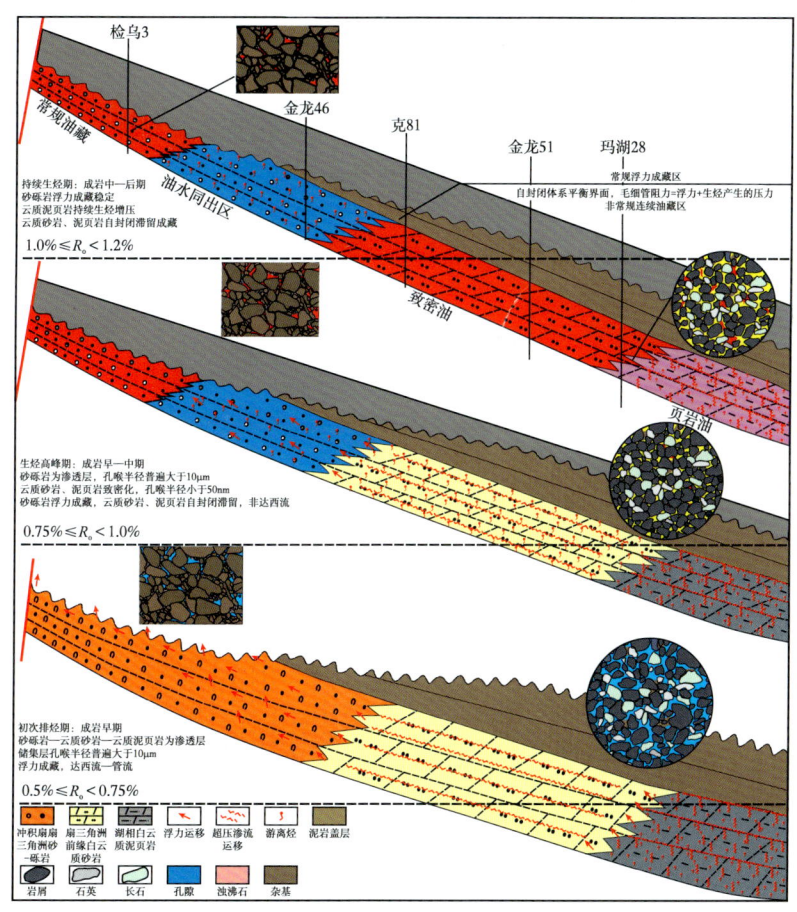

图 1-76 常规—非常规全油气系统源储耦合成藏过程图

风城组现今的致密储层，在烃源岩初次排烃期（晚二叠世—早三叠世，R_o 为 0.5%~0.7%），储层处于早成岩期，成岩作用弱，渗透性较好，油气可在层间横向运移，在断裂开启或者顶部封盖条件差的情况下，油气向上运移调整，在源外有效圈闭中聚集成藏，此时期无论哪种类型储层，均表现为大孔喉的高渗透层，浮力作用占主导；随着凹陷持续深埋，烃源岩成熟度升高（R_o 为 0.75%~1.0%），形成第一期生排烃高峰（早侏罗世），高部位常规储层成岩作用相对弱，上倾方向断层活动停止封闭，顶部中二叠统泥岩盖层压实封盖，形成圈闭，油气聚集成藏，形成常规油藏，下倾方向的白云质砂岩、泥页岩受成岩作用影响，孔喉减小，小于 1μm，运移烃受小孔喉的毛细管作用滞留，受到大规模幕式生排烃形成的高源储压差作用影响，突破毛细管阻力，油气进一步向上运移，在常规储层中浮力成藏，开始油水分异；在白云质砂岩、白云质泥页岩相对致密的储层中形成烃类幕式滞留与排出，此时期，早成岩期的微纳米级孔喉赋存的地层水受到储层进一步致密化而滞留于储层中；其中非连通孔隙中可能存在一定量的束缚水，这部分地层水赋存于微纳米孔喉中，目前玛湖 28 井区致密油藏生产过程中已表现出初期试油含油率普遍超过 80%，长期试采含油率下降并趋于稳定。主要原因在于压裂改造后的致密储层，部分赋存地层水的非连通孔或微纳米孔喉的力平衡被破坏，早期含油率高是连通孔喉及相对大孔喉中的游离油优先流动至井筒，之后经压裂改造后的微纳米或非连通孔喉中的地层水缓慢排出造成这一现象。相对的，常规储层中早期的中大孔喉赋存的烃类受到储层致密化影响，对烃类的毛细管力大于浮力，形成滞留烃。例如八区油藏下倾方向的"水带"，试油过程中也普遍含油，但含油率相对较低，是部分微纳米孔喉中对早期赋存的油气所形成的毛细管力强于浮力作用，得以保存下来，压裂改善了孔喉结构，破坏了其平衡状态，因此随地层水排出，类似"海绵吸水"效应。

随着烃源岩生排烃持续进行，当源储压差不足以突破致密储层中的毛细管力，滞留于孔隙中的烃类"自封闭"形成致密油、页岩油，呈现一定的动态成藏特点。目前，风城组实测包裹体的均一温度区间为 60~110℃，呈现单峰型，反应为持续的供烃特征。

总而言之，外在表现上，常规油藏与致密油藏之间受到孔喉结构致密化程度不同，非常规油藏自封闭体系形成物性边界，虽然看似岩性是连续的，但其内部的储层物性有变化，导致非常规油藏无圈闭界限，呈准连续—连续分布的特点。但各类型油气藏之间是流体场的动态平衡，宏观的封闭条件必不可少。

准噶尔盆地玛湖凹陷风城组常规—非常规油气有序共生的全油气系统把全油气系统这一概念从理论构想推向了实践，但在深化全油气系统理论的过程中还需解决一系列基础问题。支东明等（2021）提出烃源岩生烃过程的时序性与原油物性分布的有序性耦合认识，还有待从根本上解释同一套烃源岩不同类型母质与不同热演化程度的生烃行为及产物的差异性变化，加之原油的混合作用，使得通过生物标志物判别油源较难；非常规油气"自封闭"作用解释了非常规油气连续分布、无明显圈闭界限的成藏特征，但储集空间类型与喉道大小的序次变化与油气聚集方式的有序性关系界限可能受到储层非均质性的影响，孔喉半径并不是"一刀切"式的界限，已发现部分页岩油储层孔喉系统比致密油储层的孔喉系统更好，含油饱和度高于同等物性的致密储层；风城组不同油质、流体相态对不同孔喉系统的充注，不同润湿性影响下的喉道半径下限序列还需大量实验研究。因此，对于整个盆地西部风城组全油气系统的研究，亟需重点加强生烃动力场、流体动力场和源储耦合三者的综合研究，探索油气生成与动力学过程恢复、全油气系统中储层致密程度差异形成的流体动力场变化特征。此外，还需不断加快现场勘探实践，增加更多的实证解剖材料，尤其是玛湖凹陷东斜坡和凹陷区深层高熟油气、沙湾凹陷和盆1井西凹陷的非常规天然气领域的风险探索。

准南前陆盆地油气勘探目的层系根据三套区域性盖层（白垩系吐谷鲁群泥岩层、古近系安集海河组泥岩层及新近系塔西河组膏泥岩层）与其下储层的储盖配置关系，可划分为上、中、下三个成藏储盖组合（图2-4；李学义等，2003）。

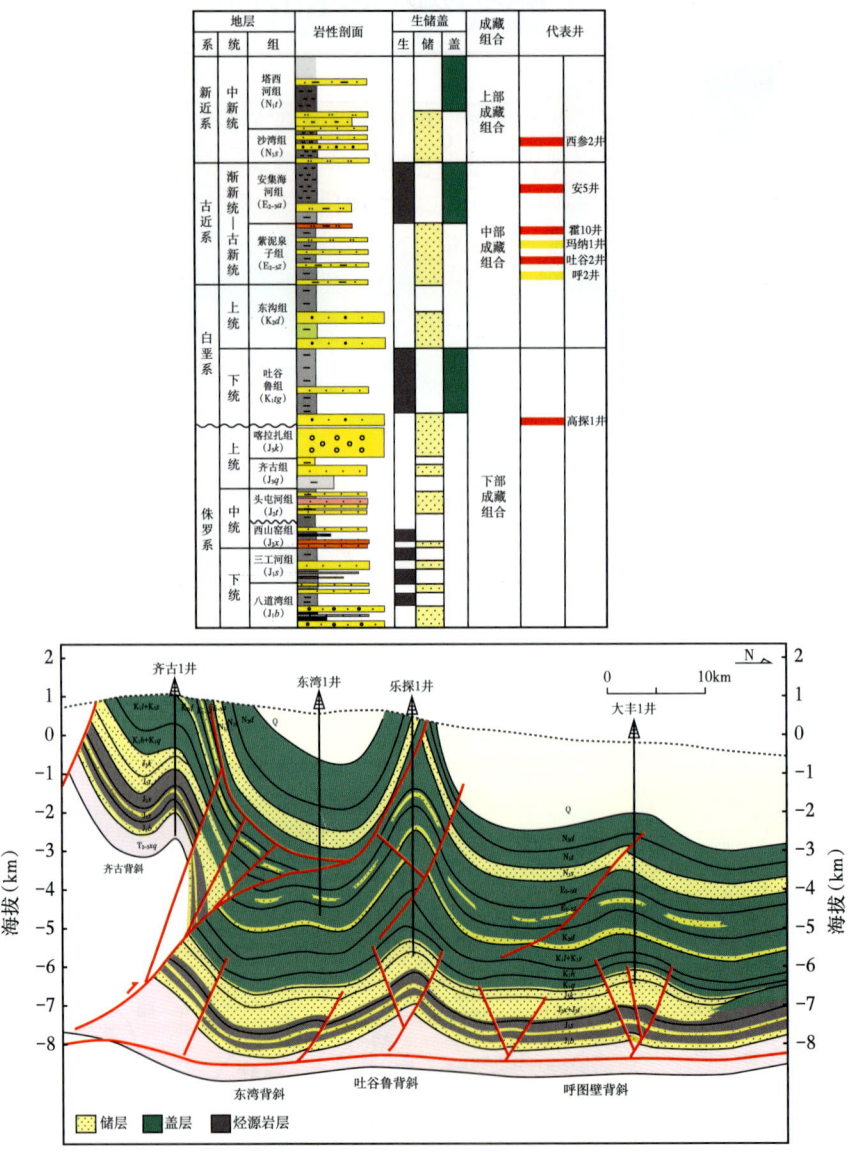

图2-4　准南冲断带生储盖组合柱状图与构造样式地质剖面图

上部成藏组合勘探目的层主要是第二排、第三排构造带的新近系，主要储集层位为沙湾组、塔西河组，盖层为塔西河组的灰色、灰绿色泥岩，烃源岩主要为侏罗系煤系地层、白垩系及古近系湖相暗色泥岩。上组合构造与下部烃源岩纵向的沟通距离大、油气聚集丰度低、主要形成次生油气藏，仅发现独山子油田。

中部成藏组合以古近系紫泥泉子组和白垩系东沟组为主要勘探目的层，以安集海河组为

第二章 准噶尔盆地南缘下组合大构造勘探终获突破

区域盖层。中组合构造构造变形适中、安集海河组巨厚异常高压泥岩良好的封盖条件有利于高陡复杂构造油气的保存，发现呼图壁、玛河两个高效气田。古近系紫泥泉子组砂岩储层物性好、压力大、单井产量高，但砂层厚度相对较薄；同时与下组合烃源岩仍有巨厚白垩系盖层相隔，油气聚集丰度较低，具有大构造小油藏的特征，目前未能发现大规模油气藏。

下部成藏组合以下白垩统吐谷鲁群和侏罗系为主要勘探目的层，盖层是白垩系吐谷鲁群及侏罗系泥岩。下组合侏罗系储层规模大、与中—下侏罗统煤系地层烃源岩近源，发育一批深大背斜构造目标，具备发现大型油气田的基本石油地质条件。

准噶尔盆地南缘油气勘探历史悠久，是中国最早开展勘探（1909年）的地区之一，20世纪30年代独山子油田的发现标志着准噶尔盆地现代石油工业正式起步。百余年的勘探历程总体上可分为四个阶段（表2-1，图2-5）：阶段一为1909—1995年，地表构造及上部成藏组合浅井钻探阶段，发现独山子油田与齐古油田；阶段二为1996—2008年，大构造中部成藏组合勘探阶段，发现卡因迪克油田、呼图壁气田、玛河气田及吐谷鲁、霍尔果斯等油气藏（图2-6）；阶段三为2008—2019年，下部成藏组合勘探突破阶段，高泉背斜高探1井获历史性突破（图2-7）；阶段四为2019年至今，下组合规模勘探阶段，深层大构造呼探1井、天湾1井天然气获得重大突破（图2-7）。

表2-1 准噶尔盆地南缘油气田发现勘探历程表

阶段	名称		钻探目标	地震勘探	油气发现
一	上部组合构造勘探阶段（1909—1995年）	地面构造钻探阶段（1909—1959年）	独山子、齐古、安集海、霍尔果斯、西湖、呼图壁等背斜	浅井钻探、"光点"模拟地震概查阶段	1937年1月14日独山子背斜第一口井喷油，发现独山子油田；1957年8月齐古背斜第一口井喷油，发现齐古油田
		上部成藏组合钻探阶段（1960—1995年）	西湖、独南、霍尔果斯、安集海等背斜	普查阶段：地震测网为3km×10km~18km×20km	安4井及安6井获低产天然气；霍8a井获低产油气流
二	大构造中部成藏组合勘探阶段（1996—2008年）		呼图壁、安集海、吐谷鲁、独山子、霍尔果斯、玛河、东湾、齐古、高泉等背斜	详查阶段：二维地震测网2km×6km~4km×10km；呼图壁背斜、吐谷鲁背斜、霍尔果斯背斜、玛纳斯背斜三维地震勘探	1996年呼2井发现呼图壁气田；2006年玛纳1井发现玛河气田
三	下组合突破勘探阶段（2008—2019年）		西湖、喀拉扎、齐古、独山子、呼图壁等背斜	加密地震测网，目标重新处理，二维地震宽线大组合及高密度三维地震部署	西湖1井、独山1井及大丰1井下组合油气显示活跃；高探1井下组合获历史性突破
四	下组合展开勘探阶段（2019年至今）		安集海、呼图壁、呼西、吐谷鲁、东湾背斜	高密度三维地震	呼探1井、天湾1井下组合天然气获突破

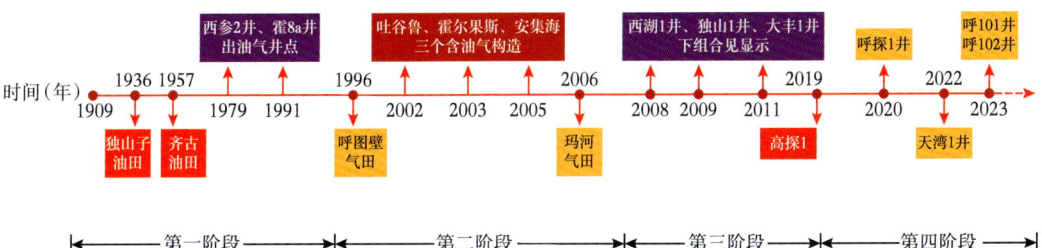

图2-5 准南冲断带勘探历程划分图

准噶尔盆地重大油气发现勘探战例

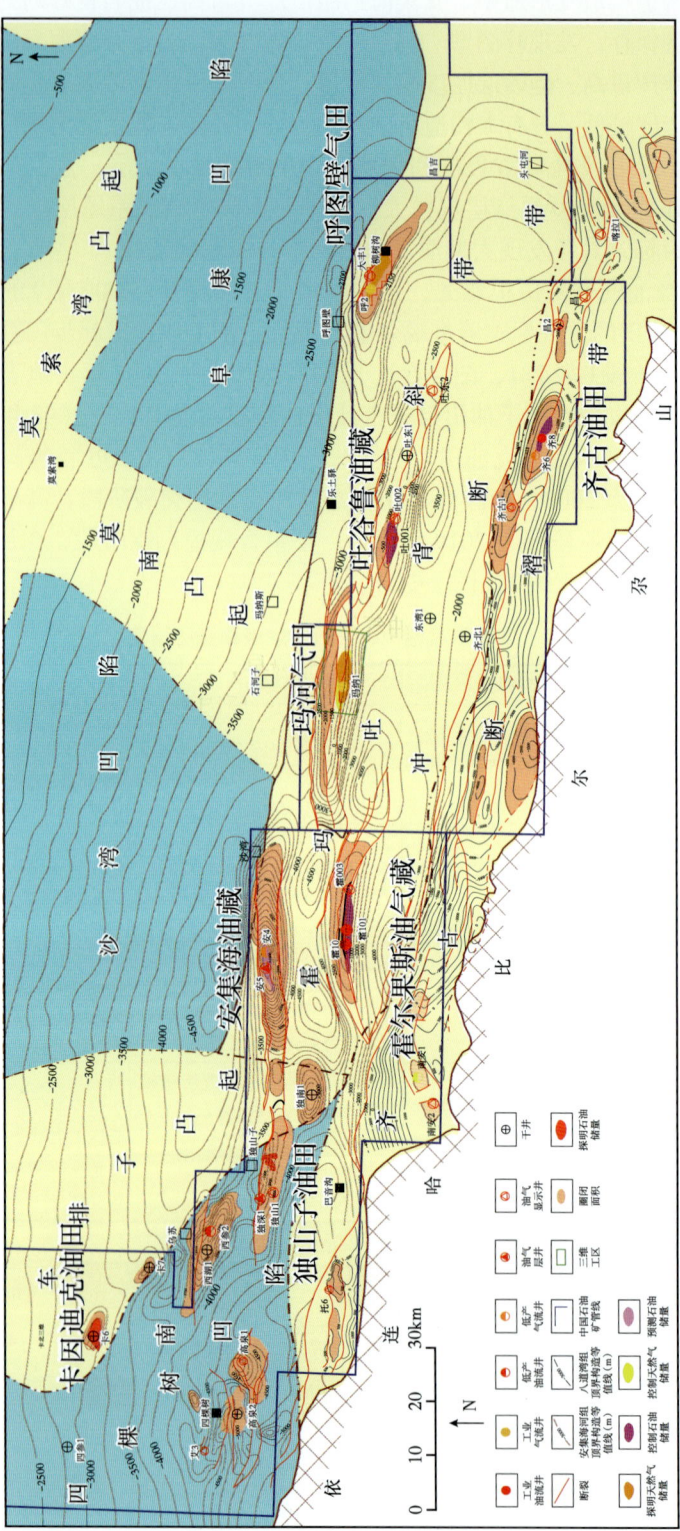

图 2-6 准噶尔盆地南缘中浅层勘探成果图

第二章 准噶尔盆地南缘下组合大构造勘探终获突破

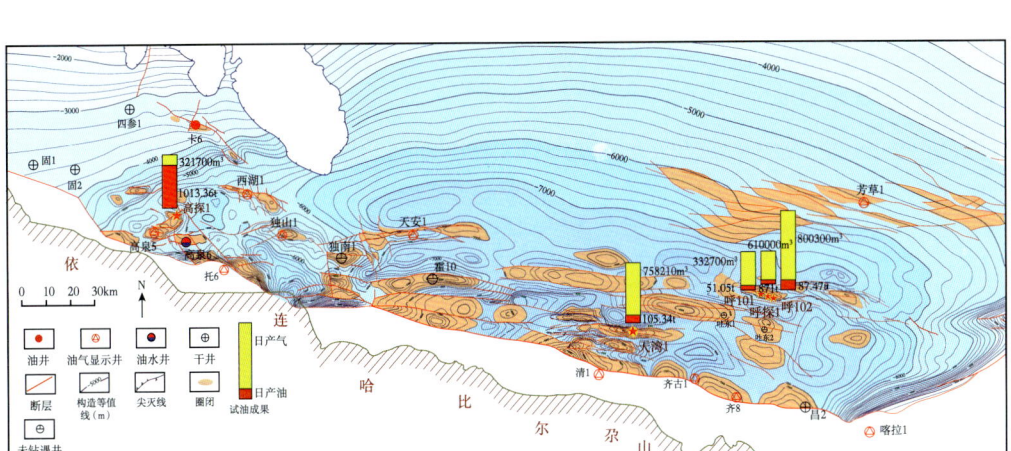

图 2-7　准噶尔盆地南缘下组合油气发现图

盆地油气第四次资源评价成果表明，准南冲断带石油资源量为 $42598×10^4t$，天然气资源量 $9800×10^8m^3$。累计探明石油地质储量 $2719.5×10^4t$，石油探明率 6.38%，总计探明天然气储量 $270×10^8m^3$；天然气探明率 2.7%，油气勘探程度低、勘探潜力巨大。

从勘探历程可以看出，准噶尔盆南缘油气勘探最早，勘探历程曲折，总体油气发现规模与油气勘探潜力明显不匹配，前期重大勘探突破少。原因有三：一是客观地质条件复杂，处于山前冲断带，构造复杂，难以落实；二是早期勘探技术无法实现勘探家的愿望；三是勘探投入成本居高不下，让人望而却步。早期勘探溜边转，针对地表构造找油；中期物探技术进步突破中组合，发现一批中小型高效油气藏。

进入"十三五"后，随着综合研究的深入与技术进步，深层—超深层逐渐成为勘探的重要接替领域，经历了漫长的曲折后迎来广阔前景。2019 年，四棵树凹陷高泉背斜高探 1 井白垩系清水河组获千方高产油气流；2020 年，呼西背斜呼探 1 井清水河组获高产油气流，实现南缘中段下组合天然气勘探首次重大突破；2022 年，东湾背斜天湾 1 井清水河组再获高产油气流；2023 年，呼 101 井、呼 102 井在清水河组及喀拉扎组连获高产，实现侏罗系喀拉扎组首次突破，展示广阔勘探前景。

第二节　勘探历程

一、上部组合构造勘探阶段（1909—1995 年）

准噶尔盆地南缘油气勘探始于 1909 年，其油气勘探近半个世纪来几上几下，受山前带地质构造复杂与勘探难度大的客观因素限制，勘探进展一直较为滞后。早期准噶尔盆地南缘油气勘探主要针对地表构造及上组合浅层构造进行勘探。

1. 地面调查定目标，地表背斜有发现（1909—1959 年）

1）准噶尔盆地南缘出露三排地面背斜构造

从南向北发育三排构造地面背斜（图 2-8），第一排构造主要出露侏罗系地面背斜

（图2-9）、第二排构造主要出露古近系背斜（图2-10）、第三排构造主要出露新近系地面背斜（图2-11）。准噶尔盆地南缘油气勘探早期主要针对地面背斜进行浅井钻探，从地面地质调查着手，以地面油气苗为主要找油线索。

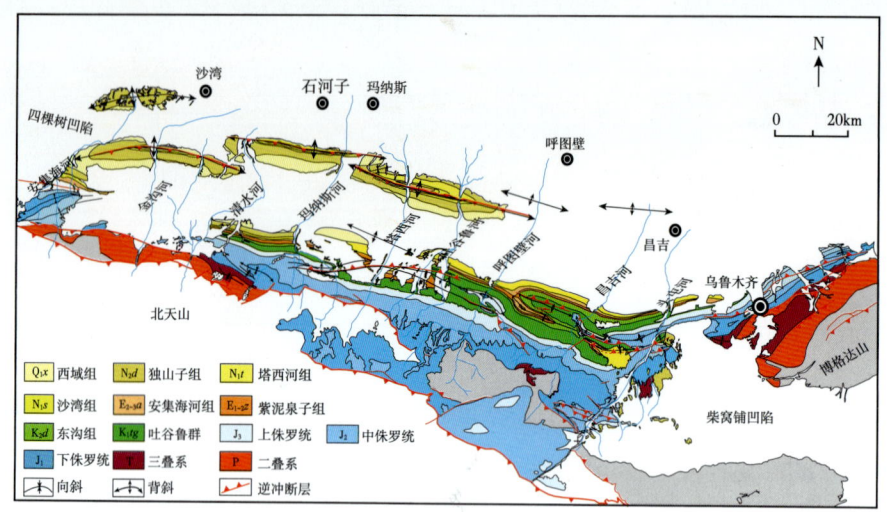

图2-8　准噶尔盆地南缘地质图

图2-9　准噶尔盆地南缘第一排构造齐古背斜核部

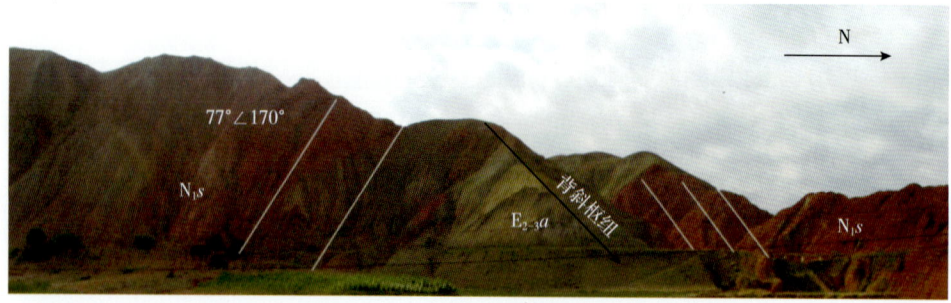

图2-10　准噶尔盆地南缘第二排构造玛纳斯背斜东倾伏端

图 2-11 准噶尔盆地南缘第三排构造独山子背斜核部

准噶尔盆地南缘该阶段主要开展地面地质调查，完成对盆地南缘1∶5万地面地质详查、重点目标完成1∶2.5万的地面地质细测；局部地区完成1∶20万重磁力普查及"光点"模拟地震普查。地面背斜目标油气勘探于1937年发现独山子油田，1957年发现齐古油田。

2）独山子构造是南缘最早钻探获得发现的地面背斜

独山子背斜位于南缘西段四棵树凹陷（图2-8），背斜地面轴部出露地层为独山子组与塔西河组（图2-11），背斜具有北陡南缓的特征。最早在1897年，清朝官吏曾组织土法开采独山子油田。1900年开始地面地质调查，宣统元年（1909年），新疆商务总局筹银30万两购买俄国顿钻钻机，在独山子开掘新疆第一口油井（图2-12）。

图 2-12 新疆第一口油井（独山子背斜）

准噶尔盆地重大油气发现勘探战例

1936年新疆地方政府与苏联合作组成了独山子石油考察厂,在苏联帮助下在独山子背斜开始了探井钻探,1937年1月14日1号井喷油,发现了独山子油田。在当时独山子油矿与玉门、延长齐名,成为国内知名的三大油矿之一。20世纪30年代独山子油田的发现标志着准噶尔盆地现代石油工业正式起步。

新中国成立后,于1950年成立中苏石油公司,同时开展准噶尔盆地南缘和西北缘地质普查、详查和钻探,首先集中力量恢复和发展了独山子油矿的生产,独山子1951年又重新勘探。1955年,新疆局地调处3/55地质队进行了1:25000比例尺的地质详查,基本上弄清了背斜地面地层和构造特征。至1958年累计钻井150口。1963年,独山子油田上报Ⅰ类探明含油面积1.2km^2,石油地质储量239×10^{4}t。独山子油田油层(沙湾组)顶部埋深800~1800m,油田主要位于背斜东围斜(图2-13),背斜轴部发育西北走向断层,将油田切割为若干块。从构造和油气分布情况看,油藏类型为受构造控制的岩性油气藏(图2-14)。

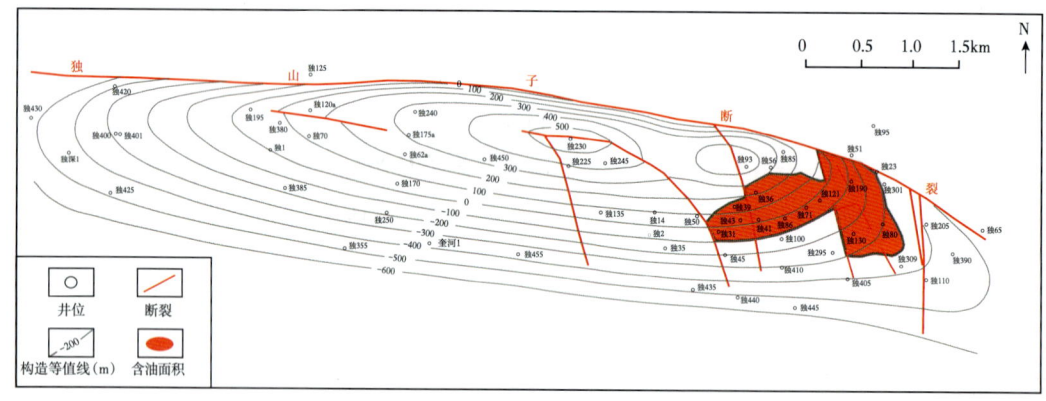

图 2-13 独山子油田油藏含油面积图

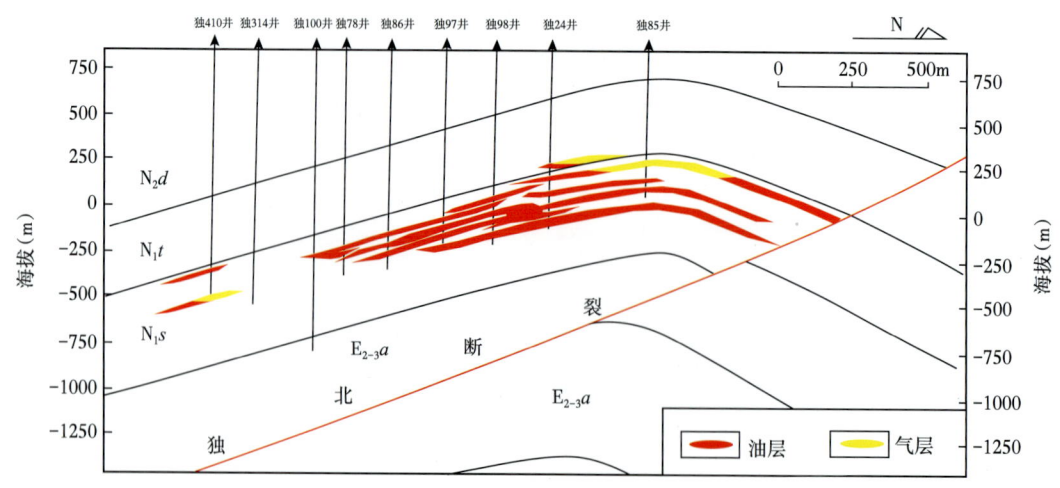

图 2-14 独山子油田油藏剖面示意图

3）齐古地面背斜侏罗系油田获得发现

齐古背斜位于齐古断褶带中段（图 2-8），为一个向北凸出的弧形背斜，于 1954 年完成 1∶5 万地面地质详查，1956 年完成 1∶2.5 万地面地质细测。背斜核部出露中侏罗统头屯河组（J_2t），北翼上侏罗统、白垩系、古近系和新近系地层连续出露，南翼出露侏罗系、白垩系。背斜两翼地层产状不对称，南缓北陡，北翼地层倾角 50°~60°，南翼地层倾角 25°~45°（图 2-9、图 2-15）。

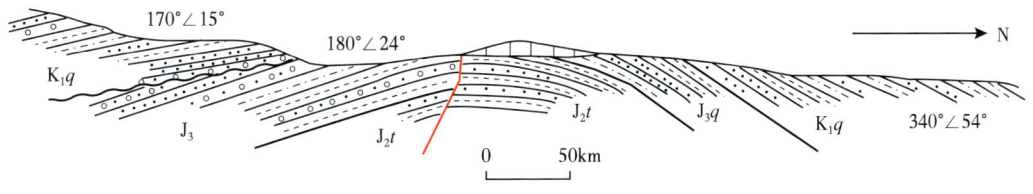

图 2-15　齐古背斜呼图壁河地质剖面

1957 年 8 月在齐古构造上钻第一口井——齐浅 1 井钻至 295.24m 在侏罗系获油（约 1.0t/d），从而发现了齐古油田。至 1960 年共钻井 24 口，这些井出油的有 7 口，其中齐 1a 井产量最高，在西山窑组 816~847m 井段，产油 13.3t/d，其余井日产量在 1.2t 以内。

齐古油田构造背景为一北西西走向的长轴背斜（图 2-16、图 2-17），齐古油田侏罗系油藏于 1963 年依据侏罗系头屯河组和三工河组的出油砂层，圈定含油面积 8.3km²，估算原油地质储量 $1732×10^4t$。已开发面积确定为 0.81km²，根据面积计算已开发原油地质储量为 $171.16×10^4t$。

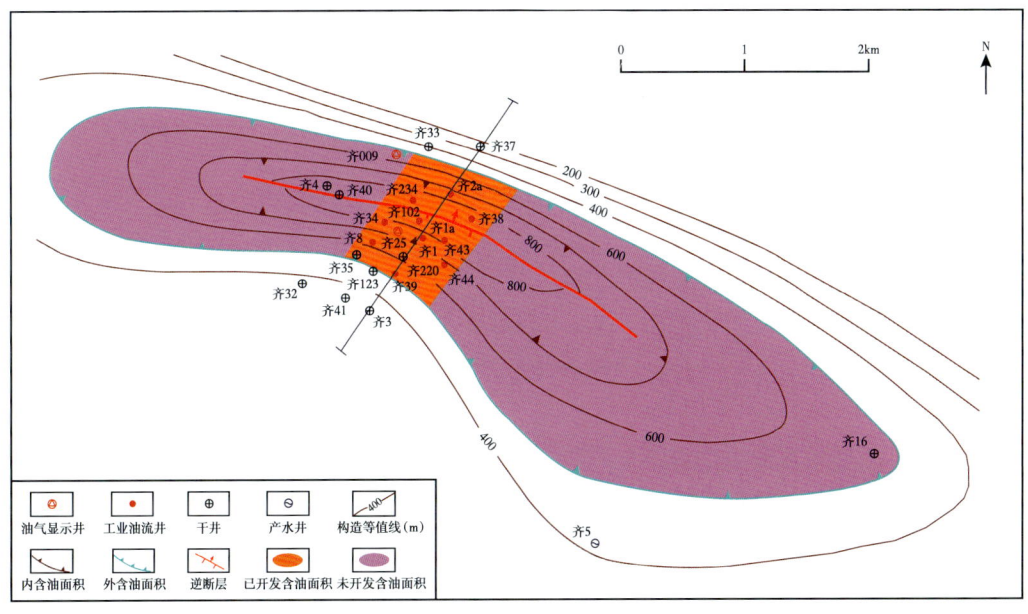

图 2-16　齐古油田侏罗系头屯河组油藏储量图

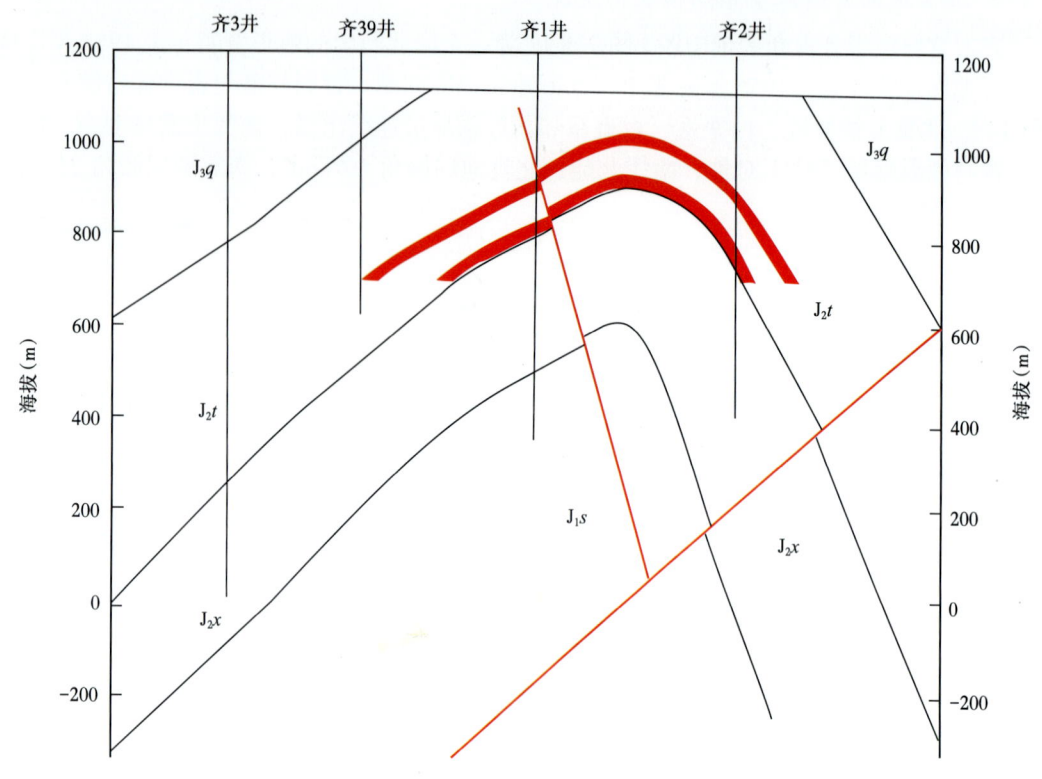

图 2-17 齐古油田油藏剖面示意图

准噶尔盆地南缘地面构造钻探阶段受当时勘探技术条件所限,地质认识主要停留在寻找地表构造、按地表构造高点部署井位的找油思路阶段。主要描述浅层表皮构造,仅能依靠表层构造推断深层构造样式。

2. 数字地震(沿沟弯线)找圈闭,浅层构造找油气(1960—1995 年)

准噶尔盆地油气勘探 1954 年以前主要集中在南缘与西北缘。1955 年西北缘 1 号井发现了新中国成立后的第一个大油田——克拉玛依油田。1956 年乌鲁木齐石油勘探大辩论,辩论认为准噶尔盆地的大油田在盆地西北缘,提出了走向西北缘、走向地台的新观点。1958 年以后由于集中主要力量参加西北缘会战、勘探主战场逐渐转移至盆地西北缘,至 1960 年南缘油气勘探基本停滞,直到 1979 年数字地震开始实施,才重启南缘勘探。

1)数字地震始实施,浅层构造获落实

1979 年,准噶尔盆地南缘开展大规模的数字地震勘探工作,南缘油气勘探又重新展开。该阶段在数字地震勘探技术(法国 CGG)引进的基础上,80 年代针对山前开展了二维地震概查与普查,主要为沿沟部署的近南北向的地震测线及向斜低部位东西向部署的联络测线,地震测网达 3km×10km~18km×20km(图 2-18)。限于当时的地震采集装备条件,主要是采取沿沟侦察的方式,采用小吨位震源、浅井组合、坑炮激发。通过山前开展了二维地震概查与普查阶段,初步落实了上组合地层分布,基本查清了山前构造凹隆格局,建立了地表与地下构造、浅层构造与深层构造对应关系，对局部构造形态有了初步的了解，确定了有利勘探区带，同时充分领略到山地勘探的复杂性和艰巨性。

90年代初对重点构造进行了地震详查，主测线线距2~3km、同时沿背斜轴向部署了联络测线。通过多轮地震勘探普查及详查，浅地表构造之下发现了一批中上组合构造目标，建立了构造样式，南缘油气勘探由早期露头区表层勘探走向了覆盖区中浅层勘探。

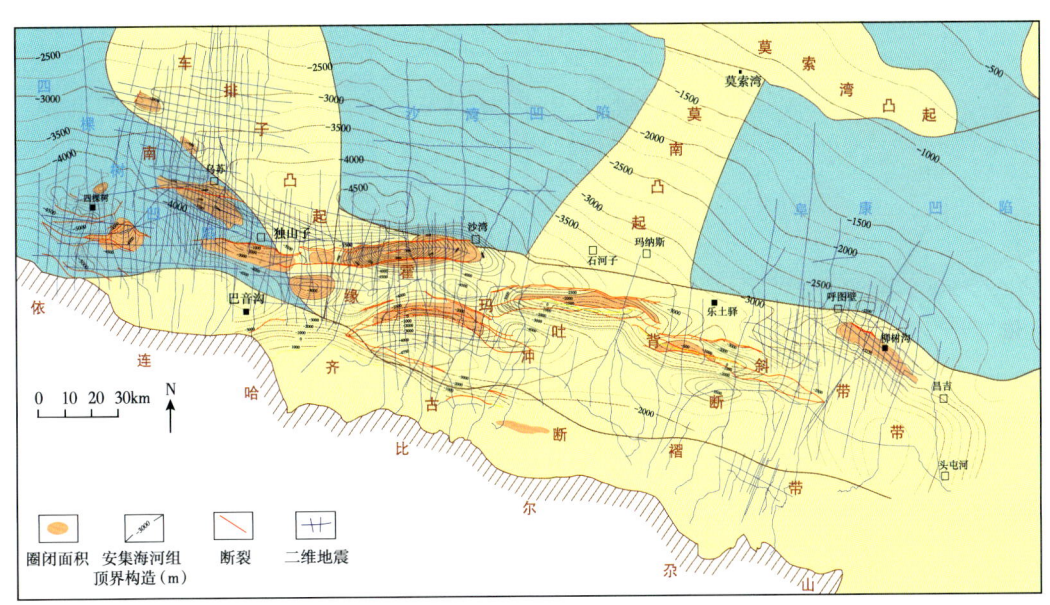

图2-18 准噶尔盆地南缘二维地震（1979—1995年）测线分布图

2）一批浅井获部署，多井沙湾组获油流

在二维地震概查、详查的基础上，初步落实了西湖、独南、霍尔果斯、安集海等背斜构造浅层新近系沙湾组构造与圈闭特征（图2-19）。分别部署了西参2井、独南1井、西3井、霍8a井、安4井等（图2-19），其中西参2井、霍8a井及安4井在新近系沙湾组获低产油气流。

1990年对西湖背斜西参2井进行老井恢复试油时，在沙湾组上部3651~3648m、3642~3640m两段，射厚5m试油，用3mm油嘴获日产油5t，日产气955m³，日产水1.8m³。

1991年，在安集海背斜安4井2182~2188m（N_1s）井段进行中途测试，获日产气127m³。

霍尔果斯背斜霍8a井从525m开始发现油气显示，发现岩屑含油显示厚度56.33m，岩心含油显示厚度5.77m，气测显示87m。1991年，在霍玛吐断裂下盘在塔西河组及沙湾组霍8a井多层获低产油流，其中在塔西河组1826.00~1821.50m井段射孔，获日产油3.198t。

准噶尔盆地南缘上组合浅层构造勘探收效甚微，仅发现几个出油气井点，未能探明开发上组合。南缘二排构造上组合构造高陡、沙湾组储层薄、受霍玛吐断裂影响保存条件较差，以小型次生油气藏为主；南缘三排构造油源断裂沟通不充分，上组合油气显示弱。

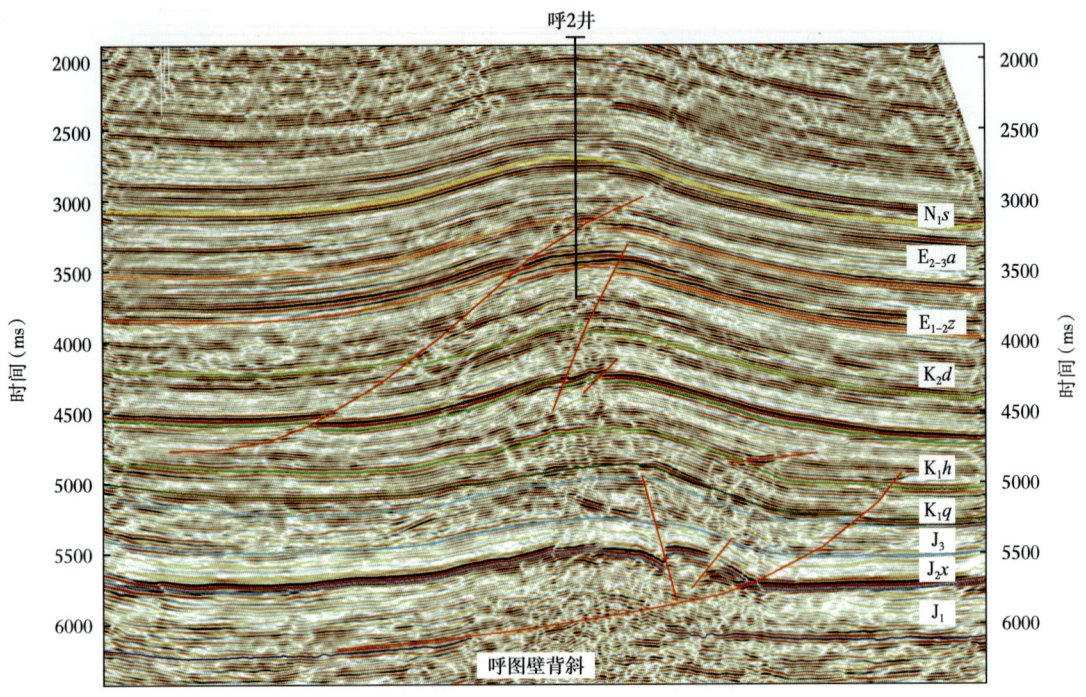

图 2-21 呼图壁背斜南北向 N9115 地震地质解释剖面

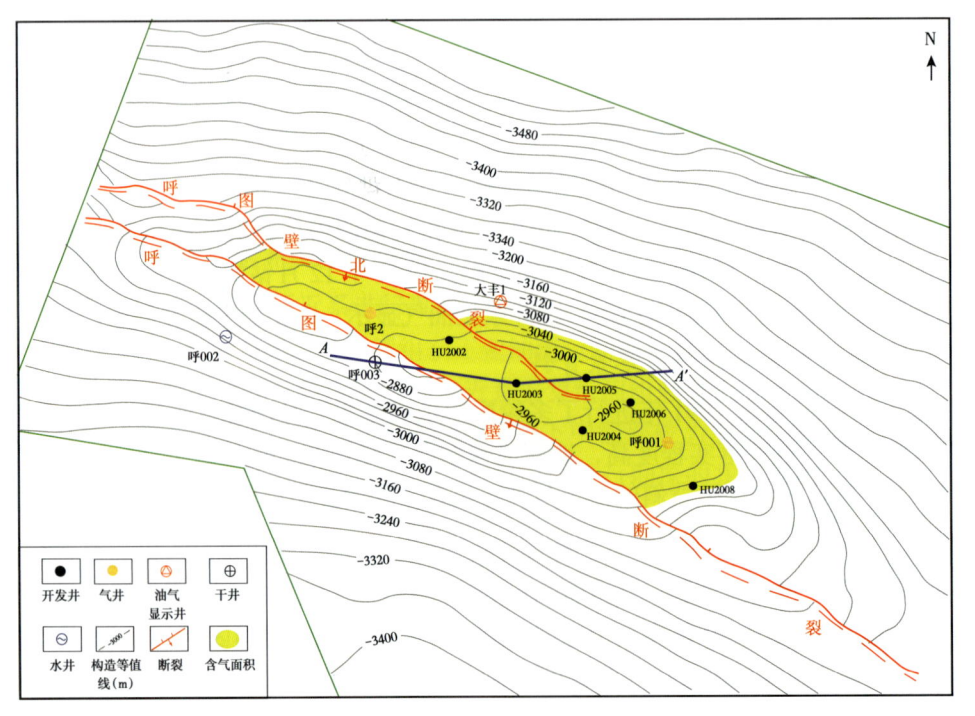

图 2-22 呼图壁气田古近系紫泥泉子组二段顶界构造及含气面积图

3）呼2井的突破勘探意义重大

呼2井是准噶尔盆地南缘第一口钻达古近系紫泥泉子组目地层的井；呼2井的突破实现了中组合油气勘探的首次突破；诞生了准噶尔盆地第一个中型整装气田——呼图壁气田。

从1957年发现齐古油田到1996年发现呼图壁气田，准噶尔盆地南缘油气勘探发现沉寂了39年。在呼2井部署之前，曾长期有观点认为，南缘构造（背斜）主要都是喜马拉雅期形成的，圈源关系可能为"晚成熟型"，即构造形成晚于油气大量运移时期，能否在时空上配置成藏值得怀疑；此外油气源位于6000m以下地层中，是否有烃源断层沟通油气并向上运移形成次生油气藏。

1990年以来，在地震勘探技术进步、背斜构造形态逐步落实。在此基础上，地质认识也取得了长足的进步，一是建立了滑脱层之下深层进行勘探的找油思路，初步认识到古近系安集海河组和紫泥泉子组为一潜在有利勘探层系，紫泥泉子组储层发育，上部安集海河组塑性泥岩为良好的区域盖层；二是呼图壁背斜构造主体发育与下部烃源岩相沟通的油源断裂，于是将古近系作为呼图壁背斜勘探的主要勘探目的层。但直到呼2井上钻，对呼图壁背斜形成时间是否匹配生烃时期仍存在争议。

呼2井的突破证实了准噶尔盆地南缘喜马拉雅期构造与中—下侏罗统煤系烃源岩具有良好的时空配置关系，圈源关系为"共成熟型"且"源—储"断层发育，为南缘中组合次生油气藏形成创造了条件。这一成藏认识的确立，拉开大构造中组合勘探序幕。

呼图壁背斜紫泥泉子组油气藏特征分析，也进一步证实了滑脱层之下进行找油思路的正确性。呼图壁背斜紫泥泉子组被呼图壁断裂切割为上下盘两个断背斜圈闭（图2-22、图2-23）。紫泥泉子组气藏分布于断裂下盘，断裂上盘不成藏。目前综合分析认为，喜马拉雅多期构造演化控制了油气成藏的复杂性，下盘圈闭是喜马拉雅早期构造高点，控制了喜马拉雅期油气成藏（5~12Ma）。油气成藏期后又发生了一次构造活动，呼图壁断裂向北推覆，把南翼构造低部位的地层向上推举成了现今的上盘高部位，而早期高部位的气藏被逆掩封挡在下盘。说明油气藏分布受早中期构造圈闭特征控制、后期改造使油气藏分布复杂化。因此，在南缘第二、三排构造中上组合的油气勘探中一定要加强构造演化序列与油气成藏的匹配关系的研究。

呼图壁气田的发现历程虽然不算十分曲折，从1952年发现呼图壁构造，历时40多年终成正果，突破前期认识禁区是关键因素。

2. 山地二维定高点，中部组合展成效

1996年呼图壁气田的诞生明确了南缘冲断带中部组合油气勘探的现实性，带动了山地二维、三维地震的全面部署与攻关。历经十年实现了南缘各大构造中组合相继突破。根据勘探思路、地震攻关及油气发现，中组合大构造十年勘探总体经历了两轮勘探。

1）首轮钻探均失利，未钻高点是主因

1997—1999年为大构造中部成藏组合展开勘探探索阶段。这一时期地震勘探为详查阶段，地震测网达2km×6km~4km×10km，山地地震勘探取得一定进展，重点针对南缘中段霍玛吐背斜带中组合钻探。

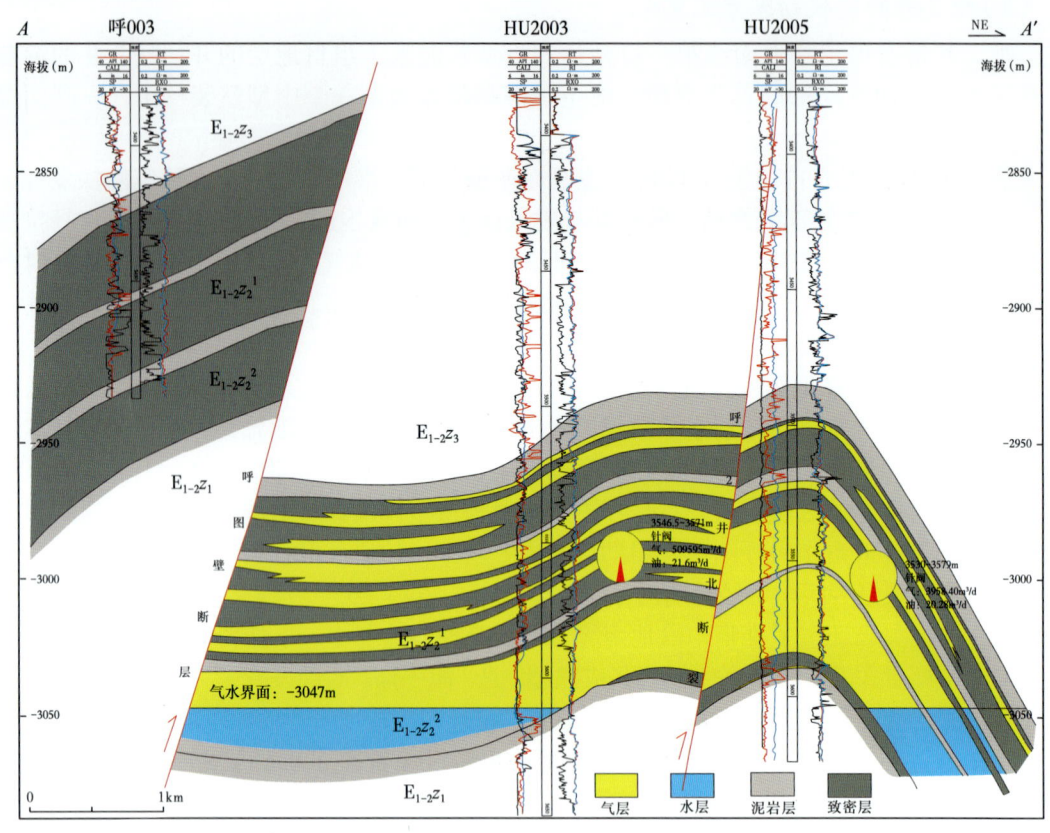

图 2-23　呼 2 井区紫泥泉子组气藏过 HU003 井—HU2005 井气藏剖面图（A—A'）

1996—1999 年针对吐谷鲁背斜完成了 562km 山地二维地震，1997 年 7 月 20 日上钻吐谷 1 井，吐谷 1 井在紫泥泉子组 1840~1855m 试油，产油 9.45m³/d，产气 1100m³/d，产水 22.05m³/d；1997 年 5 月在安集海背斜上钻安 6 井，针对紫泥泉子组及东沟组油气显示层段试油 5 层，均为水层，两层见微量气。1996—1997 在玛纳斯背斜完成了 16 条山地二维地震剖面，总长 427.6km，1998 年在玛纳斯背斜钻探川玛 1 井（图 2-24），该井在古近系紫泥泉子组及白垩系东沟组共试油 3 层，均未见油气流。

这一阶段大构造中部成藏组合勘探仅吐谷 1 井在紫泥泉子组获低产油气流，几个优选的重点构造钻井均未钻遇构造高点（吐谷 1 井、安 6 井、川玛 1 井）、未获突破。主要原因是构造高点未能准确落实，探井钻在了在构造相对低部位。这一勘探结果也间接表明准噶尔盆地南缘中组合大构造小油藏的成藏特征，高点钻探是突破的关键。

2）二维攻关获进展，构造高点获落实

2000—2007 年为大构造中部成藏组合全面突破阶段。前期多口井的失利，中组合大构造勘探面临诸多难题，强化目标高点和形态的落实是关键。从 2000 年开始，新疆油田公司对研究区以"整体评价、重点突破"为指导思想，进行整体部署，针对目标勘探、强化山地二维地震勘探技术攻关，中组合目标及高点位置得到有效落实。

第二章 准噶尔盆地南缘下组合大构造勘探终获突破

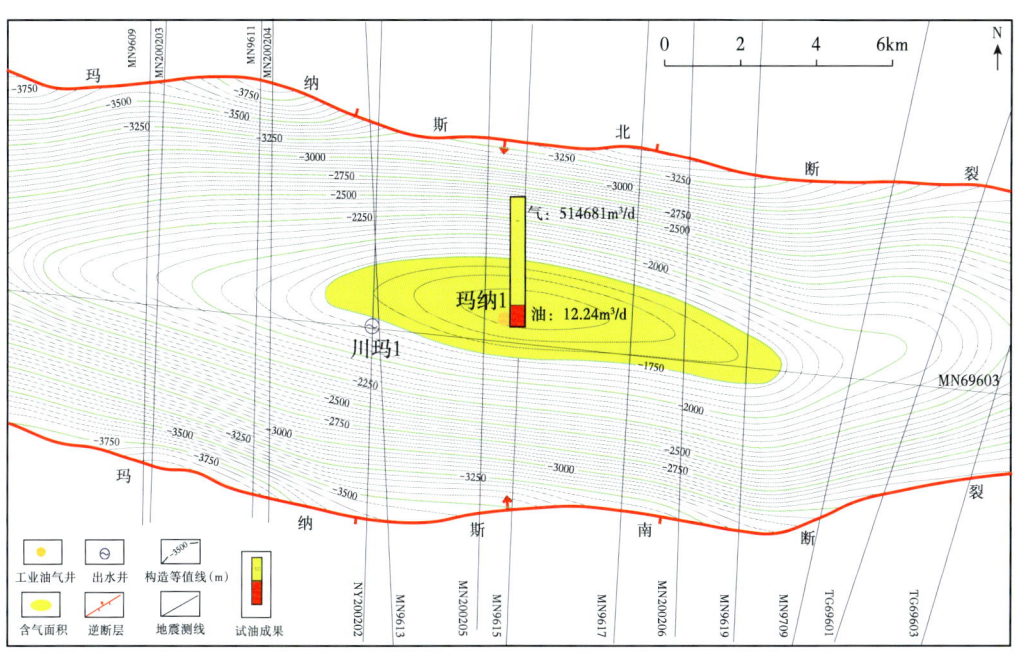

图 2-24 玛纳斯背斜古近系紫泥泉子组顶构造图

由于准噶尔盆地南缘山前地表地下地质条件极为复杂,地表地形变化剧烈,山高谷深坡陡(图 2-25),地下构造为典型的大型冲断推覆褶皱构造带,地层褶皱、断裂极为发育,构造陡峻,地层倾角常达 60°~70°,而且受推覆滑脱断裂影响,深浅层构造明显不一,地震勘探难度很大。复杂山地地震勘探技术成为制约南缘油气勘探的关键技术之一。

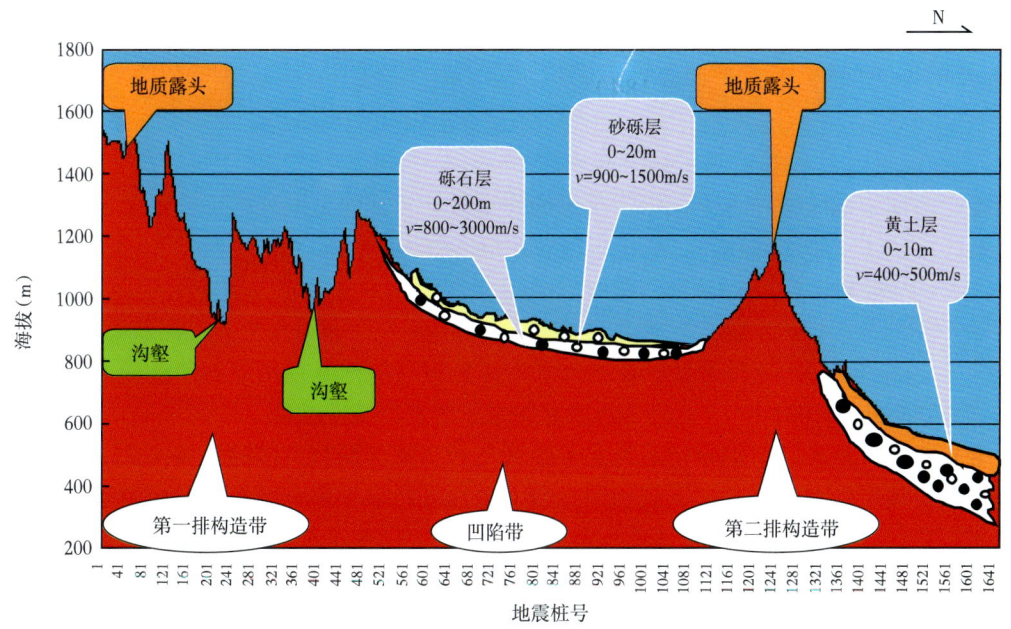

图 2-25 准噶尔盆地南缘山前地形地貌示意图

面对复杂山地地震勘探的世界级难题,这一阶段在复杂山地地震勘探上进行了坚持不懈的攻关探索,地震部署以目标勘探为重点,针对勘探目标的特点开展方法攻关。

经过不断的攻关探索,初步形成了一套适合南缘复杂山地地表及地下地质特点的地震资料采集、处理和解释的配套技术。地震资料品质较以往有了质的飞跃,构造浅、中、深三个层次都得到了较好的反射,同相轴连续性显著增强,断层较为清晰,为地震资料精细解释和构造落实创造了条件。

2002年玛纳斯背斜完成了新一轮次的二维地震勘探,主测线7条、联络测线1条,资料品质改善明显(图2-26),落实了玛纳斯背斜圈闭形态及构造高点,证实川玛1井未钻遇构造高点,为重新上钻玛纳斯背斜提供了保障。

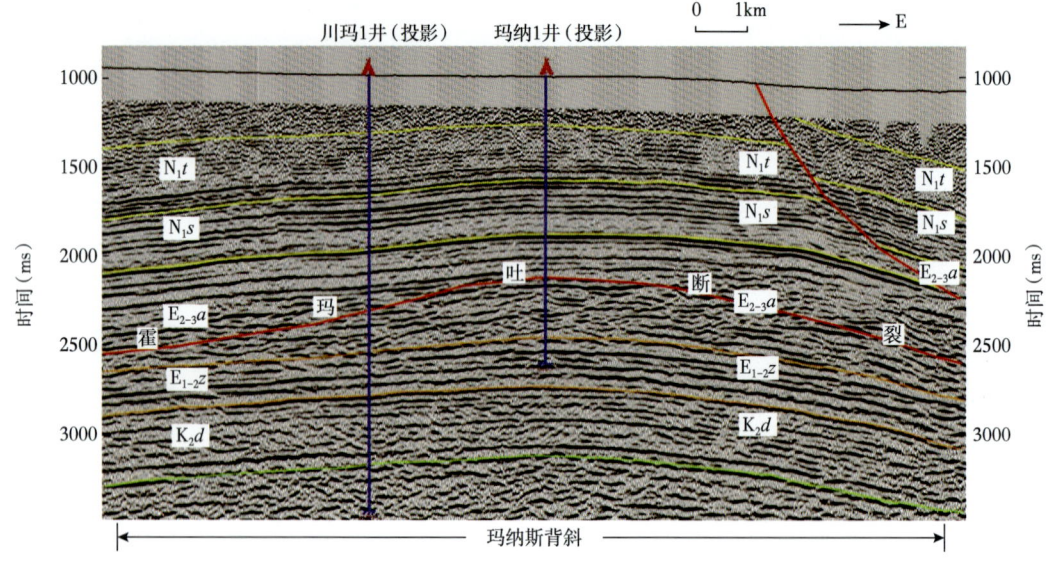

图 2-26 过玛纳斯背斜 MN200210 测线地震地质解释剖面图

3)二轮钻探有成效,各大构造均突破

接受前期中部成藏组合全面探索阶段的失败教训,开展山地二维地震攻关,可靠落实高点钻探,2000—2008年南缘大构造中组合相继突破。

(1)卡因迪克背斜卡6井获突破。

2000年西部四棵树凹陷卡因迪克背斜中组合古近系与下组合侏罗系三层获高产油气流,卡6井于2000年6月10日开钻,在古近系安集海河组与侏罗系头屯组河获得高产工业油气流。卡003井于2001年10月在古近系紫泥泉子组获得工业油流。

卡6井侏罗系齐古组油藏构造为艾卡断裂与卡2井西断裂夹持的断鼻构造。侏罗系齐古组在背斜地层向北抬升,北翼被剥蚀,与上覆白垩系呈不整合接触,形成地层—油气构造圈闭(图2-27)。齐古组油藏为受不整合面控制的地层构造油藏(图2-28),卡因迪克油田多层系含油,表明南缘具有多个含油气储盖组合。特别是侏罗系油藏的发现,首次实现了准噶尔盆地南缘冲断带隐伏区背斜构造中生界储盖组合的油气突破,展现了深部构造层下部成藏组合油气勘探的良好苗头。

第二章 准噶尔盆地南缘下组合大构造勘探终获突破

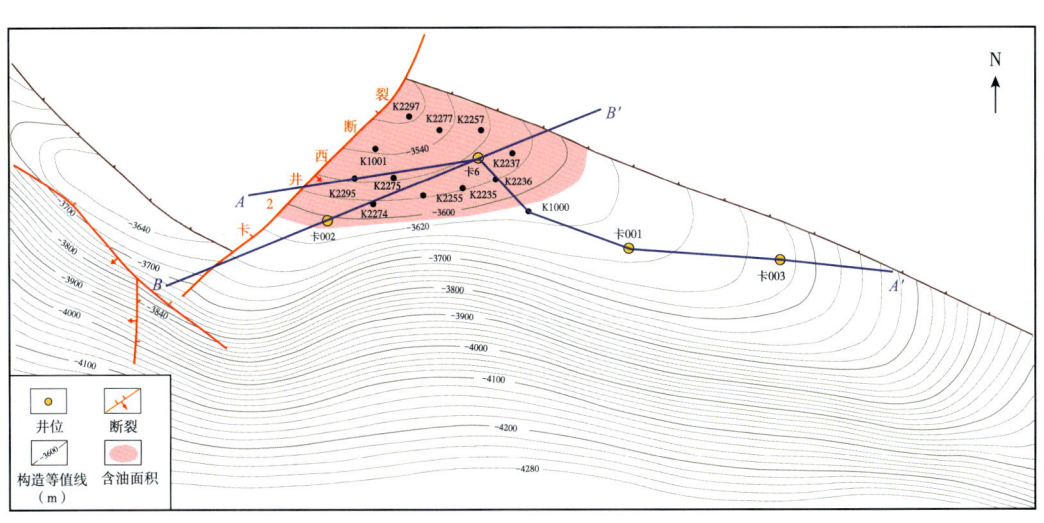

图 2-27 卡因迪克油田卡 6 井区侏罗系齐古组顶界构造及含油面积图

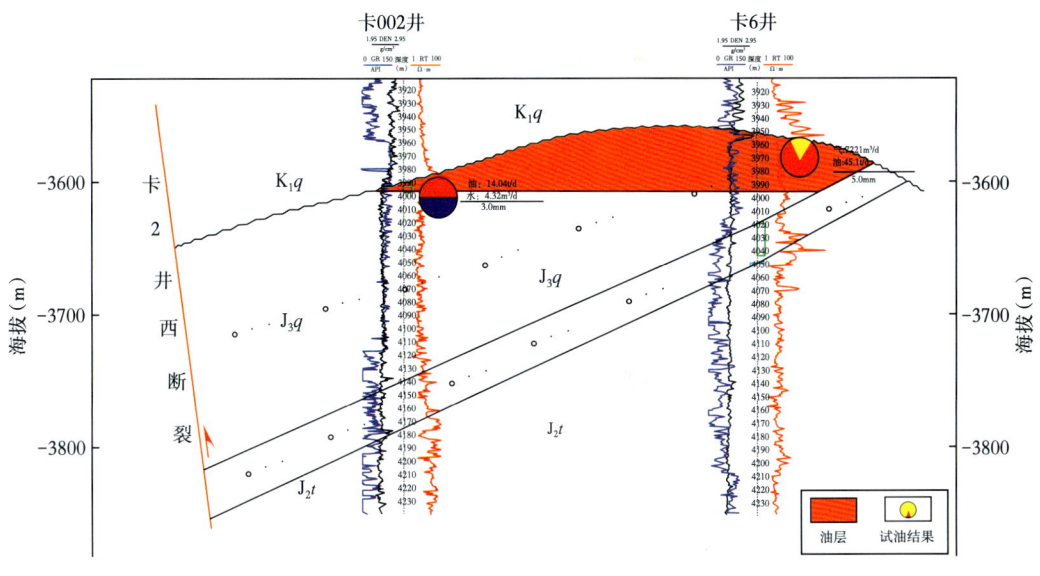

图 2-28 卡 6 井区块侏罗系齐古组油藏剖面（B—B'）

（2）2000 年 5 月吐谷鲁构造钻探吐谷 2 井，紫泥泉子组获得高产工业油流。

（3）2003 年霍尔果斯背斜霍 10 井紫泥泉子组获重大突破。

（4）2005 年安集海背斜安 5 井在安集海河组获油 $31.8m^3/d$、气 $0.716×10^4m^3/d$，首次在安集海河组获得重大突破。

吐谷鲁背斜、霍尔果斯背斜及安集海背斜中组合油上交控制与预测储量见表 2-2、表 2-3。南缘大构造中组合受断裂分隔影响，油气藏分布复杂。由于没能充分认识油气藏的复杂性，吐谷鲁背斜、霍尔果斯背斜及安集海背斜油气藏评价勘探进展不顺利，其中霍尔果斯背斜霍10井喷出高产工业油气流后，三口外甩评价井全部失利，这三大构造均未能上交探明储量。

表2-2　吐谷鲁构背斜及霍尔果斯背斜中组合控制储量表

区块	层位	控制石油（10^4t）	控制天然气（10^8m^3）	申报年份
吐谷鲁背斜	$E_{1-2}z$	724	—	2002
霍尔果斯背斜	$E_{1-2}z$	1465	509	2003

表2-3　安集海背斜中组合预测储量表

区块	层位	预测石油（10^4t）	预测天然气（10^8m^3）	申报年份
安集海背斜	$E_{2-3}a$	482	—	2005

（5）2006年玛纳1井发现玛河气田。

玛纳斯背斜是南缘中段中组合最后突破的背斜构造。玛纳斯背斜1998年钻探的川玛1井（图2-24），是根据玛纳斯背斜古近系紫泥泉子组大构造背景下（圈闭面积为240.6km^2）油气充满度较高的勘探思路部署的预探井，但试油结果为水层，失利原因是钻探超出了含油气范围。2002年玛纳斯背斜构造部署实施了新一轮的二维地震勘探，落实了玛纳斯背斜构造形态及高点位置。

玛河气田的发现井为玛纳1井，该井于2006年7月21日开钻，同年9月28日完钻，完钻井深2680m，完钻层位为古近系紫泥泉子组。在紫泥泉子组2379.62~2519.00m井段中途测试，获日产气514700m^3，日产凝析油12.24m^3，从而发现玛河气田。

同年12月玛河气田正式投产，实现了"当年设计、当年建成、当年投产"的目标，创新疆气田开发史上的新纪录。当年实现天然气日外输量150×10^4m^3。玛河气田探明天然气地质储量167.66×10^8m^3。

玛河气田为一长轴背斜构造，油气藏类型为背斜构造油气藏。气层纵向上分布于4个砂层组，平面上分布于6个含气断块（图2-29至图2-31），各断块具有不同的气水界面及压力系统。2007年在二维地震资料基础上，实施3口评价井（玛纳001井、玛纳002井、玛纳003井）和一块山地进行三维地震共147km^2。位于构造高部位的玛纳002井试油为水层，通过三维构造成图及油藏评价，玛河气田具有一块一藏的特征。

从准噶尔盆地南缘中组合十年（1996—2006年）勘探曲折历程看，南缘油气勘探的核心是构造问题，找准构造高点就会有发现，完整弄清构造形态才会进一步探明。山地二维地震定高点是突破的关键。山地三维地震及高密度三维地震是可靠落实圈闭精细特征的基础。

4）南缘中段大构造中组合基本具有相同的成藏模式

玛河气田紫泥泉子组气藏类型为喜马拉雅期形成的次生构造油气藏，主要烃源岩为白垩系暗色泥岩与侏罗系煤系地层，以安集海河组为区域盖层，主要储集层位是紫泥泉子组，属喜马拉雅晚期形成的构造油气藏（图2-32）。早期形成的深部断裂起运移通道作用，稍晚期形成的逆冲表皮断裂主要起封闭作用。安集海河组泥岩欠压实形成的异常高压封闭至关重要，油气主要聚集在异常高压带下伏紫泥泉子组砂层的异常高压孔隙带。

第二章 准噶尔盆地南缘下组合大构造勘探终获突破

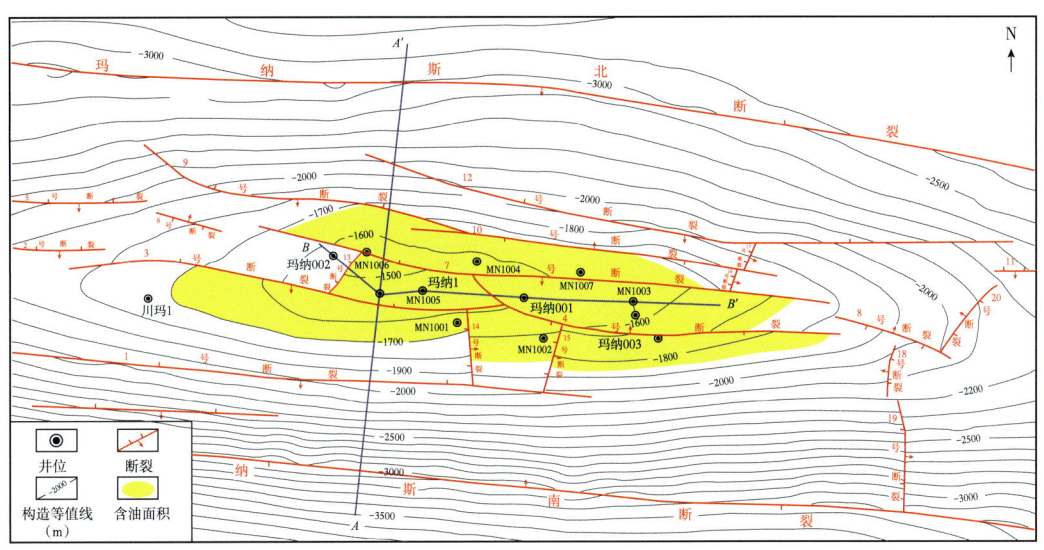

图 2-29 玛河气田古近系紫泥泉子组二段顶界构造及含气面积图

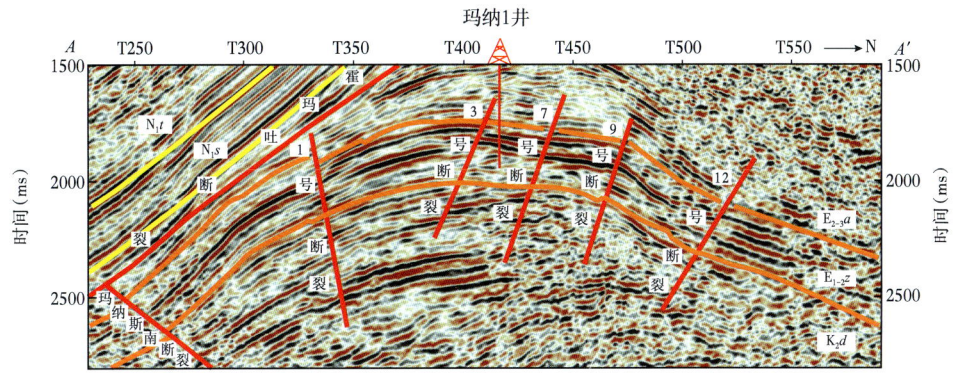

图 2-30 过玛纳 1 井地震地质解释剖面（$A-A'$）

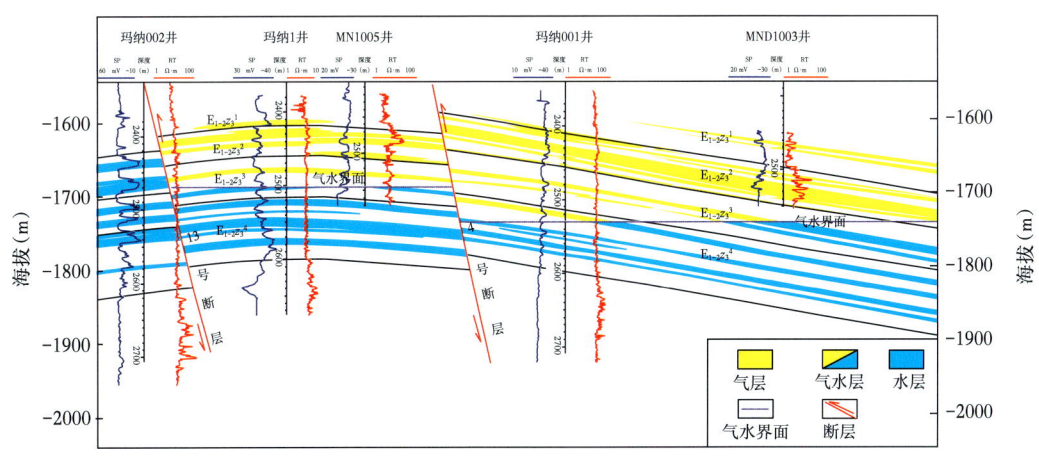

图 2-31 玛河气田紫泥泉子组三段过玛纳 002 井—MN1003 井气藏剖面图（$B-B'$）

— 95 —

准噶尔盆地重大油气发现勘探战例

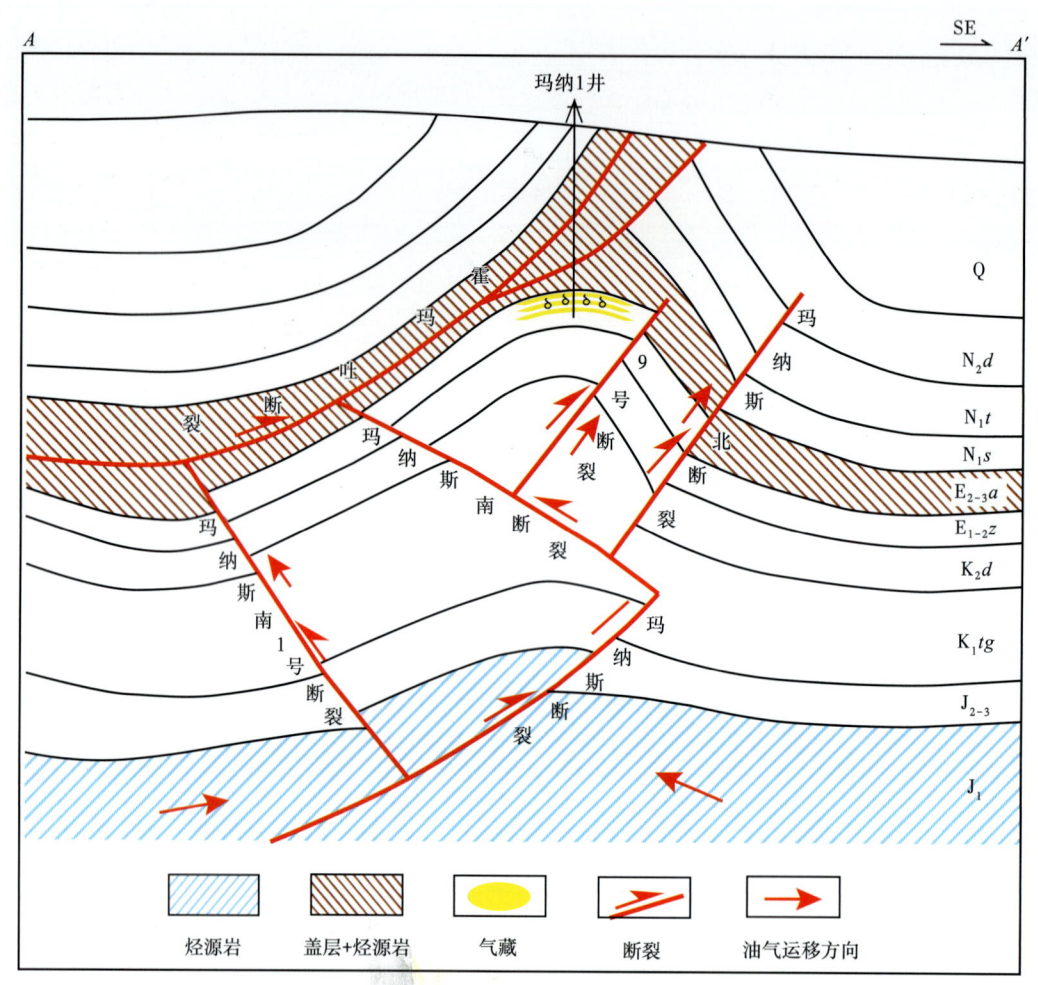

图 2-32 玛河气田油气成藏模式图

三、下组合突破勘探阶段（2008—2019 年）

1909—2008 年，近一个世纪以来，经过多轮次的研究与勘探，未能发现大油气田，只发现了几个中、小型油气田，总体上圈闭充满度较低，为大圈闭、小油气藏的特征，而且主要集中在中、上部成藏组合，南缘勘探收效甚微。按照含油气盆地的油气资源演化和探明规律，南缘仍处于油气勘探的初期，勘探程度极低。鉴于此，南缘的大型规模油气田到哪去找？突破口如何选择？成为勘探亟需回答的问题。

1. 系统研究成藏条件，指明大油气田勘探方向

通过类比天山南麓的库车前陆盆地，认为准噶尔盆地南缘前陆盆地深层（下组合）构造背景、基本地质条件与库车前陆盆地类似，同时兼具特色，是寻找大型油气田的有利勘探领域。2008 年开始，新疆油田公司成立南缘下组合联合研究大队，联合战略合作伙伴，围绕烃源岩、沉积储层、构造圈闭等方面开展基础研究，对南缘下组合的基本石油地质条件有了初步的认识。

第二章 准噶尔盆地南缘下组合大构造勘探终获突破

综合研究认为：(1)准南前陆盆地发育古近系、白垩系、侏罗系、三叠系、二叠系等多套烃源岩，中—下侏罗统为该区主力烃源岩，分布广，资源潜力大，目前中组合已发现天然气均来源于侏罗系烃源岩；(2)基于地面露头及钻探资料研究，侏罗系发育喀拉扎组（100~500m）、头屯河组（50~200m）两套规模储层，白垩系底部发育优质储层、厚度相对较薄（15~70m）（图2-33、图2-34）；(3)准南前陆盆地发育白垩系吐谷鲁群区域性巨厚泥

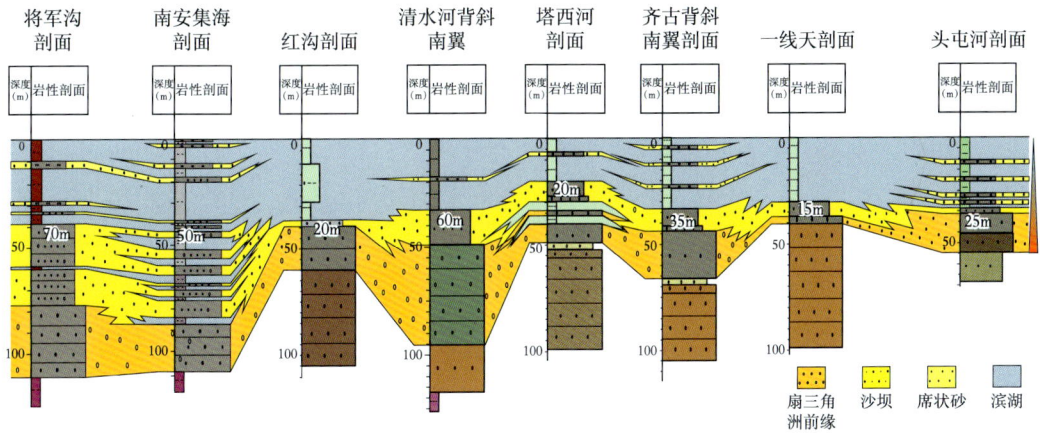

图2-33 准噶尔盆地南缘山前露头剖面白垩系清水河组砂体对比图

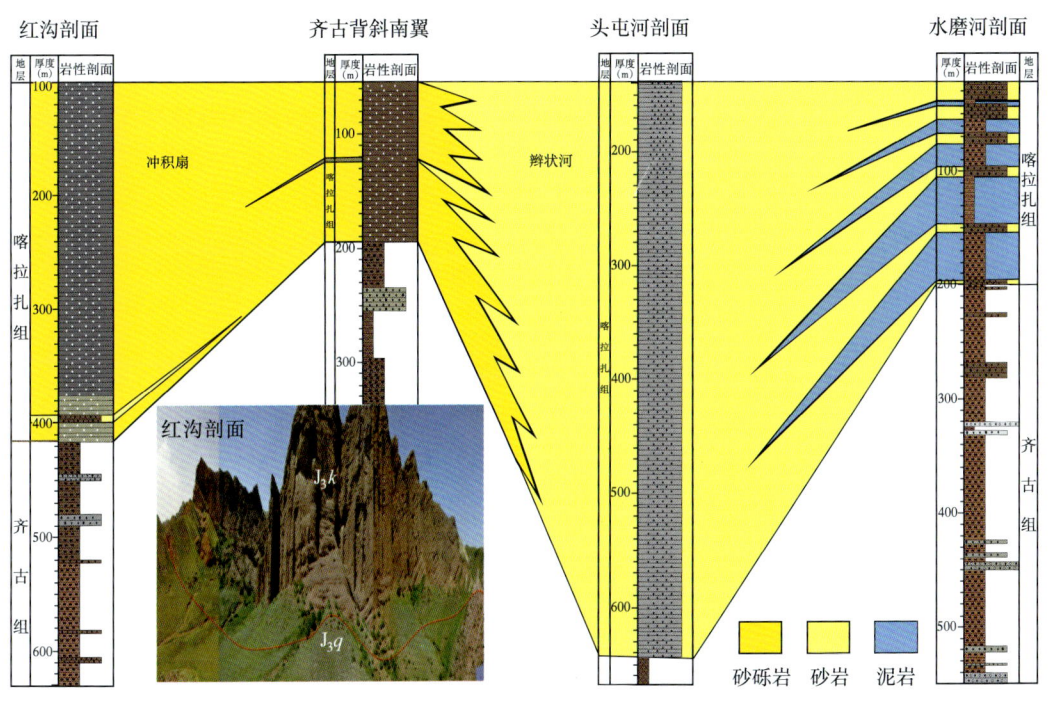

图2-34 准噶尔盆地南缘山前露头剖面侏罗系喀拉扎组砂体对比图

岩盖层，厚度500~2000m，整体呈现东厚西薄特征；(4)准南前陆盆地山前发育成排成带分布的大型背斜构造，圈闭面积大、勘探程度低，四棵树凹陷和霍玛吐背斜带初步落实下组合12个背斜构造圈闭，总面积达783km^2，勘探潜力大（图2-35）。总之，通过对南缘油气成藏条件的宏观判断，认为贴近烃源层、储层更具规模、构造更加完整的下组合应为大油气田的勘探方向。

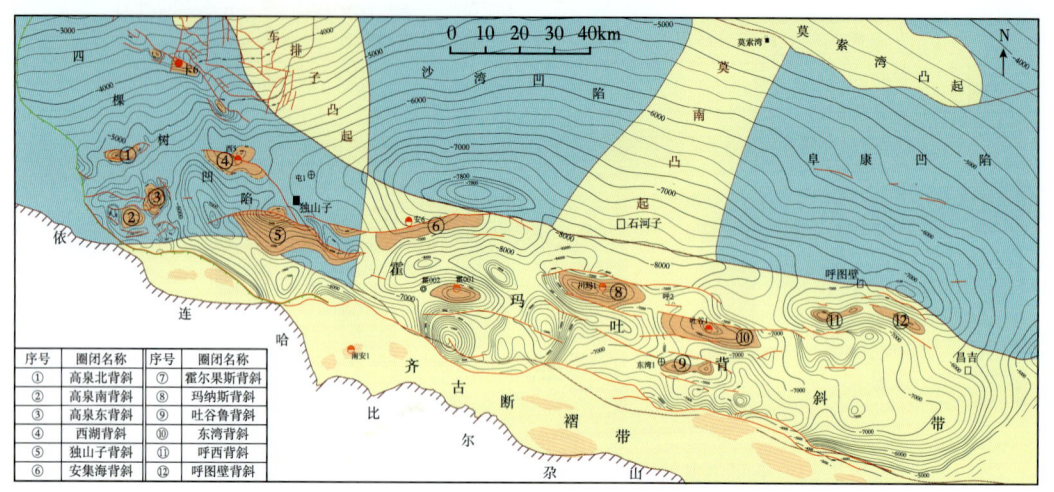

图2-35　准噶尔盆地南缘冲断带下组合构造圈闭分布图（2008年）

2. 下部组合初探索，三口深井遇挫折

依据下组合初步研究认识及地震资料成像品质差异情况，当前下组合勘探思路定为：突破南缘东西两端（风险勘探）、积极准备霍玛吐构造带（地震攻关）、坚持探索齐古断褶带新类型目标。2009—2012年，为加快下组合勘探节奏，综合考虑油气并举、圈闭面积、目的层埋深、圈源与储层空间匹配等要素，东西两端优选三大目标分两轮次部署上钻了西湖1井、独山1井、大丰1井三口深井进行探索，期望下组合获得油气突破。

1) 一上西湖构造，初探下组合出师不利

西湖1井是第一轮部署的下组合风险探井。2009年9月21日至22日，在北京召开的北疆地区风险勘探研讨会上，中国石油天然气集团有限公司领导听取新疆油田公司汇报后，认为新疆油田选准了具有战略意义的勘探领域，并且主动开展了很多有针对性的工作，选出的一批目标较为落实可靠，提出的风险井钻探意义重大，一致同意新疆油田公司针对南缘下组合大构造部署西湖1井。西湖1井钻探的西湖背斜紧邻四棵树凹陷烃源中心，下组合圈闭完整、构造变形弱、三维资料落实、目标可靠（图2-36），是下组合首选钻探目标。

西湖1井在下组合侏罗系头屯河组钻遇规模储层，厚160m，岩性以灰色、浅灰色细砂岩、粉细砂岩为主，孔隙度3.5%~9.5%、渗透率0.024~2.27mD；头屯河组试油两层，获低产油流，分析认为西湖1井钻在圈闭溢出点，处于头屯河组油藏的油水界面附近（图2-37）。

第二章 准噶尔盆地南缘下组合大构造勘探终获突破

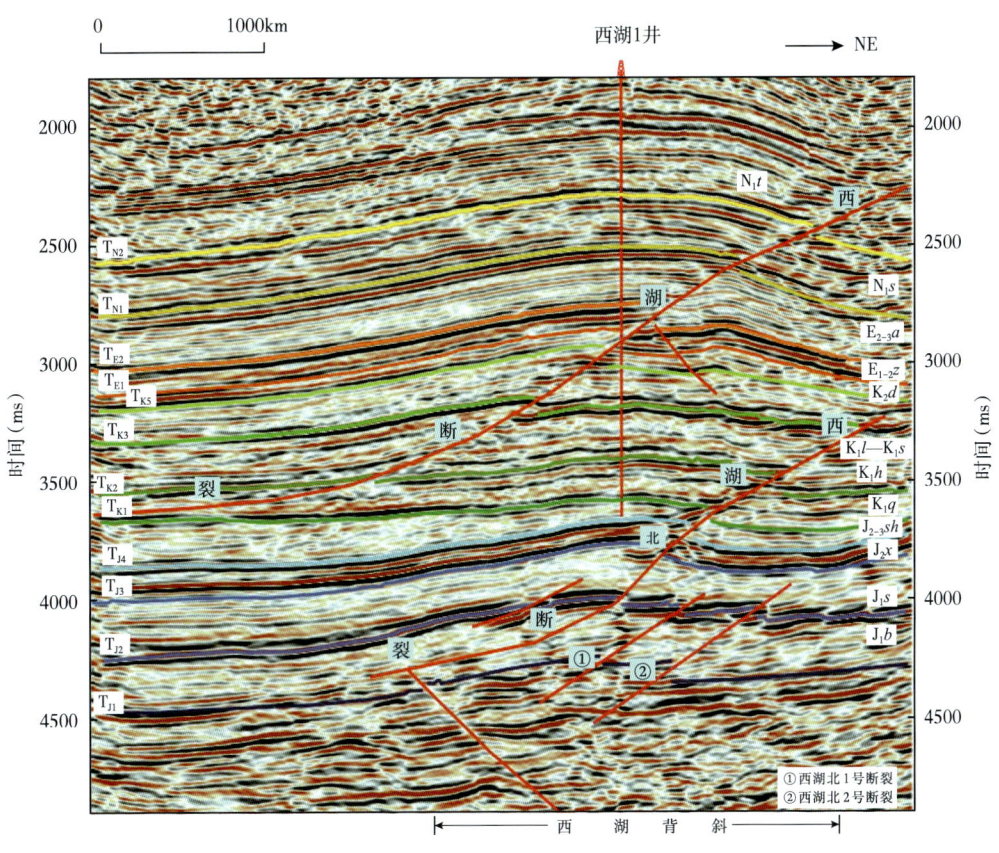

图 2-36 过西湖 1 井南北向地震地质解释剖面

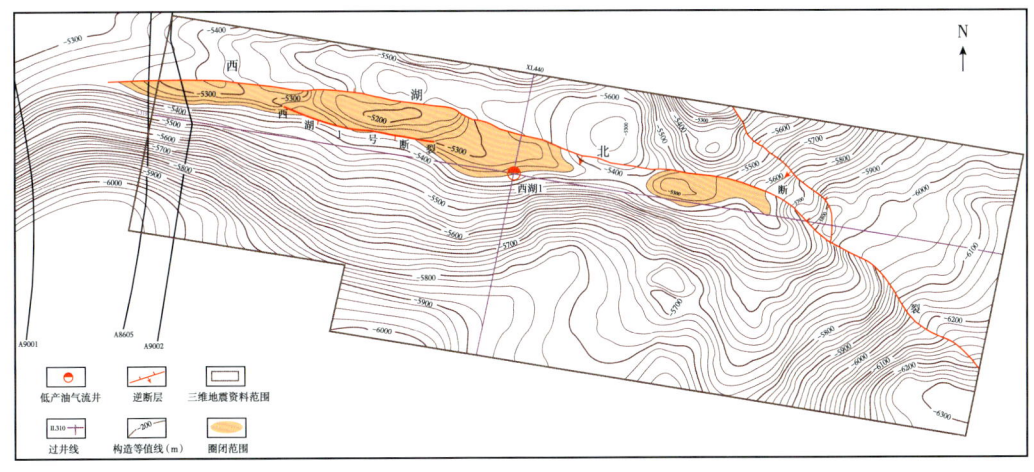

图 2-37 西湖背斜侏罗系顶界构造图

2）二上独山子和呼图壁构造，再探下组合遇挫折

独山1井与大丰1井是第二轮部署的下组合探井。2011年8月4日至5日，中国石油天然气集团有限公司咨询中心组织召开了"天山南北前陆盆地下组合油气富集规律与勘探前景"研讨会，领导专家肯定了南缘下组合的巨大勘探潜力，随后，2011年8月25日，中国石油勘探与生产分公司、咨询中心、中国石油勘探开发研究院的领导及专家对新疆油田公司提出的独山1井、大丰1井的井位及地震勘探整体部署方案进行审查，并获得通过。独山1井钻探的独山子背斜位于车排子凸起，左边紧邻四棵树凹陷、右边紧邻沙湾凹陷，左右逢源，并发育规模储层；大丰1井钻探的呼图壁背斜位于侏罗系生烃中心，构造简单，下组合构造完整宽缓、变形弱，三维地震资料落实、目标可靠，并且中组合已成藏，推测下组合更具规模（图2-38、图2-39）。

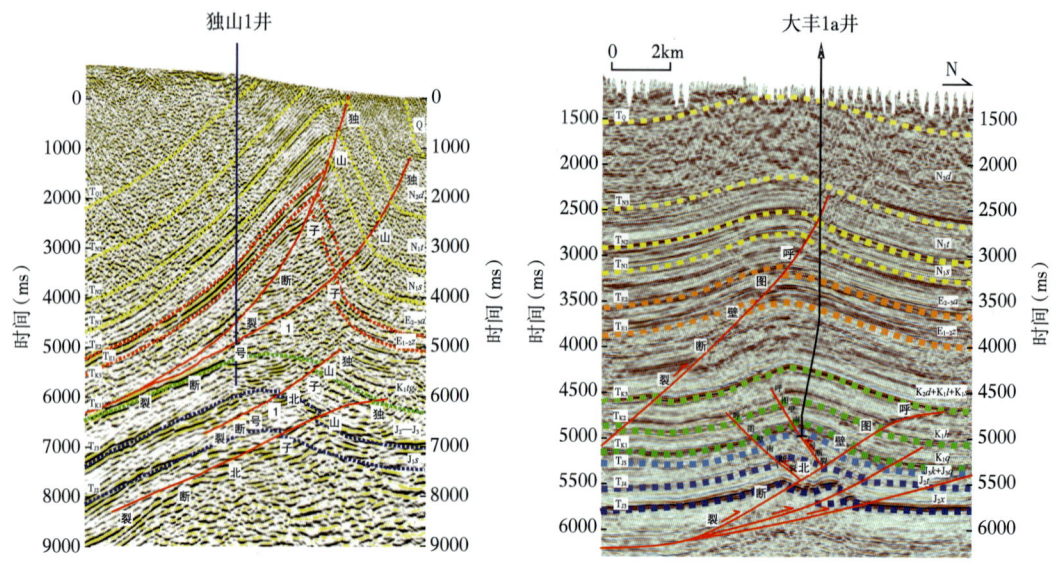

图2-38　过独山1井（左）与大丰1井（右）南北向地震地质解释剖面

两口井实钻方案与设计基本一致，侏罗系目的层均见到良好油气显示，多处可见荧光显示及气测异常。独山1井钻揭头屯河组（原认识为齐古组）规模储层。独山1井头屯河组下部发育三套共110m厚砂层，岩性以粉细砂岩、细砂岩为主，孔隙度4.9%~8.2%、渗透率0.025~4.41mD。大丰1井钻揭白垩系清水河组、侏罗系喀拉扎组连续270m规模储层，岩性以灰色粉—细砂岩、中细砂岩、含砾泥质细砂岩为主。在大丰1井白垩系胜金口组5463.22~5572m进行了中途测试，获低产气流1020~3800m³/d。大丰1井因井身结构和工程复杂导致下组合目的层无法试油，最终工程报废；独山1井未钻在目的层构造高点、圈闭不落实，最终地质报废。

3）坚定信念，依然瞄准下组合

西湖1井、独山1井、大丰1井尽管未获突破，但作为下组合深大构造探索的第一批探井，仍带来两点重要启示。首先，三口井均钻遇下组合规模储层且见良好油气显示，通

第二章 准噶尔盆地南缘下组合大构造勘探终获突破

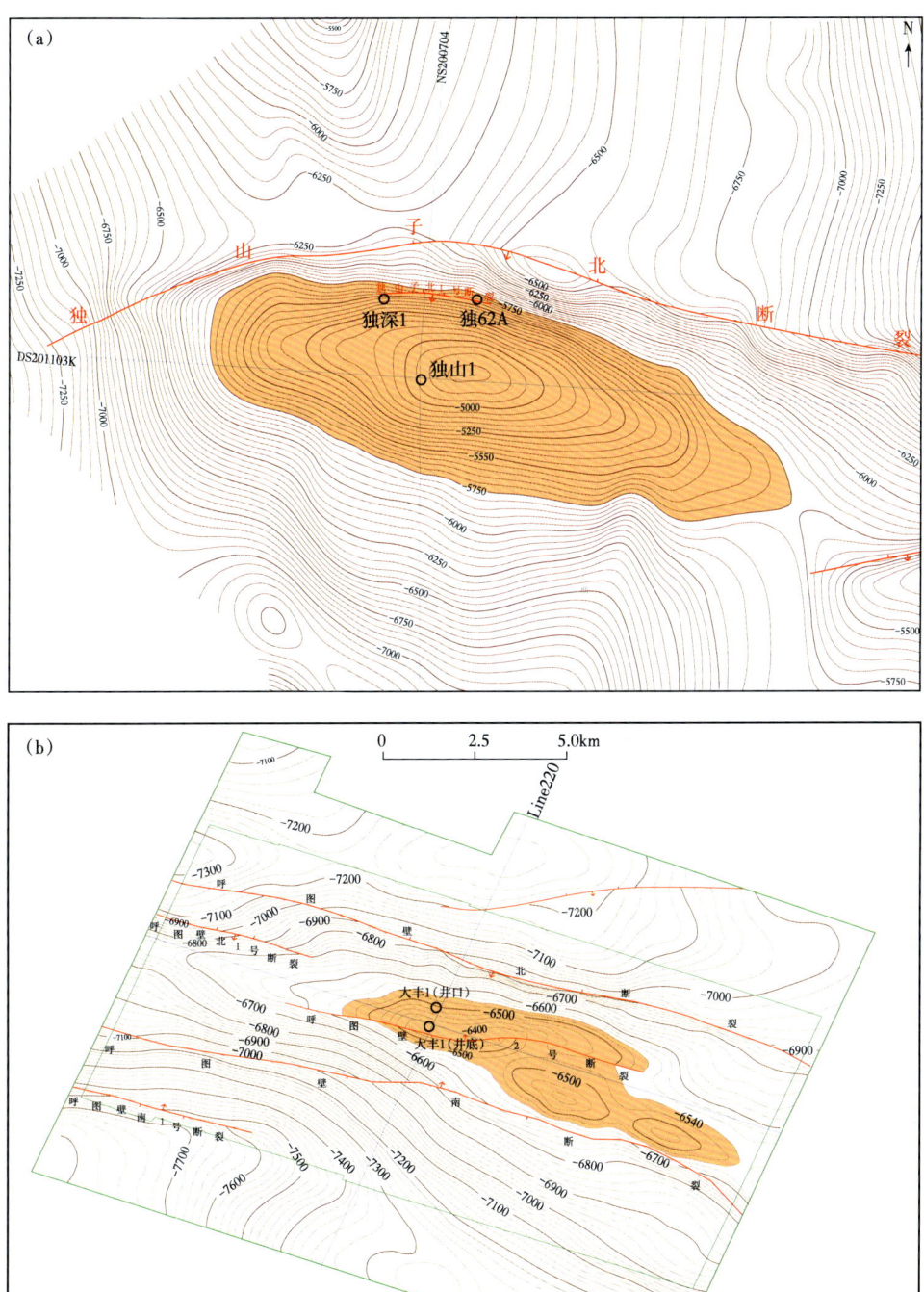

图 2-39 独山子背斜（a）、呼图壁背斜（b）侏罗系顶界构造图

过改造埋深超过6000m的储层仍然有规模产量,产液量可达90m³,同时也证实了吐谷鲁群巨厚湖相泥岩封盖条件好,西湖1井吐谷鲁群累计泥岩厚度近1000m,存在异常高压,地层压力系数高达1.90,具有较强的封闭性,下组合储盖组合配置有效,这些都初步展示了下组合具有大油气田勘探的规模潜力,坚定了持续开展下组合勘探的信心。其次,西湖1井作为南缘第一口深井,各项工程指标,均创南缘钻井新高,深层钻试工程取得突破性进展(图2-40),当时西湖1井井深最大、地层压力最高、钻机月速度最快、生产时率最高、复杂事故率最低,压裂改造工程指标创新疆油田新高,试产效果好,改变了南缘下组合"打不下去、试不出来"的局面,实现了工程技术划时代的飞跃。

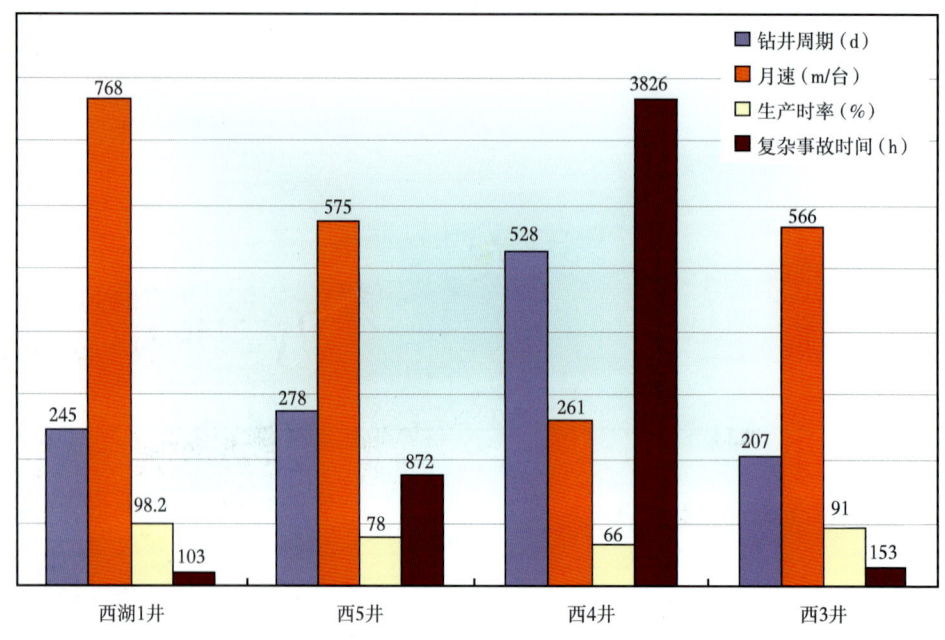

图2-40 四棵树凹陷探井钻井工程指标对比图

3. 下组合勘探陷低谷,整体展开成藏条件研究

三口井钻探失利后,南缘下组合大构造上钻难度大,为了尽快打开南缘油气勘探突破口,组织多家单位科技大联合攻关,围绕烃源岩、沉积储层、构造圈闭及油气成藏等方面,整体展开下组合成藏条件研究,进一步确定下组合是否具备大油气田的成藏条件。

1)侏罗系烃源岩评价

新疆油田公司与中国石油大学(北京)、南京大学、东方地球物理公司研究院乌鲁木齐分院等单位联合,设立准噶尔盆地南部含油气系统与资源评价项目,实测野外8条露头剖面,建立了南部钻揭侏罗系22口探井的井下地球化学剖面,完成8条南北向、4条东西向格架剖面格架剖面(图2-41),重点评价了南缘最主力的侏罗系烃源岩。

评价认为盆地南部中下侏罗统发育三套三类烃源岩,有机质类型以 II_2 型和 III 型为主(图2-42),发育了一套优质烃源岩(J_1b)、两套中等丰度烃源岩(J_1s+J_2x)(图2-43),暗色泥岩、碳质泥岩及煤层这三类均为有效烃源岩。综合分析反映不同类型烃源岩热演化历史的温度和有机地球化学参数表明，盆地南缘的侏罗系烃源岩已经达到了成熟和高成熟的演化阶段，镜下鉴定表明烃源岩干酪根颜色以浅棕色及深色为主，干酪根 H/C 原子比总体在 0.6~1.0 之间，热解峰温 T_{max} 总体大于 436℃，峰值位于 436~445℃ 之间。镜质组反射率总体位于 0.5%~1.0% 之间，并随着埋藏深度的增加逐渐增加（图 2-44）。同时，结合南缘中、西段热演化史分析，下组合具有西油（四棵树凹陷）中气（霍玛吐背斜带）的特征。

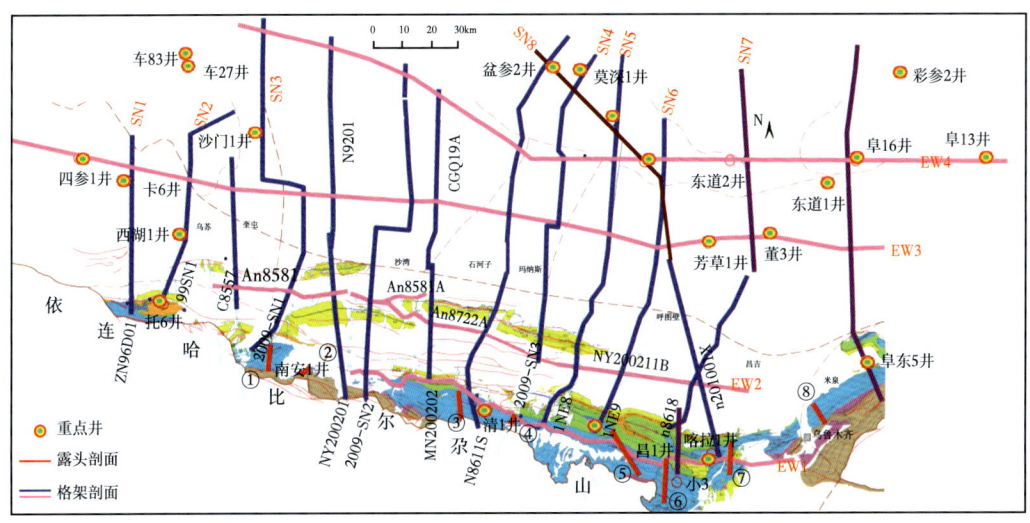

图 2-41 侏罗系烃源岩评价钻井、露头及格架线平面分布图

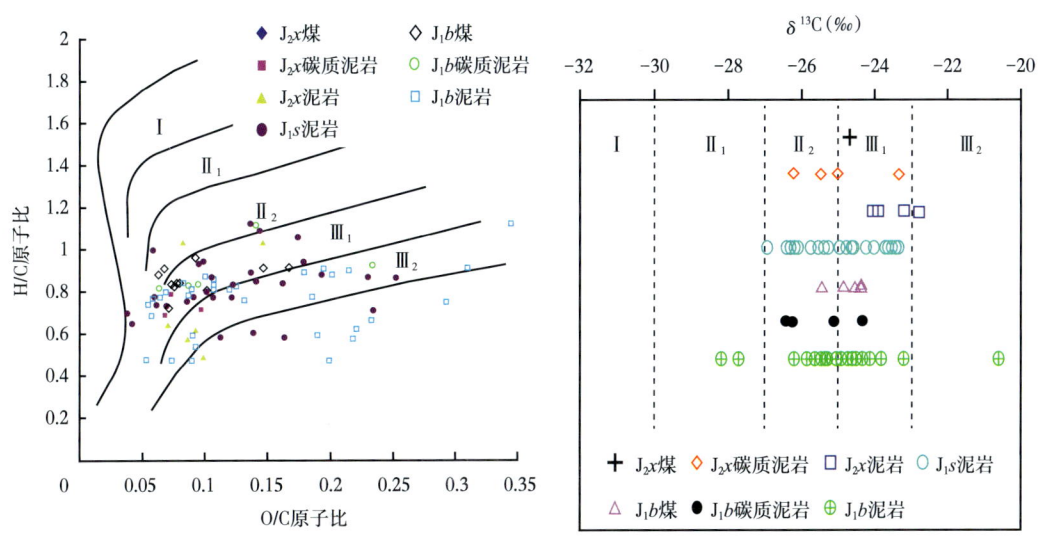

图 2-42 准噶尔盆地南缘侏罗系烃源岩 O/C—H/C 原子比分析图（左）与碳同位素分析图（右）

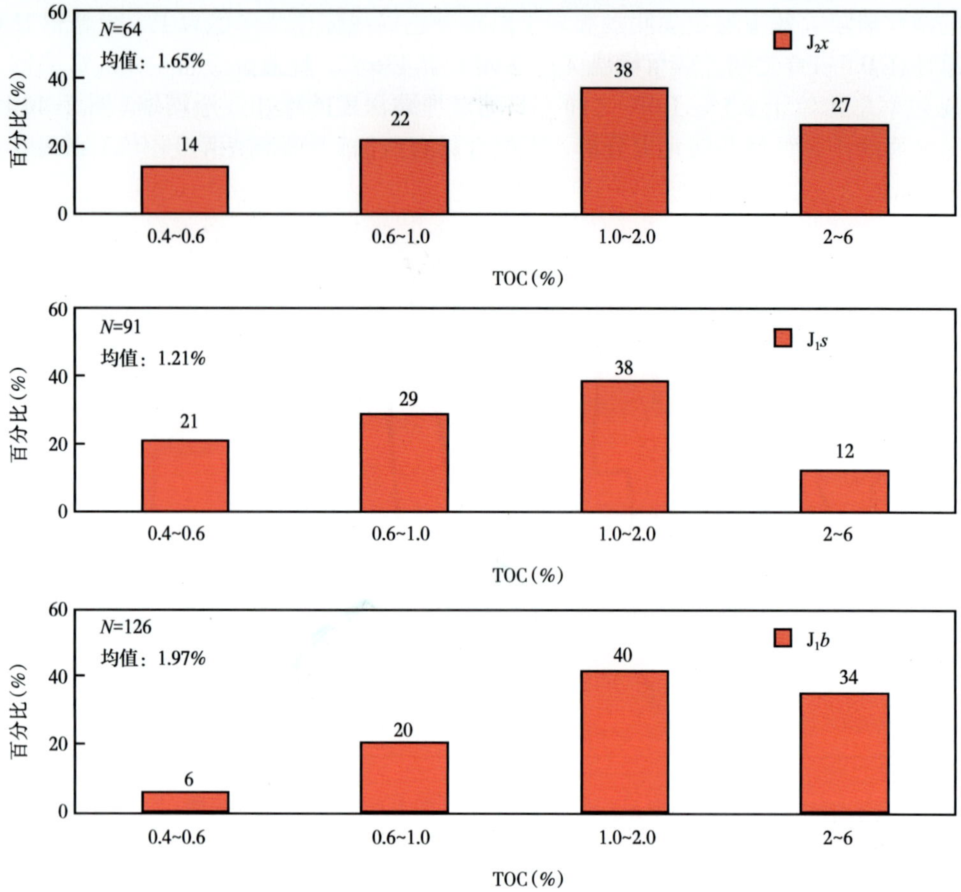

图 2-43 准噶尔盆地南缘侏罗系烃源岩 TOC 含量分布直方图

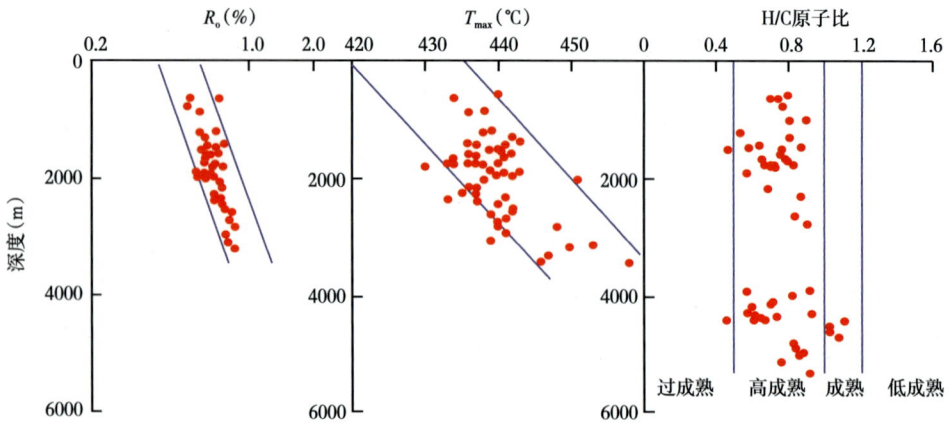

图 2-44 准噶尔盆地南缘侏罗系烃源岩 R_o、T_{max}、H/C 原子比随深度分布图

第二章 准噶尔盆地南缘下组合大构造勘探终获突破

根据评价结果,准噶尔盆地南缘冲断带霍玛吐背斜带厚度最大,为规模烃源岩最发育区,其次为四棵树凹陷及齐古断褶带。相较于三次资源评价而言,新评价的三套三类烃源岩的厚度及范围均有一定程度的增加(图2-45、图2-46)。泥质烃源岩层以阜康—东道海子凹陷、沙湾凹陷和四棵树凹陷为中心呈环带状分布,八道湾组、三工河组、西山窑组泥质烃源岩层最厚分别达400m、300m、275m以上;煤层受南部物源体系的控制,在三角洲平原—沼泽环境中最厚,主要集中在南缘山前,八道湾组、西山窑组煤层最厚均达30m以上。评价结果认为,中—下侏罗统烃源岩总生烃量为$3973×10^8t$,总排烃量为$1403×10^8t$,总排油量为$389×10^8t$,总排气量为$127×10^{12}m^3$。总体看,中—下侏罗统烃源岩规模远大于三次资源评价结果,资源基础雄厚。

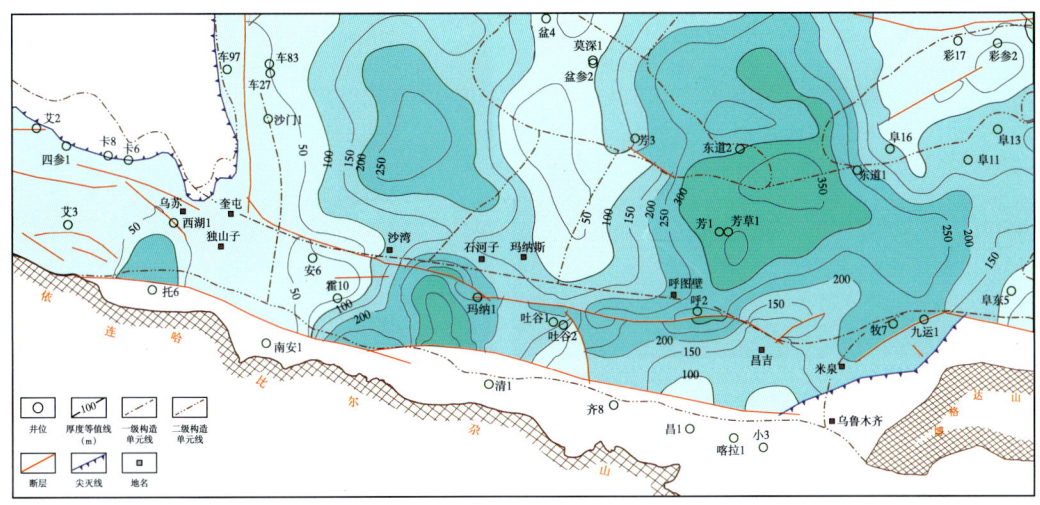

图2-45 准噶尔盆地南缘侏罗系八道湾组(J_1b)泥岩厚度平面分布图(三次资源评价)

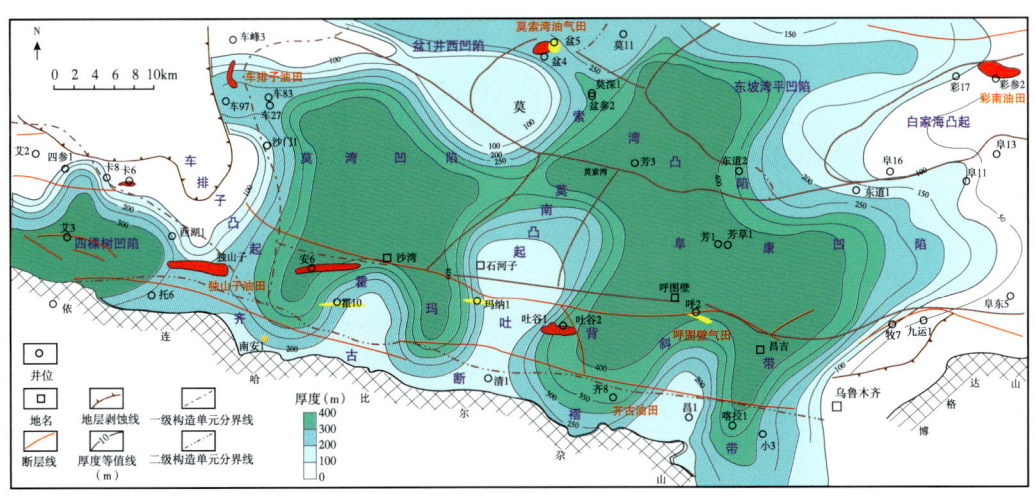

图2-46 准噶尔盆地南缘侏罗系八道湾组(J_1b)泥岩厚度平面分布图

2）下白垩统—上侏罗统沉积储层研究

新疆油田公司联合中国石油天然气勘探开发研究院、杭州分院，分段、分层系统开展下组合储层野外地质考察、沉积体系研究（图2-47），野外实测剖面4条5333m、观察剖面5条5000m，采集样品158块、送样分析845块次，地层划分对比33口井。综合储层物性及埋藏深度等勘探现状，选择上侏罗统喀拉扎组（J_3k）、头屯河组（J_2t）和下白垩统清水河组（K_1q）三套规模储层为主要勘探层系。三套规模储层的岩石类型主要为长石岩屑砂岩和岩屑长石砂岩，少量的岩屑砂岩和长石砂岩，总体上表现为较低成分成熟度、中等—较好的结构成熟度；孔隙类型以剩余原生粒间孔为主，少量颗粒内溶蚀孔；清水河组主要处于早成岩的A期和B期，而喀拉扎组、头屯河组主要处于早成岩的B期。

图2-47 准噶尔盆地南缘山前地质露头整体野外踏勘

上侏罗统喀拉扎组为冲积扇—辫状河沉积体系，主要分布于准噶尔盆地南缘中东段，物源来自南部，有利储集相带为砂质辫状河，砂体厚度一般为100~200m（图2-48、图2-49），其中头屯河剖面为辫状河河道沉积，砂岩厚度达507m，露头样品物性较好，孔隙度为5.7%~17.7%、渗透率为0.82~259.83mD（图2-50），是下组合最主要的一套规模储层。头屯河组为辫状河—辫状河三角洲沉积体系，辫状河河道砂体的单砂体厚度大，最大可达200m以上，辫状河三角洲前缘分流河道和河口坝砂体的单砂体厚度2~20m不等，累计砂体厚度10~200m，露头样品孔隙度为9.7%~21.53%、渗透率为6.9~295.12mD。白垩系清水河组底部普遍发育一套储集砂体，早期认为西段四棵树凹陷区以南物源为主，东段霍玛吐背斜带以北物源为主，山前仅局部地区发育南物源，砂体分布范围有限；根据最新的古地貌、重矿物分析，再结合清水河组砂砾岩沉积厚度分布图，重新刻画了清水河组沉积体系展布特征（图2-51），新的沉积相图表明，清水河组在南缘山前总体以南物源为主，由南部山前辫状河三角洲平原相向北部逐渐过渡到斜坡带的前缘相，甚至是滨浅湖相，砂体分布范围广，露头上主要为砂砾岩，厚度为10~50m，最大可达70m，向上相变为细砂岩、泥岩，过渡为湖相，露头样品孔隙度为3.43%~15.07%、渗透率为0.17~21.96mD。根据建立的储层预测模型，预测重点构造喀拉扎组埋深近7000m，孔隙度为6%以上、齐古组孔隙度约为8%、清水河组孔隙度为8%~12%，储层物性总体较好。

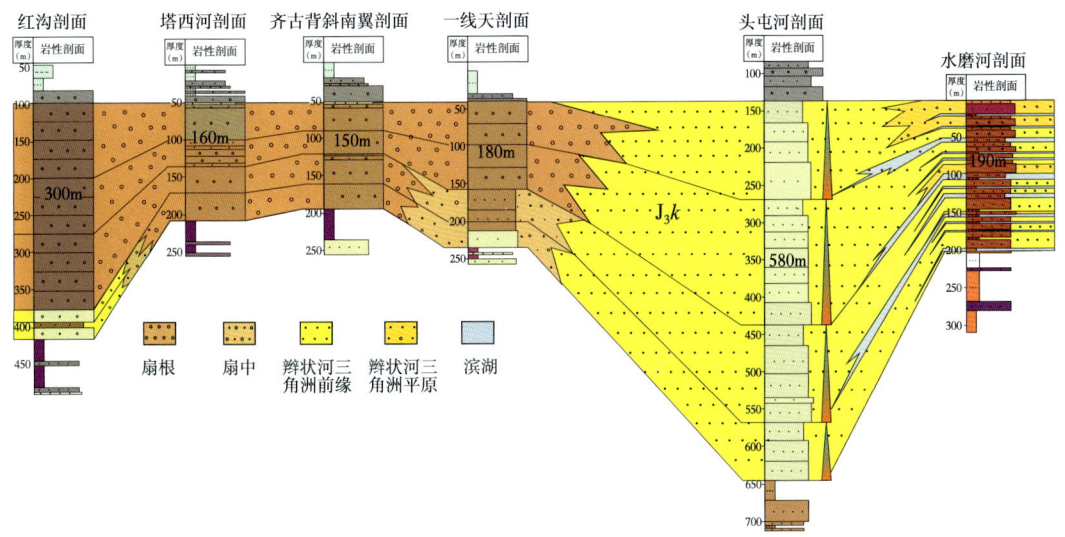

图2-48 准噶尔盆地南缘山前露头喀拉扎组沉积相及砂体厚度对比图

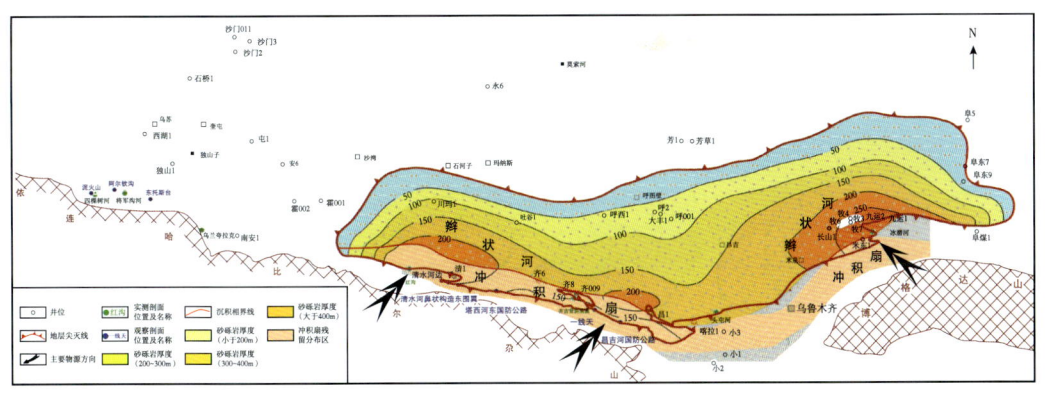

图2-49 准噶尔盆地南缘下组合喀拉扎组沉积体系分布图

三套规模储层的累计厚度普遍达到100m以上，最大可达到250~300m，因区域上地层分布有差异，南缘东、西段下组合勘探目的层有所不同，西段主要发育头屯河组、清水河组厚层状两套规模有效储层，东段主要发育喀拉扎组、清水河组厚层状规模有效储层、头屯河组互层状规模有效储层。

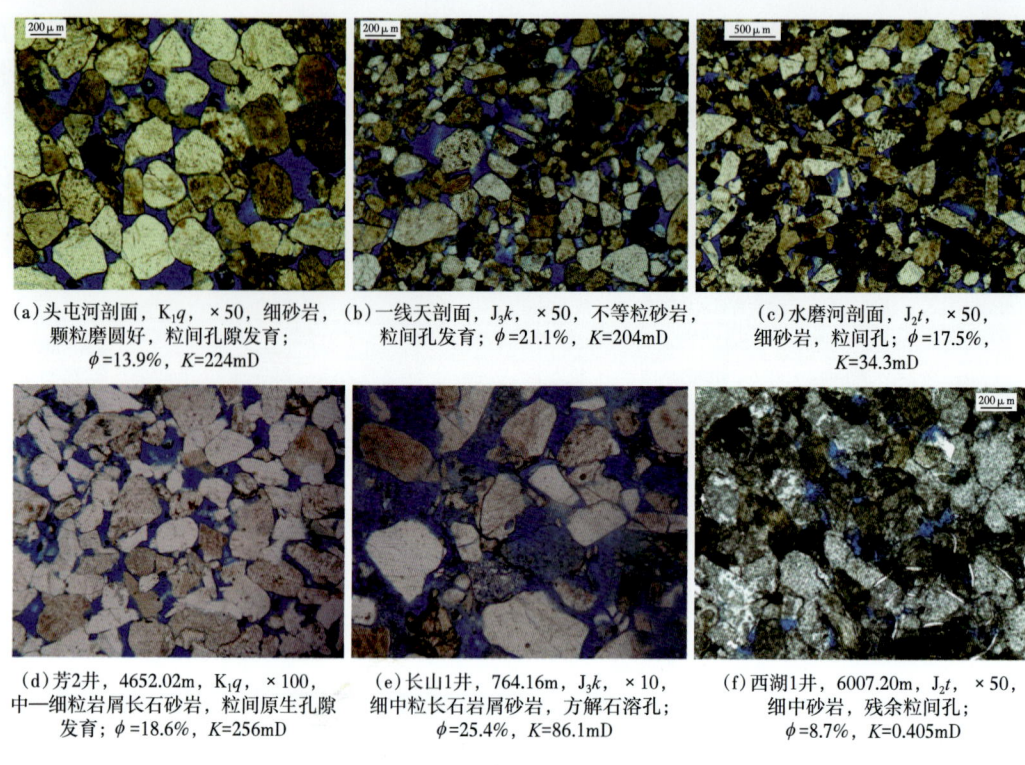

图 2-50　准噶尔盆地南缘下组合重点层系野外及钻井样品镜下薄片

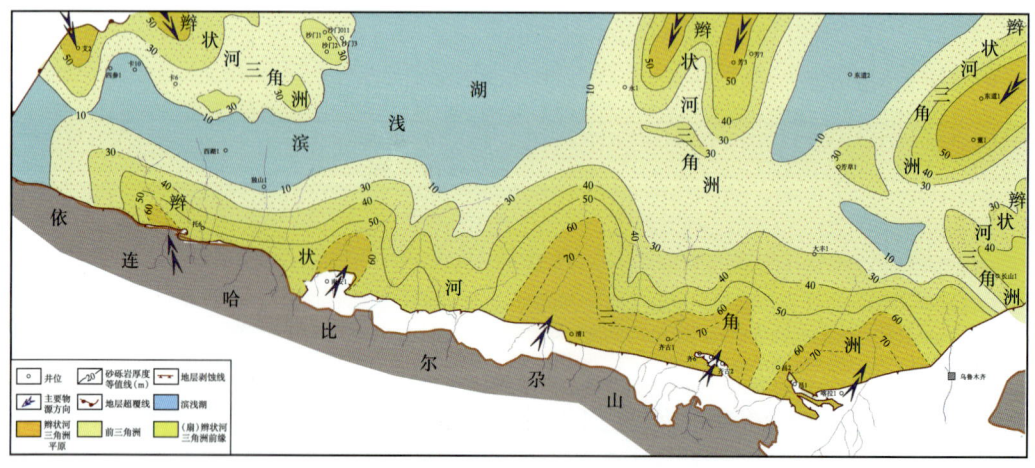

图 2-51　准噶尔盆地南缘冲断带白垩系清水河组沉积相图

3）强化地震成像攻关，明确构造样式，首次下组合区域连片成图

（1）攻关南缘下组合地震资料成像品质。

借鉴塔里木油田勘探经验，2011—2014年新疆油田在南缘地区开展二维宽线大组合叠前深度偏移地震强化攻关，分区域二维格架宽线和重点构造网格线部署两个阶段，共部署实施二维宽线地震剖面1891km。

通过推行宽线大组合，长排列、小面元、高覆盖次数、单点接收、深浅井双套激发等采集技术强化地震攻关，二维宽线地震资料品质较以往有明显改善，尤其霍玛吐背斜带中下组合地震资料品质改善幅度较大（图2-52）。

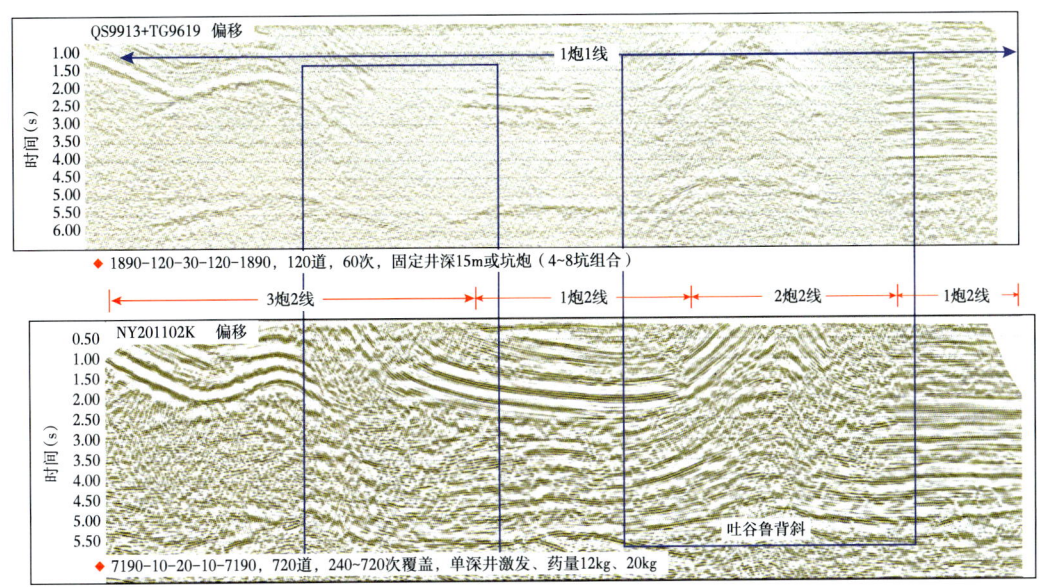

图 2-52　二维常规测线 QS9913+TG9619 与二维宽线 NY201102K 对比剖面

（2）首次开展南缘下组合整体区域地震地质解释及连片成图。

南缘地区的地震资料时间跨度长，且处理单位不同，没有统一的处理流程及处理参数要求，这样就造成不同年度、不同单位处理的地震剖面存在诸多方面的差异，尤其是处理参数中的基准面、替换速度存在的问题突出，不能满足变速成图所需的统一的速度分析、速度建模、时深转换对资料的要求，故需要对资料进行统一基准面、替换速度的叠后处理（图2-53）。

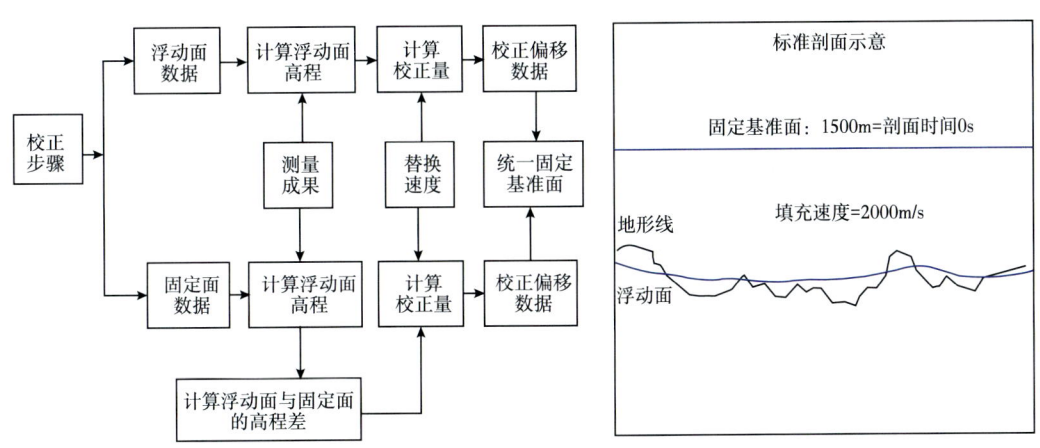

图 2-53　叠后统一基准面处理流程图及校正标准示意图

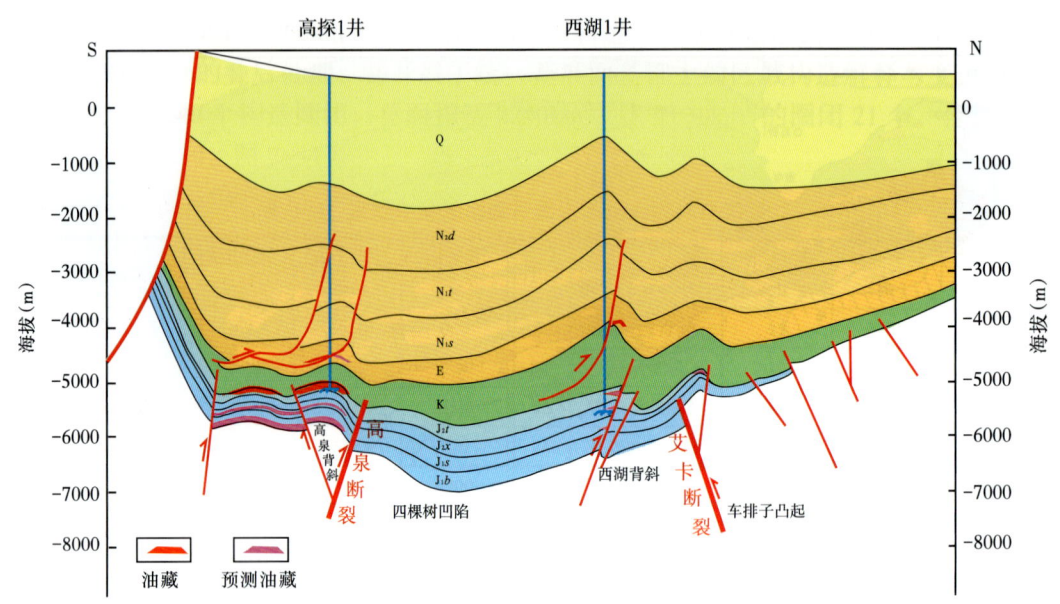

图 2-56　准噶尔盆地南缘西段四棵树凹陷构造模式图

（4）首次开展构造目标分类。

准噶尔盆地南缘下组合构造目标类型丰富，局部构造可划分 5 种构造目标类型。四棵树凹陷和霍玛吐背斜带各大构造受深浅不同断裂系统的控制，是浅层断层传播褶皱与中深层断层转折褶皱（第一类）或构造三角楔（第二类）组成的复合构造，具有中浅层构造窄陡、深层构造相对宽缓的特征。第一类主要发育在呼图壁背斜、西湖背斜、独山子背斜等构造，该类型下组合构造变形相对较弱，圈闭落实程度较高，是下组合首选重点钻探目标；第二类主要发育在霍玛吐背斜带的霍尔果斯背斜、玛纳斯背斜和吐谷鲁背斜，该类型构造变形相对较强，圈闭落实程度较低，是下组合重点地震攻关目标。东湾背斜带（第三类）安集海河组构造滑脱层之上为一大型向斜构造，之下为"Y"字形逆断层控制的长轴背斜构造。齐古断褶带的南安集海背斜及清水河—齐古构造段构造前缘主要发育冲断断裂，冲断断层之上为地面背斜，冲断断层之下发育下组合隐伏背斜构造（第四类）。齐古断褶带的托斯台构造、南玛纳斯背斜、昌吉背斜及喀拉扎背斜构造前缘主要发育反冲断裂，反冲断裂之下发育典型的双重构造，形成多层相叠的复合背斜，发育一系列隐伏背斜构造（第五类）。第四类、第五类构造目标圈闭落实程度更低，地震攻关难度大，需部署攻关线进行攻关及相应的技术储备。

4）开展下组合成藏研究，确定成藏要素时空匹配

针对准噶尔盆地南缘冲断带下组合已钻重点探井，在岩心样品缺乏的情况下，对岩屑样品进行了系统取样，并利用最新的颗粒荧光光谱分析技术 QFT 重点分析评价了大丰 1 井下组合油气成藏特征。大丰 1 井深层胜金口组和浅层紫泥泉子组岩屑样品的 QGF 和 QGF-E 光谱特征存在明显的差异性。胜金口组的光谱均显示出单峰的特点，表明为单一油源充注，而紫泥泉子组岩屑样品则显示出明显的双峰态，且前锋主要出现在小波长的部分，

表明紫泥泉子组可能存在双源充注。从浅层与深层样品的储层抽提物 TSF 三维光谱特征可以看出，取自大丰 1 井紫泥泉子组的岩屑样的 R_1、R_2 值偏小，为典型凝析油特征，此外还有一定的多峰值特征，表明浅层油气成藏期次和充注过程较为复杂；深层储层深度抽提物 TSF 扫描光谱表现出正常原油到较重质油的特征，R_1、R_2 值较大，甚至大于 3。此外，还对深层侏罗系喀拉扎组 7070~7320m 取岩屑样品共 66 块进行颗粒荧光等实验分析，可见在 7160m、7230m 处存在古油气水界面，表现为存在多期油气充注，分析认为大丰 1 井已成藏，预测喀拉扎组含气层高度 168m，与三维确定的圈闭闭合度比较接近，呼图壁背斜为一全充满的气藏（图 2-57）。同时，结合大丰 1 井 7114~7116m 烃类包裹体分析，丰度很高，部分储层孔隙荧光显示明显，荧光为蓝白色，指示高成熟度，烃类包裹体气液比大也暗示成熟度高，可能含有较多甲烷，油气藏类型可能以气藏或凝析气藏为主。颗粒荧光的分析结果进一步坚定了准噶尔盆地南缘下组合持续油气勘探的信心。

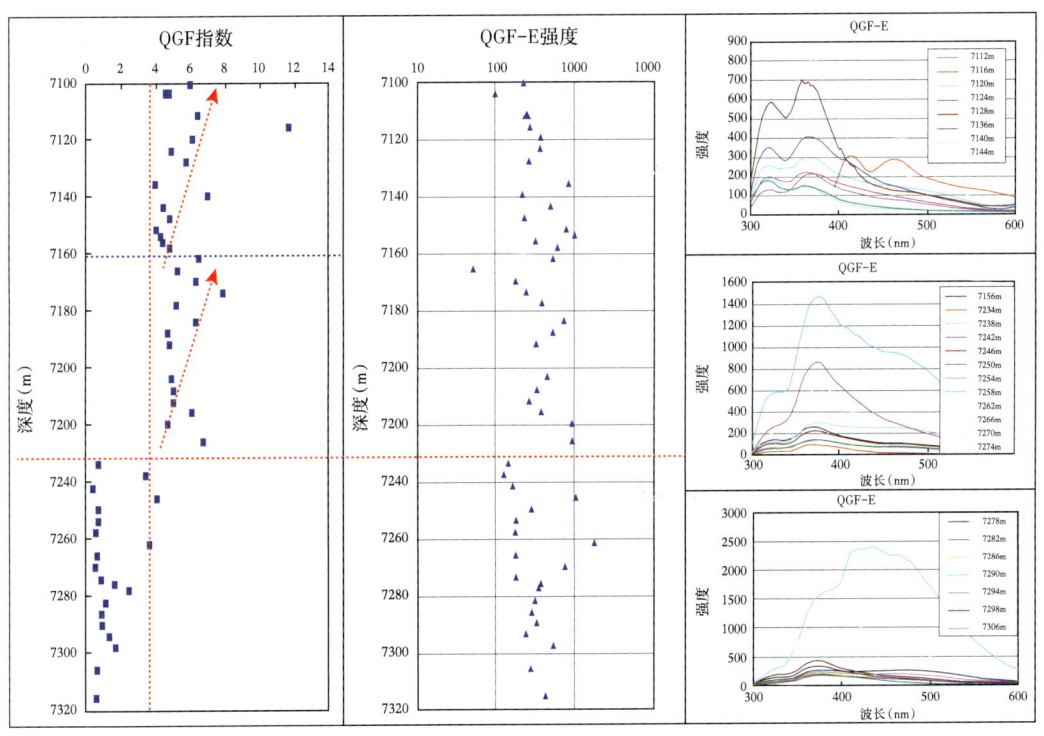

图 2-57 大丰 1 井喀拉扎组颗粒荧光分析图

通过叠合喀拉扎组、头屯河组、清水河组储层分布图、圈闭图，可以看出下组合大构造背斜圈闭与规模有效储层发育空间匹配性好，四棵树凹陷发育清水河组和头屯河组两套规模储层，霍玛吐背斜带三套规模储层均发育（图 2-58）；侏罗系烃源岩厚度、R_o 等值线图表明，南缘侏罗系主要发育东、西两个烃源中心，东部霍玛吐背斜带烃源岩成熟度高，中心区 R_o 大于 2.0%，以生气为主，西部四棵树凹陷烃源岩成熟度偏低，中心区 R_o 可达 1.2%，以生油为主，下组合圈闭主要处于两大生烃中心之上，圈闭和烃源岩匹配关系好；同时，重点构造下组合地史、热史演化分析可以看出，侏罗系烃源岩在 5~10Ma 时开始大量生气，目前定型的下组合圈闭主要形成并定型于喜马拉雅晚期，下组合圈闭形成期与中—下侏罗统大量生气期时间匹配，主要形成原生油气藏，油气运移没有经历"中间站"，提高了下组合天然气汇聚效率（图2-59）；下白垩统吐谷鲁群发育巨厚的氧化宽浅湖膏泥岩、灰质泥岩区域性盖层，泥岩厚度为200~1500m，深层断裂系统基本未断穿白垩系，有利于下组合油气保存，吐谷鲁群区域盖层与中—上侏罗统储层储盖组合匹配。总之，研究认为准噶尔盆地南缘下组合具备大油气田基本成藏条件与良好勘探前景。

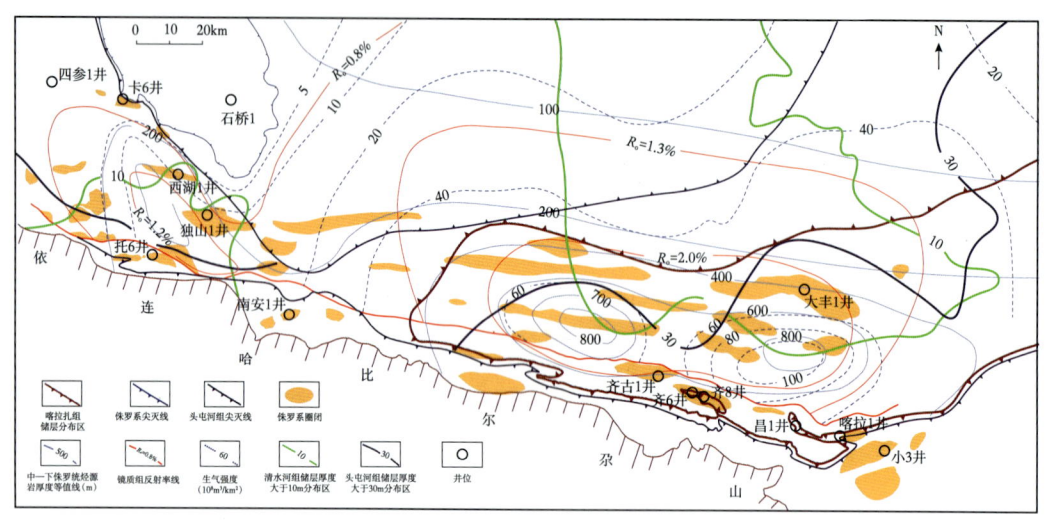

图2-58　准噶尔盆地南缘下组合圈闭、烃源岩及规模储层匹配图

4. 先易后难选目标，风险勘探定高泉

经过系统的综合研究，准噶尔盆地南缘下组合钻探条件逐渐成熟，按照先易后难的勘探部署思路，持续优选有利目标准备风险井。四棵树凹陷作为准南冲断带两大生烃中心之一，是准南下组合寻找大油气藏的重要领域。北带艾卡构造带下组合已获油气发现，但不具规模；南带高泉构造带勘探程度低，下组合无井钻揭。南带高泉构造带是否具备大油气藏成藏条件，直接影响四棵树凹陷后续的勘探，是亟待研究的问题。综合评价认为，高泉背斜紧邻生烃中心，是油气运聚有利指向区，且侏罗系—白垩系规模储层发育、构造圈闭面积大，是下组合勘探首选突破口。经过三个轮次的部署论证，将高探1井作为风险探井实施钻探。

1）首次论证认可高泉构造

2012—2015年，为了查清四棵树凹陷烃源规模、储层发育及有利目标圈闭特征，开展了大量基础研究工作。补采了一批托斯台山前地面样品及本区下组合探井样品，利用样品化验分析资料和区域格架大剖面基本落实了四棵树凹陷古近系安集海河组及中—下侏罗统两套烃源岩的分布特征与规模，累计烃源岩厚度1000~1400m。侏罗系烃源岩质量中等—好，下侏罗统好于中侏罗统，有机质类型偏腐殖型，以II_2—III型为主。当时评价四棵树凹陷侏罗系烃源岩生烃量为$90.5 \times 10^8 t$、资源量为$2.8 \times 10^8 t$，烃源岩规模潜力较大。研究认为四棵树凹陷发育北部物源体系为主的齐古组、南部物源体系为主的清水河组两套规模

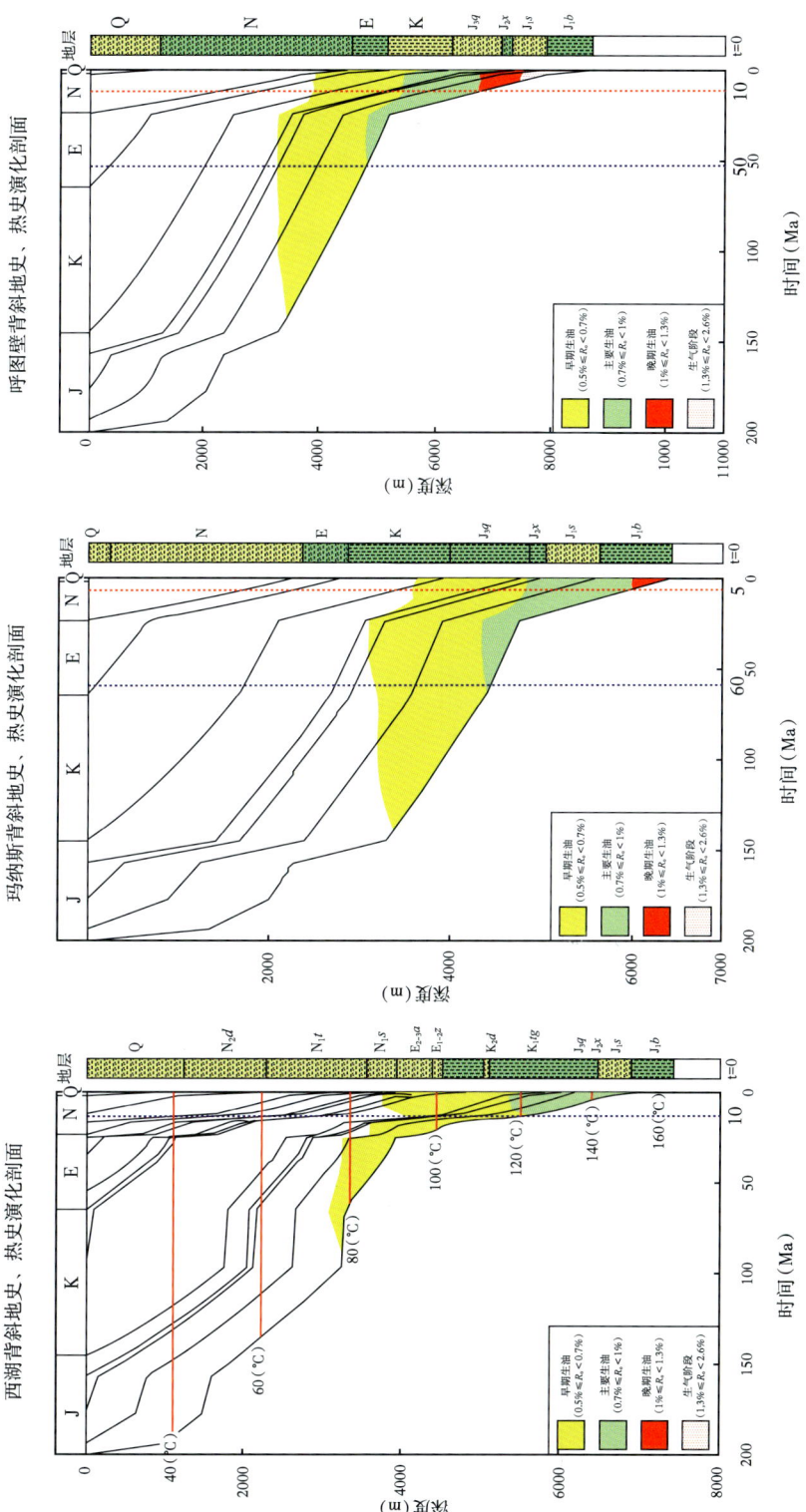

图2-59 准噶尔盆地南缘下组合东、西段地史、热史演化剖面

储层，高泉背斜群位于两大物源体系交会处（图2-60）。同时，2012年在高泉地区新采集7条155km二维地震宽线，重新处理27条老二维测线，新资料下组合成像品质明显提高（图2-61）。落实高泉背斜下组合侏罗系顶界圈闭整体表现为一北北东走向长轴背斜，背斜北翼发育高泉北断裂，为北北东向南倾逆断层，为该构造北界的控边断裂，平面上发育东、南两个局部高点，圈闭面积62.4km²，闭合度380m，高点埋深5760m（图2-62）。

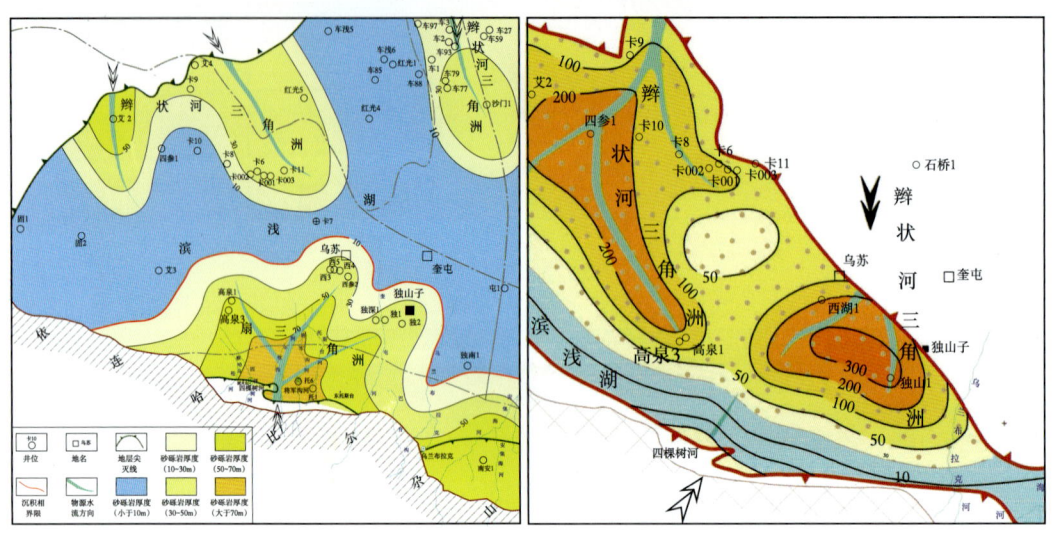

图2-60 四棵树凹陷白垩系清水河组（左）与侏罗系齐古组（右）沉积相图

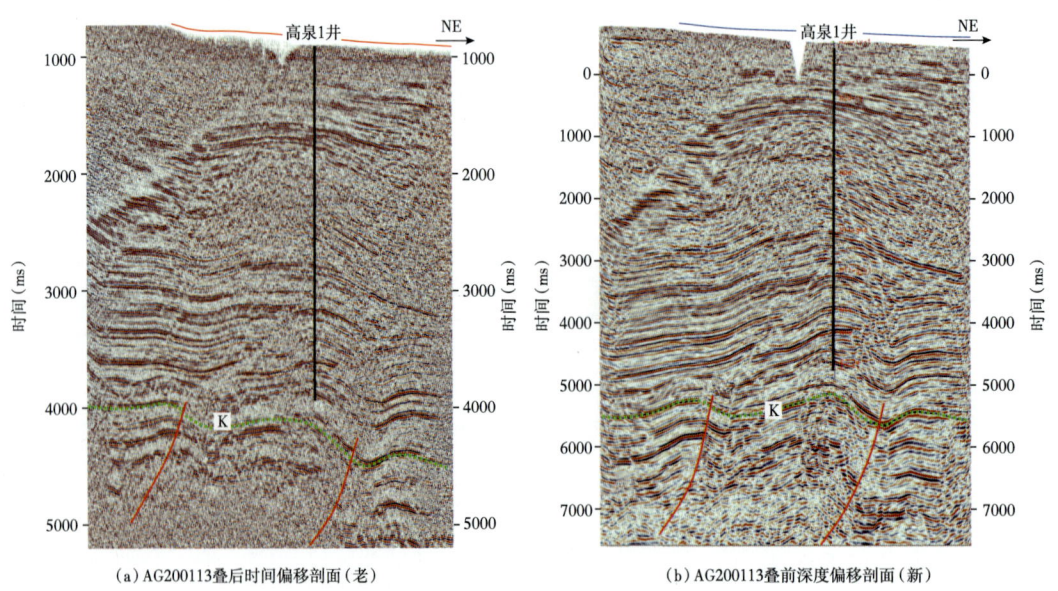

(a) AG200113叠后时间偏移剖面（老）　　(b) AG200113叠前深度偏移剖面（新）

图2-61 高泉地区叠前深度偏移重新处理资料对比图

第二章 准噶尔盆地南缘下组合大构造勘探终获突破

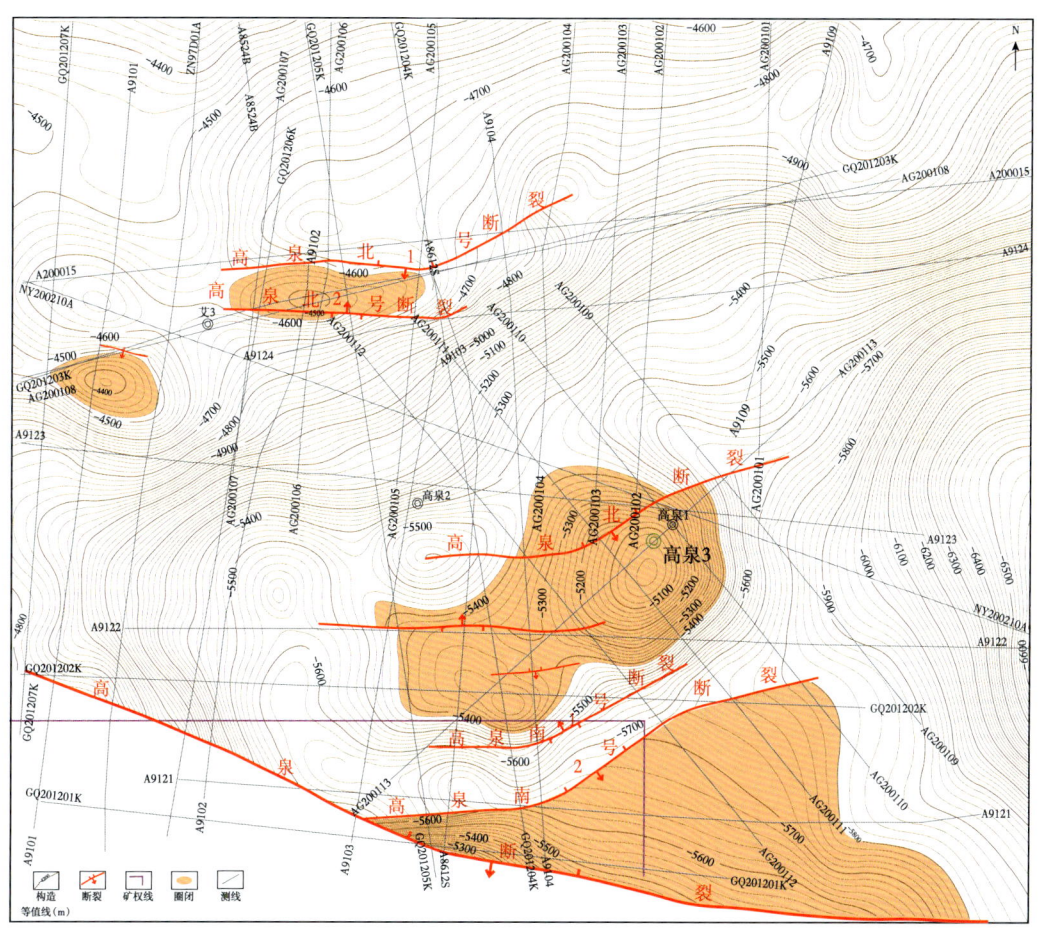

图2-62 高泉地区侏罗系顶界构造图（2015年）

2015年在中国石油组织的风险井论证会和研讨会上，领导及专家认可高泉构造带具备大中型油气田的可能，建议高泉背斜东高点高泉3井作为2016年开春第一批风险目标进行地质与工程论证，并提出了几方面的具体工作：深入开展沉积体系与储层展布研究，加强高泉地区成藏综合评价，落实与优选钻探目标。

2）二次论证同意钻探，择机实施

按照领导及专家的指示，由新疆油田公司牵头，中国石油天然气勘探开发研究院北京总院、东方地球物理公司乌鲁木齐分院和杭州分院参与，分工协作，细化工作内容，开展联合研究，主要组织开展构造—地层格架研究、沉积体系研究及储层有效性评价、目标精细落实等几方面的研究工作。

利用露头、钻井及格架地震剖面重新厘定了侏罗系层序展布特征，侏罗系为连续沉积，侏罗纪末期整体抬升削蚀，头屯河组仅保留下部一段，根据这个认识，重点调整了齐古组和头屯河组的层序划分方案，凹陷区由东南向西北方向中—上侏罗统逐层被削蚀，头屯河组二段和齐古组在西湖以北已缺失，头屯河组一段全区发育（图2-63）。头屯河组一段和清

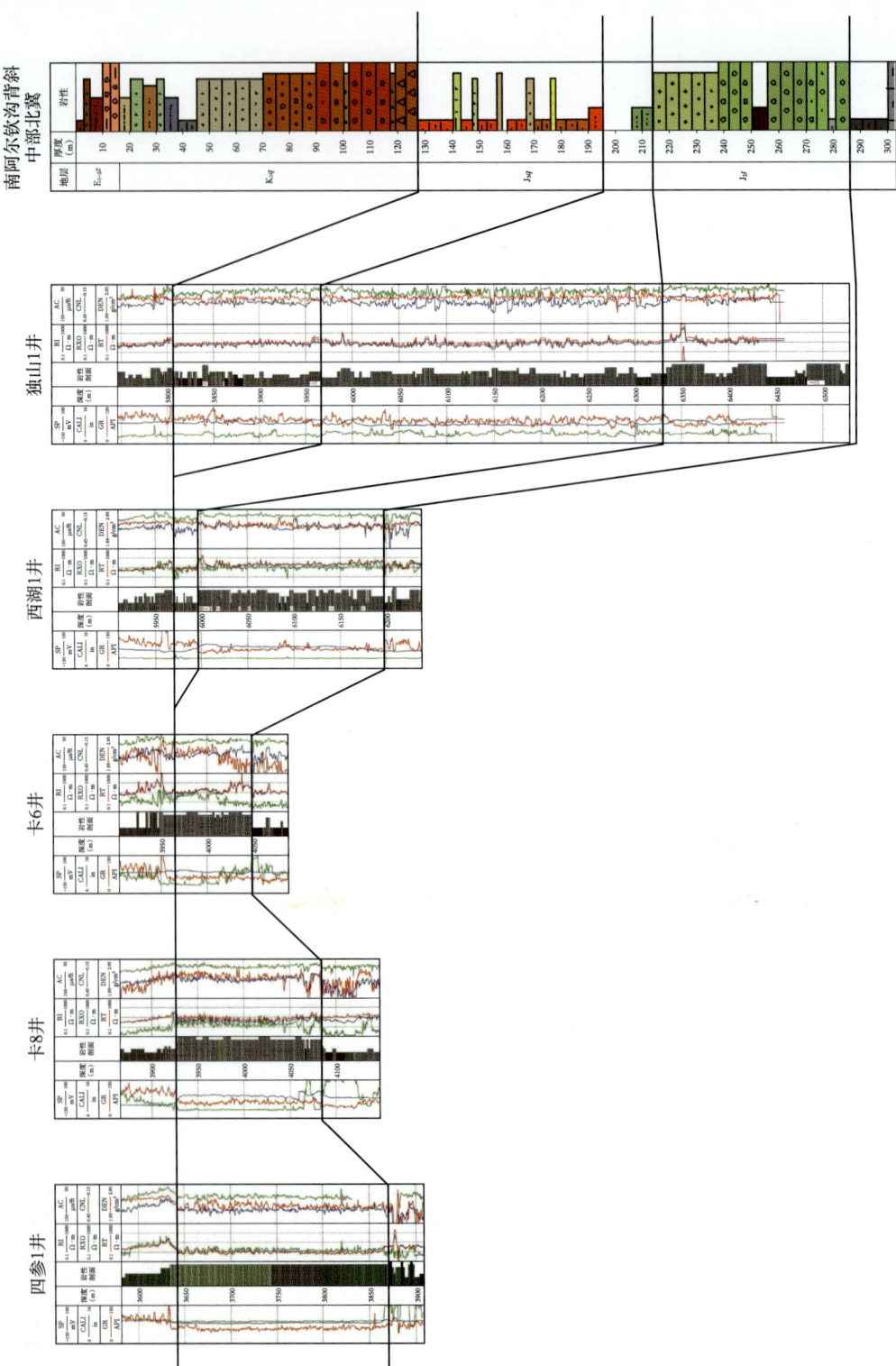

图2-63 四参1井—卡8井—卡6井—西湖1井—独山1井连井地层对比图

水河组为高泉构造群下组合钻探主要目的层,以辫状河三角洲前缘沉积为主,储层岩石类型主要为中、细砂岩,其次为砂砾岩,砂岩岩性主要为长石岩屑砂岩及岩屑砂岩,预测高泉背斜处于辫状河三角洲前缘水下分流河道、河口坝等水下高能环境沉积有利相带,发育分选较好、粒级较粗的中、细砂岩,储层砂体发育情况介于西湖1井和独山1井之间。

同时,在优化速度模型,持续开展高泉地区二维叠前深度偏移处理解释攻关的基础上,对下组合圈闭进行了新一轮的构造成图,高泉地区侏罗系顶界几个圈闭形态均有不同程度变化,其中高泉背斜主要发育东、西三个局部高点,中间鞍部范围变窄,圈闭面积69.8km²,闭合度500m,高点埋深5750m(图2-64)。

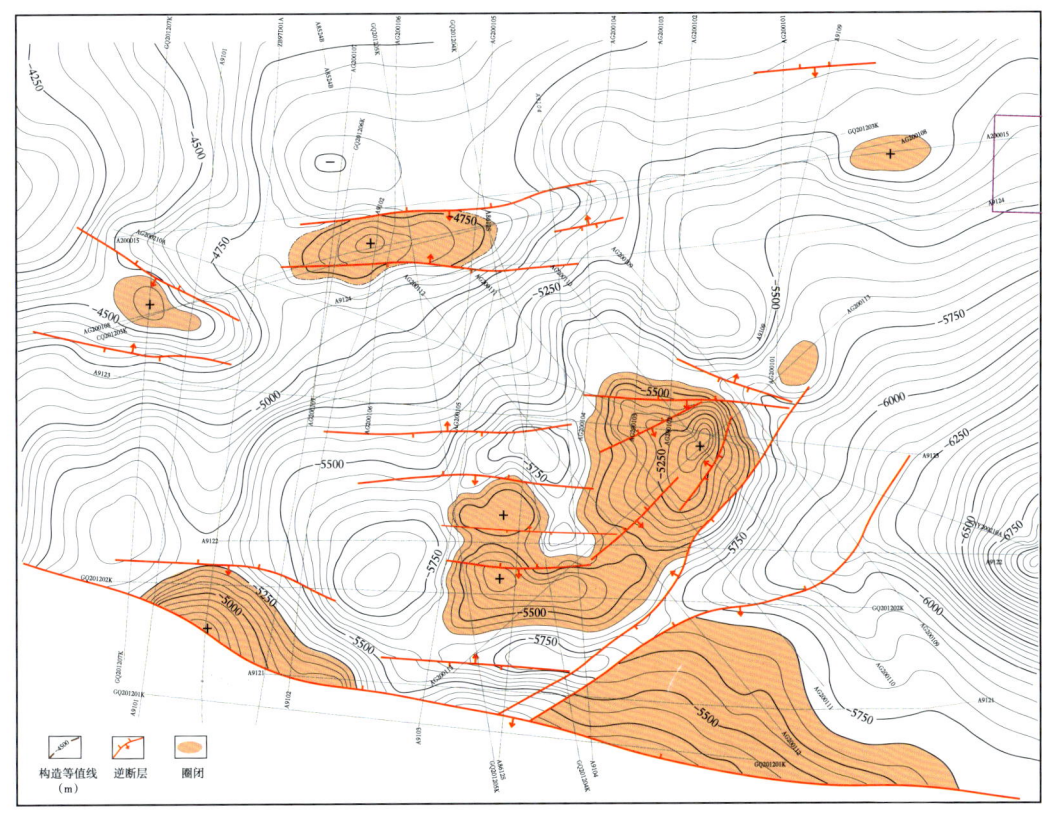

图2-64 高泉地区侏罗系顶界构造图(2016年)

2016年4月13日,在中国石油天然气股份有限公司论证高泉3风险井,得到公司领导的认可与肯定,认为工作扎实、论据充分,可择机实施上钻。

3)三次论证,高探1井终部署

2016—2018年期间,为了推动高泉背斜风险井上钻,重点针对四棵树凹陷下组规模储层空间展布和有效性存在不确定性、侏罗系烃源岩生烃热演化与相态预测等方面,实施了一批新的工作量,新部署采集二维地震测线522km/22条、时频电磁90.78km/2条,二维地震剖面拼接处理1474km/46条,露头区地球化学取样400块、沉积储层取样30块(图2-65)。

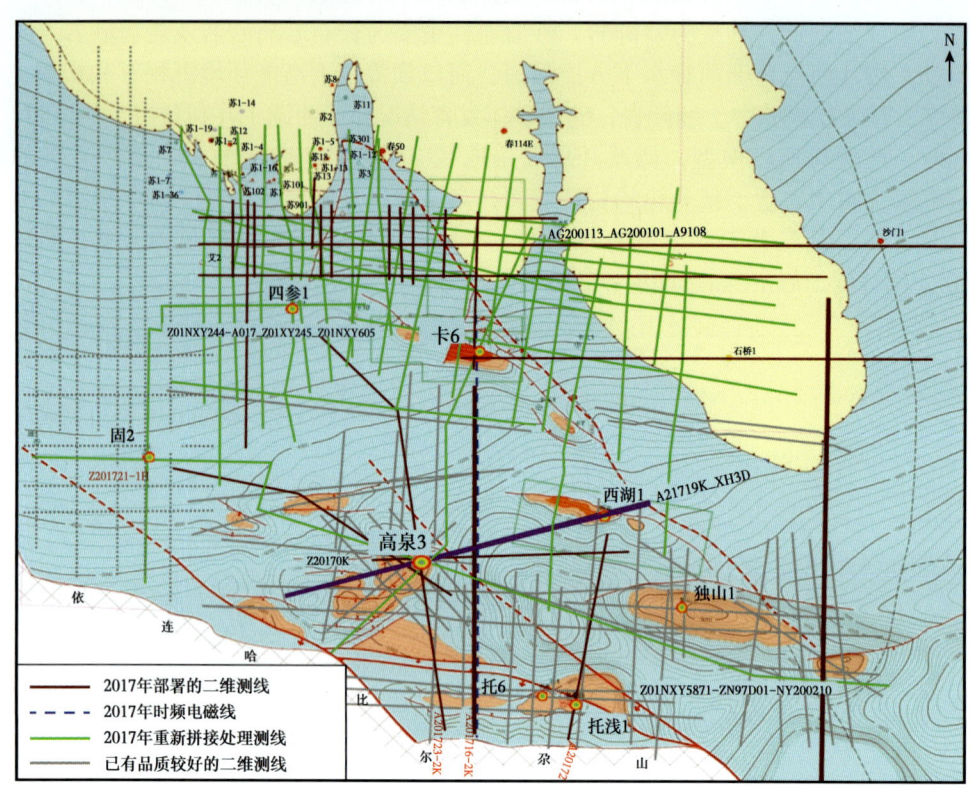

图 2-65　四棵树凹陷二维地震测线平面分布图

烃源岩分析结果更加明确了四棵树凹陷侏罗系烃源岩质量较好,已达成熟大规模生油,局部进入生气阶段(图 2-66)。同时,四棵树河露头区侏罗系煤岩金管—高压釜生烃模拟实验显示,随着 R_o 升高,产油率呈现先升高后降低的趋势。在 R_o 为 1.07% 时,油产率为 105.28mg/g;当 R_o 升高至 1.20% 时,油产率上升至 120.93mg/g;当 R_o 上升至 1.35% 时,油产率升高至最高点,为 208.79mg/g;而当 R_o 进一步升高,油产率开始下降(图 2-67)。

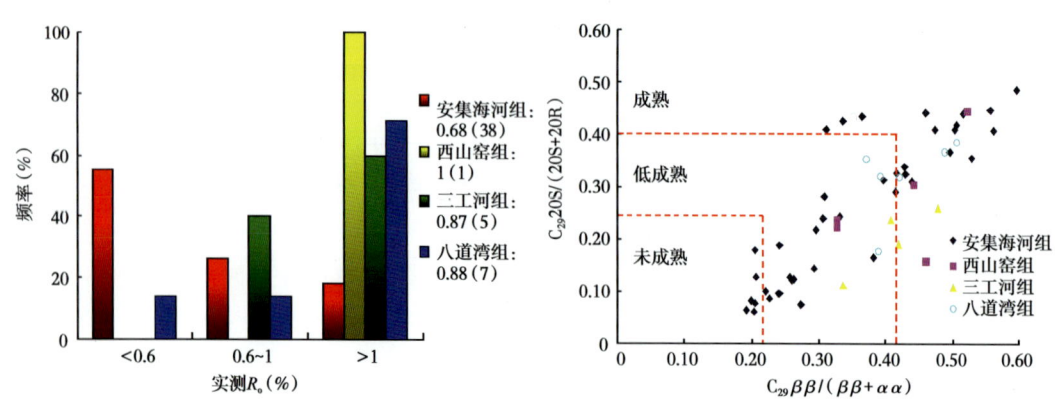

图 2-66　四棵树凹陷主要烃源岩实测 R_o 柱状图、有机质成熟度交会图

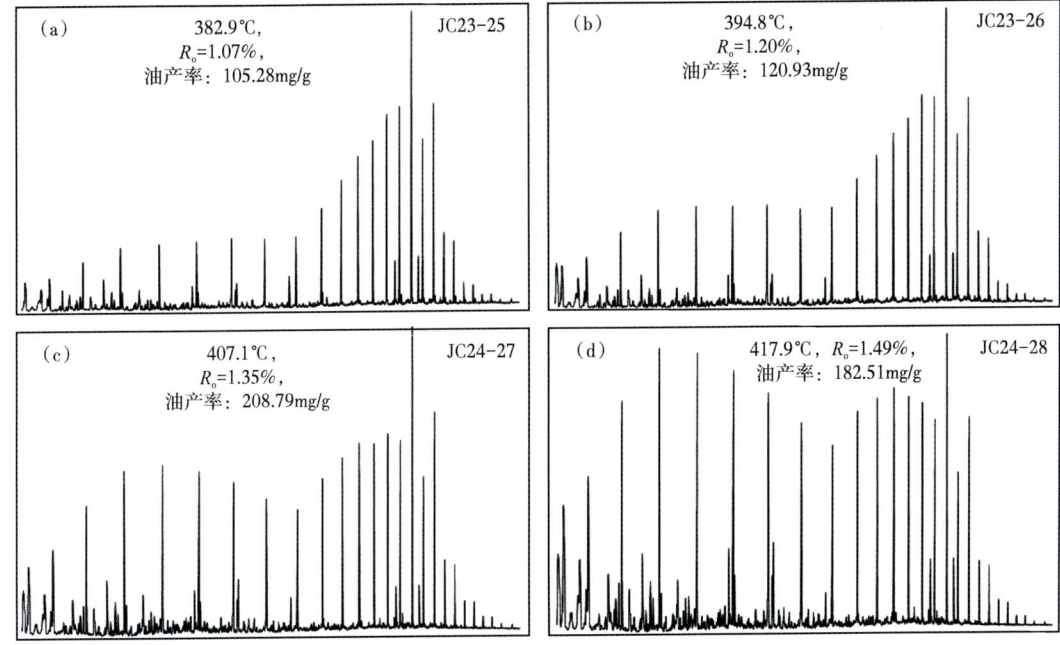

图 2-67　四棵树河八道湾组的煤岩样品金管—高压釜生烃模拟实验结果

沉积储层研究方面，重点细化了侏罗系头屯河组一段沉积体系展布特征，综合单井相、地震相、古地貌及重矿物等资料，分析认为头屯河组一段辫状河三角洲相砂体在四棵树凹陷大范围分布，满凹富砂，发育南北两大物源体系（图 2-68）。卡因迪克背斜及四参 1 井以北主要为辫状河三角洲平原沉积，独山子背斜、西湖背斜、高泉背斜群一带主要为辫状河三角洲前缘沉积。北物源砂岩沿北西—南东向展布，辫状河三角洲平原相以块状砂砾岩为主，辫状河三角洲前缘相以细砂岩与湖相泥岩互层为主；南物源沿沟槽南东—北西向展布，以辫状河三角洲前缘相为主。

侏罗系头屯河组广泛稳定发育辫状河三角洲相孔缝双重介质型有效储层，已钻井和露头区均揭示侏罗系头屯河组存在规模好储层。卡 6 井头屯河组优质储层为含砾细砂岩、细砂岩，厚度为 61m，孔隙度为 10%~16.6%，平均孔隙度为 12.3%，平均渗透率为 1.84mD；西湖 1 井头屯河组储层岩性以中、细砂岩为主，砂岩具有较好的孔隙结构，孔隙度最大可达 9.5%，渗透率 0.024~2.27mD，毛管压力曲线反映其具有中、小孔细喉、细歪度、分选较好的结构特征。总体上，四棵树凹陷头屯河组储层以"三低一弱"为主要特征，具有较低成分成熟度、低泥质含量、较低胶结物含量、溶蚀作用较弱的特点（图 2-69）。此外，从四棵树侏罗系储层露头、岩心和薄片都发现大量未充填的裂缝（图 2-70），进一步改善了储层品质，西湖 1 井在侏罗系头屯河组试油产液量高，证实裂缝起到了非常关键的作用。

从地层埋藏史分析来看，高泉背斜高点早期浅埋，侏罗系顶界在新近系沉积前埋藏深度约 1000m，后期快速深埋，沉积了约 4800m，成岩作用更弱，物性理应更好；西湖 1 井（5970m）侏罗系顶界在新近系沉积前，埋藏深度约 2000m，后期沉积了约 3900m。由于高泉背斜高点埋藏史优于西湖 1 井，所以推测高泉背斜高点头屯河组孔隙度为 10%~12%（2-71）。

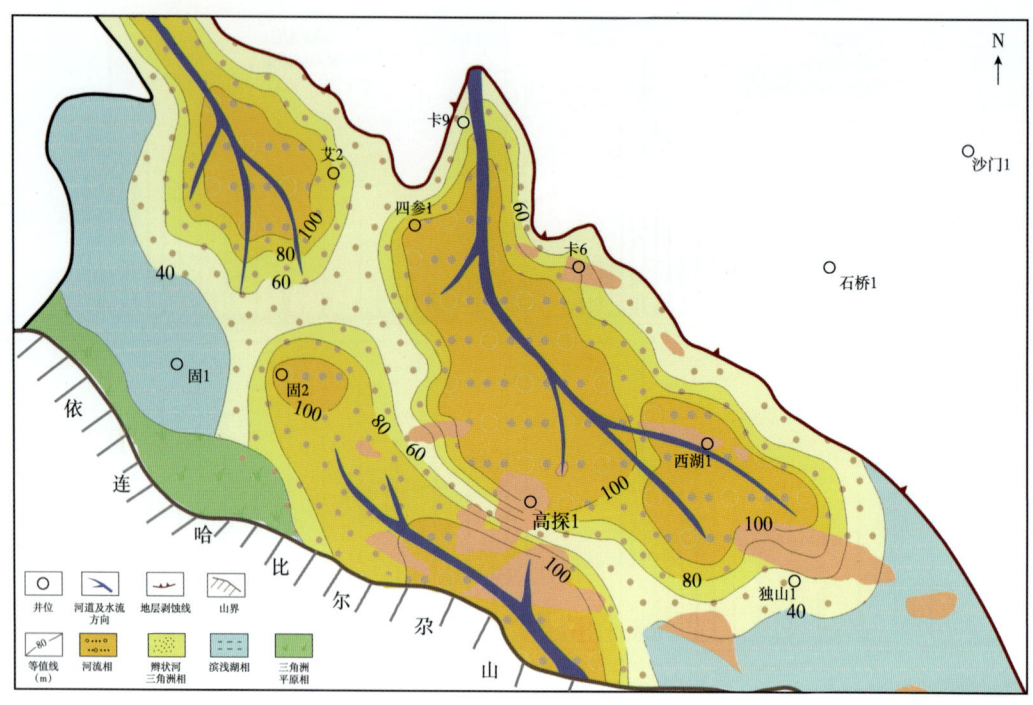

图 2-68　四棵树凹陷侏罗系头屯河组沉积体系分布图

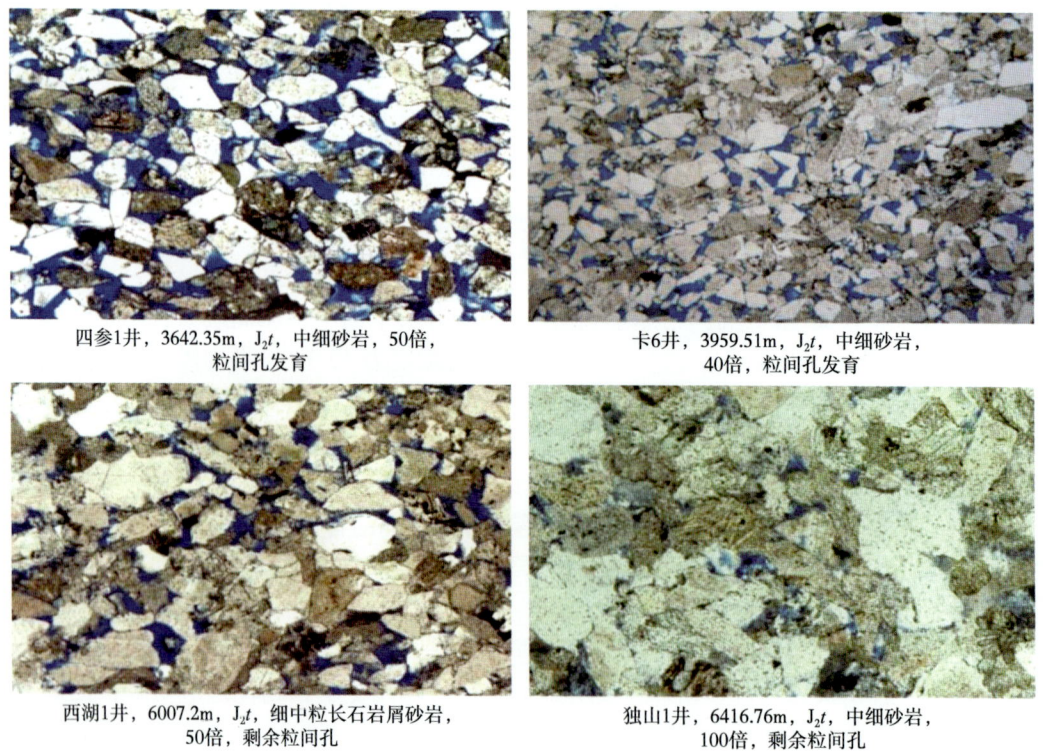

图 2-69　四棵树凹陷钻井侏罗系头屯河组铸体薄片

四棵树河露头区头屯河组裂缝

固1井，J_1s，4886.20~4886.30m，灰色粉沙质泥岩，见宽2mm、长5cm的裂缝，缝内无充填物

独山1井侏罗系头屯河组第二筒岩心，6412.06~6418.92m发育大量未充填裂缝

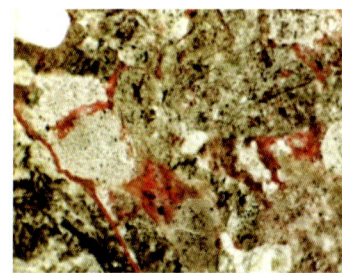
艾2井，3927.25m，8×10，J_1b含砾不等粒砂岩，粒间溶孔、界面孔、粒内孔，ϕ=14.2%，K=1.6mD

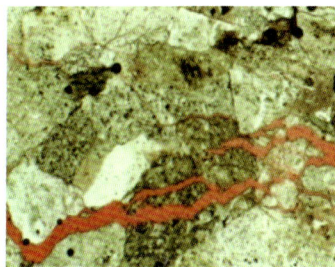
四参1井，4013.1m，J_1s，10×7.2，含砾粗砂岩，微裂缝，ϕ=12.9%

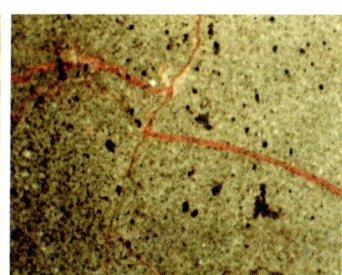
艾2井，3747.25m，砂砾岩，层位J_1s，10×4，粒内裂缝，ϕ=13.7%，K=2mD

图 2-70 四棵树凹陷露头、岩心和薄片发育裂缝

多轮次基础研究工作持续推进后，明确了高泉构造带近源、圈闭落实程度高、发育清水河组和头屯河组两套规模储层、埋深相对较小，成藏条件有利。综合对比高泉构造带各目标的圈闭面积、埋深、落实程度、储层、烃源及地表条件，优选高泉背斜为下组合首选突破目标（表 2-5）。

表 2-5 四棵树凹陷高泉构造带风险目标优选评价表

编号	圈闭参数					综合评价					
	圈闭名称	层位	面积（km²）	闭合度（m）	高点埋深（m）	圈闭面积	埋深	落实程度	储层	烃源	地表条件
①	高泉背斜	J_2t	71.4	500	5770	大	深	可靠	一套	近源	具备
②	高泉北背斜	J_2t	16.2	175	5060	中	中	较可靠	一套	较远	不具备
③	高泉东断鼻	J_2t_1	37.7	350	6300	大	深	不落实	一套	近源	具备

经过 2012—2018 年的历时 7 年的持续攻关研究，最终于 2018 年 2 月 6 日，在中国石油天然气勘探与生产分公司组织的风险井井位论证会上经专家审查，决定实施上钻高探 1 井（高泉 3 井改名为高探 1 井），主探目的层为侏罗系头屯河组、白垩系清水河组，设计井深 5980m，探索高泉背斜下组合含油气性。

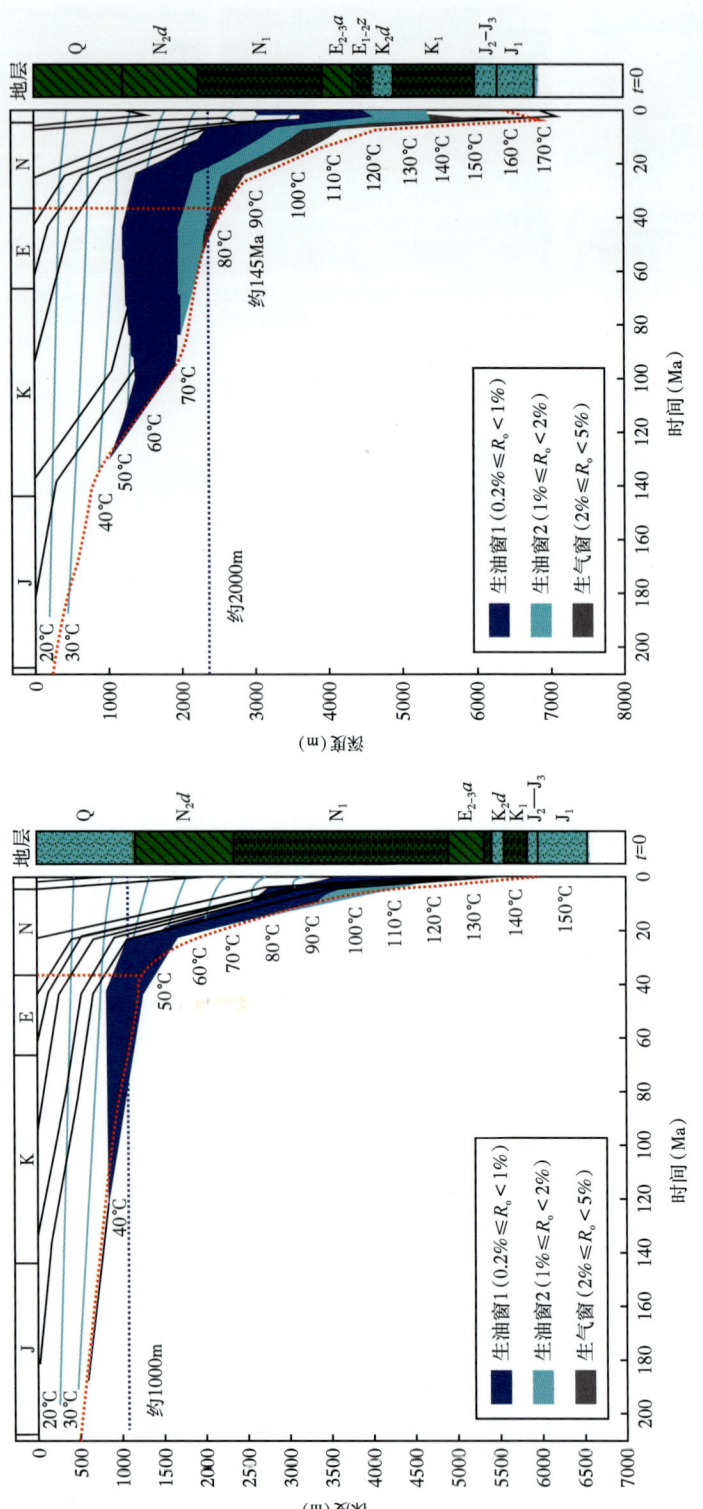

图 2-71 高泉背斜高点（左）与西湖1井（右）地层埋藏史对比图

第二章 准噶尔盆地南缘下组合大构造勘探终获突破

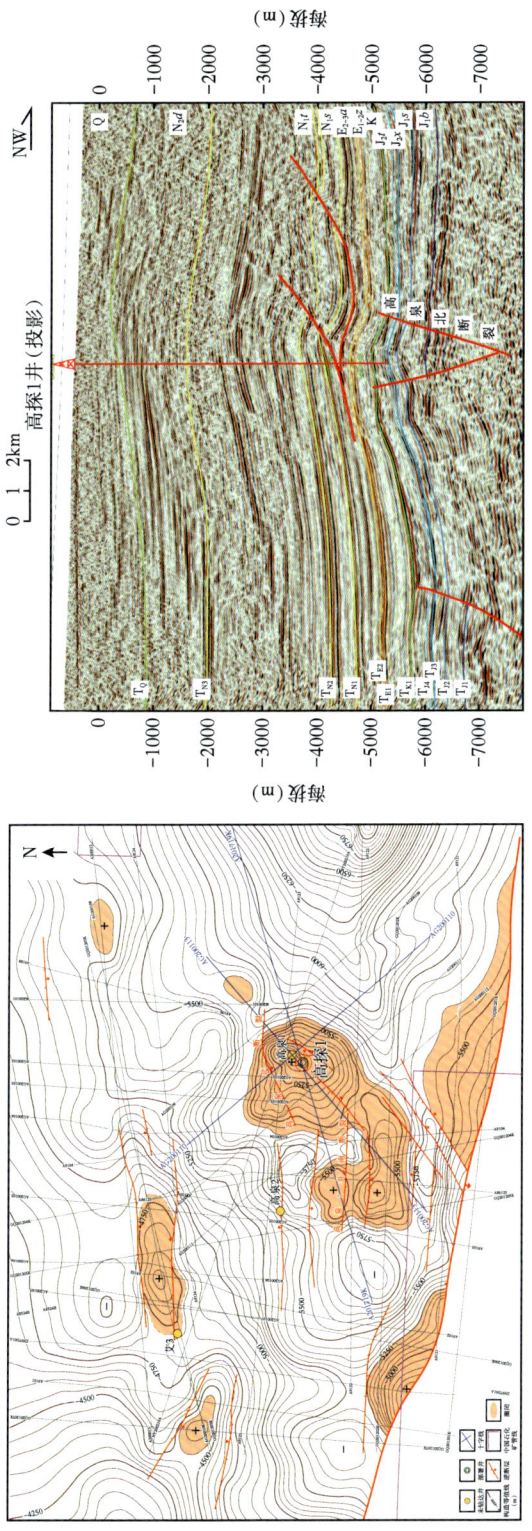

图 2-72　高探1井井位部署图（左）及过高探1井地震地质解释剖面（右）

5. 高探 1 井获突破，开创勘探新局面

高探 1 井开钻于 2018 年 3 月 24 日，完钻于 11 月 8 日，完钻井深 5920m，完钻层位侏罗系头屯河组。高探 1 井实钻分层与设计分层基本吻合，目的层清水河组底界比设计仅浅 15m，证实目标落实程度较高。高探 1 井在白垩系清水河组、侏罗系头屯河组共解释油层 103.4m（图 2-73），其中清水河组解释油层 11.5m、测井解释孔隙度 18%。

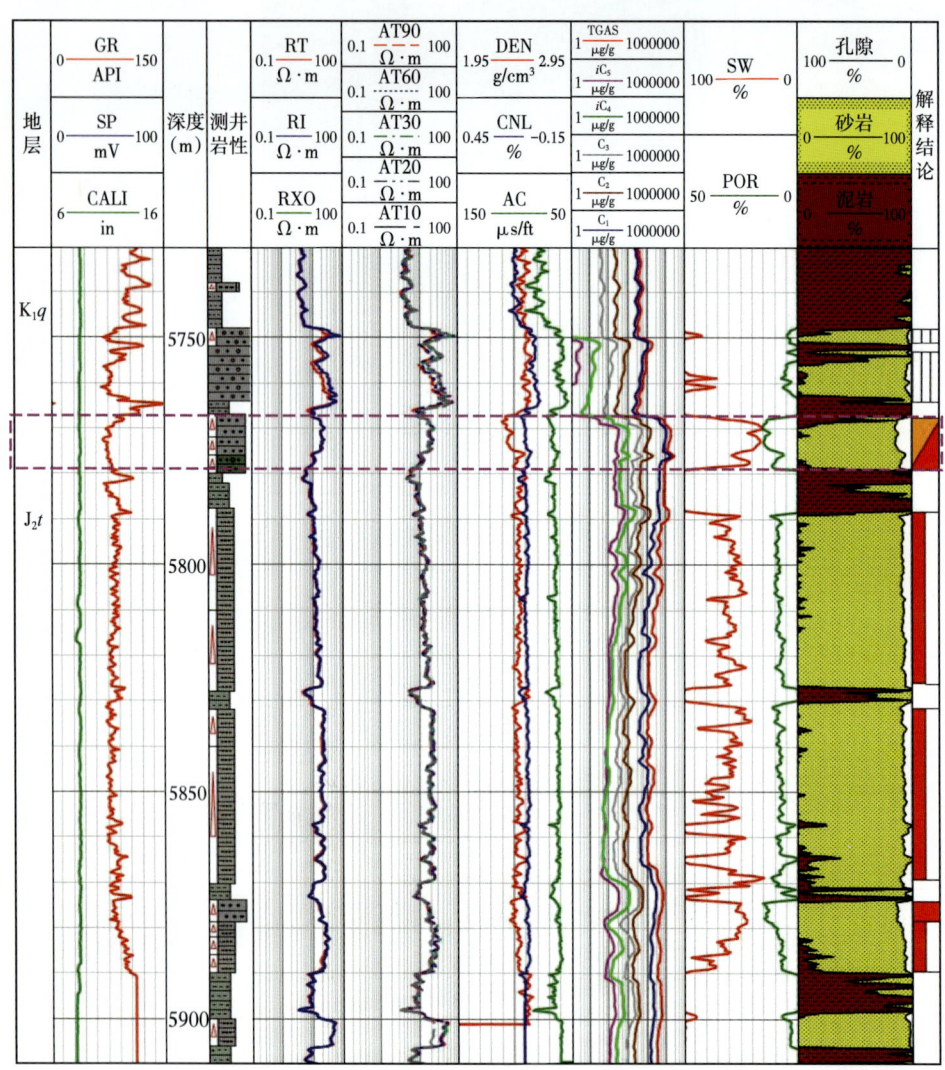

图 2-73 高探 1 井测井解释成果图

2019 年 1 月 6 日，高探 1 井对清水河组 5768~5775m 井段采用 13mm 油嘴试油，最高日产油 1213m^3、日产气 32.17×10^4m^3，原油密度为 0.8244g/cm^3，准噶尔盆地南缘下组合首获重大突破（图 2-74）。高探 1 井试采产量高、能量充足，累产 484 天，累计产油 9.3×10^4t，累计产气 3326×10^4m^3，累计产轻烃 10119m^3。2019 年 7 月 31 日出砂，2020 年 7 月 7 日关井。

第二章 准噶尔盆地南缘下组合大构造勘探终获突破

图 2-74 高探 1 井白垩系清水河组 5768~5775m 试油放喷现场

高探 1 井作为南缘下组合勘探第一口高产井，也是当时中国陆上碎屑岩勘探产量最高的探井，在南缘勘探史上具有重要里程碑意义。高探 1 井的钻探证实了南缘下组合具备形成大型油气田的优越地质条件，即侏罗系主力烃源灶的现实性、下组合发育深埋规模有效优质储层、下组合白垩系巨厚泥岩超压盖层的有效性、油藏高压高产，坚定了南缘下组合勘探信心。高探 1 井能够获得千方高产，且试采产量稳定，表明侏罗系烃源灶油气源充足，供烃能力强，为大油气田的形成奠定了物质基础；从热演化程度看，侏罗系烃源灶富油更富气，其中南缘中段演化程度高，以气为主；西段以油为主。高探 1 井钻探结果显示，白垩系清水河组为辫状河三角洲沉积，储层以细砂岩为主，厚度为 10~50m，尽管埋深近 6000m，但测井解释孔隙度最高可达 18%，说明下组合仍可发育优质储层；同时，南缘全区分布的侏罗系头屯河组和主要分布在中东段的喀拉扎组均发育多套厚储层，孔隙度为 6%~10%，最高可达 13%~14%，也是值得探索的勘探层系。白垩系吐谷鲁群发育 500~2000m 巨厚超压（压力系数为 1.7~2.35）泥岩盖层，构成良好盖层条件。总之，高探 1 井的突破打开了南缘下组合勘探新局面，准南前陆展现中国陆上大油气区规模潜力，勘探前景广阔。

四、下组合规模勘探阶段（2019 年至今）

由于南缘中—西段侏罗系烃源岩埋藏演化史的差异，南缘下组合具有"西油中气"的勘探格局。西段四棵树凹陷高探 1 井"西油"的突破，证实了南缘下组合巨大的勘探潜力。面对中段埋藏更深、目标更多、规模更大的"中气"勘探领域，明确关键控藏要素、优选目标打开突破口是中段下步勘探的关键。

1. 持续攻关下组合，目标分类建模式

1）加强地震攻关，下组合资料品质提升

"兵马未动、粮草先行"，针对南缘深层勘探面临的地质难题，地震资料品质的提升是深化研究的关键。高探 1 井突破后，首先超前地震资料准备，新采集和重新处理一批三维地震资料（图 2-75），开展二维、三维地震资料并行处理解释（图 2-76），为基础研究及进一步落实下组合有利目标提供了资料基础。

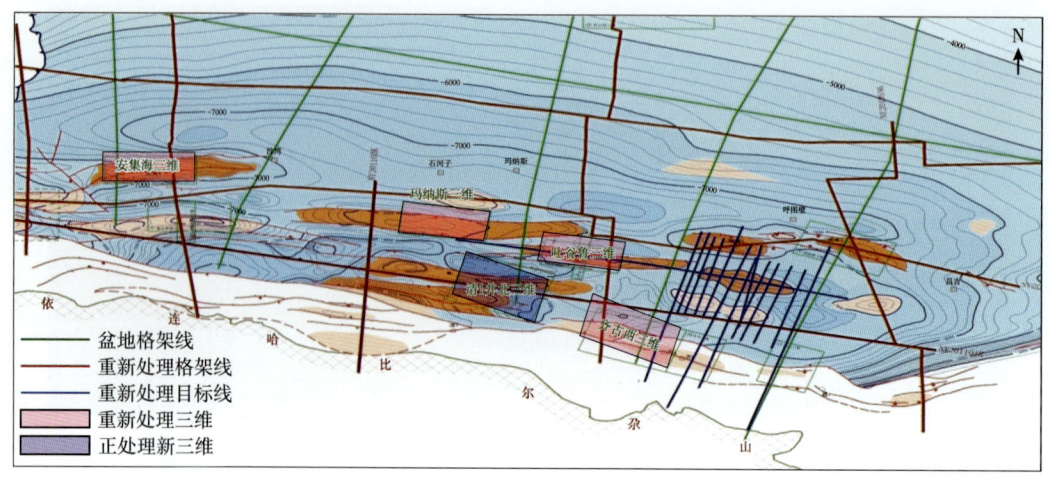

图 2-75　准噶尔盆地南缘中段 2019 年二维、三维地震资料重新处理部署图

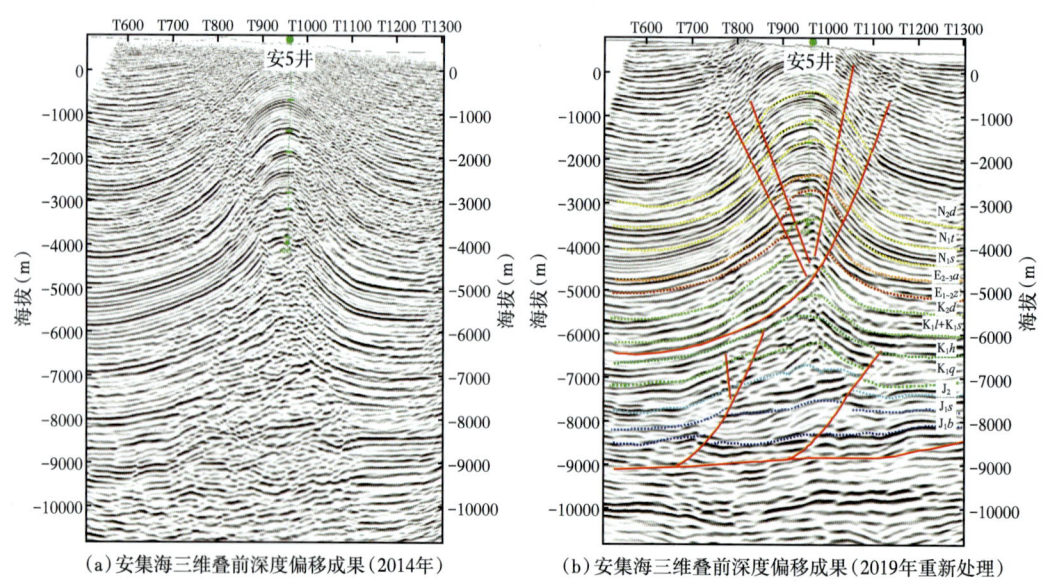

(a) 安集海三维叠前深度偏移成果（2014年）　　(b) 安集海三维叠前深度偏移成果（2019年重新处理）

图 2-76　新、老资料对比图

2）建立三期滑脱叠置构造样式，确立六种目标类型

应用物理模型、数学模型实验等技术手段，构建准噶尔盆地南缘中段三期滑脱叠置构造样式（图 2-77），指导了构造解释及目标落实。三套滑脱层控制了滑脱冲断构造样式，三叠系泥岩滑脱层控制了下组合构造样式，白垩系滑脱层控制了中组合构造样式，安集海河组滑脱层控制了上组合构造样式。在燕山期古构造背景下，喜马拉雅期发育三期构造活动，演化序列由深至浅，由弱变强。后期构造运动对下组合构造影响小，构造稳定，有利于下组合油气保存。

第二章 准噶尔盆地南缘下组合大构造勘探终获突破

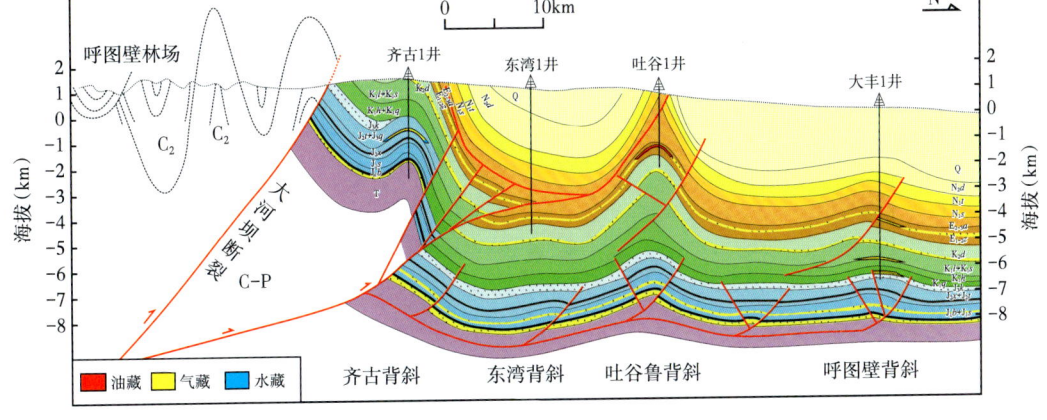

图 2-77 准噶尔盆地南缘中段构造模式图

按滑脱层的差异及构造特征，准南前陆冲断带发育 5 种类型背斜构造：继承背斜型、双重叠置背斜型、反转背斜型、三重叠置背斜型、隐伏构造型；准南前陆斜坡区发育岩性地层型目标（图 2-78）。目前 6 种类型目标落实程度差异大。

继承背斜型以高泉背斜带为代表，在燕山期为背斜，喜马拉雅期进一步强化，深浅层构造高点一致，落实最容易；双重叠置背斜型以安集海背斜为代表，发育两期滑脱断裂，形成雁列式背斜背景，落实相对容易；反转背斜型以东湾背斜为代表，在燕山期为背斜，喜马拉雅期三期滑脱叠置，深层为背斜、浅层为向斜，落实相对容易；三重叠置背斜型以霍玛吐构造为代表，在燕山期为背斜，喜马拉雅期三期滑脱冲断，浅—中深层构造高点不一致，落实相对较难；隐伏构造型在燕山期具有古构造背景，喜马拉雅期多期冲断叠置，落实最难；岩性地层型清水河组超覆目标、头屯河组削截型目标，落实较难（图 2-79）。

3）系统研究异常高压有效盖层

白垩系发育区域性具有异常高压的巨厚泥岩盖层，封盖条件好。白垩系吐谷鲁群泥岩为氧化浅湖膏泥岩、灰质泥岩盖层，封闭能力较好，既可作为吐谷鲁群内部薄砂层的盖层，也可成为侏罗系的区域性盖层。分布稳定，厚度为 1000~3000m，具有分布广、厚度大的特点，最厚区发育在东湾—吐谷鲁—呼图壁地区（图 2-80）。泥岩以塑性变形为主，存在区域性异常高压（压力系数为 1.7~2.35），规模储层保存条件好，高探 1 井等多井钻探证实吐谷鲁群泥岩具有非常好的封盖能力（图 2-81）。

2. 上钻四口风险井，两口获重大突破

1）呼探 1 井下组合天然气首获突破

2019 年 3 月中国石油在克拉玛依组织召开新疆油田准噶尔盆地南缘加快方案论证会，要求加强南缘整体控制，加强风险领域研究准备，梳理目标类型，针对不同类型部署风险井。针对中段背斜目标分排分带的特征，按照不同构造样式、不同类型，由易到难，突出战略展开、整体布控、寻求不同目标类型突破，分两轮论证，部署了 4 口风险井（图 2-82）。

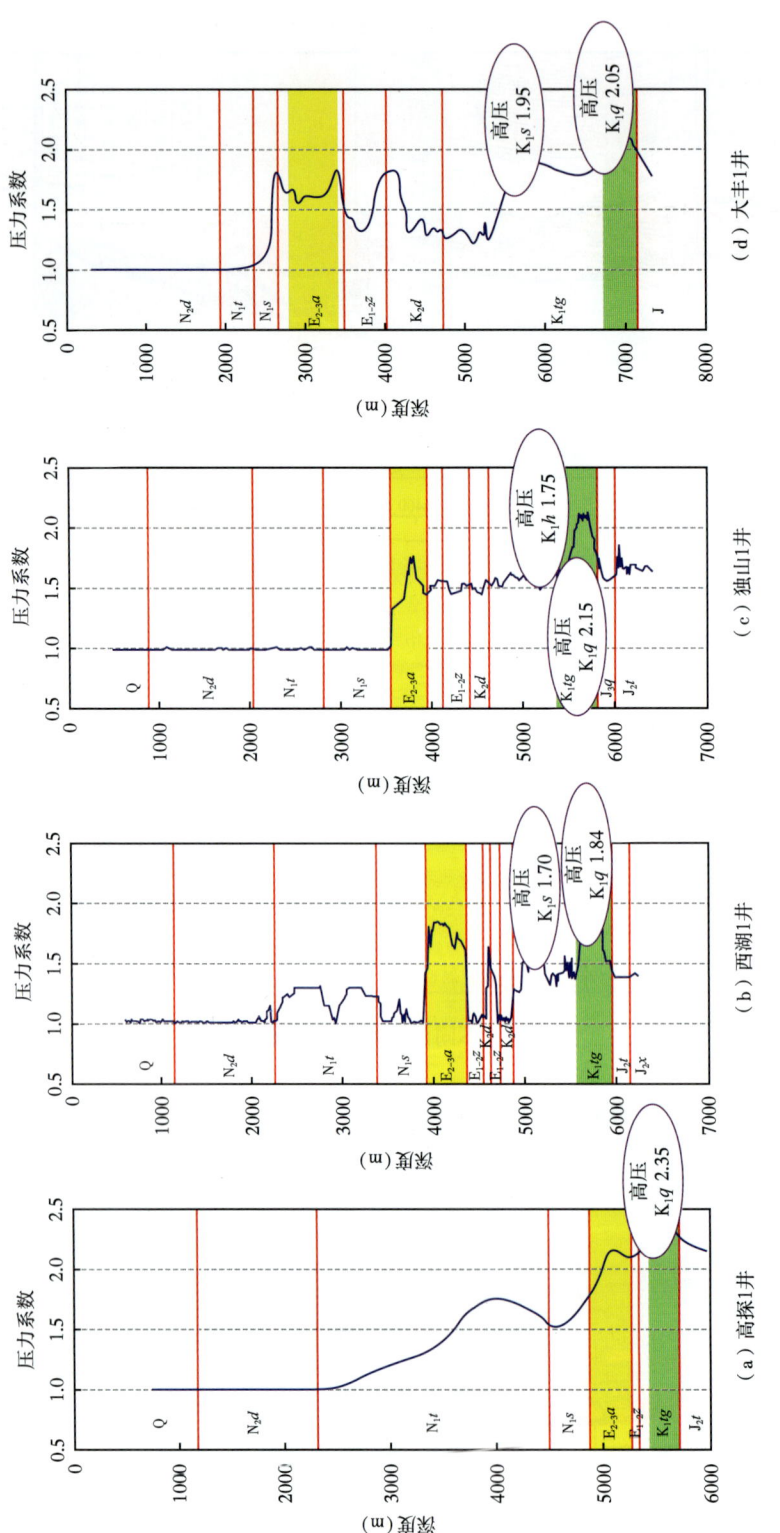

图 2-81 高探1井—西湖1井—独山1井—大丰1井压力系数对比

第二章 准噶尔盆地南缘下组合大构造勘探终获突破

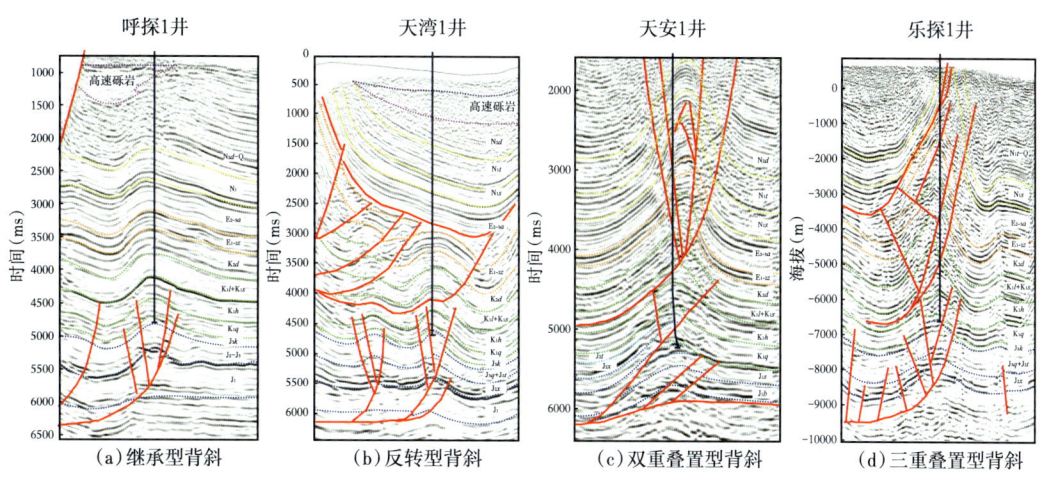

图 2-82 不同构造类型 4 口井地震剖面

呼探 1 井是四种目标类型中构造最为简单的。呼探 1 井钻探的呼图壁构造群具有燕山期古构造背景，受两套滑脱层控制，构造变形弱。发育清水河组高效及喀拉扎组规模储层，上覆白垩系巨厚泥岩盖层，紧邻侏罗系气源岩。下组合构造成藏要素匹配好，天然气汇聚效率高。因此优选呼探 1 井第一轮上钻。

2019 年 5 月 15 日呼探 1 井开钻，钻探至 7262m 清水河组时已经断断续续发生了 9 次井漏事故，却始终没有见到好的油气显示，井越往下打，勘探人员的心越是紧张，难道呼探 1 井的命运也要和大丰 1 井一样？终于，钻头钻至井深 7367.00~7387.00m 处钻遇了 20m 的灰色细砂岩，气测全烃由 0.1856% 上升至 4.8333%，气测异常幅度明显，曲线形状呈矩齿状，气测显示与钻时对应较好。突然冒起的气测曲线显示牢牢地吸引住南缘勘探人员的眼球，仿佛混沌的迷雾中突现一道曙光。呼探 1 井顺利完钻，下组合主要目的层清水河组解释气层 21m/2 层，喀拉扎组解释气层 89m/10 层、差气层 26m/10 层（图 2-83）。

2020 年 12 月 16 日，呼探 1 井清水河组试油（图 2-84），用 8.0mm 油嘴自喷试产，日产气 $61.90 \times 10^4 m^3$、日产油 $106 m^3$。南缘中段下组合天然气勘探首次获得重大突破，证实该领域具备形成大型气田优越的地质条件，是当时准噶尔盆地油气勘探获得突破最深井，展现出油气并举勘探新局面。呼探 1 井与大丰 1 井相距仅 20km，呼图壁背斜下组合的发现之路却走了 9 年，擦肩而过的数十万立方米高产，折射出南缘油气勘探艰难探索的曲折历程。

2）天湾 1 井再获突破

天湾 1 井钻探反转型背斜，下组合构造较为宽缓。目标选择具有以下几方面有利条件。一是东湾地区发育南北三个构造带，分别为东湾背斜、东湾南断鼻及东湾南隐伏断鼻，累计面积 $371 km^2$，勘探潜力大［图 2-85（a）］。二是该区已部署高密度三维地震，新资料波组特征明显、断裂清晰，下组合圈闭落实程度高［图 2-85（b）］。三是发育清水河组、喀拉扎组两套规模有效储层［图 2-85（c）］。四是紧邻高熟烃源岩中心，构造形成早，油气持续充注时间长，保存条件好［图 2-85（d）］。

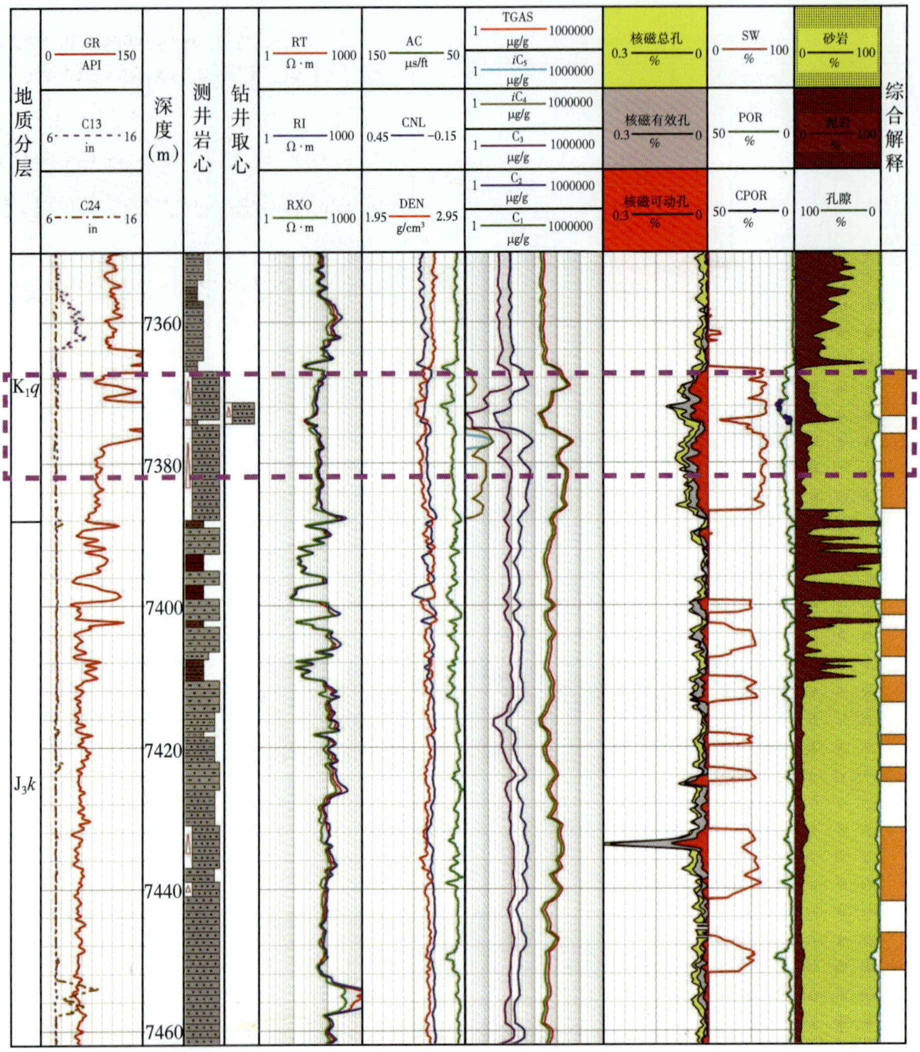

图 2-83 呼探 1 井测井解释成果图

图 2-84 呼探 1 井试油现场

第二章 准噶尔盆地南缘下组合大构造勘探终获突破

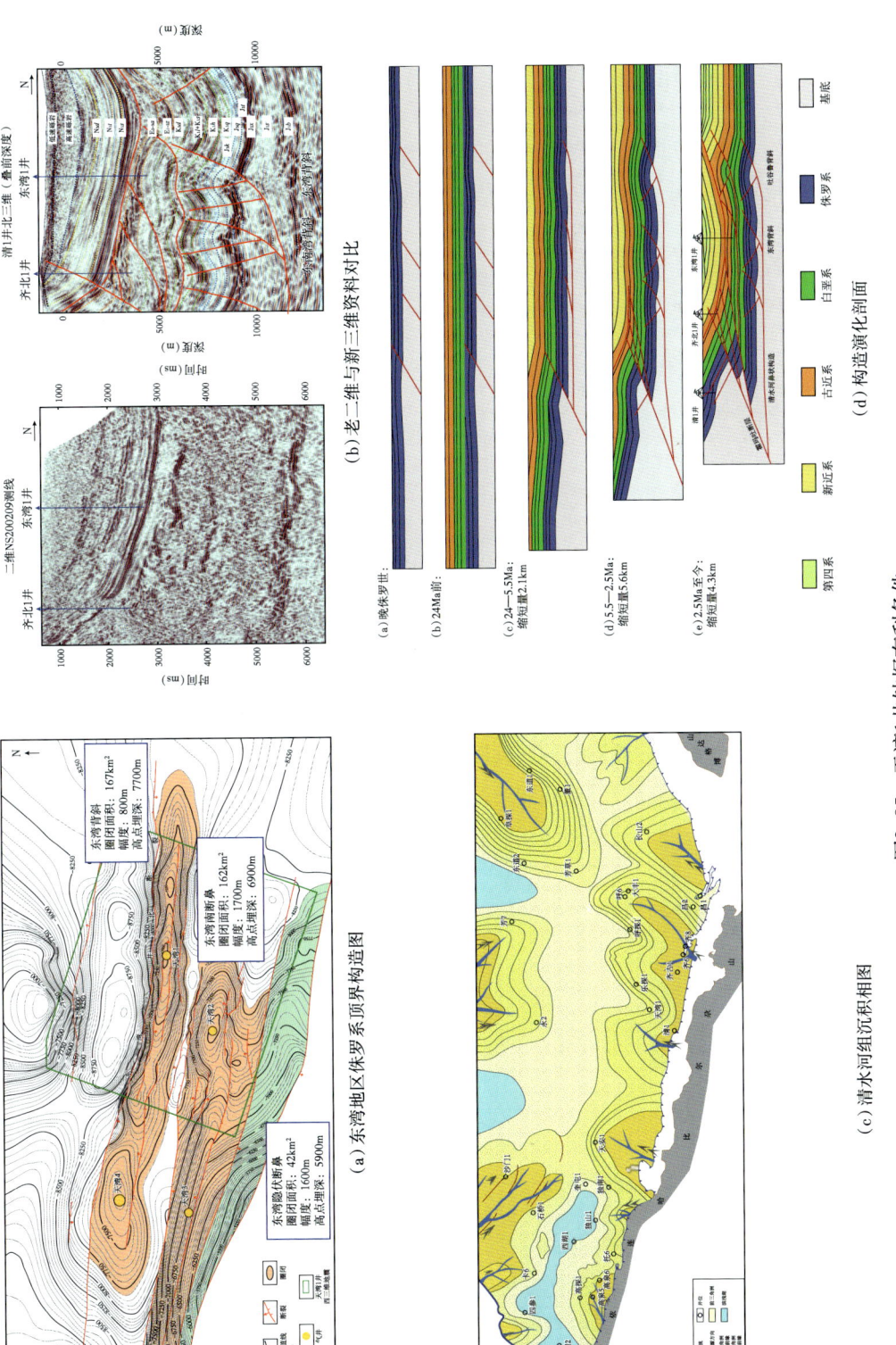

图2-85 天湾1井钻探有利条件

天湾 1 井完钻井深 8166m，为新疆油田当时最深井。2022 年 6 月 15 日，在清水河组 8066~8092m 井段（图 2-86），用 8.1mm 油嘴试产，油压 112.31~117.19MPa，日产气 75.82×10^{4}m^3，折日产油 127.2m^3，折算稳定油气当量 885.4m^3，外推无阻流量 234.93×10^{4}m^3。继呼探 1 井突破后，天湾 1 井白垩系清水河组再获高产油气流，具有"产量最高、压力最高、规模较大、潜力较大"的特征，再次证实南缘下组合具备形成大中型气田的优越地质条件，进一步坚定了南缘下组合规模、高效天然气勘探的信心。

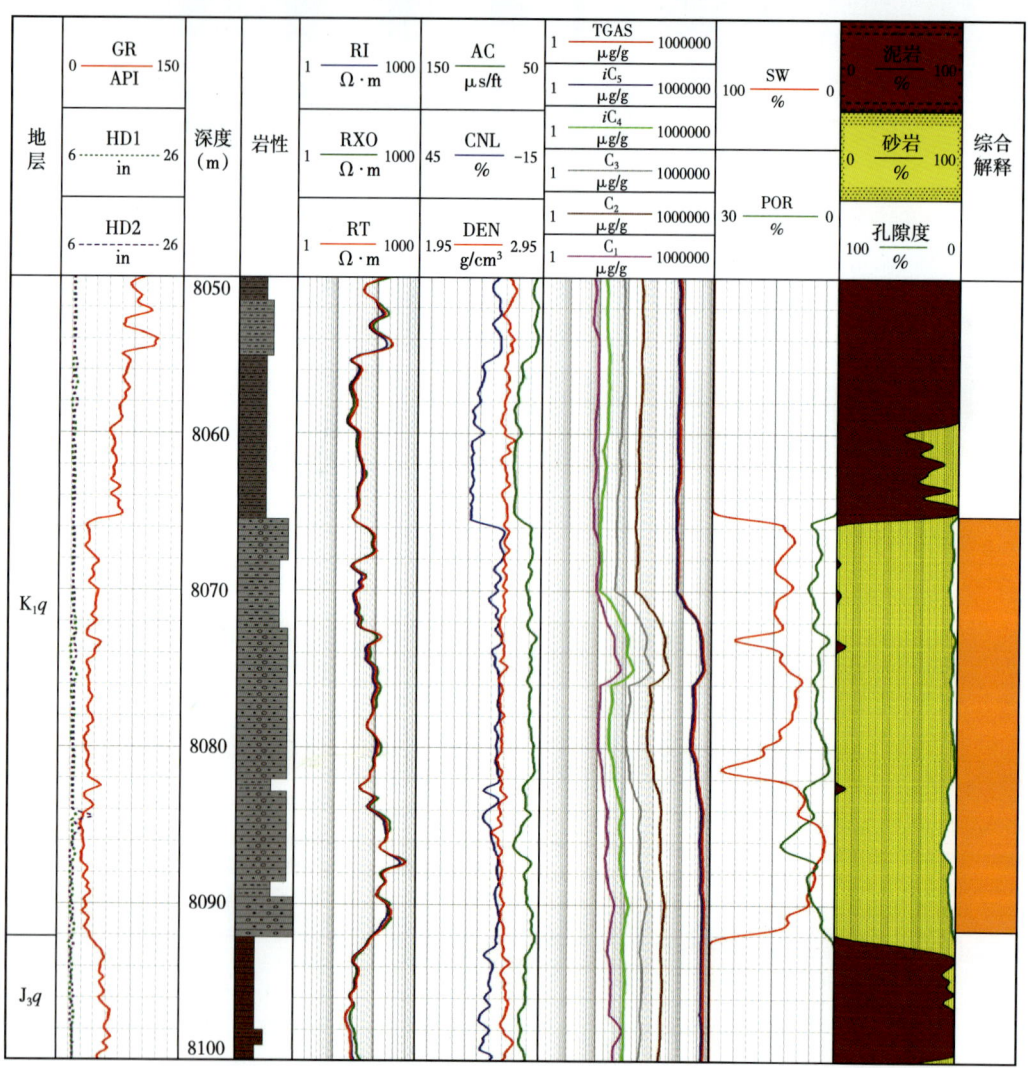

图 2-86 天湾 1 井综合解释成果图

3. 评价部署获进展，规模气区见前景

1）开展目标综合评价，规划整体部署方案

南缘中段两口风险井相继获得重大发现，扩大已有发现成果，快速将已有发现转换成储量及产量是勘探的当务之急。南缘中段油气勘探依然面临几方面挑战：如何进一步开展南缘勘探目标优选，如何进一步落实好高效勘探之要求，如何科学认识下步勘探方向和潜力。按照"整体研究部署、动态分类评价、择优分步实施、高效规模增储"的思路，各项工作稳步开展。

（1）开展南缘构造目标综合评价。

基于分段、分排、分类研究成果，综合考虑变形保存、烃源岩、储层、落实程度和潜力规模等，对南缘中段进行评价分类。总体划分三类不同目标区（图2-87），一类目标区弱变形为主，高熟源灶内，已证实成藏，高密度三维地震覆盖，圈闭落实程度高，资源潜力大；二类目标区中等变形为主，近源及源边区，高密度三维和二维地震为主，资料品质较好，圈闭落实程度较高，资源潜力较大；三类目标区变形复杂，近源区，地震资料品质较差，圈闭落实程度较低，非常规油气藏，资源潜力有待进一步评价。

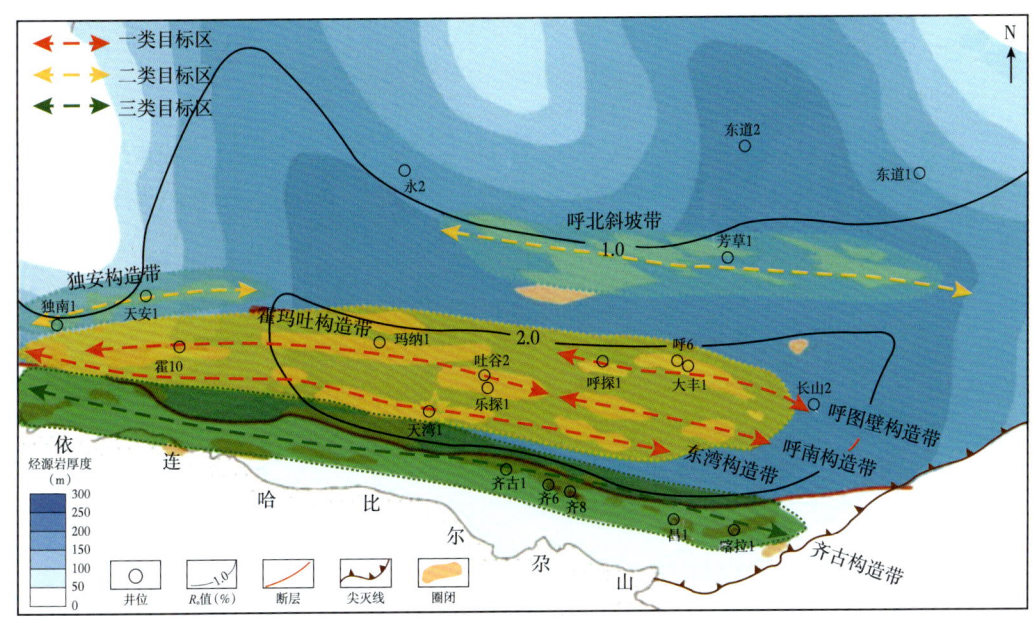

图2-87 准噶尔盆地南缘中段目标区划分平面图

（2）制定勘探整体部署实施方案。

结合目标综合评价成果，按照风险、甩开、集中三个层次谋划部署方案（图2-88），完成准噶尔盆地天然气加快规模增储三年规划，包括东湾背斜、呼西背斜重点目标完成勘探开发方案规划。按照"增储必高效""探井就是开发井、开发井也是探井"等高效勘探理念，部署井位，加快天然气规模增储。

2）两口评价井再获新突破，打开下组合全新勘探层系

为落实呼探1井区白垩系清水河组储量规模、探索侏罗系喀拉扎组新层系，部署呼101井、呼102井两口重点评价井。两口井在白垩系清水河组及侏罗系喀拉扎组都见到良好油气显示，共试气三层，均获高产。

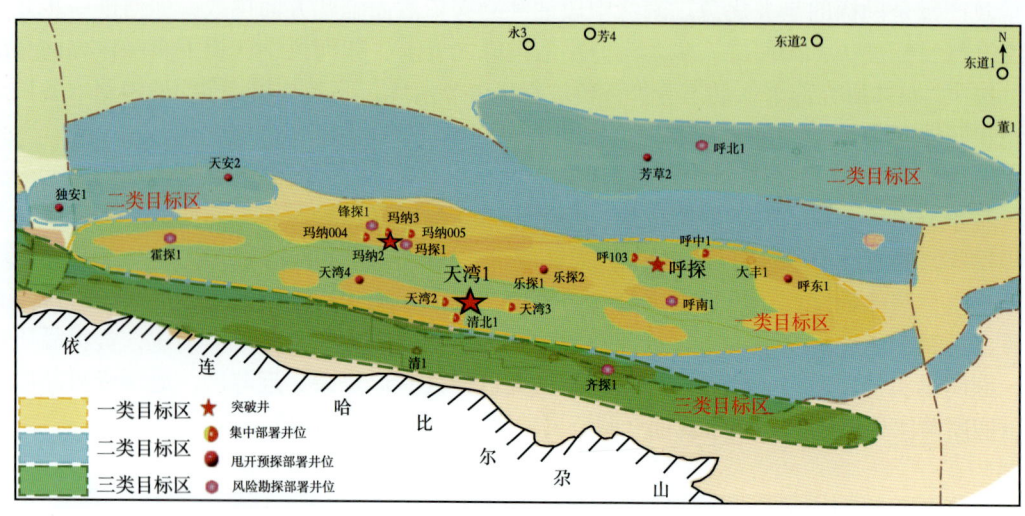

图 2-88　准噶尔盆地南缘中段部署规划图

（1）呼 101 井喀拉扎组首获突破。

2023 年 2 月 26 日，准噶尔盆地南缘冲断带中段下组合勘探再传喜讯，呼图壁背斜带呼 101 井在侏罗系喀拉扎组喜获高产油气流，未压裂日产气 $23.352×10^4 m^3$，折日产油 $137.23 m^3$，成为新疆油田当年首口获工业油气流井。该井是继南缘中段呼探 1 井、天湾 1 井清水河组之后，首次在侏罗系喀拉扎组规模储层获突破，打开了全新勘探层系，进一步证实南缘中段下组合多层系成藏，具有广阔勘探开发前景，提振了新疆油田天然气高效规模增储的信心。南缘中段共有 8 个构造目标发育侏罗系喀拉扎组规模储层（图 2-89），其中已钻井 3 个，无井钻揭目标 5 个，共计圈闭面积 $612 km^2$，勘探前景非常广阔。

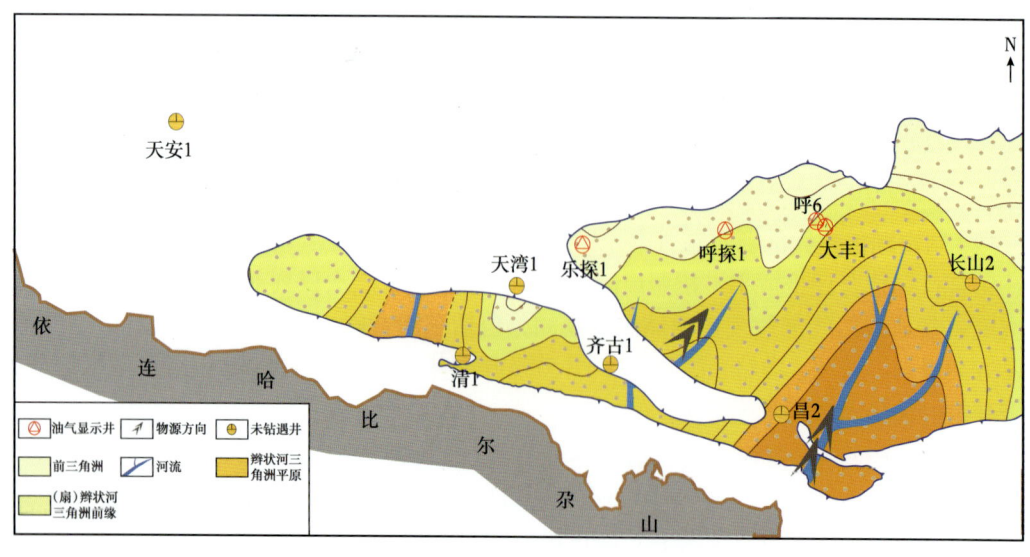

图 2-89　准噶尔盆地南缘中段喀拉扎组沉积相图（2022 年）

（2）呼102井、呼101井连获高产。

随后，呼102井在喀拉扎组、呼101井在清水河组试气连获高产。呼102井喀拉扎组日产气 $80.03×10^4m^3$、折日产油 $107.16m^3$；呼101井清水河组日产气 $39.23×10^4m^3$、折日产油 $68.85m^3$。进一步证实南缘下组合天然气规模成藏，夯实了清水河组储量规模，开辟了侏罗系厚层规模气藏勘探新层系。

目前，南缘中段已形成天然气"百亿方在握、千亿方在探、万亿方在望"的潜力格局，是准噶尔盆地天然气增储上产最重要的领域。

从1909年独山子油田到1957年齐古油田，从1996年呼图壁气田到2007年的玛河气田，从2008年转战下组合到2019年高探1井、2020年呼探1井"西油东气"重大突破，历经了百余年持续积淀与超越，终于发现了万亿立方米级储量规模的下组合含气富集区（图2-90）。

图2-90　高探1井试油现场

第三节　勘探启示

准噶尔盆地南缘勘探，几经坎坷。作为中国最早开展油气勘探（1909年）的地区之一，在南缘寻找整装大油气田是几代勘探家的梦想。从地表构造到浅层中组合、再到深层下组合，勘探者的脚步从未停歇，终于发现了规模储量的下组合含气富集区。

一、南缘勘探道阻且长，须坚定信心、行则致远

南缘位于北天山山前断褶带，其丰富的地表油气苗和泥火山显示及众多复杂的大型背斜圈闭构造引起中外勘探家们的广泛关注，油气勘探历史悠久，至今已有百余年。山前构造的特殊性、复杂性和多变性，加之勘探技术条件的限制，南缘下组合的勘探更是步履维艰，油气勘探多次受挫。

四棵树凹陷高泉背斜高泉1井工程报废。2000年卡因迪克背斜卡6井在古近系与侏罗系获得高产工业油气流，初步展示了南缘具有多层系含油的特征，结合前期中浅层勘探成果与认识，明确提出了南缘三个成藏组合的概念。2003年在四棵树凹陷高泉背斜针对下组合进行了探索，钻探高泉1井，受钻井技术限制，钻至白垩系卡钻，工程报废。

乌奎背斜带三口风险井失利，下组合勘探陷入低谷。2008—2010年系统组织开展下组

合烃源、储层、构造三大关键成藏要素研究，明确准南前陆冲断带下组合深大构造具备形成规模油气藏的基本成藏要素。在此认识基础上 2010—2012 年针对西湖背斜、独山子背斜、呼图壁背斜下组合先后钻探了西湖 1 井、独山 1 井及大丰 1 井。其中，西湖 1 井、独山 1 井未钻遇高点地质报废，大丰 1 井工程原因报废，勘探发现全军覆没。

四棵树凹陷油气勘探停滞不前，高探 1 井区评价受挫。四棵树凹陷南部高泉构造带通过三维地震部署，进一步落实构造与圈闭特征。高泉构造带三个构造共 6 口探井相继上钻实施（图 2-91），高泉地区大油田建设似乎希望在即。但成功的道路总是充满曲折与挫折，高泉构造带部署的 6 口井仅有两口获得工业油气流，并且是油水同出。

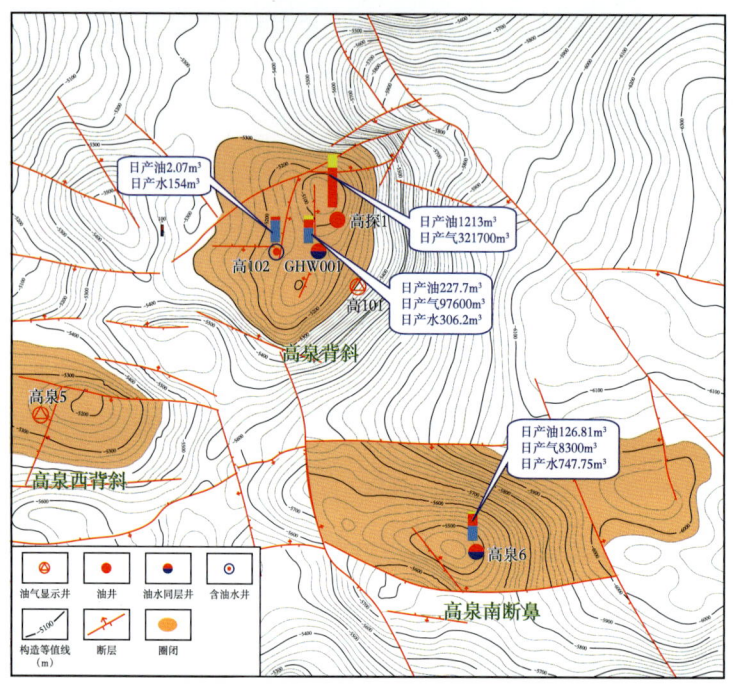

图 2-91　高泉地区白垩系清水河组勘探成果图

通过钻后分析，总结了四点勘探启示。一是主力生烃中心位于凹陷东南部，近源勘探是突破的必要保障［图 2-92（a）］；二是三期断裂、走滑断裂体系是油气运聚成藏最关键的要素［图 2-92（b）］；三是清水河组储层横向展布稳定，但其物性横向有一定变化［图 2-92（c）］；四是准确落实构造圈闭是南缘提高钻探成功率的关键［图 2-92（d）］。

中段大构造吐谷鲁背斜与安集海背斜乐探 1 井、天安 1 井，试油效果不理想。多滑脱构造下组合控藏要素需进一步落实。2020 年 12 月 16 日呼西背斜呼探 1 井清水河组试油，用 8.0mm 油嘴自喷试产，日产气 $61.90 \times 10^4 m^3$、日产油 $106 m^3$。随后，乐探 1 井、天安 1 井相继完钻，虽然见到了良好的油气显示，但试油效果并不理想，两口井展现出下组合成藏仍具有复杂性。乐探 1 井钻探三重叠置型背斜，构造变形最为强烈的下组合断裂发育，深、浅断裂"手拉手"通天，对吐谷鲁背斜深部油气藏造成严重破坏，油气显示跨度 5500m，保存条件差，油气调整散失。

第二章 准噶尔盆地南缘下组合大构造勘探终获突破

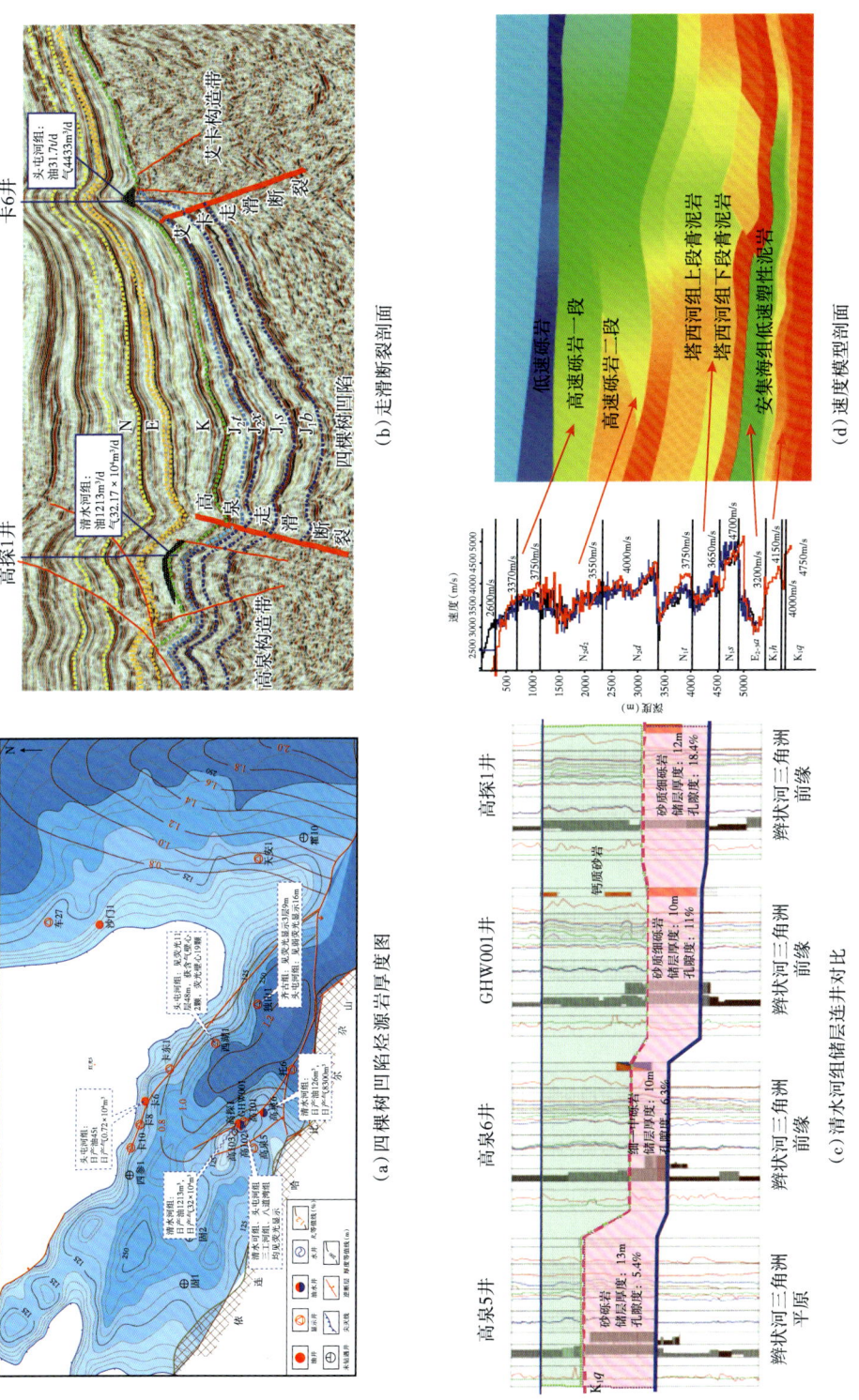

图 2-92 高泉地区4点勘探启示示意图

天安1井钻探双重叠置背斜，经过喜马拉雅期两期构造变形，呈双重叠置构造特征。天安1井设计认为安集海背斜下组合为完整背斜，实钻表明天安1井钻揭逆冲推覆构造，轴部发育千米断距的断层（图2-93），变形强烈，下组合保存条件差。

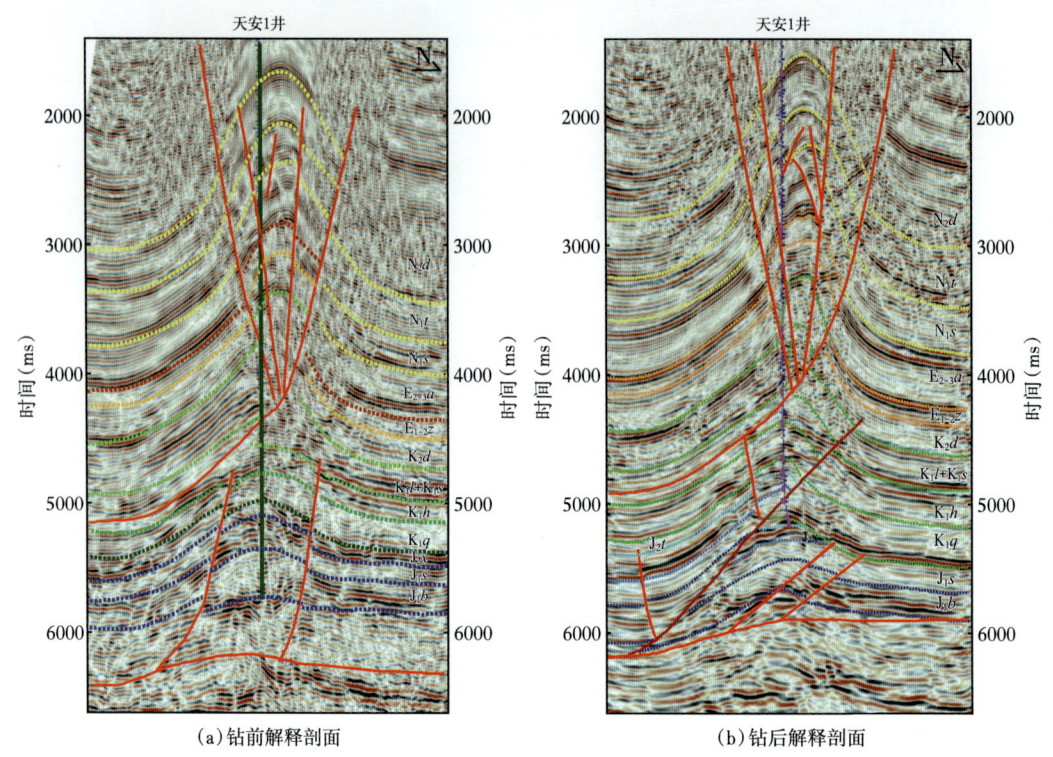

图2-93　天安1井钻探前后剖面对比

纵观南缘下组合20余年跌宕起伏的勘探历程，勘探失利如影随形。勘探的信心来源于基础研究的持续投入。从高探1井到呼探1井、再到天湾1井，每次突破都经过多轮研究先行—钻探失利—深化研究—勘探突破的历程。

2008年以来，随着综合研究的深入与技术进步，南缘下组合深层—超深层勘探得以实现，南缘成藏认识得到不断深化。分区分带建立了油气成藏模式（图2-94、图2-95）：四棵树凹陷建立了"两期、双层"叠置构造成藏模式；齐古断褶带建立了分层分带大跨度成藏模式；南缘中段霍玛吐背斜带建立了多滑脱层"复合叠置"成藏模式。这些认识指导了下组合的油气勘探。

2023年呼西背斜呼101井、呼102井在侏罗系喀拉扎组规模储层相继获得突破，呼西背斜"多层系、大跨度"立体成藏模式初现端倪，拉开了大规模气藏的发现序幕。

同样我们还要继续面对下组合勘探面临的问题，要充分认识到勘探目标的复杂与勘探的难度，继续坚持锲而不舍地认识创新和艰苦卓越的技术攻关。突出控藏要素研究、深化油气分布规律认识、逐步探索南缘特色的复杂构造油气成藏理论。创新探索多类型的油藏及古构造与南北向断裂发育特征。

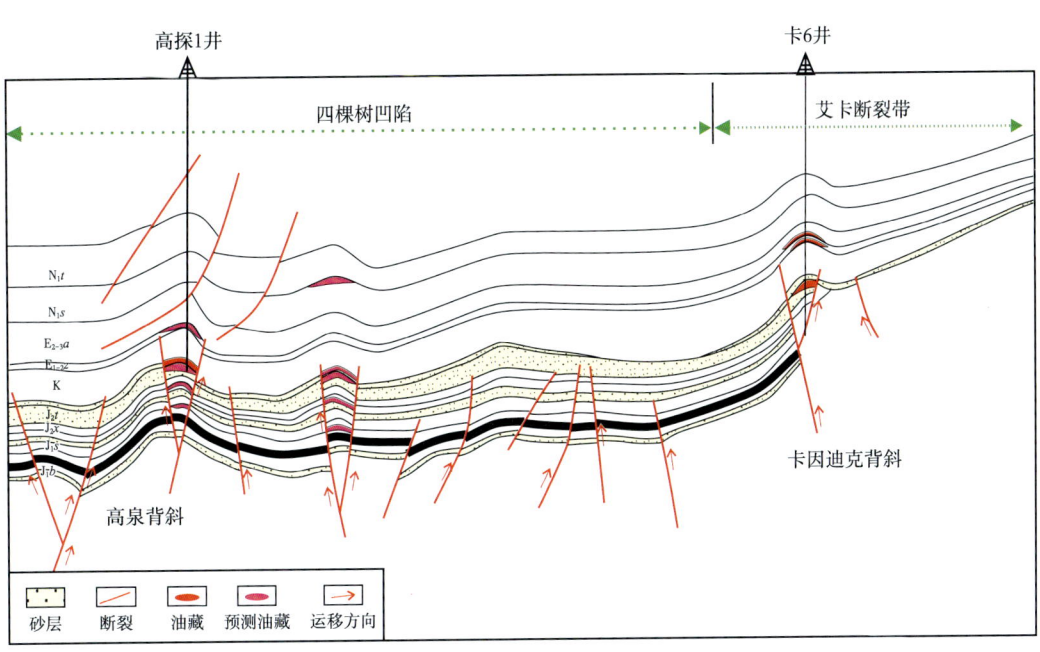

图 2-94 四棵树凹陷白垩系—侏罗系油气藏成藏模式示意图

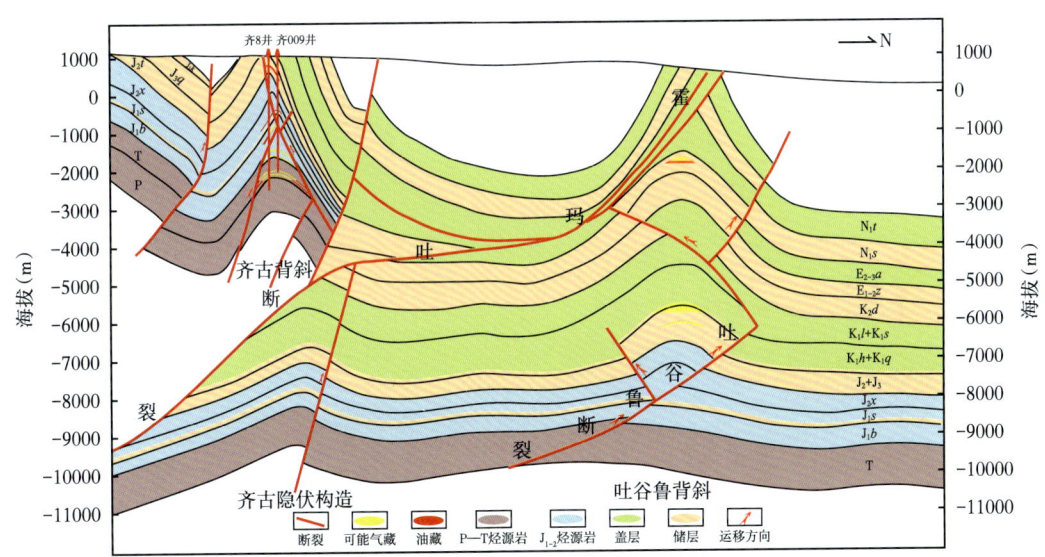

图 2-95 准噶尔盆地南缘中段油气成藏模式横剖面图

二、深化构造建模及圈闭准确落实是南缘油气勘探突破的关键

南缘油气勘探早期,对构造的认识相对比较简单,构造样式基本都是基底卷入型冲断断裂控制的背斜构造,发现的油气田主要集中在中浅层,深层构造特征认识不清。由于构造变形复杂,波组对应关系较差,构造模式难建立,构造建模存在多解性(图 2-96),影响

— 143 —

了圈闭的可靠落实。

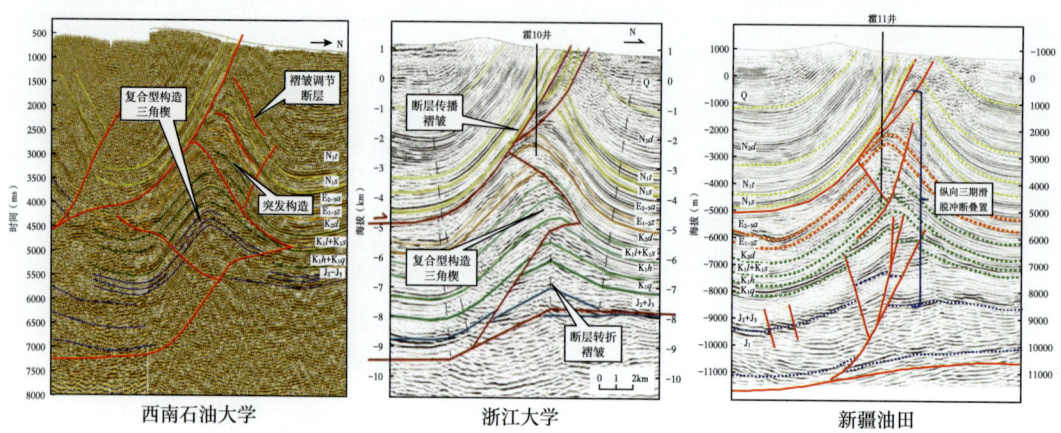

图 2-96　霍尔果斯背斜不同家单位构造模式对比图

2000 年以后,以相关褶皱为核心的现代构造分析理论的应用深化了南缘构造认识,为南缘复杂构造合理构造样式的建立提供了理论支撑,构造解释由基底卷入冲断转向盖层滑脱型逆冲推覆。

喜马拉雅期逆冲推覆变形是准南前陆冲断带的主要构造变形方式,由山前向盆地形成了三排近东西向延伸的构造带;喜马拉雅期沿三叠系泥岩、中—下侏罗统煤系、白垩系吐谷鲁群泥岩层及古近系安集海河组泥岩层冲断滑脱,南缘背斜构造具有多滑脱层冲断叠置的构造样式,背斜构造受不同滑脱层冲断控制浅中深构造层变形特征与强度差异较大(图 2-97)。

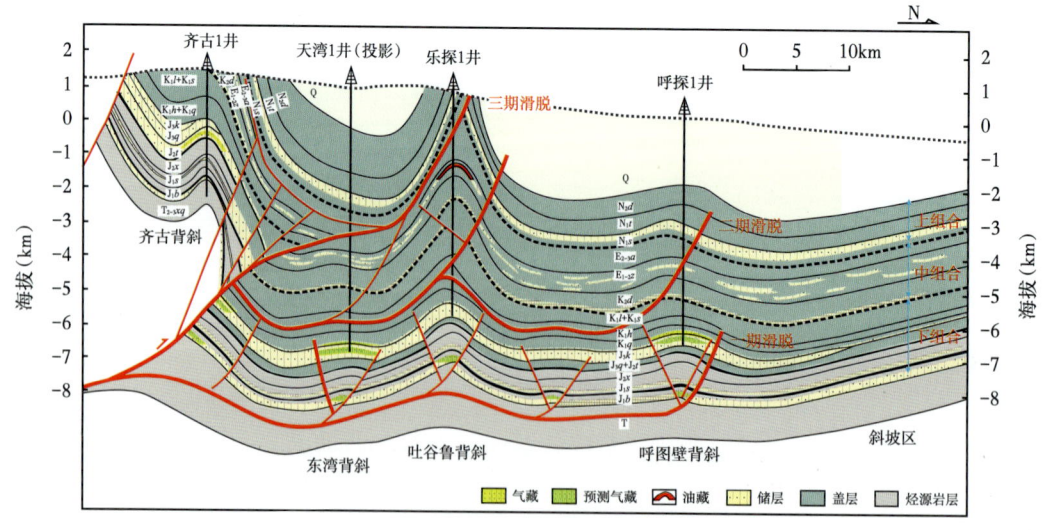

图 2-97　准噶尔盆地南缘中段多滑脱层逆冲推覆构造模式

第二章　准噶尔盆地南缘下组合大构造勘探终获突破

南缘各构造由于多个滑脱断层的存在及多种构造样式不同期次的叠加造成了其构造样式的复杂性。其复杂性表现为：（1）浅层地表构造高陡、地面露头地层往往直立倒转，深浅层构造特征差异巨大；（2）存在速度倒转，古近系安集海河组为一套欠压实低速泥岩层，受构造滑脱影响厚度横向变化大，单个构造厚度变化可达 500~1200m；（3）地震资料品质难以满足可靠落实构造高点及圈闭精细刻画的需求。上述问题体现在南缘钻井实钻结果常常与设计不符，针对大构造中组合多口钻井（安 6 井、川玛 1 井、吐谷 1 井等）未钻遇高点，推迟了油气勘探的发现。

山前起伏地表复杂构造带构造建模技术及圈闭可靠落实是该区油气勘探的永恒主题。构造解释突出地质条件约束、构造建模、变速成图、可靠性评价技术的应用，形成以构造变形机理分析技术、基于多塑性层综合构造建模技术、多属性融合断裂识别技术及多信息约束全层系连续性变速成图技术为核心的复杂构造建模及圈闭落实技术序列（图 2-98）。建立并完善了准南前陆冲断带复杂构造建模及圈闭识别评价技术流程，为目标落实和井位部署提供技术支撑，形成复杂构造解释及圈闭可靠性评价的技术序列。

在复杂构造建模及圈闭落实核心技术的支撑下，完成下组合七个层系区域构造成图，发现和落实 22 个背斜目标圈闭、面积 1710km^2，明显提高了钻探的复合率，为下组合的整体勘探部署提供了技术支撑。

目前构造宽缓、变形弱的深层大构造勘探目标落实程度高，取得了东湾背斜与呼西背斜的突破。以霍玛吐背斜为代表的三滑脱层构造，下组合圈闭可靠落实尚需进一步攻关。

三、物探技术进步是南缘重大油气发现的重要保障

南缘下组合 20 余年勘探实践表明，准南前陆冲断带复杂构造区油气资源丰富，该领域地表、地下构造十分复杂，是油气勘探领域中的"硬骨头"。长期以来，准噶尔盆地南缘山前特有的复杂地表及地下地质条件给地震勘探造成了极大的困难，表层结构复杂、信噪比低、速度模式及构造模式不清，严重制约成像品质，造成处理成果难以满足勘探需求，"圈闭带轱辘、高点带弹簧"成为地震资料处理人员抹不去的心病。油气勘探历程表明，南缘油气勘探的核心是构造问题，地震勘探技术的进步过程始终伴生着油气勘探的发现。

南缘地震经历了早期"光点"模拟地震概查阶段、区域格架及穿沟线为主的二维地震概查与普查阶段、以二维网格及目标三维为主的地震详查阶段、宽线大组合二维及高密度三维目标勘探阶段。

前两个阶段二维地震查清了山前构造格局、重点构造基本构造样式，但不能准确确定圈闭特征与构造高点位置，油气勘探只在浅层发现局部出油气点；二维网格及目标三维为主的地震详查阶段，山地地震勘探技术进步完善了南缘构造样式认识，中组合目标及高点位置得到有效落实，1996—2006 年十年间六个大构造相继突破。

2008 年以后，南缘进入以下组合为主要目标的勘探阶段，2010 年以后地震勘探进入宽线大组合二维及高密度三维目标勘探阶段，采用长排列、小面元、高覆盖次数等采集技术强化地震攻关，重点目标宽线二维和高密度三维地震叠前深度偏移效果显著，下组合资料品质改善明显，目标落实程度不断提高。建立了以地质需求为导向的采集处理解释一体化、地质工程一体化工作模式，建立了一套适合准噶尔盆地南缘地表、地下双复杂区构造及圈闭落实的复杂构造精确成像技术系列。形成以多信息约束、数据驱动的全深度速度建模技术

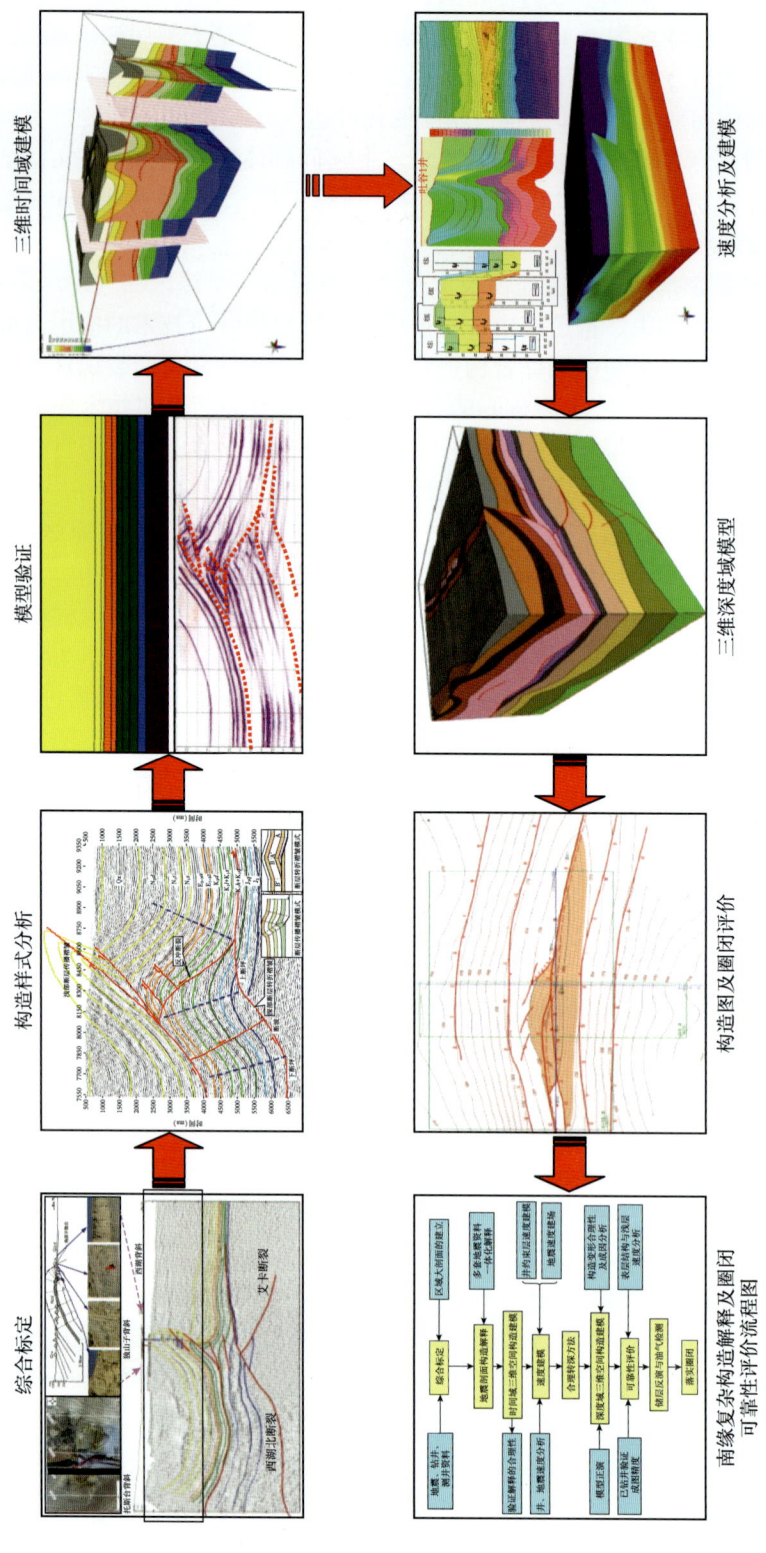

图 2-98　准噶尔盆地南缘复杂构造建模及圈闭可靠性评价的技术序列

及近似真地表面叠前深度偏移技术为核心的复杂构造处理技术。

该时期基本初步落实了南缘下组合各大构造基本特征,优选高泉东背斜,可靠落实圈闭特征与高点位置,实现了高探1井下组合的重大突破。

2018年以后,针对下组合实施高密度三维地震6块1879km^2,三维地震勘探进入新阶段。6项采集处理技术创新进一步提升了南缘复杂构造勘探成效:(1)部署激光雷达,实现炮检点精准预设计;(2)井震混源施工,节点接收实现提质增效;(3)采用多维方法,创新砾岩调查刻画技术(图2-99);(4)全层系Q补偿,解决深层低分辨率难题;(5)明确各向异性三大主因,多方法全方位提升品质;(6)近似真地表面深度偏移,全层系多方法速度建模(图2-100)。

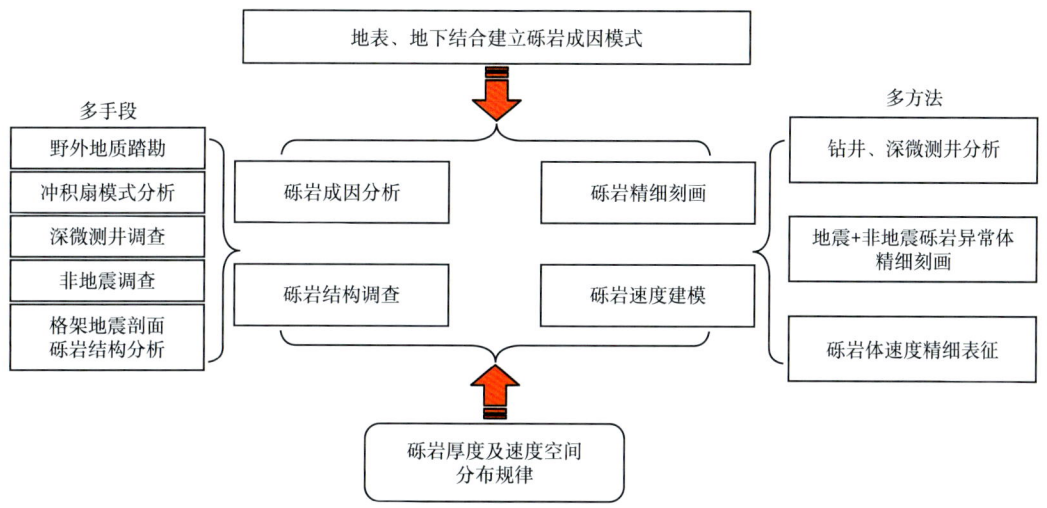

图2-99 集砾岩调查、成像、刻画、建模于一体的砾岩精细刻画技术序列

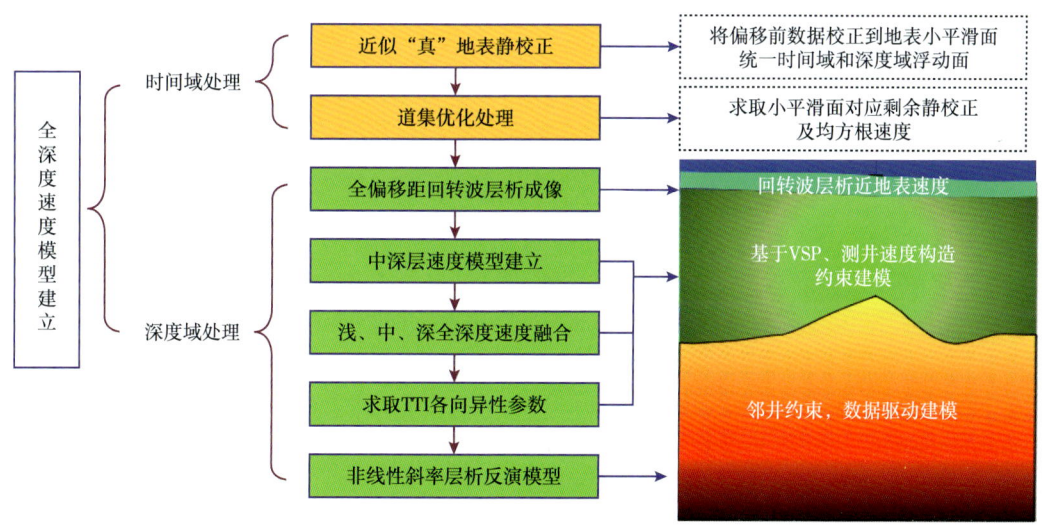

图2-100 全深度叠前偏移建模技术流程

正是由于南缘双复杂区物探技术不断进步，持续推动着下组合构造及油气藏认识的提升，为下组合目标准确钻探、减小钻井误差提供了技术支撑，为呼探 1 井、天湾 1 井等重大油气发现提供了重要保障。

第三章 准噶尔盆地玛湖凹陷上乌尔禾组大面积油气藏群的发现

玛湖凹陷上乌尔禾组大面积油气成藏群的发现，从1964年开始，经历了近70年的勘探历程，从断裂带构造油藏的初期勘探阶段，到中拐扇断凸构造带扇三角洲控藏理论探索阶段，再到最终的白碱滩扇断层—岩性油气藏群扇三角洲大面积成藏理论建立阶段，玛湖凹陷上乌尔禾组的油气勘探一波三折，取得了累累硕果。

第一节 勘探概况

玛湖凹陷上乌尔禾组位于准噶尔盆地西北缘地区，区域构造上位于准噶尔盆地西部隆起和中央坳陷结合部，主要涉及中拐凸起、克百断裂带和玛湖凹陷三个二级构造单元。油气发现主要集中在玛南斜坡区，该区整体为一大型的单斜构造，地层倾向东南，地层较为平缓，倾角3°~5°，局部发育低幅度鼻凸。（图3-1）。

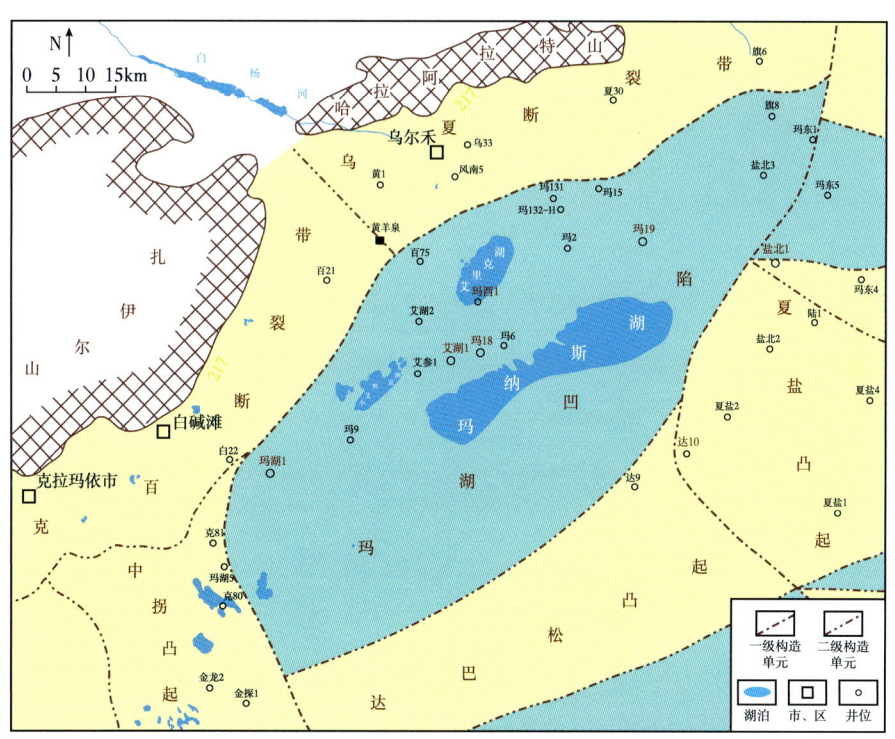

图3-1 玛湖凹陷区域构造位置图

根据岩性和电性特征，玛南斜坡区二叠系上乌尔禾组可分为三段，自下而上依次为上乌尔禾组一段（P_3w_1）、上乌尔禾组二段（P_3w_2）和上乌尔禾组三段（P_3w_3）。上乌尔禾组地层向玛湖凹陷逐渐增厚。二叠系上乌尔禾组一段为早期低位体系域沉积,发育砂砾岩。上乌尔禾组二段为水进体系,粗粒主要沉积在近物源的凹槽之中,远离物源的凹槽中主要发育砂质砾岩、砂岩类。上乌尔禾组三段为高位体系域沉积,此时水体范围最大,沉积物主要分布在古凸附近。上乌尔禾组整体为浅水退积型扇三角洲沉积,沉积地层自下而上具有逐层超覆的特征,上乌尔禾组三段平面分布范围最小,上乌尔禾组二段平面分布范围居中,上乌尔禾组一段平面分布范围最大(图3-2)。

玛湖凹陷是准噶尔盆地重要的生烃凹陷之一,二叠系内部发育佳木河组、风城组、下乌尔禾组三套烃源层,其中风城组为最主要烃源层,从已发现油气地球化学分析也存在来源于二叠系佳木河组和下乌尔禾组烃源岩的贡献。

地层发育较齐全,纵向上形成多套储盖组合,自上而下分别为第四系,新近系,古近系,白垩系,侏罗系头屯河组、西山窑组、三工河组、八道湾组,三叠系白碱滩组、克拉玛依上亚组、克拉玛依下亚组、百口泉组,二叠系上乌尔禾组、下乌尔禾组、夏子街组、风城组和佳木河组,局部缺失下乌尔禾组、夏子街组和风城组。发育多套区域盖层,包括白碱滩组底部,上乌尔禾组顶部,下乌尔禾组、夏子街组顶部等(图3-3)。

通过岩心、单井沉积序列和沉积相分析,结合地震相和测井相识别,玛南斜坡区二叠系上乌尔禾组为湖泊背景下粗粒的扇三角洲沉积体系。以扇三角洲前缘水道沉积为最有利砂体,单层砂体厚度大,纵向上油层分布广泛,是油气的主要储集场所。该区上乌尔禾组二段和三段发育两期区域性湖泛泥岩,与上乌尔禾组一段和二段厚层退覆式沉积的砂砾岩构成良好储盖组合,形成了巨大油气储集空间。

玛湖凹陷二叠系上乌尔禾组勘探始于20世纪60年代,在这之前主要以重力、磁力、电法勘探为主,20世纪70年代中后期开展二维地震勘探,20世纪80至90年代进入大规模勘探阶段,目前二维地震测网密度达2km×3km~1km×2km,目前三维地震已基本覆盖了玛湖凹陷周缘,重点钻井见表3-1。

表3-1 玛湖凹陷二叠系上乌尔禾组重点井钻井表

井名	完井时间	完钻层位	完钻井深(m)
256井	1960-12-29	C	2839
克75井	1992-3-9	P_2w	2672.1
546井	1975-5-9	C	2593
克79井	1999-1-1	P_1j	3626
克82井	1999-1-1	P_1j	4331
金龙2井	2006-9-14	P_1j	4700
白255井	2014-8-3	P_1j	2808
玛湖1井	2012-10-30	P_1f	4486
克83井	1998-8-29	P_1j	3880
金龙7井	2011-9-10	C	3690
金龙43井	2017-7-21	P_1j	3270
玛湖28井	2019-07-15	P_1f	4990
金222井	2021-4-16	P_1j	4192
玛湖8井	2016-8-30	P_1j_2	4356
玛湖23井	2018-6-24	P_2w	4390

第三章 准噶尔盆地玛湖凹陷上乌尔禾组大面积油气藏群的发现

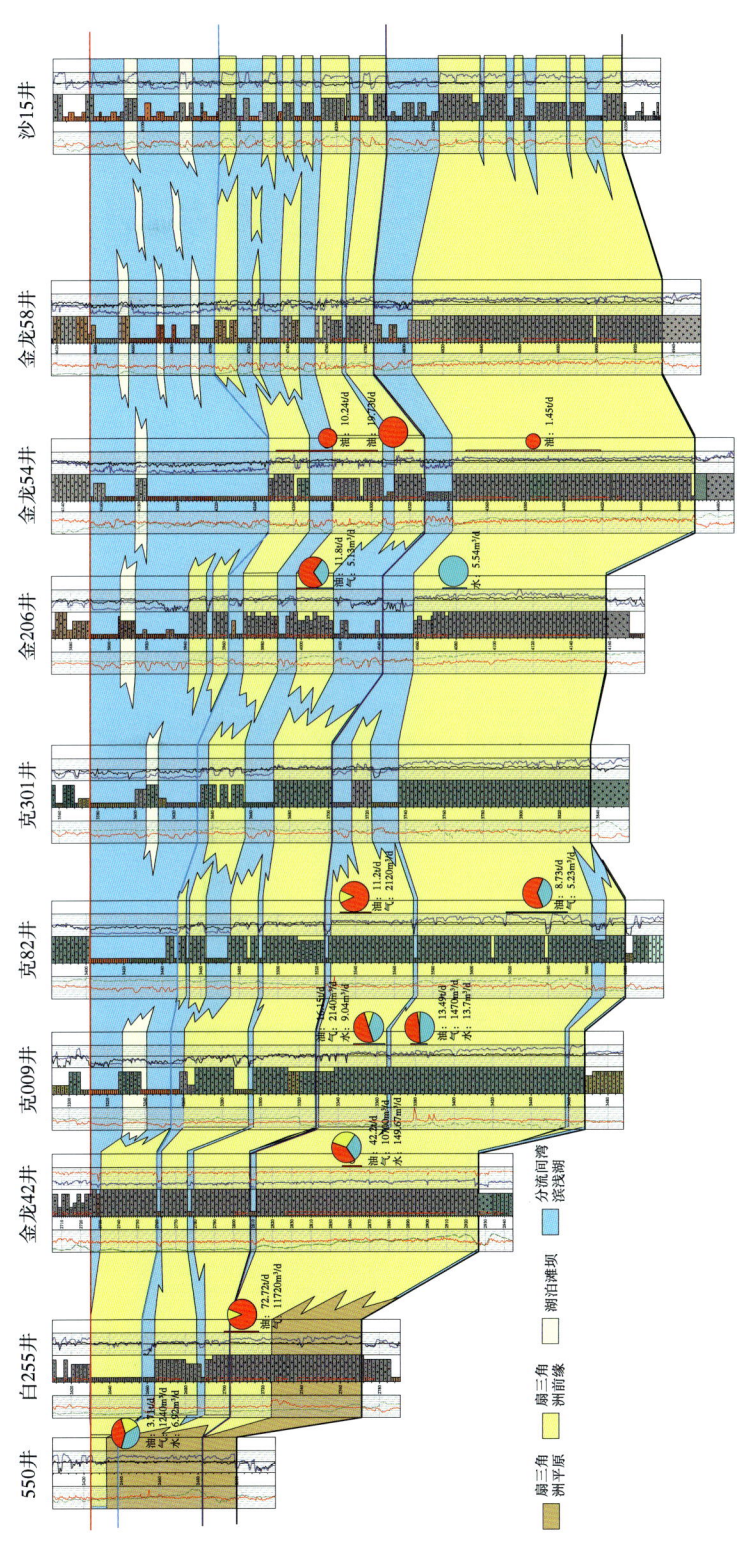

图 3-2 过550井—白255井—金龙42井—克009井—克82井—克301井—金206井—金龙54井—金龙58井—沙15井沉积相剖面图

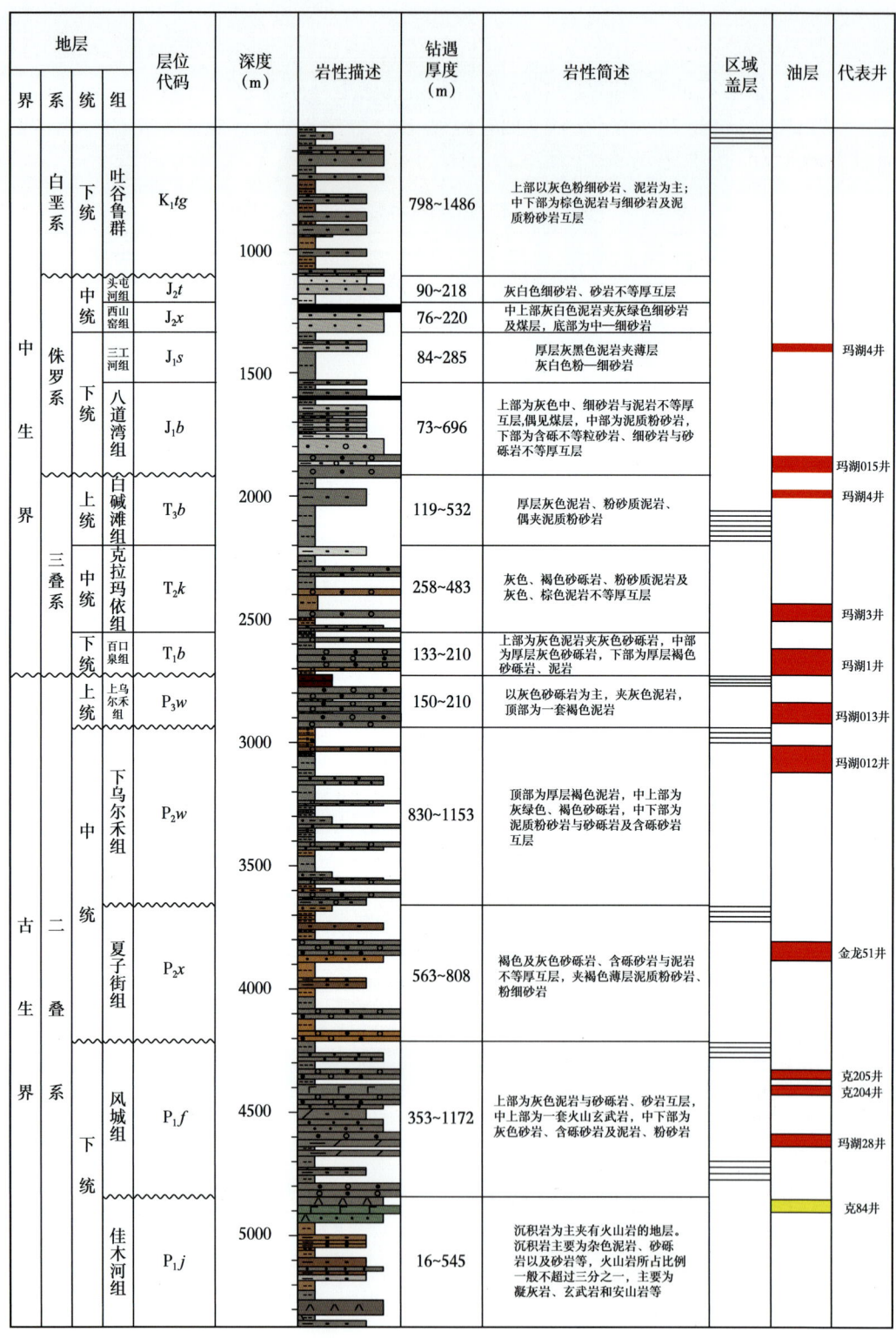

图 3-3　玛南斜坡区地层综合柱状图

第三章 准噶尔盆地玛湖凹陷上乌尔禾组大面积油气藏群的发现

盆地油气第四次资源评价成果表明,玛湖凹陷石油资源量为 $19.57×10^8$t(不包括非常规),天然气资源量 $1250×10^8m^3$。截至 2022 年,玛南斜坡区二叠系上乌尔禾组探明含油面积 $484.49km^2$,探明石油地质储量 $32625.72×10^4$t;探明上乌尔禾组含气面积 $18km^2$(克 75 井区、金龙 2 井区、金 202 井区、八 2 西井区),探明天然气地质储量 $176.58×10^8m^3$;控制含油面积 $81.9km^2$,控制石油地质储量 $6027×10^4$t(表 3-2)。

表 3-2 玛湖凹陷二叠系上乌尔禾组三级储量统计表

类别	区块名称	层位	含油面积(km²)	储量规模(10⁴t)	溶解气储量(10⁸m³)	发现井	年份
探明	五区	P_3w	34	2450		256 井	1977
	克 75 井区	P_3w	14.3	711	10.96	克 75 井	1992
	546 井区	P_3w	6.9		16.8	546 井	1994
	克 79 井区	P_3w	26.2	1043	22.1	克 79 井	1995
	302 井区	P_3w	0.5	20	0.32	256 井	2001
	554 井区	P_3w	2.6	125	2.39		2001
	555 井区	P_3w	1.9	114	0.82		2001
	克 82 井区	P_3w	10.9	738	12.51	克 82 井	2001
	金龙 2 井区	P_3w	28.35	2291.55		金龙 2 井	2014
	白 25 井区	P_3w	6.32	446.38		白 255 井	2015
	玛湖 1 井区	P_3w_1	180.94	11981.21		玛湖 1 井	2019
	玛湖 1 井区	P_3w_2	147.85	11663.62	92.58	玛湖 1 井	2021
	克 83 井区	P_3w_2	23.73	1041.96	18.1	克 83 井	2022
	合计		484.49	32625.72	176.58		
控制	金龙 7 井区	P_3w	13.3	713		金龙 7 井	2011
	金龙 43 井区	P_3w	32.4	1719		金龙 43 井	2017
	金 222 井区	P_3w	12.1	1516		金 222 井	2021
	玛湖 28 井区	P_3w	24.1	2079	10.5	玛湖 28 井	2022
	合计		81.9	6027	10.5		
预测	玛湖 8 井区	P_3w	54.4	5616		玛湖 8 井	2017
	玛湖 23 井区	P_3w	103.5	7085		玛湖 23 井	2019
	合计		157.9	12701			

第二节　勘探历程

根据勘探领域的差异,目标类型的变化以及重点井,将玛湖凹陷二叠系上乌尔禾组的勘探划分为断裂带构造油藏初期探索阶段（1964—2010年）、中拐扇断凸构造带扇三角洲控藏理论探索阶段（2011—2015年）、白碱滩扇断层—岩性油气藏群扇三角洲大面积成藏理论建立阶段（2016年至今）3个阶段（图3-4）。

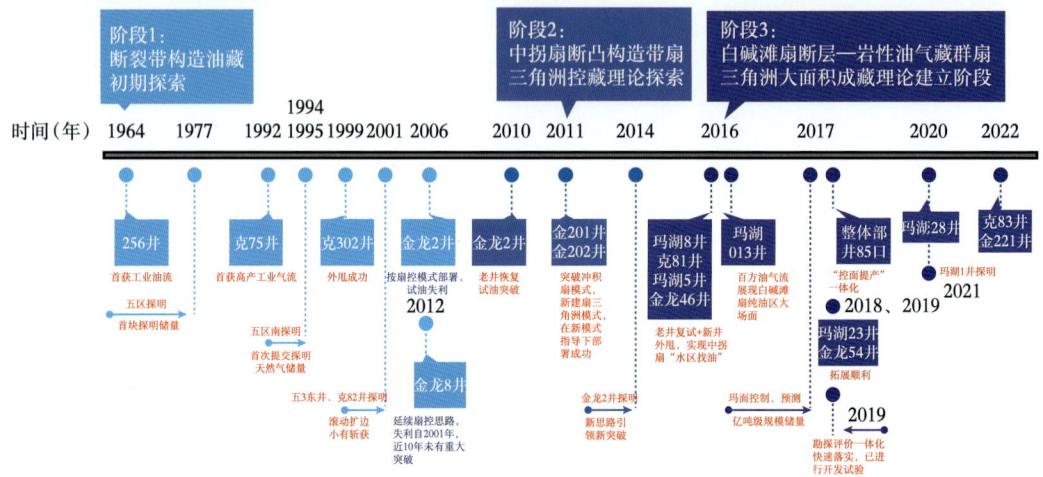

图3-4　玛湖凹陷上乌尔禾组勘探阶段划分图

一、断裂带构造油藏初期探索阶段（1964—2010年）

1. 首口探井获突破，油气规律不明确

准噶尔盆地二叠系上乌尔禾组油气勘探始于1964年,勘探目标主要在西北缘克—乌断阶带附近。

1964年12月克拉玛依油田五区256探井乌尔禾组获工业油流,1965年1月,八区检乌1井乌尔禾组裸眼中途测试后完井试油,获日产15m³的工业油流,日产天然气2000m³,从而发现了克拉玛依油田五、八区深部乌尔禾组油藏。随后为了解256井区以北的二叠系乌尔禾组含油范围,又相继在检105井、检104井、检113井和检乌8井获工业油流。根据当时完钻探井资料,开展构造、沉积及成藏地质特征研究,认为该区油藏类型为构造油藏,1977年首次提交上乌尔禾组探明石油地质储量2450×10⁴t。虽储量已提交,但检乌1井区圈闭群目标并不落实,油藏油水分布规律不明确,还需深入钻探进一步研究。

为了进一步落实该区块储量分布情况,1980年按照构造油藏的思路,在油藏北部和南部部署详探井2口（555井、554井）、兼探井1口（550井）,三口井试油结果均不理想,555井出少量稠油,550井油水同出,554井只产水,未能查清该区的油气水分布规律,该区拓展陷入停顿。

1981年4月,在五3区上乌尔禾组探明含有面积之外部署的546井在上乌尔禾组首次获得工业气流,日产气30319m³（图3-5）。随后钻探804井2×10⁴m³高层工业气流,从而发现了八2西区二叠系上乌尔禾组气藏。1990年12月完成了气田滚动勘探开发布井方案，共布采气井9口，评价井2口，计划同年12月中旬投入实施，在钻井实施过程中，因种种原因进行过三次调整，于1992年2月完成钻井、油建等主要施工任务。同年围绕着256井又部署开发评价井5口（检乌40井、检乌41井、检乌42井、检乌43井、检乌44井），除检乌41井用2.5mm油嘴试油获日产油12t外，其余四口井试油结果均不理想，主要原因为地震资料品质较差，构造岩性圈闭目标落实困难，沉积体系划分不精细，未能查清砾岩优质储层分布范围及控藏要素。

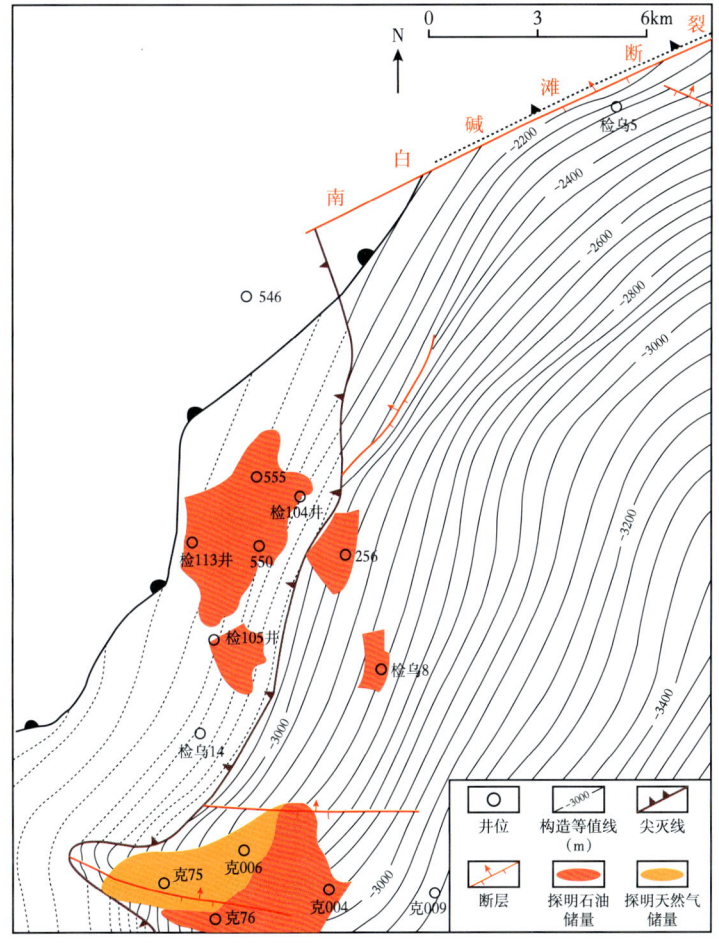

图3-5 五区上乌尔禾组含油面积图

2. 建立冲积扇模式，三大井区油气现

已钻井取心资料证实，八区砂砾岩储层以砾岩—粗砂岩为主，含少量细砂岩，砾石成分以凝灰岩、安山岩岩屑为主，砂砾岩大面积连续分布。乌尔禾组沉积时期，该地区处于三个山口的斜坡地带，山区河流间歇性地携带着大量粗碎屑物在山谷出口处堆积，形成了目前三个大小不同的冲积扇—克75扇体（图3-6）、检乌17井扇体，克78井扇体。冲积扇沉积体系的认识带来新的部署思路，通过岩心、分析化验、测井、地震等资料分析，认为

准噶尔盆地西北缘五、八区二叠系上乌尔禾组以"复合扇"沉积序列的多期冲积扇叠合为主要特征。1992年，为进一步探索中拐扇南部上乌尔禾组含油气性，勘探决策层按照"冲积扇控藏，一扇一藏"的认识，开展滚动勘探工作，相继发现了克75井区、克79井区、克82井区等油气藏。

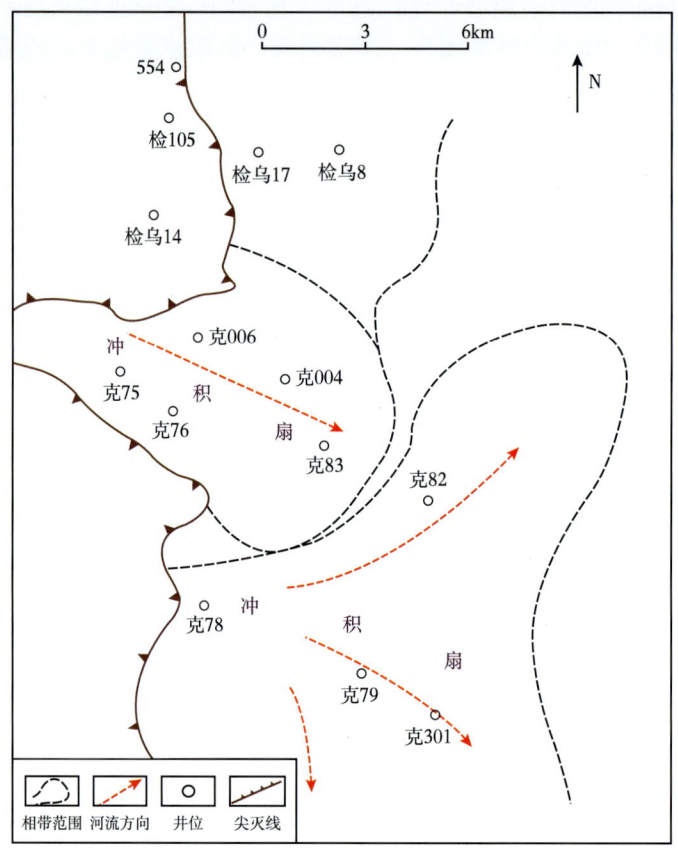

图3-6　五区上乌尔禾组沉积相平面图

1992年2月，通过对五区南部上乌尔禾组开展综合研究，认为该区为一南东倾的单斜，局部发育小型鼻状构造，断裂不发育，仅发育两条断层。在综合成藏分析的基础上，结合中拐扇冲积扇特征，按照"一扇一藏"油气藏模式，在西北缘克—乌逆掩断裂带下盘五区南部部署了第一口预探井克75井，该井钻至2672m时发生强烈井喷，日产气51.6×10^{4}m^3、凝析油22t，从而发现了五区南上乌尔禾组油气藏，此井为该区首口高产工业气流井，大大振奋石油人的信心，又燃起了科研人员对上乌尔禾组探索的希望。随后，近一年中，相继部署了克76井、克77井、克001井、克004井等相继获得了工业油气流，进一步夯实了该区上乌尔禾组油气资源基础。1992年，新疆油田组织储量攻关团队，在该地区首次顺利提交控制含油面积25.7km^2，石油地质储量2597×10^{4}t；控制天然气面积6.6km^2，天然气储量56.45×10^{8}m^3，该油气藏为带气顶的饱和油气藏，具有边水，整个油气藏为一个独立的冲积扇体，其两侧的扇间细粒沉积为岩性圈闭，在油气藏上倾部位及西部边界因地层超覆，油气被非渗透层遮挡保存，为受构造、地层及岩性控制的复合油气藏。

第三章 准噶尔盆地玛湖凹陷上乌尔禾组大面积油气藏群的发现

1993年,新疆油田为进一步厘清五区南上乌尔禾组油藏内幕,扩大油气勘探成果,通过半年的滚动开发,油气采出效果显著,1994年3月经国家储委审批,五区南二叠系上乌尔禾组油气藏探明含油面积为32.2km²,含气面积8.14km²,石油地质储量2326×10⁴t,天然气地质储量53.32×10⁸m³。

随着五区南部上乌尔禾组砾岩油藏研究持续深入,认为该区砾岩大跨度叠合于二叠系风城组优质烃源岩生烃灶之上,高效的断裂输导体系、大型地层不整合面、退积型多期砾岩体搭接连片分布等条件,这些都是形成大油区得天独厚的环境。随着对克75油藏解剖分析的不断深入及总结已知油藏成藏规律,于1994年克79井在上乌尔禾组试油获工业油流;1995年克101井在上乌尔禾组试油也获突破。1996年1月上报克79井区二叠系乌尔禾组探明石油地质储量1043×10⁴t,含油面积26.2km²。

受海西晚期挤压应力作用,五区断裂活动主要发育于佳木河组沉积期间至上乌尔禾组沉积前,边界断裂倾向相对,对地层厚度或断块发育有较大的控制作用,易形成断层—岩性油气藏。按照此思路,1999年3月,往南继续部署克302井,日产油10.3t工业油流,老井复查克82井同获突破。2000年10月,上报克82井区二叠系上乌尔禾组控制石油储量1684×10⁴t,含油面积22.3km²。并与2001年12月上报克82井区二叠系上乌尔禾组探明石油地质储量738×10⁴t,含油面积10.9km²(图3-7)。

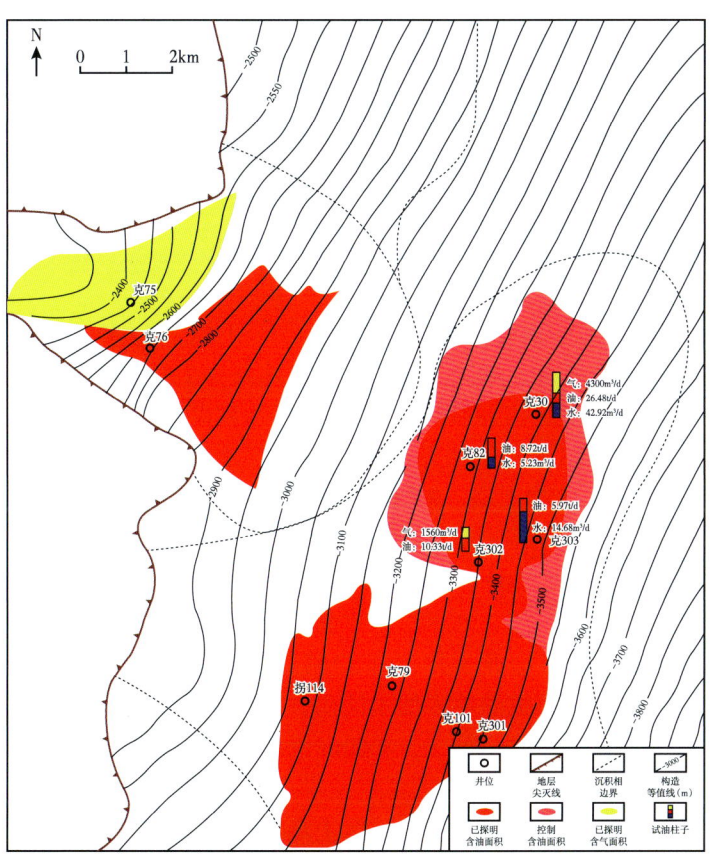

图3-7 克拉玛依油田五区南克82井区块二叠系上乌尔禾组油藏含油面积图

克75井、克79井、克82井油藏相继获得突破,上乌尔禾组"冲积扇控藏,一扇一藏"成藏模式进一步得到证实。通过对已知油藏分析认为,上乌尔禾组一段在克拉玛依油田五区厚度为30~105m,为主要含油层。由于低渗透隔夹层的存在,纵向上分为3个砾岩层,油气充注度不高,为未饱和厚层状低丰度岩性油藏,但这些油藏低部位探井普遍见水,认为上乌尔禾组油藏为沿尖灭线展布的带边水油藏。

3. 构造低部为水区,兼探上乌遇瓶颈

2000年开始,多口坡下外甩探井在上乌尔禾组钻遇厚层连续油气显示,但试油井多油水同出,认为位于油藏边水区,延续扇控模式思路向斜坡区部署多口预探井均失利(图3-8)。西北缘勘探重点转向二叠系佳木河组天然气,二叠系上乌尔禾组转为兼探层系。

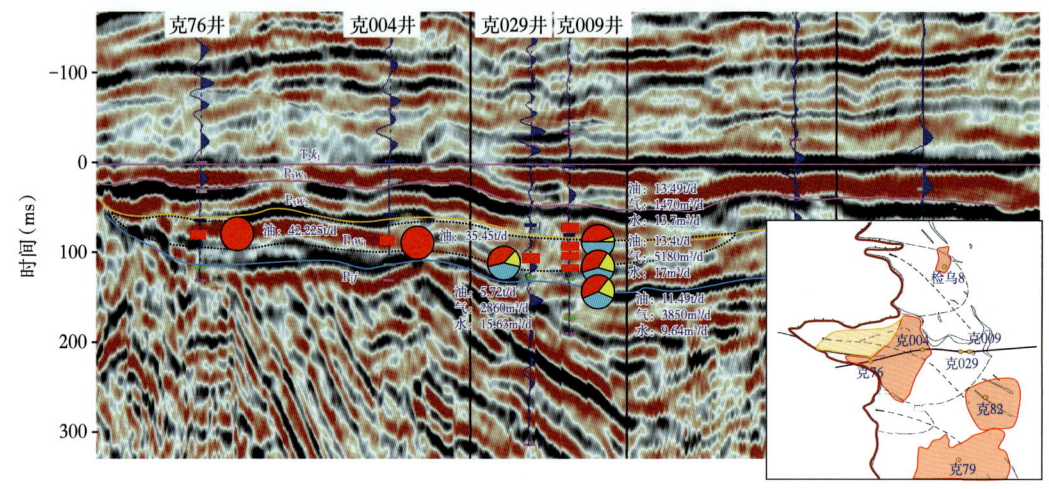

图3-8 过克76井—克004井—克029井—克009井地震地质解释剖面

2006年4月为拓展五、八区天然气勘探,决定在中拐凸起585井区部署金龙1井,钻探主要勘探目的层为佳木河组,兼探上乌尔禾组。该井在上乌尔禾组见良好油气显示,试油结论为油水同层。6月按照构造勘探思路在中拐凸起北斜坡上钻金龙2井,兼探上乌尔禾组(图3-9),在上乌尔禾组钻遇厚层砂体均见显示,2007年6月9日对上乌尔禾组4162~4174m试油,测试结论为干层,抽汲降液后观察,液面恢复缓慢,后清水正替,未见油气显示,试油结论为干层。当时认为该井在二叠系固井质量不合格,套管外无固井水泥,故未进行压裂改造措施,因此试油结论不能反映储层的真实含油性(图3-10)。

2007年4月为拓展中拐—五、八区二叠系佳木河组含气带,兼探二叠系上乌尔禾组含油气性,外甩探井金龙4井、金龙8井、白27井等均以水为主。共钻探12口探井相继失利,虽钻遇厚层油气显示,但试油井多油水同出,分析认为:第一,斜坡区上乌尔禾组属构造控藏,构造低部位以水为主;第二,4000m以深储层相对较差,整体评价该区潜力不大,认为该区位于油藏边水区。

以冲积扇控藏和构造控藏思路探索斜坡区上乌尔禾组未能持续获突破,勘探陷入停滞之后,以其他层系为主要目的层继续向斜坡区低部位推进,上乌尔禾组均为兼探层,多个出油气井点，但多井见水，上乌尔禾组近10年勘探未获实质性突破，此时亟需新地质模式来指导勘探部署，随着玛湖斜坡三叠系百口泉组的突破，扇三角洲大面积成藏新模式引导勘探进入新阶段。

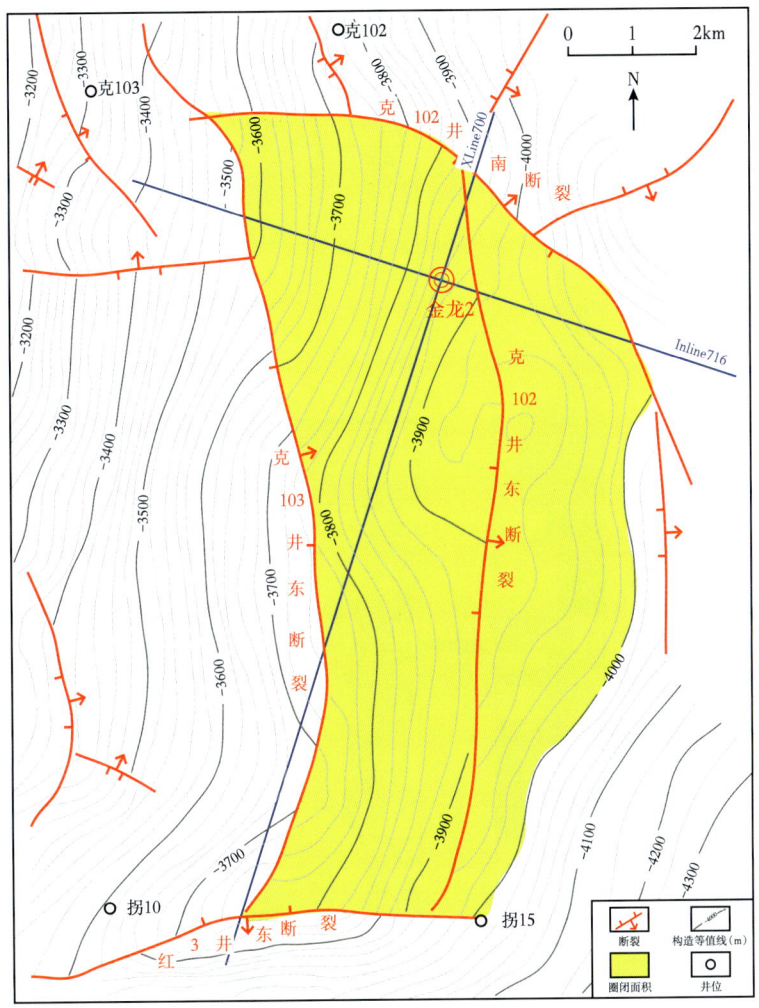

图 3-9 金龙 2 井部署图

二、中拐扇断凸构造带扇三角洲控藏理论探索阶段（2011—2015 年）

1. 强化地震新部署，发现多个断块群

根据第三次资源评价，中拐凸起石油资源量 $3.9×10^8$ t，天然气资源量 $1200×10^8 m^3$，探明石油地质储量 $4546.81×10^4$ t，探明天然气地质储量 $190.37×10^8 m^3$，综合探明率仅 14.5%。前期勘探展现出中拐凸起的已探明油藏规模普遍较小，这与其大型隆起构造不匹配，主力层上乌尔禾组是否还具备规模勘探潜力，是继续在中拐凸起开展深入研究还是转战其他领域，让研究工作者们陷入了抉择。

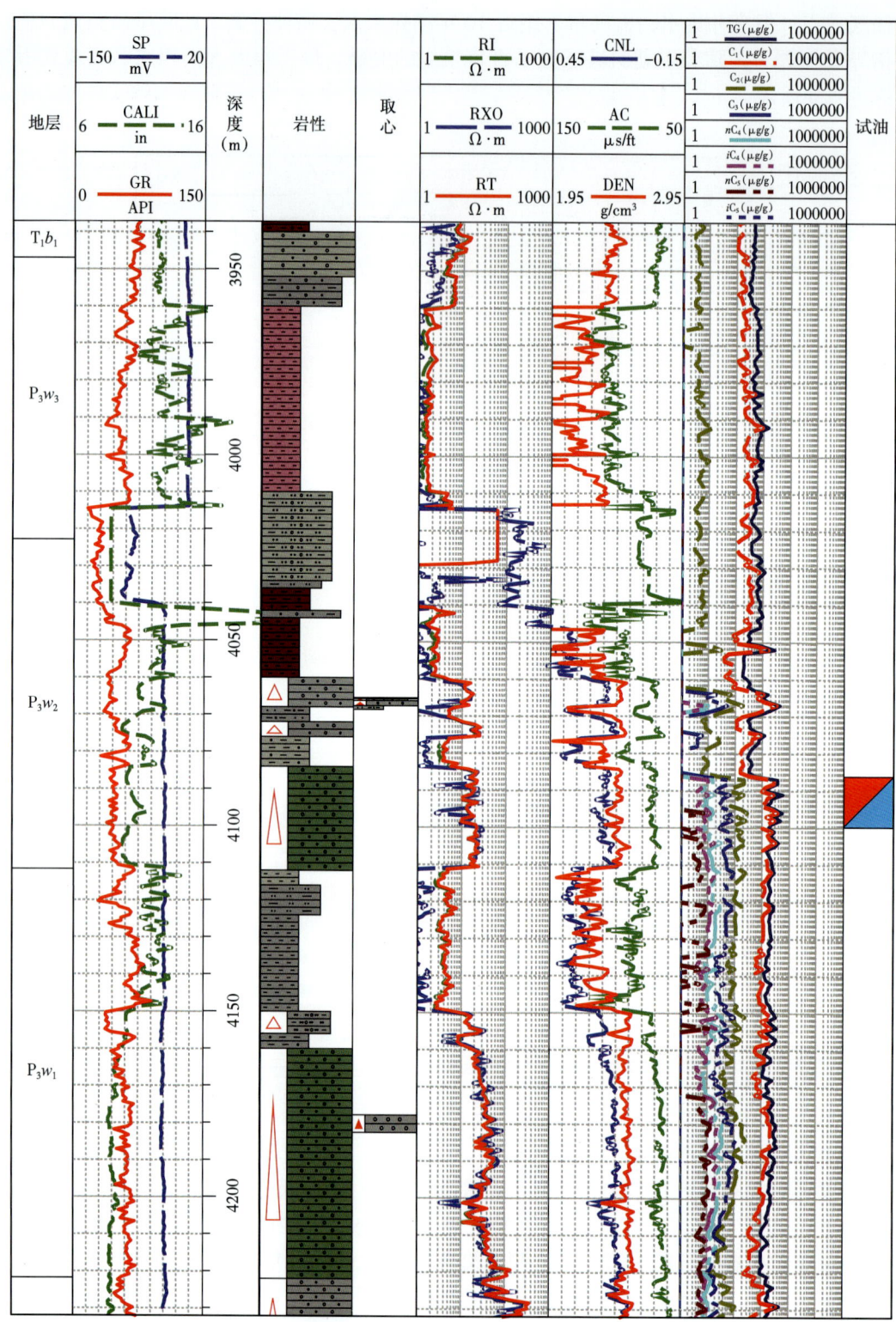

图 3-10　金龙 2 井上乌尔禾组综合柱状图

第三章 准噶尔盆地玛湖凹陷上乌尔禾组大面积油气藏群的发现

2010年,新疆油田公司决策再上中拐五、八斜坡区,首先,从地震采集、处理和解释工作入手,强化地震资料部署,先后采集了金龙2井西三维地震、金龙2井南三维地震等资料(表3-3),并进行连片处理,突破了前人对该区二叠系为简单斜坡的认识,重构地质模型,发现斜坡背景上发育近南北向展布的断凸(图3-11),落实9个可靠断块圈闭,面积共55km²(图3-12)。

表3-3 玛湖凹陷中拐地区三维地震资料统计表

序号	地区	面元(m×m)	覆盖次数	满覆盖面积(km²)	采集时间
1	克78井区	25×50	72	119.040	2006
2	金龙2井区	25×50	128	199.815	2007
3	金龙2井南	25×25	128	138.057	2012

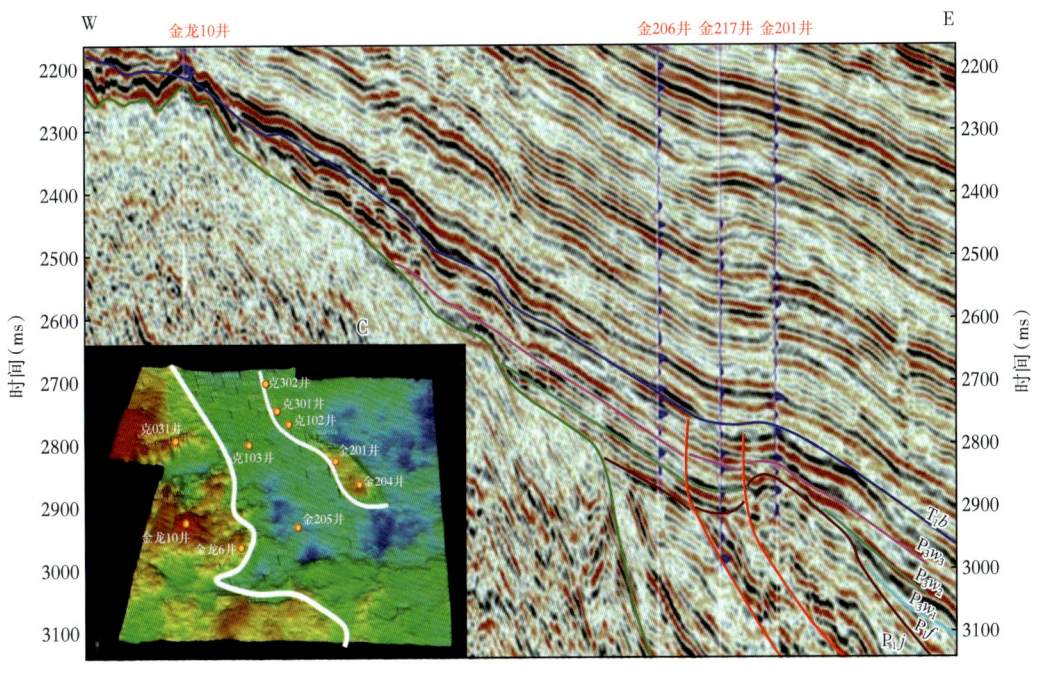

图3-11 金龙10井—金206井—金217井—金201井连井地震地质解释剖面

2. 重视研究夯基础,落实优质厚储层

从2010年至2013年,新疆油田公司重视中拐凸起基础研究工作,科学设计研究项目,从地震采集与处理、沉积储层特征、测井综合评价等方面设立5个科研项目,通过连续三年基础研究攻关,研究认识否定了前人对该区埋深大储层质量差的误判,认识到中拐斜坡区上乌尔禾组发育规模优质储层。

准噶尔盆地重大油气发现勘探战例

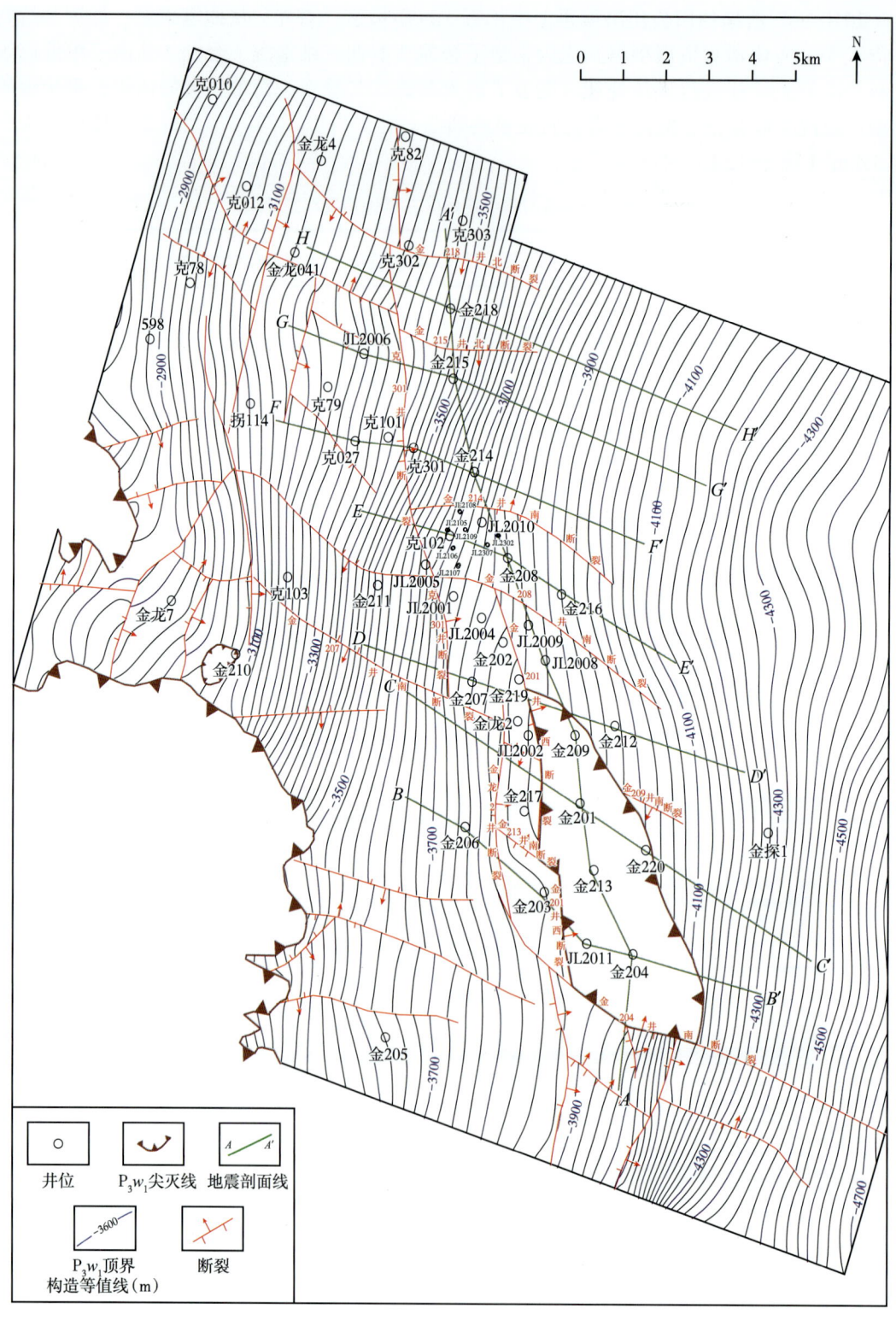

图3-12　金龙2井区二叠系上乌尔禾组一段顶面构造图

第三章 准噶尔盆地玛湖凹陷上乌尔禾组大面积油气藏群的发现

综合录井、测井、成像等各种资料及有关测试分析资料的对上乌尔禾沉积相进行研究，分析认为，上乌尔禾组沉积为湖泊背景下扇三角洲沉积体系，具多物源特征，主要以西北方向物源为主，扇三角洲前缘相较为发育（图 3-13、图 3-14），尤其是扇三角洲前缘水下分流河道内水动力强，淘洗充分，泥质含量低，砂地比高，砂体累计厚度大，横向分布稳定（图 3-15），孔隙结构好。储层岩性以砂砾岩、含砾砂岩为主，泥质含量低，粒间孔和溶蚀孔发育，平均孔隙度 12.3%。

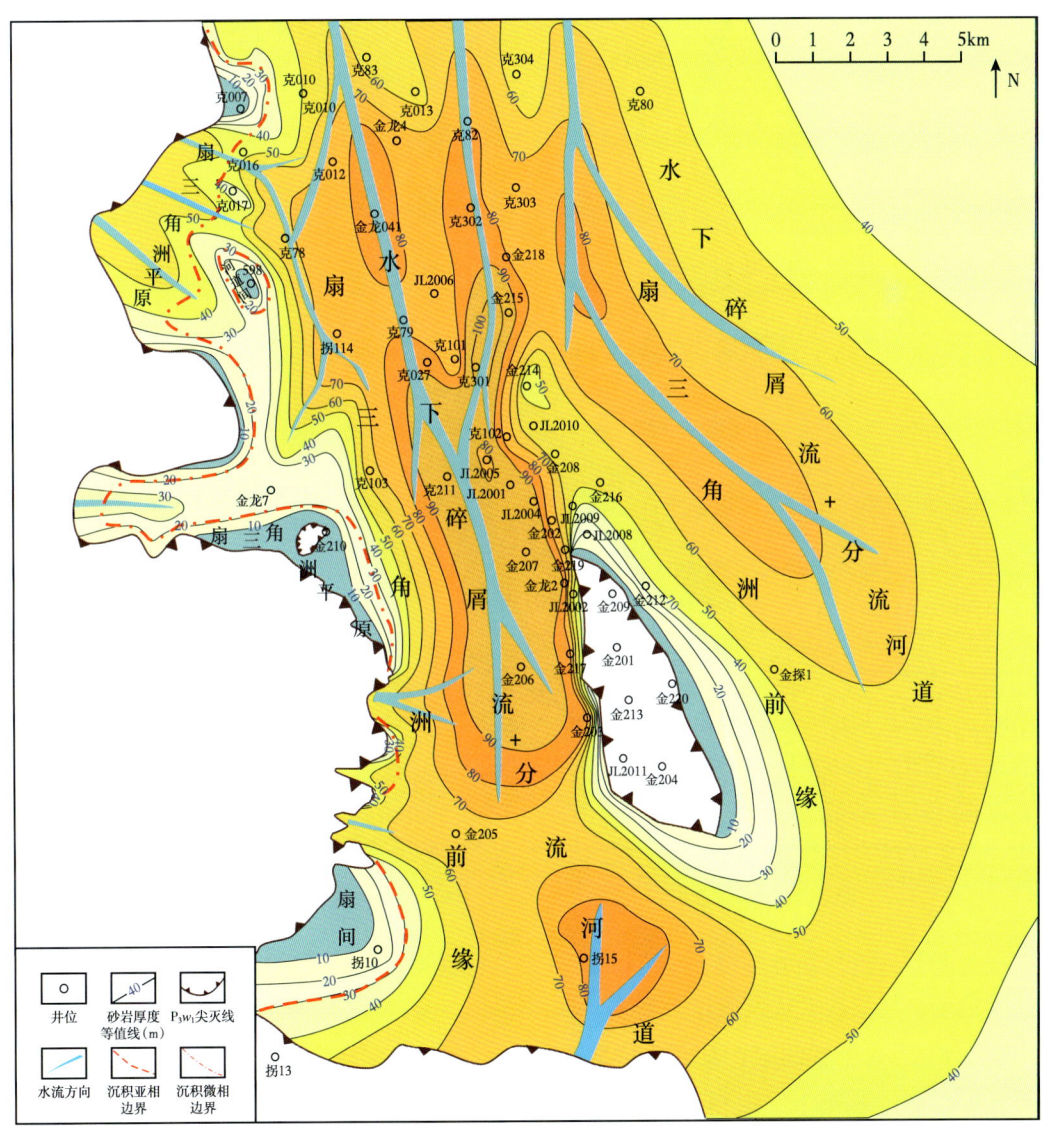

图 3-13 金龙 2 井区块二叠系上乌尔禾组一段砂层厚度及沉积相图

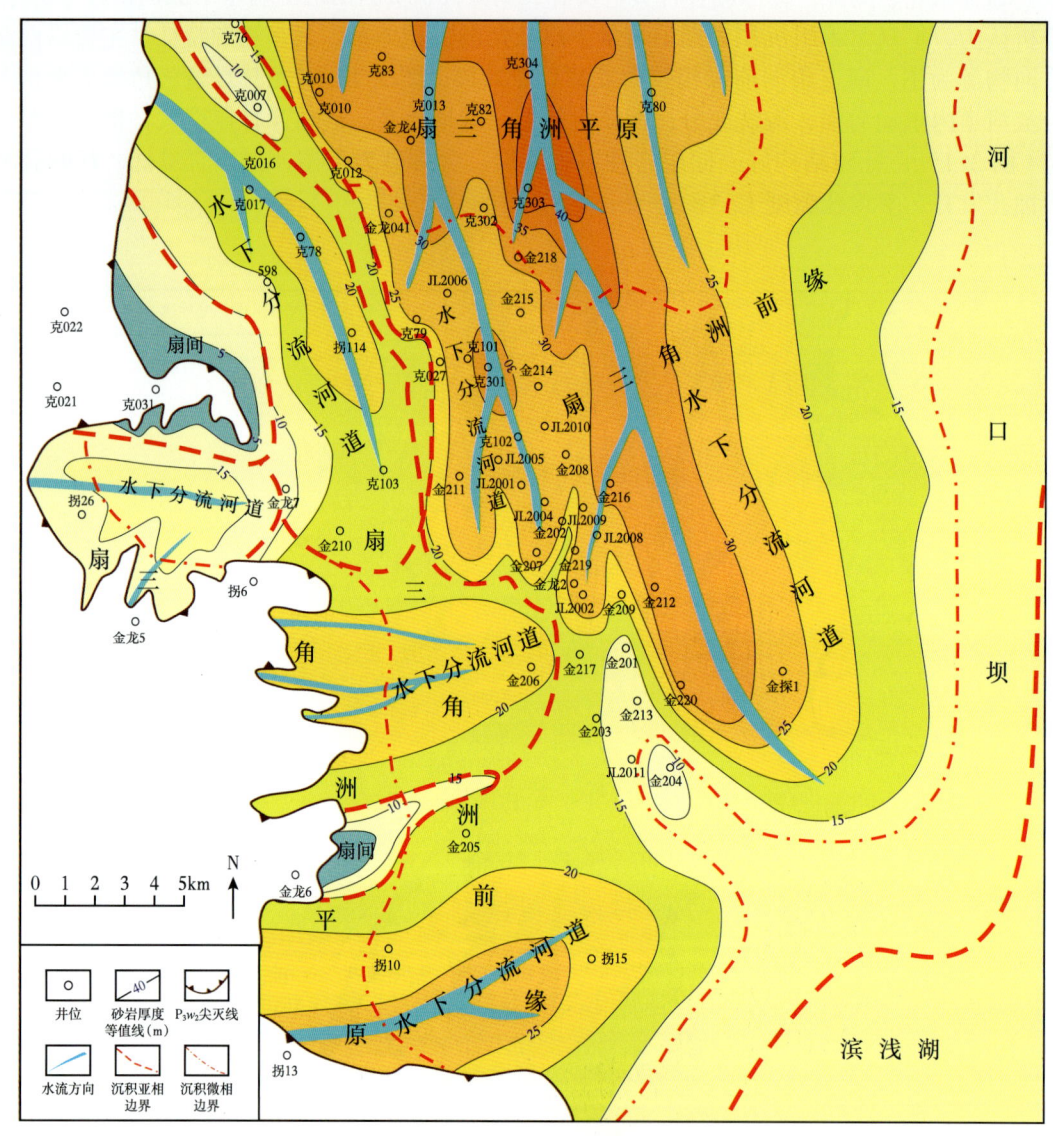

图 3-14　金龙 2 井区块二叠系上乌尔禾组二段砂层厚度沉积相图

通过老井分析与新井钻探,进一步证实了中拐地区上乌尔禾组砂体厚度大,规模连片,且连续稳定,具备较大规模的勘探潜力。

3."水区"之下找油区,发现金龙 2 新油藏

在前期研究基础上,取得 3 点关键认识:(1)构造条件有利,石炭纪末期金龙地区形成的古隆起,处于烃源岩层系(风城组)尖灭带附近,是油气长期运聚指向区;(2)结合新地震资料重新处理解释,在克 79 井油藏下倾方向发现断块群,认识到该区具有规模勘探潜力;(3)开展老井复查工作,对比分析发现,金龙 2 井与已获工业油气流邻井克 102 井出油层段储层相似,且断凸构造更优。金龙 2 井具备获得工业油流的潜力。

第三章 准噶尔盆地玛湖凹陷上乌尔禾组大面积油气藏群的发现

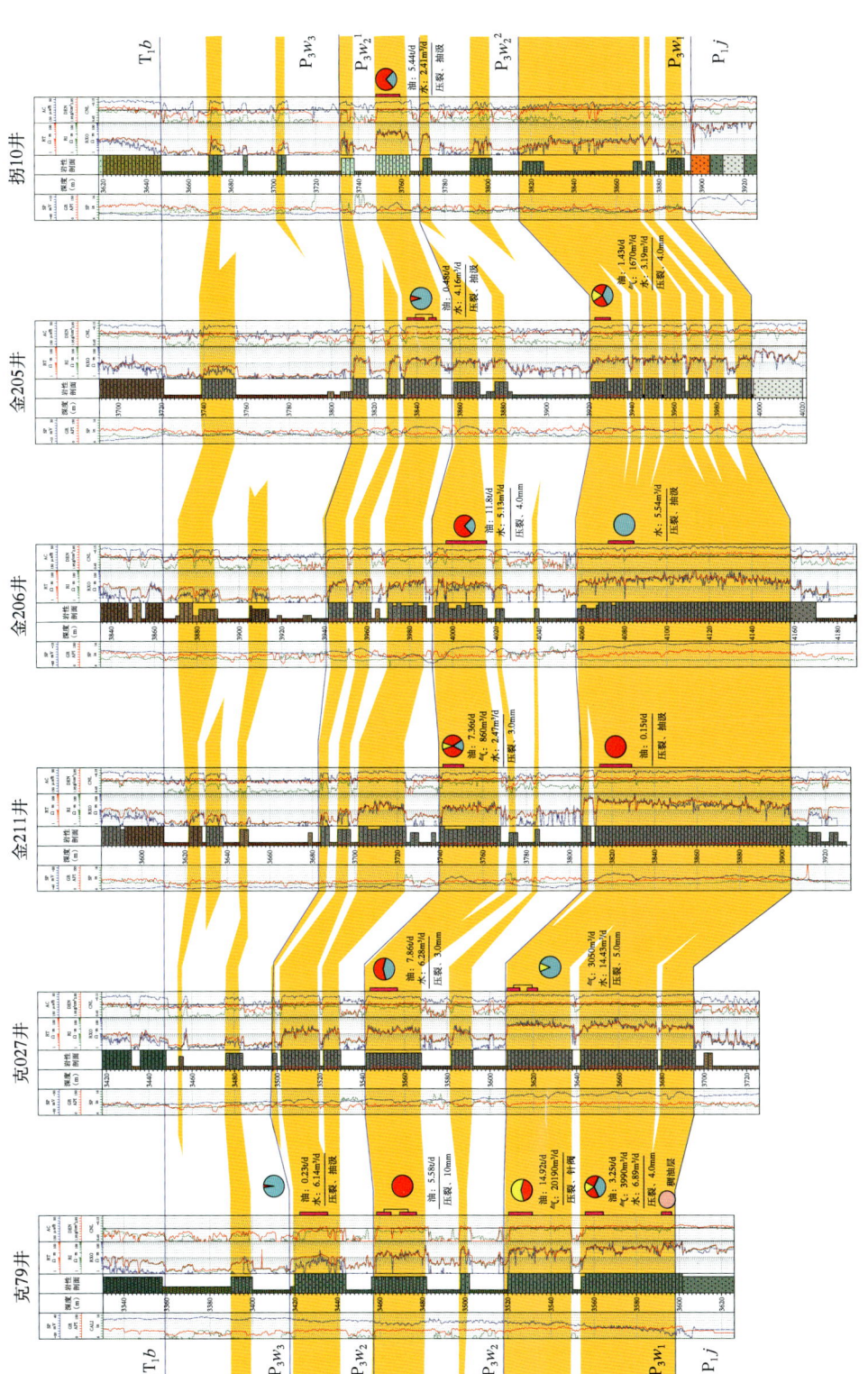

图 3-15 过克79井—克027井—金211井—金206井—金205井—拐10井上乌尔禾组砂体对比图

2011年对金龙2井上乌尔禾组二段4086.0~4091.0m、4093.0~4100.0m井段恢复试油（图3-16），该层于2011年4月压裂后，用3mm油嘴日产油17.84t，日产气2583m³。进而发现了金龙2井区油藏，同年10月上报金龙2井区块二叠系上乌尔禾组石油控制储量1999×10⁴t，

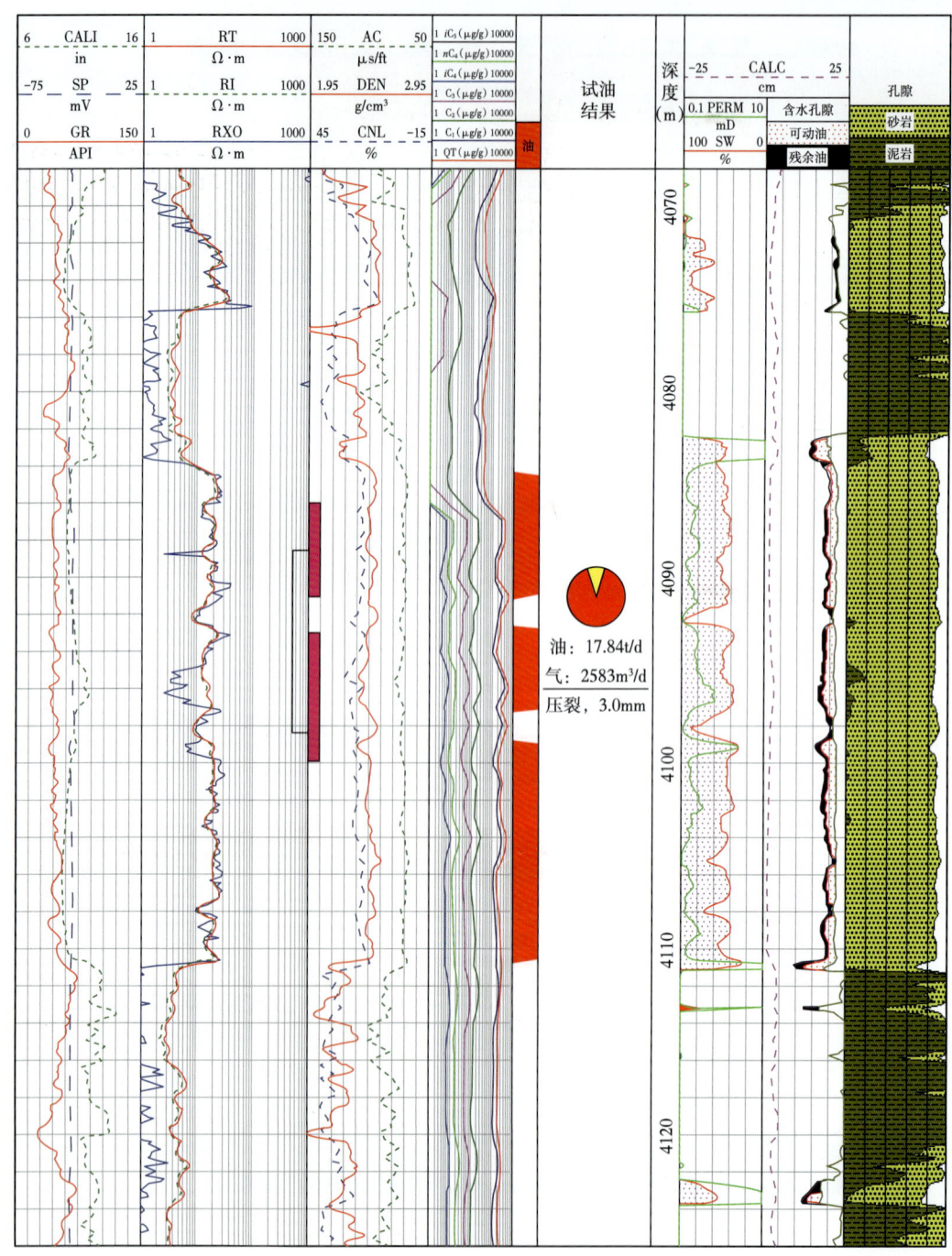

图 3-16　金龙2井上乌尔禾组二段测井解释成果图

第三章 准噶尔盆地玛湖凹陷上乌尔禾组大面积油气藏群的发现

控制含油面积 19.6km² （图 3-17）。金龙 2 井的试油成果，证实了"水区"之下仍有油藏。受此启示，重新认识五 3 东油藏，滚动扩边，白 255 井区、白 258 井区块再探明石油地质储量 $471×10^4$t（图 3-18）。

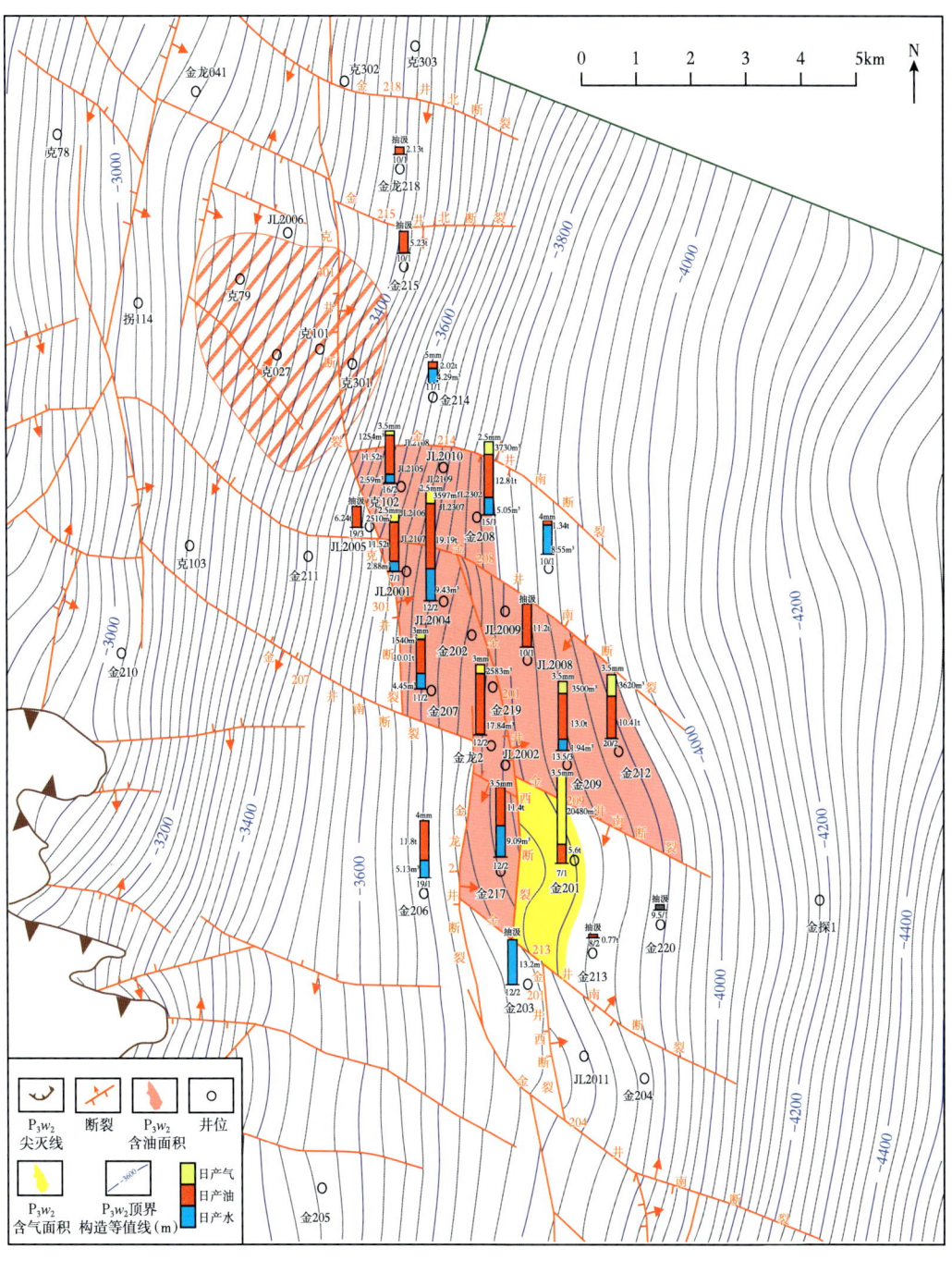

图 3-17　金龙 2 井区乌尔禾组二段含油气面积叠合图

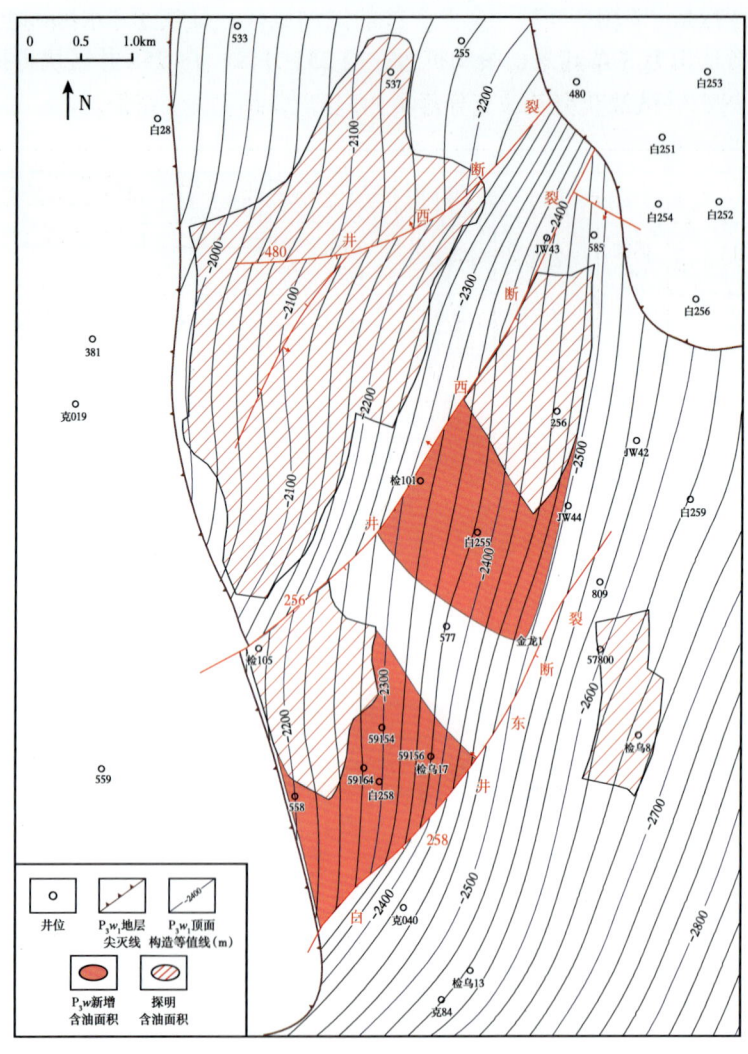

图 3-18 白 25 井区块上乌尔禾组一段含油面积图

三、白碱滩扇断层—岩性油气藏群扇三角洲大面积成藏理论建立阶段（2016年至今）

1. 开展区域性研究，明确大面积成藏

1）"水区"找油见成效，玛湖 8 井获百立方米

2016 年以来，开展领域性老井整体摸排，发现所有井均有良好油气显示，具整体含油特征。针对玛南斜坡二叠系上乌尔禾组勘探程度较高的试油含水区域，新老井结合，敢于打破以往认识，通过录井、测井综合研究，重新解释复查油层，提出低阻油层段试油思路，认为玛湖 8 井、克 81 井等 10 井上乌尔禾组发育油层，提出针对性恢复试油意见。

为验证"水区"是否大面积含油，首先优选在构造上比五 3 东油藏低 800m，平面上距离探明石油范围 10km 外的玛湖 5 井。玛湖 5 井试油压裂试油，抽汲日产油 6.2m^3。随后，

第三章 准噶尔盆地玛湖凹陷上乌尔禾组大面积油气藏群的发现

为验证前期未曾试油低阻段含油性，针对玛湖 8 井上乌尔禾组 3281~3286m 井段压力试油（图 3-19），该井段通过压裂用 8.0mm 油嘴求产，最高日产油 143m³，日产气 44730m³，日产水 34.49m³。这口井试油获突破，充分落实"水区"大面积含油特征。

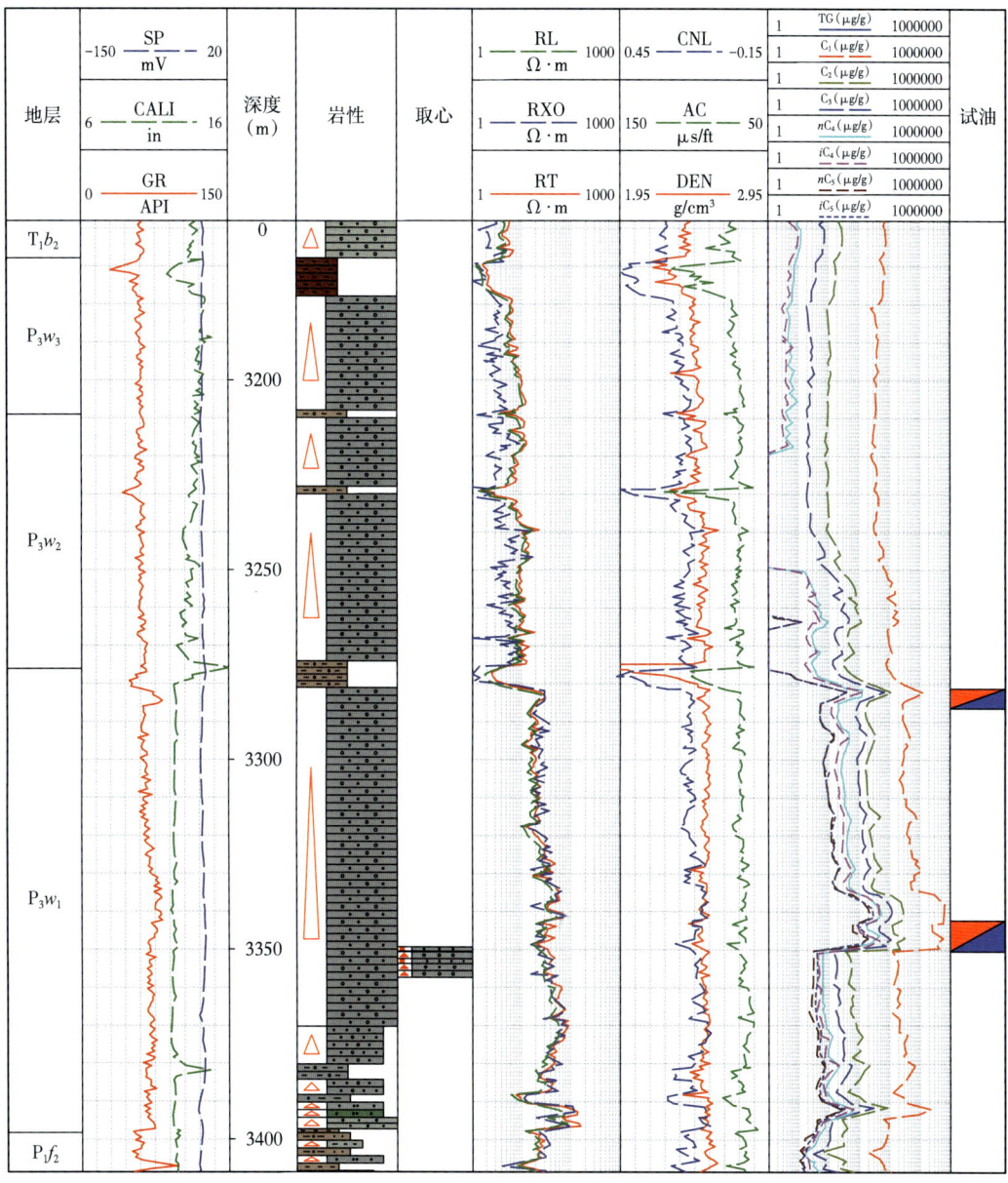

图 3-19 玛湖 8 井上乌尔禾组测井解释成果图

另外，克 83 井恢复试油也获得工业油流，验证了各个油藏间可能连片；在勘探程度较低区新部署的金龙 42 井、金龙 43 井，相继获得高产工业油流。2017 年，"水区"找油勘探效果显著。老井复试 8 井 8 层、新井 4 井 4 层均获商业油流（图 3-20，表 3-4），玛湖 8 井区已择优落实控制石油地质储量 $5616×10^4$t。

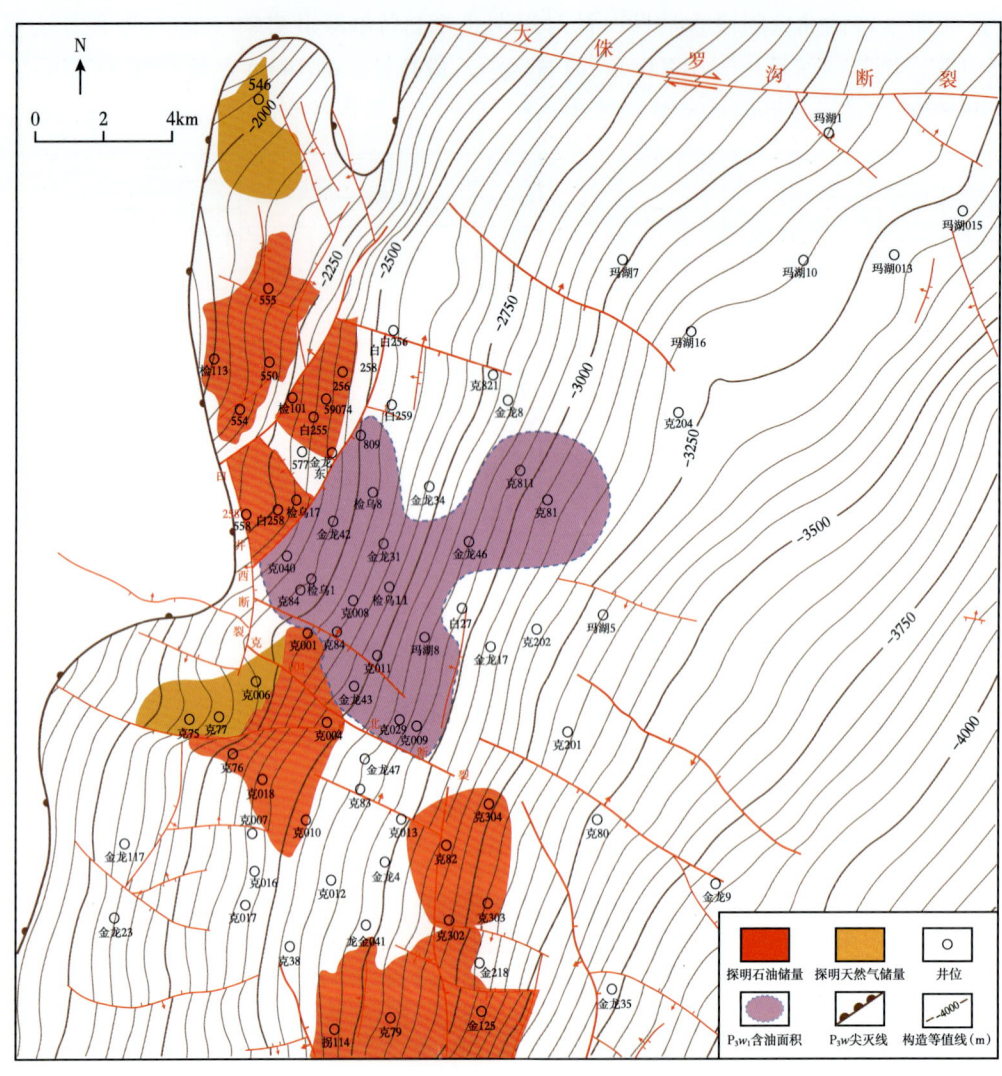

图 3-20 玛湖 8 井上乌尔禾组勘探成果图

表 3-4 2017 年玛湖 8 井区新获商业油流井统计表

试油井类型	井号	层位	日产油（m³）	日产气（m³）	日产水（m³）
老井复试	玛湖 8	P_3w_1	102.3	40530	33.84
	克 841	P_3w_1	20.97	7660	33.08
	克 81	P_3w_1	19.9		
	克 83	P_3w_1	7.22		144.3
	玛湖 5	P_3w_1	6.1		6
	金龙 17	P_3w_1	8.21		147.28
	克 811	P_3w_1	20		
	克 80	P_3w_1	9.5		11.5

第三章 准噶尔盆地玛湖凹陷上乌尔禾组大面积油气藏群的发现

续表

试油井类型	井号	层位	日产油（m³）	日产气（m³）	日产水（m³）
新井试油	金龙31	P_3w_1	17.71	1760	166.51
	金龙42	P_3w_1	34.14	10850	159.66
	金龙46	P_3w_1	12.21	621	121.97
	金龙43	P_3w_1	33.75	16940	

2）全区部署新三维，落实地层大圈闭

多年来，研究上高度重视地震资料品质提高，高精度三维地震部署，基本实现了玛湖—中拐地区三维整体连片（图3-21，表3-5），通过新资料及老资料连片处理，落实玛湖上乌尔禾组地层平缓，整体为大型地层圈闭背景（图3-22）。

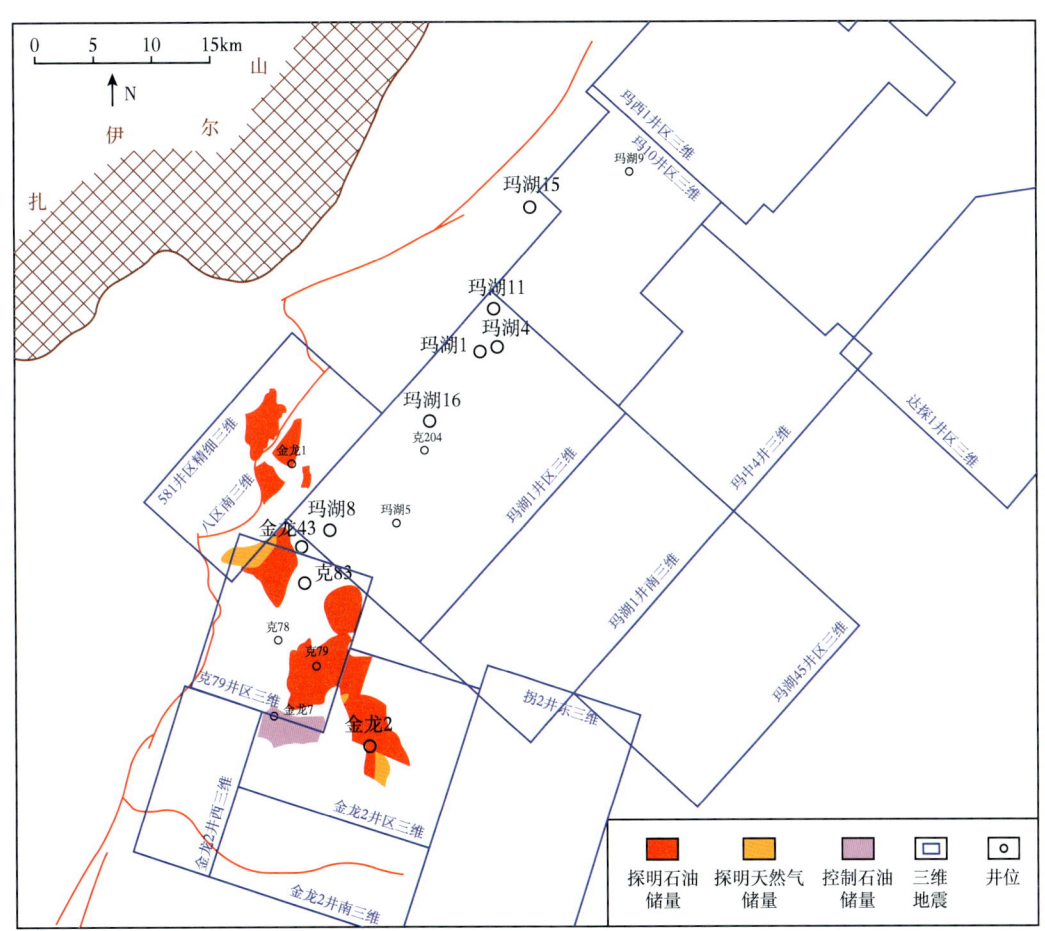

图3-21 玛湖凹陷三维地震部署图

表 3–5　玛湖凹陷三维地震资料统计表

序号	地区	面元（m²×m²）	覆盖次数	满覆盖面积（km²）	采集时间
1	金龙 2 井区	25×50	128	199	2007.5
2	玛西 1 井区	12.5×12.5	280	398	2012.11
3	玛 10 井区	12.5×12.5	280	250	2013.2
4	拐 3 井东	25×25	240	335	2013.4
5	玛湖 1 井区	12.5×25	190	403	2013.9
6	克 79 井区	12.5×25	836	403	2013.9
7	车 581 井区	12.5×25	140	197	2010.11
8	金龙 2 井南	25×25	120	138	2011.12
9	金龙 2 井西	25×25	140	101	2013.2
10	玛湖 1 井南	12.5×25	330	468	2018.2
11	玛中 4 井区	12.5×25	300	576	2017.8
12	玛湖 45 井区	12.5×25	1312	301	2020.1

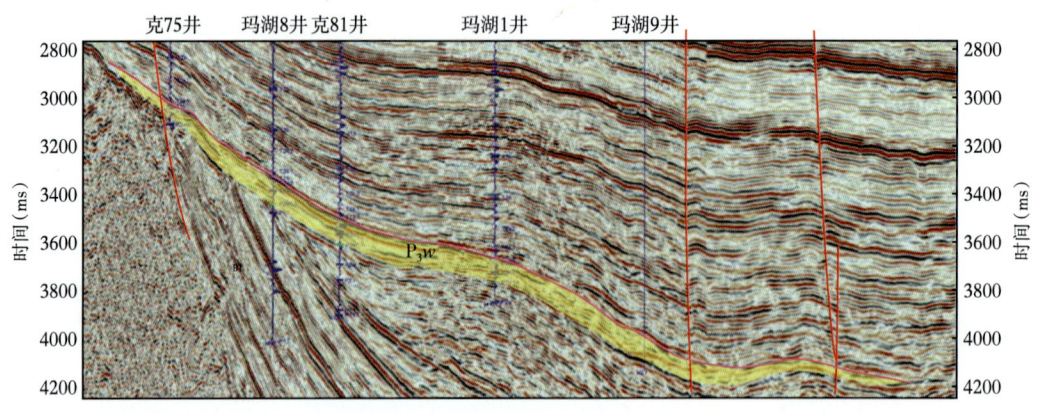

图 3–22　过克 75 井—玛湖 8 井—克 81 井—玛湖 1 井—玛湖 9 井地震地质解释剖面

整体来看，玛南地区二叠系上乌尔禾组地层倾角 3°~5°，地层向玛湖凹陷逐渐增厚。玛南斜坡区二叠系上乌尔禾组油（气）层主要分布在上乌尔禾组一段和二段。上乌尔禾组油藏跨度大，检乌 8 井到玛湖 5 井纵向跨度近千米，均油水同出，546 井和低部位的金探 1 井油藏纵向跨度近 2000m 均获油流，这表明油气藏具有无底水的岩性大面积成藏特征。

第三章 准噶尔盆地玛湖凹陷上乌尔禾组大面积油气藏群的发现

地震资料全覆盖与品质大幅提高，为落实地层结构以及大面积成藏认识提供了资料基础。

3）开展古地貌研究，明确三大物源区

前期研究主体主要围绕中拐扇体及周缘开展部署，玛湖凹陷缺少整体性物源体系研究。因为玛南凹陷二叠系上乌尔禾组整体为大型水进超覆沉积特征，坡折与古槽与古隆共同控制着上乌尔禾组沉积范围和沉积体系展布。

为进一步明确上乌尔禾组沉积体系发育特征，准确地识别扇体、精细地刻画有利前缘相带，通过分级古地貌恢复、波形分类、地层倾角测井及成像测井、砂地比等相带刻画技术，落实玛湖凹陷上乌尔禾组整体发育中拐扇、白碱滩扇和达巴松扇三大扇体，其中中拐扇和白碱滩扇规模较大，达巴松扇次之（图3-23）。

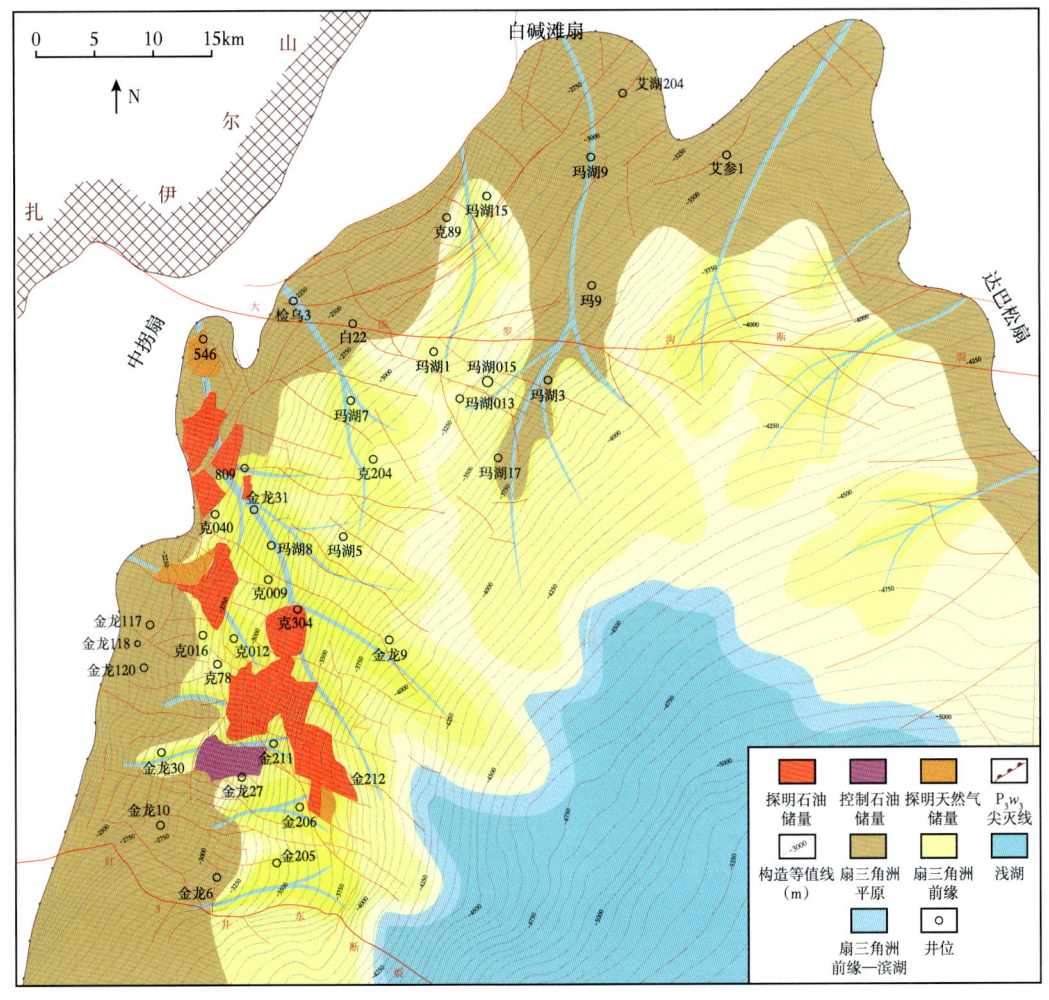

图3-23 玛湖凹陷上乌尔禾组沉积相图

上乌尔禾组为湖侵沉积过程，属于浅水退积型扇三角洲沉积体系，上乌尔禾组一段和二段主要为扇三角洲沉积体系，三段主要为滨浅湖沉积体系。上乌尔禾组一段为填平补齐沉积过程，受古地貌影响最大，凹槽区为扇三角洲主体发育区，坡折下部平台区为河道砂主要的卸载场所，砂砾岩沉积厚度大，向古凸带沉积厚度减薄。整个上乌尔禾组层序为一个完整的水进过程，储层主要发育在低位体系域中部和水进体系域的底部，在退积过程中形成的砂砾岩在纵向上叠置，平面上连片分布，整体表现为退积型多期砂体搭接连片（图 3-24）。

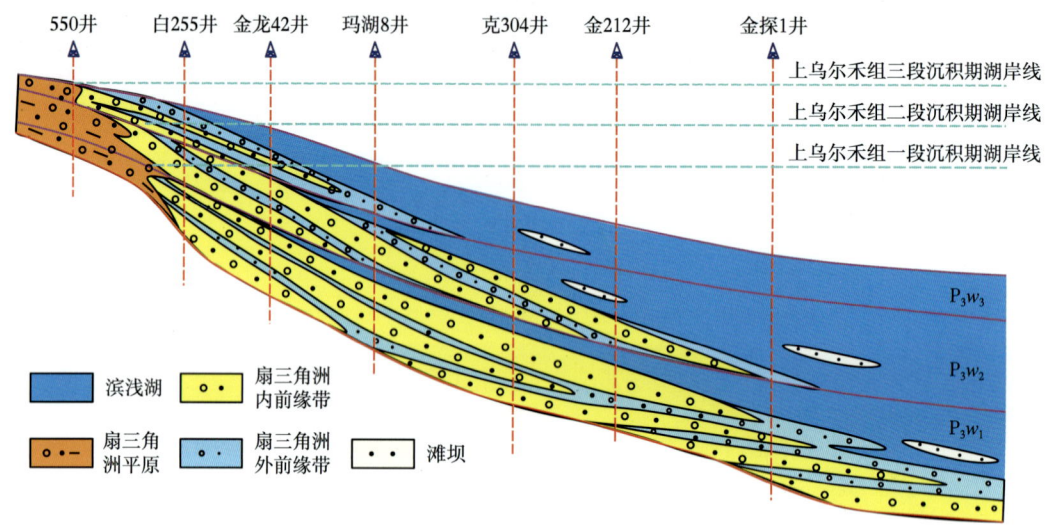

图 3-24 玛南斜坡区二叠系上乌尔禾组沉积模式图

4）锁定白碱滩扇体，扩大勘探新领域

三大扇体中拐扇体已全面突破，新落实的白碱滩扇体规模大，勘探程度低，剩余出油气点多，类比已落实的百口泉组成藏特征，认为白碱滩扇体具备探索潜力，于是锁定白碱滩扇为下一步重点勘探新领域。

首先，针对白碱滩扇体老井开展复查工作，扇体北部低勘探程度区上乌尔禾组钻探的克 89 井、白 22 井、玛 9 井油气显示较差，认为北部优质储层不发育。通过整体研究重新认识相带，认为该区上乌尔禾组发育相对优质储层，并预测有利区约 1000km^2（图 3-25）。在预测的有利区内，优选了玛湖 1 井上乌尔禾组恢复试油，获得日产 15.2m^3 的工业油流。

2017 年，针对白碱滩扇体甩开勘探，寻求新的储量接替区。通过对层序地层精细划分、断裂构造精细解释、沉积体系、有利储层分布预测等方面的系统研究。重新解剖了已发现油藏和剩余出油气井点，重新认识沉积相带对储层的控制作用，认为前缘相带是油气运聚有利区。在玛湖 1 井南部低勘探程度区上钻玛湖 013 井，获高产油气流。该井于 3642~3648m 井段试油，压裂求产，用 4.5mm 油嘴最高日产油 120.27m^3，日产气 6560m^3，后期用 2.0mm 油嘴稳定日产油 30m^3（图 3-26）。玛湖 013 井突破以后，相继完钻的玛湖

014 井在上乌尔禾组发生油气侵；玛湖 1 井北部甩开部署玛湖 11 井，最高日产 86.3m³，玛湖 15 井试油同获工业油流，证实白碱滩扇体具备规模勘探油气富集带，盲区外探成效显著，老井复试 1 井 1 层、新井 3 井 3 层均获商业油流，2017 年已经提交石油预测储量 10843×10⁴t。

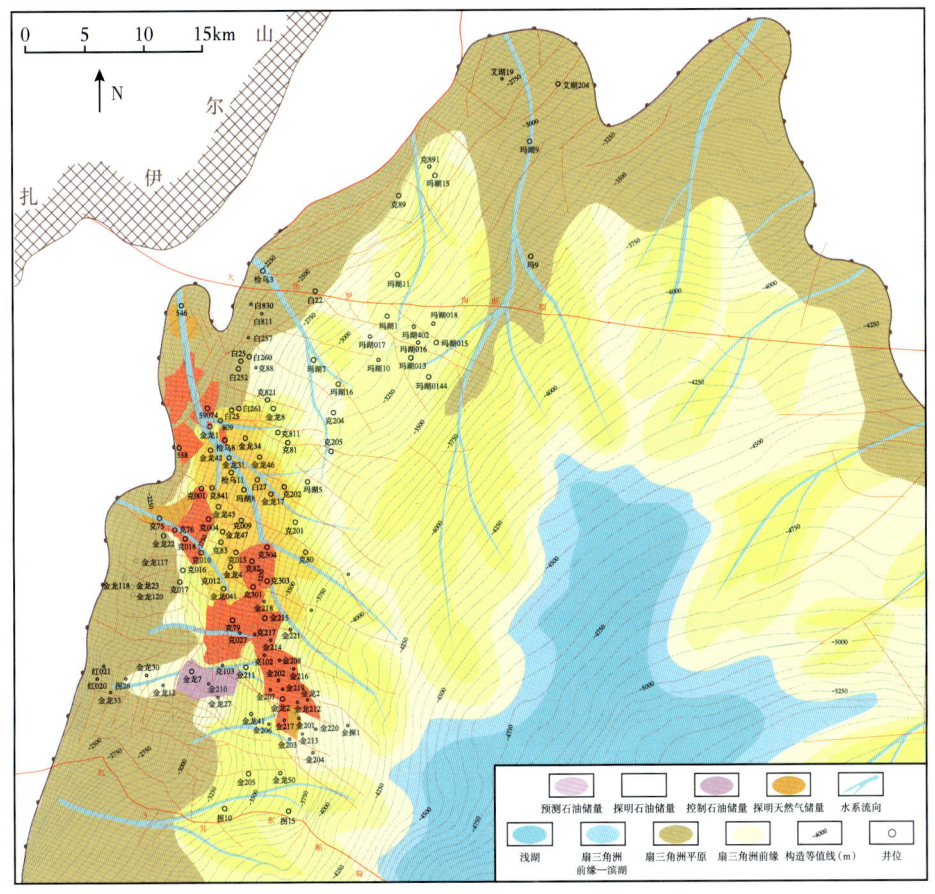

图 3-25 中拐扇二叠系上乌尔禾组勘探成果图

玛湖 1 井、玛湖 013 井、玛湖 11 井、玛湖 014 井在上乌尔禾组获重大突破之后，标志玛湖凹陷中拐扇和白碱滩扇上乌尔禾组全面突破，充分证实具备与百口泉组相似的大面积成藏特征，为进一步加快落实两大扇体坡下低勘探区，扩大勘探成果，需持续拓展新领域，落实断层—岩性目标群（图 3-27），预估潜在资源量达 $2×10^8$t。

2. 深入大面积理论，构建成藏新模式

通过对盆地西北部构造演化背景的系统分析，二叠系上乌尔禾组沉积于中—下二叠统大型超削不整合面之上。玛湖凹陷上乌尔禾组为"前陆—坳陷"转换期填平补齐式沉积，代表统一坳陷型湖盆沉积的开始，超覆沉积于下伏不整合面之上，具备形成大型地层圈闭的背景。上乌尔禾组发育大型退覆式扇三角洲，源储匹配，协同封盖，具备形成大油区的地质条件。通过对已知油气藏和剩余出油气点解剖分析，构建了大型地层背景下退积型多期砂体纵向叠置、横向搭接连片岩性油气藏群新模式。

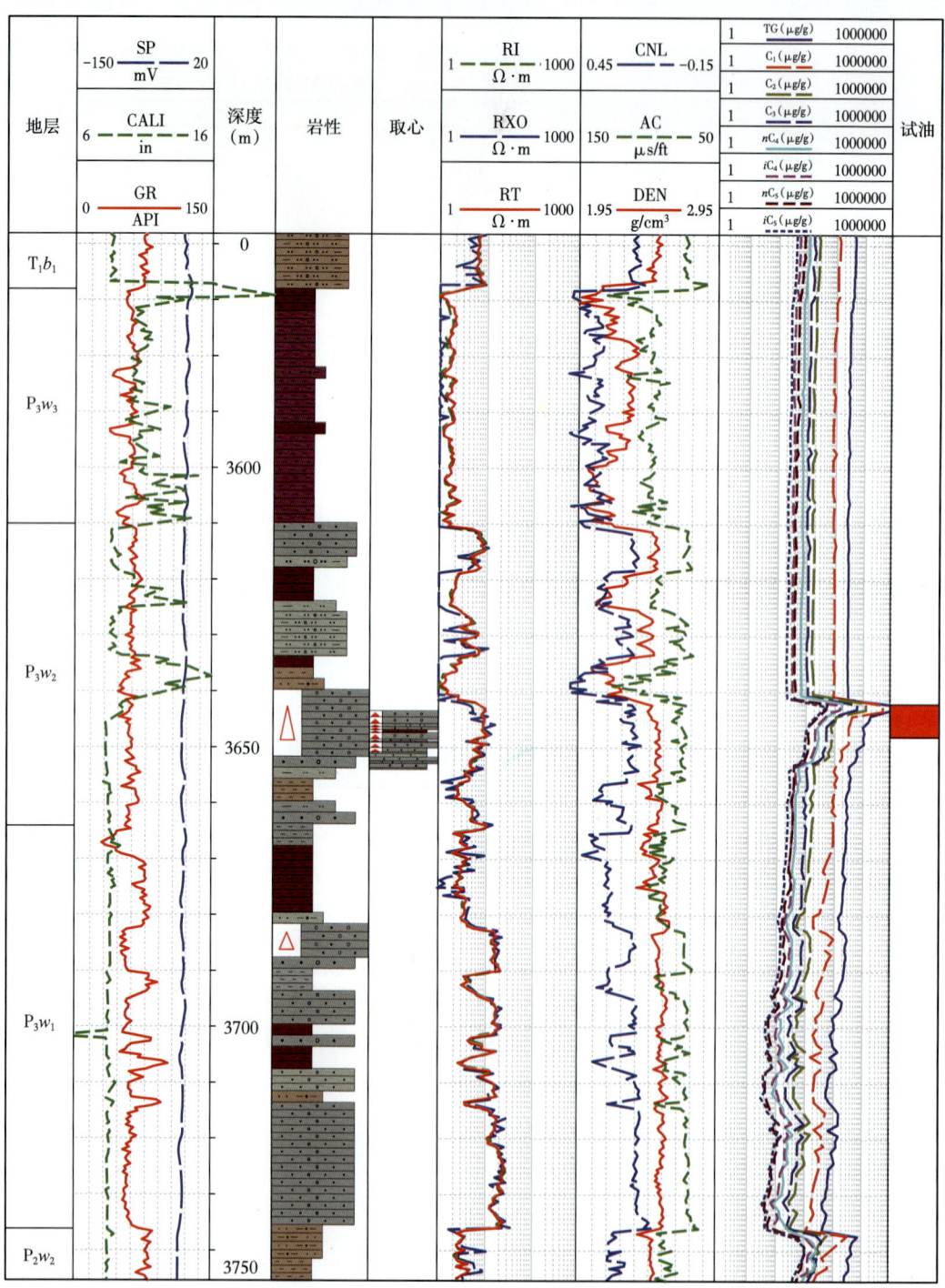

图 3-26 玛湖 013 井上乌尔禾组测井解释成果图

第三章 准噶尔盆地玛湖凹陷上乌尔禾组大面积油气藏群的发现

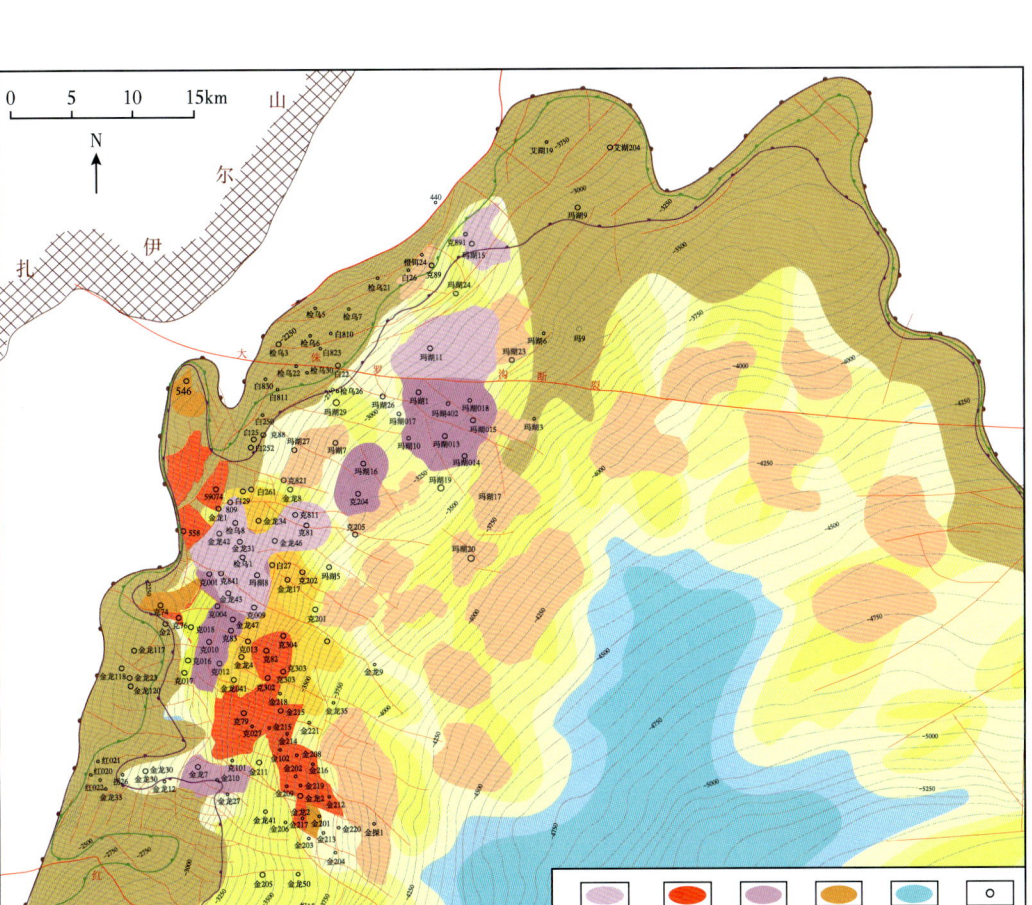

图 3-27 玛湖凹陷二叠系上乌尔禾组勘探成果图

1）依托高精度新三维，落实大型地层背景

通过多年部署，玛湖基本实现高密度三维地震整体连片，在新三维地震资料支撑下，为大面积成藏认识奠定资料基础。开展全区精细构造解释及构造演化分析，二叠世晚期，西北缘南段开始沉降，导致大规模水进，使得上二叠统上乌尔禾组披覆在中—下二叠统及石炭系之上。

在上乌尔禾组沉积之后，玛南地区构造运动对上乌尔禾组地层影响较小，与三叠系地层近于平行接触，上乌尔禾组整体为一大型地层圈闭（图 3-28、图 3-29），地层比较平缓，地层倾角为 3°~5°，多期油气持续运移聚集，有利于油气大面积成藏。

2）开展保存条件评价，明确储盖组合更优

二叠系上乌尔禾组一段为早期低位体系域沉积，发育砂砾岩沉积。上乌尔禾组二段为水进体系域沉积，粗粒主要沉积在近物源的凹槽中，远离物源的凹槽中主要发育砂质砾岩、砂岩类。上乌尔禾组三段为高位体系域沉积，此时水体范围最大，沉积物主要分布在古凸

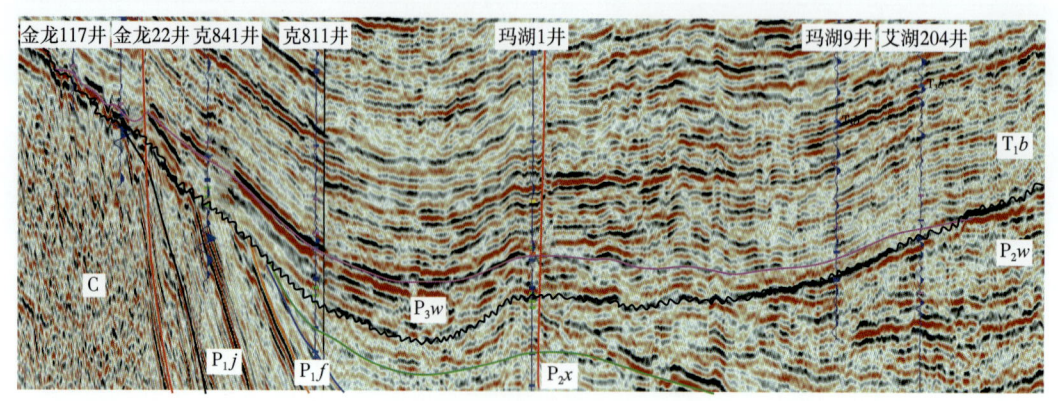

图 3-28　过金龙 117 井—金龙 22 井—克 841 井—玛湖 1 井—玛湖 9 井—艾湖 204 井地震地质解释剖面

附近。整个上乌尔禾组层序为一个完整的水进过程，储层主要发育在低位体系域中部和水进体系域的底部，高位体系域沉积的细粒沉积可作为区域盖层，形成一套良好的储盖组合。该区上乌尔禾组二段和三段发育两期区域性湖泛泥岩与上乌尔禾组一段和二段厚层砂砾岩构成良好储盖组合，形成了巨大油气储集空间（图 3-29、图 3-30）。湖泛泥岩与厚层砂砾岩在空间上形成良好的配置关系，为大面积成藏创造了良好的储盖组合。

3）深化沉积体系刻画，发育厚层优质储层

上乌尔禾组物源主要来自西北缘老山，上乌尔禾组沉积时，古地貌对沉积具有强烈的控制作用，西部物源在玛南斜坡区的古沟槽与古凸起的控制、引导下形成了两个不同前进方向和规模的扇体——中拐扇和白碱滩扇，这两个扇体均由北西向南东延伸至凹陷中心，共同覆盖了斜坡区（图 3-31、图 3-32）。

上乌尔禾组地层向玛湖凹陷逐渐增厚，油（气）层也主要分布在上乌尔禾组一段和二段，三段为泥岩盖层，进一步揭示退积型扇体砂体分布规律。其中上乌尔禾组一段厚度为 0~130m，上乌尔禾组二段厚度为 0~80m，最大储层厚度超过 200m，巨大的储集空间为油气的运聚提供了良好场所，为油气大面积成藏创造了条件。此类退积型扇体下砂上泥式沉积样式在纵向上形成良好了储盖组合，并且在下部砂砾岩中由于粗碎屑储层存在非均质性的特点，形成了一砂一藏，和油藏在纵、横向上叠置的大面积成藏特征（图 3-33）。

4）加强疏导体系研究，建大面积成藏模式

玛湖凹陷断裂特征相对复杂，除部分规模较大的逆推断裂外，大部分断裂断距相对较小，识别难度相对较大。利用新部署三维地震和连片处理地震资料对玛南斜坡区的上乌尔禾组进行精细解释，运用相干、曲率、最大似然属性等技术手段，落实玛湖凹陷上乌尔禾组发育三组两类断裂（图 3-34）。

第三章 准噶尔盆地玛湖凹陷上乌尔禾组大面积油气藏群的发现

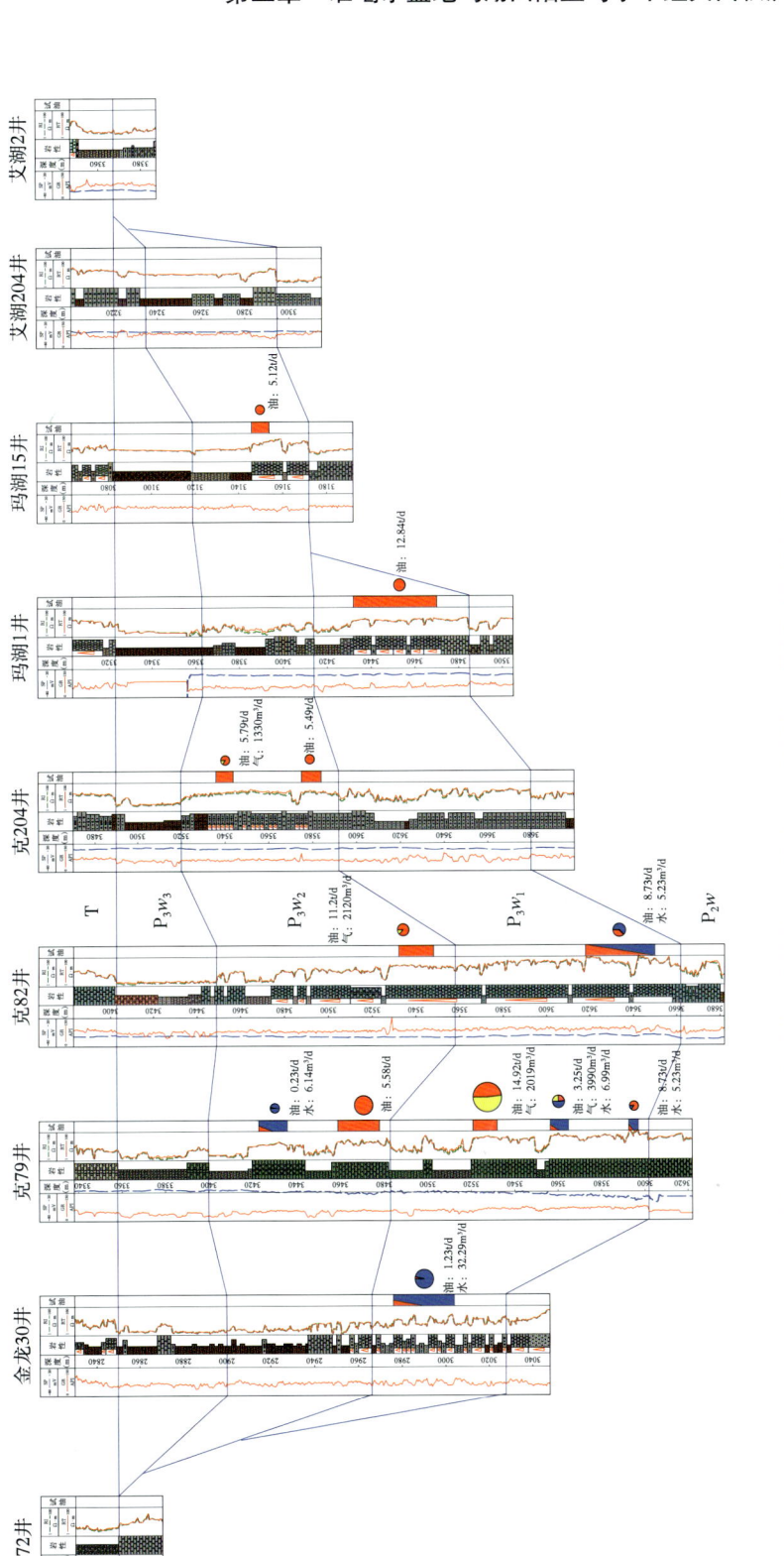

图 3-29 过车72井—克79井—克82井—玛湖15井—艾湖2井砂体对比图

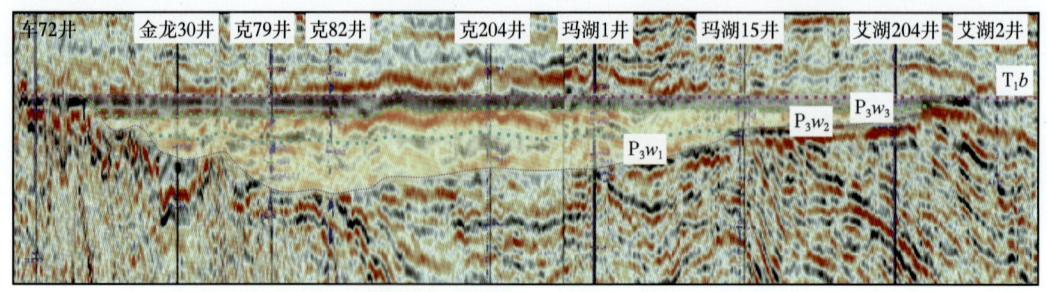

图 3-30 过车 72 井—克 79 井—克 82 井—玛湖 15 井—艾湖 2 井连井地震地质解释剖面（沿 T_1b 拉平）

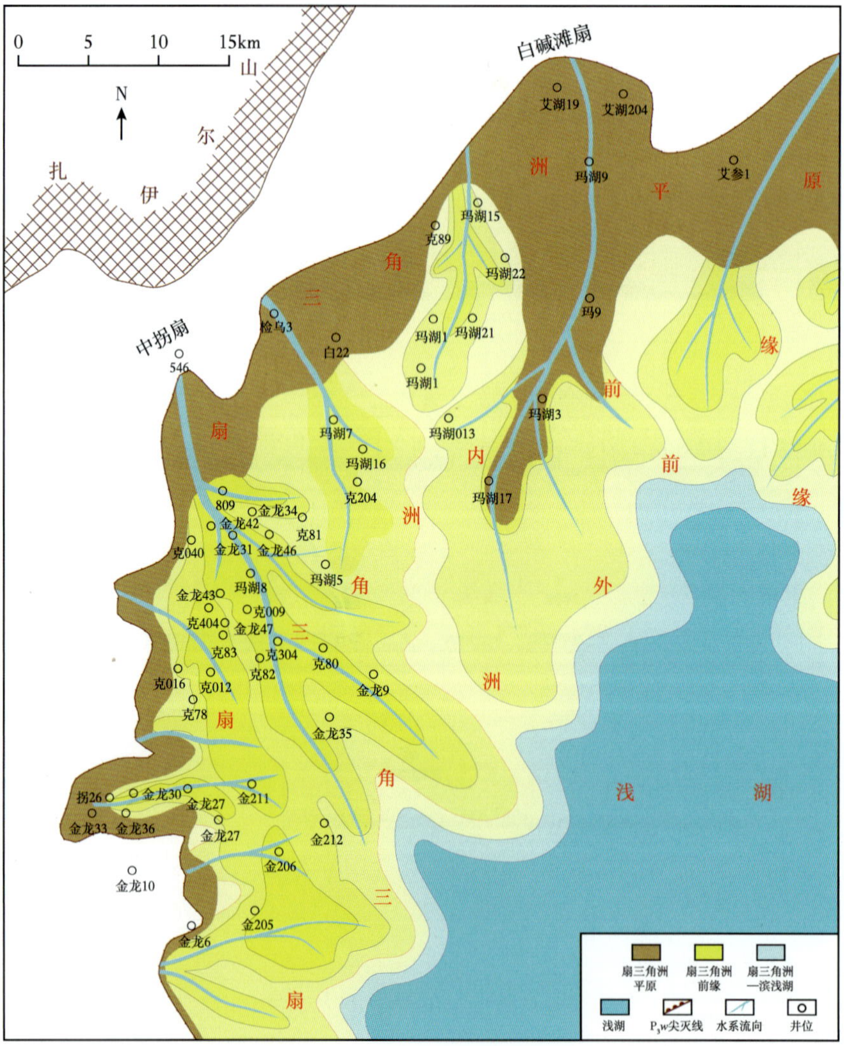

图 3-31 玛湖凹陷二叠系上乌尔禾组二段沉积相平面图

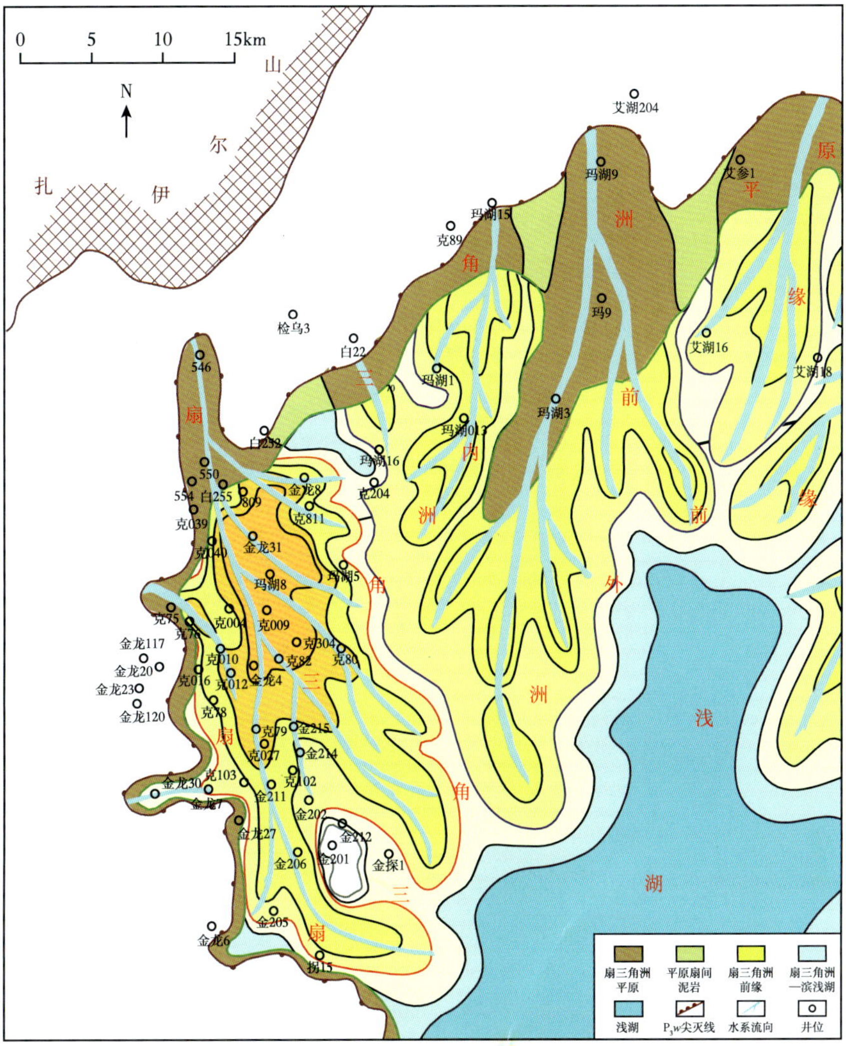

第三章 准噶尔盆地玛湖凹陷上乌尔禾组大面积油气藏群的发现

图 3-32 玛湖凹陷二叠系上乌尔禾组一段沉积相平面图

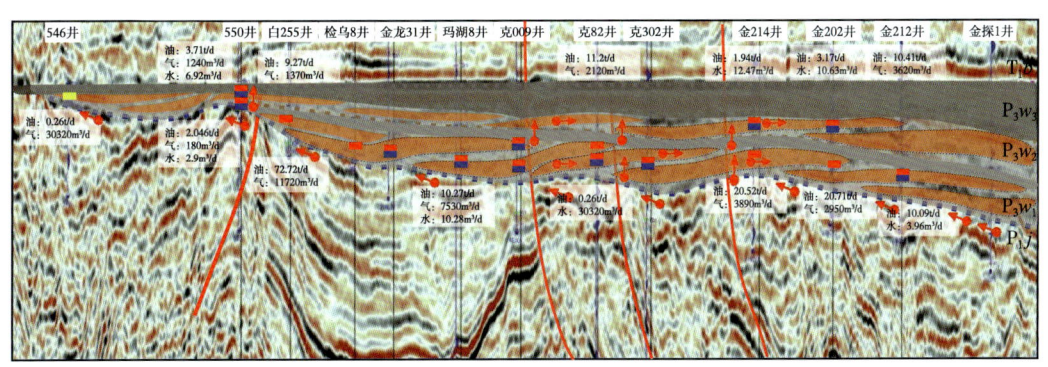

图 3-33 过 546 井—金探 1 井连井地震地质解释剖面（沿 T_1b 拉平）

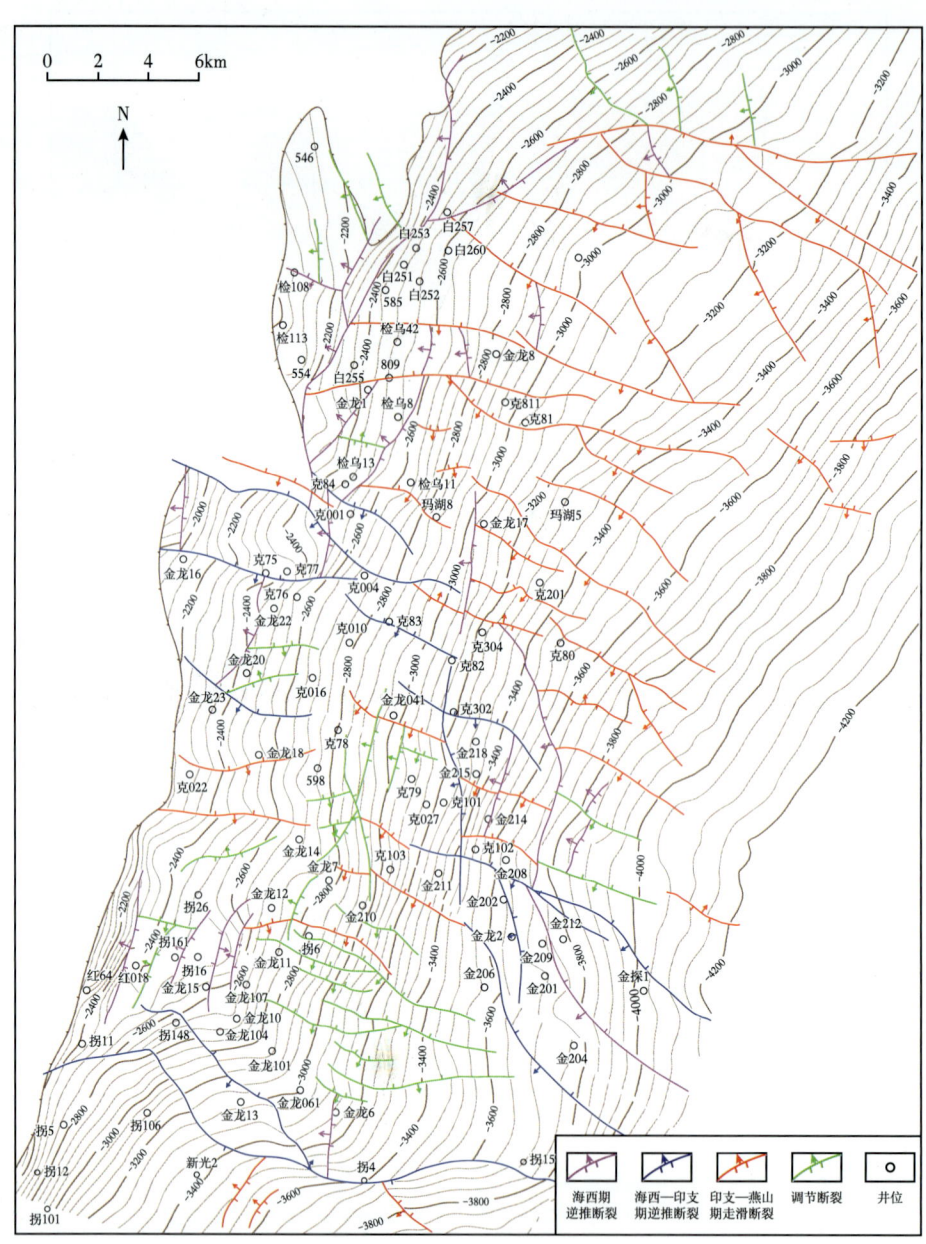

图 3-34 玛南斜坡区二叠系上乌尔禾组断裂平面分布图

断裂对上乌尔禾组油藏的控制作用主要与断裂的形成时期、断距大小和所处的构造位置有关。北东向逆推断裂由于形成时间早,部分断裂断距大,尤其是靠近造山带,与构造线平行的断裂,具有很好的上倾遮挡作用。这类断裂与东西向断裂或者岩性尖灭匹配,可形成有效圈闭。由于风城组烃源岩在二叠纪晚期便已经成熟排烃,到三叠纪末期达到生烃高峰,与这类断层有关的油藏具有多期持续充注的特点(图 3-35),典型代表是五3东油藏。

第三章 准噶尔盆地玛湖凹陷上乌尔禾组大面积油气藏群的发现

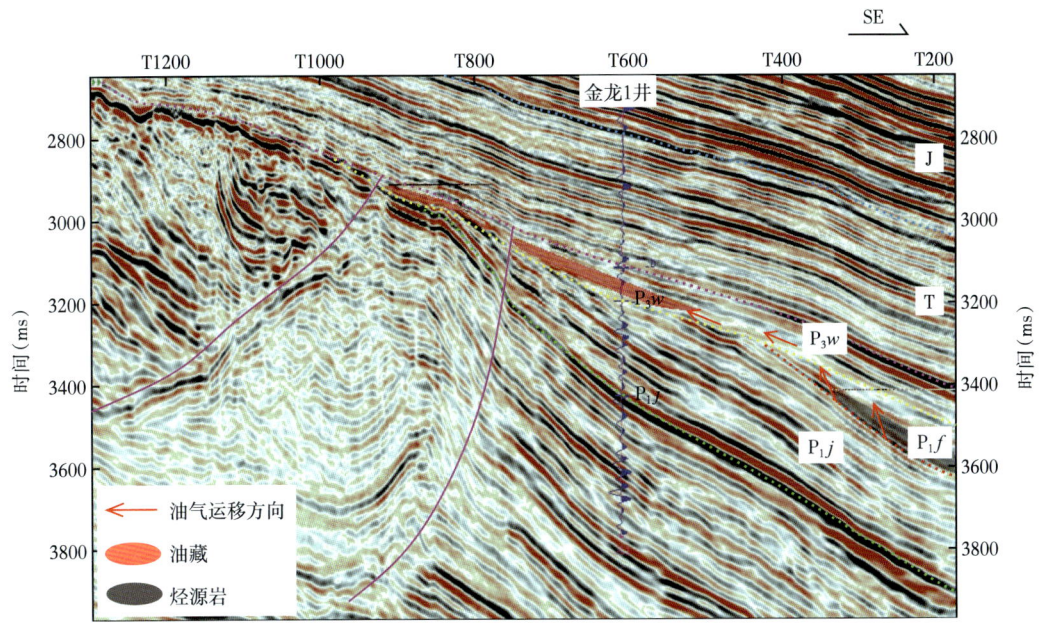

图 3-35 过金龙 1 井地震地质解释剖面

玛湖凹陷斜坡区的近东西向走滑断裂，主要起沟通油源的作用。该组断裂形成时间相对较晚，其活动时间与风城组烃源岩生烃高峰匹配关系好，具有良好的输导作用（图 3-36）。

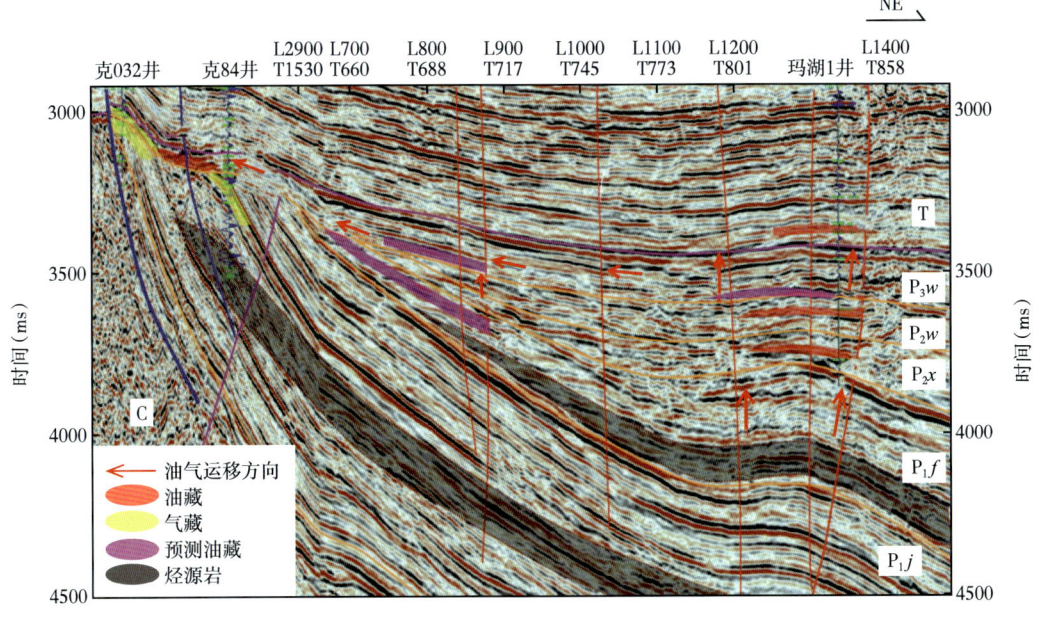

图 3-36 过克 032 井—克 84 井—玛湖 1 井地震地质解释剖面

根据油气运移路径的不同，通过对上乌尔禾组不整合与断裂配置关系分析，发现广大玛南斜坡区的主要成藏模式为下生上储—断裂纵向输导、不整合面横向输导。玛南斜坡区中二叠统主要为砂砾岩与泥岩互层沉积，沉积厚度大，一般为50~560m，具有较好的封盖作用，尤其是下乌尔禾组，为区域性盖层。风城组烃源岩生成的油气，必须经过断裂向上运移，直接进入圈闭聚集成藏，或者进入上乌尔禾组与下伏地层的不整合面，然后再由不整合面横向输导并在有效圈闭聚集成藏（图3-37）。

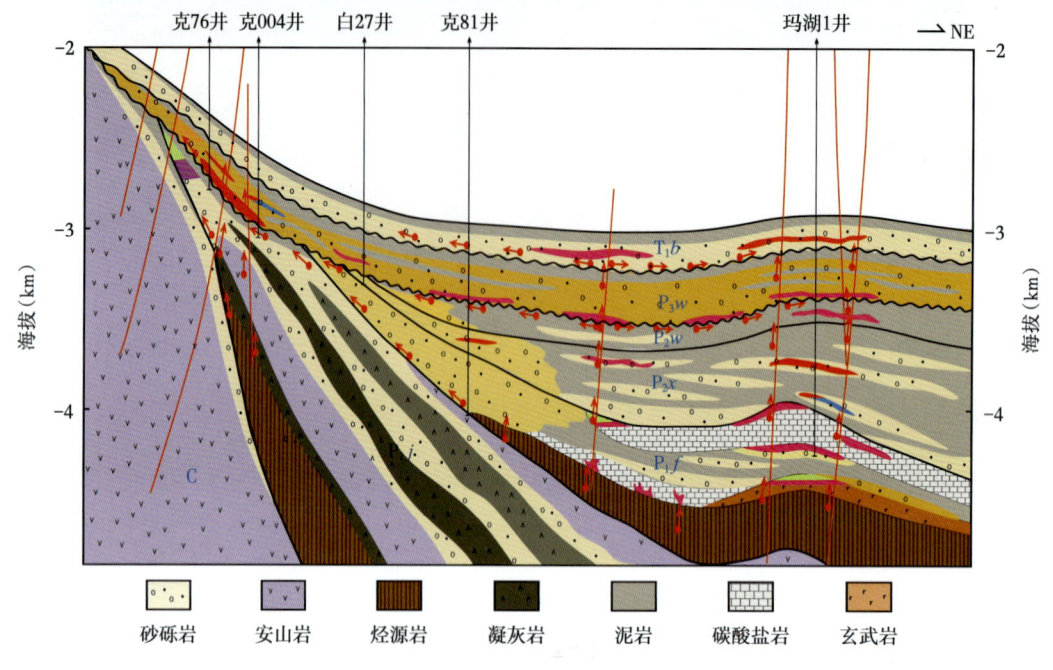

图3-37 玛南斜坡区油气成藏模式图

玛湖凹陷上乌尔禾组大面积成藏模式内涵:（1）大型地层尖灭带形成上倾方向遮挡；（2）上乌尔禾组自身形成了形成一套完整的储盖组合；（3）两期湖泛泥岩与扇间泥岩立体封堵，前缘相砂砾岩发育大面积成藏；（4）该区地层平缓，不整合的侧向疏导和断裂垂向调整为油气运聚提供了优越条件，两期湖泛泥岩与扇间泥岩立体封堵，前缘相砂砾岩大面积成藏，按照大面积成藏新认识，确立有利区面积达到2600km^2，是继玛湖凹陷百口泉组后，形成的又一个规模油气富集区。

3. 按照大面成藏理论，玛湖勘探再创新篇

1）一体化攻关研究，分类型快速动用

截至2017年底，已发现的上乌尔禾组油气藏有三种类型，分别为北部及南部上乌尔禾组二段互层状油藏（纯油层）、超覆带上乌尔禾组三段泥包砂型岩性油藏（纯油层）、南部上乌尔禾组一段厚层块状构造岩性油藏（油水同出居多）。

通过上乌尔禾组油气藏与玛湖凹陷百口泉组油藏类比分析，上乌尔禾组互层状油藏有效动用潜力大，主要表现在:（1）上乌尔禾组油藏物性较玛131井区百口泉组油藏好；

第三章 准噶尔盆地玛湖凹陷上乌尔禾组大面积油气藏群的发现

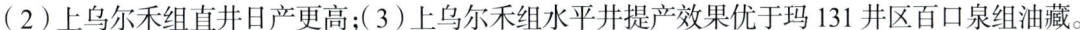

（2）上乌尔禾组直井日产更高；（3）上乌尔禾组水平井提产效果优于玛131井区百口泉组油藏。

上乌尔禾组一段厚层块状油藏（油水同出）已证实可有效动用。1999年五3东油藏采用直井开发，截至2014年4月，累计产油92.1×10⁴t；2016年白25井区采用直井开发，部署开发井44口，日产油4.8~23.2t，综合含水10.5%~87.0%，单井平均日产油15.8t，目前已建产能9.72×10⁴t；此外，位于上乌尔禾组一段新增储量区内的克009井长期试产油水同出，自1998年9月开始开井生产，到2016年3月关井，累计生产4625天，平均日产油2.83t，累计生产油13290t，累计产气79×10⁴m³，平均日产水2.26m³，累计产水12526m³。

目前，围绕白碱滩扇西翼已落实预测储量目标区，评价部署已经提前介入，通过预探评价一体化部署，推动储量快速升级。该区预探计划部署井位10口，评价部署直井42口，开发试验水平井4口，其中第一批6口井已优先上钻。

2）深入探索斜坡区，大油区基本形成

以大面积岩性油藏群模式为指导，拓展中拐扇和探索白碱滩扇体为目标区，按照"拓展勘探与甩开预探相结合、新老井结合整体部署"的思路，预探、评价、产能一体化整体部署，整体控制，取得显著勘探成效。在控制区，2019年上交玛湖1井区块二叠系上乌尔禾组一段石油探明地质储量1.2×10⁸t，2021年上交上乌尔禾组二段探明储量11663.62×10⁴t，探明含油面积147.85km²。在外甩区，玛湖23井在上乌尔禾组两层试油获高产工业油流。2019年上交玛湖23井区预测储量7085×10⁴t。2022年位于中拐凸起东斜坡玛湖28井区块二叠系上乌尔禾组一段申报石油控制储量2079×10⁴t，溶解气地质储量10.50×10⁸m³。

截至2022年底，玛湖凹陷二叠系上乌尔禾组发现油藏19个，落实石油三级储量5.13×10⁸t，玛湖凹陷上乌尔禾组大油区基本形成（图3-38，表3-6）。

表3-6 玛湖凹陷二叠系上乌尔禾组三级储量统计表（2022年）

类别	区块名称	层位	含油面积（km²）	储量规模（10⁴t）	溶解气储量（10⁸m³）	发现井	时间（年）
探明	五区	P_3w	34	2450		256井	1977
	克75井区	P_3w	14.3	711	10.96	克75井	1992
	546井区	P_3w	6.9		16.8	546井	1994
	克79井区	P_3w	26.2	1043	22.1	克79井	1995
	302井区	P_3w	0.5	20	0.32	256井	2001
	554井区	P_3w	2.6	125	2.39		2001
	555井区	P_3w	1.9	114	0.82		2001
	克82井区	P_3w	10.9	738	12.51		2001
	金龙2井区	P_3w	28.35	2291.55		金龙2井	2014
	白25井区	P_3w	6.32	446.38		白255井	2015
	玛湖1井区	P_3w_1	180.94	11981.21		玛湖1井	2019
	玛湖1井区	P_3w_2	147.85	11663.62	92.58		2021
	合计		460.76	31583.76	158.48		

续表

类别	区块名称	层位	含油面积（km²）	储量规模（10⁴t）	溶解气储量（10⁸m³）	发现井	时间（年）
控制	金龙7井区	P_3w	13.3	713		金龙7井	2011
	克83井区	P_3w	20	1073		克83井	2017
	金龙43井区	P_3w	32.4	1719		金龙43井	2017
	金222井区	P_3w	12.1	1516			2021
	玛湖28井区	P_3w	24.1	2079	10.5	玛湖28井	2022
	合计		101.9	7100	10.5		
预测	玛湖8井区	P_3w	54.4	5616		玛湖8井	2017
	玛湖23井区	P_3w	103.5	7085		玛湖23井	2019
	合计		157.9	12701			

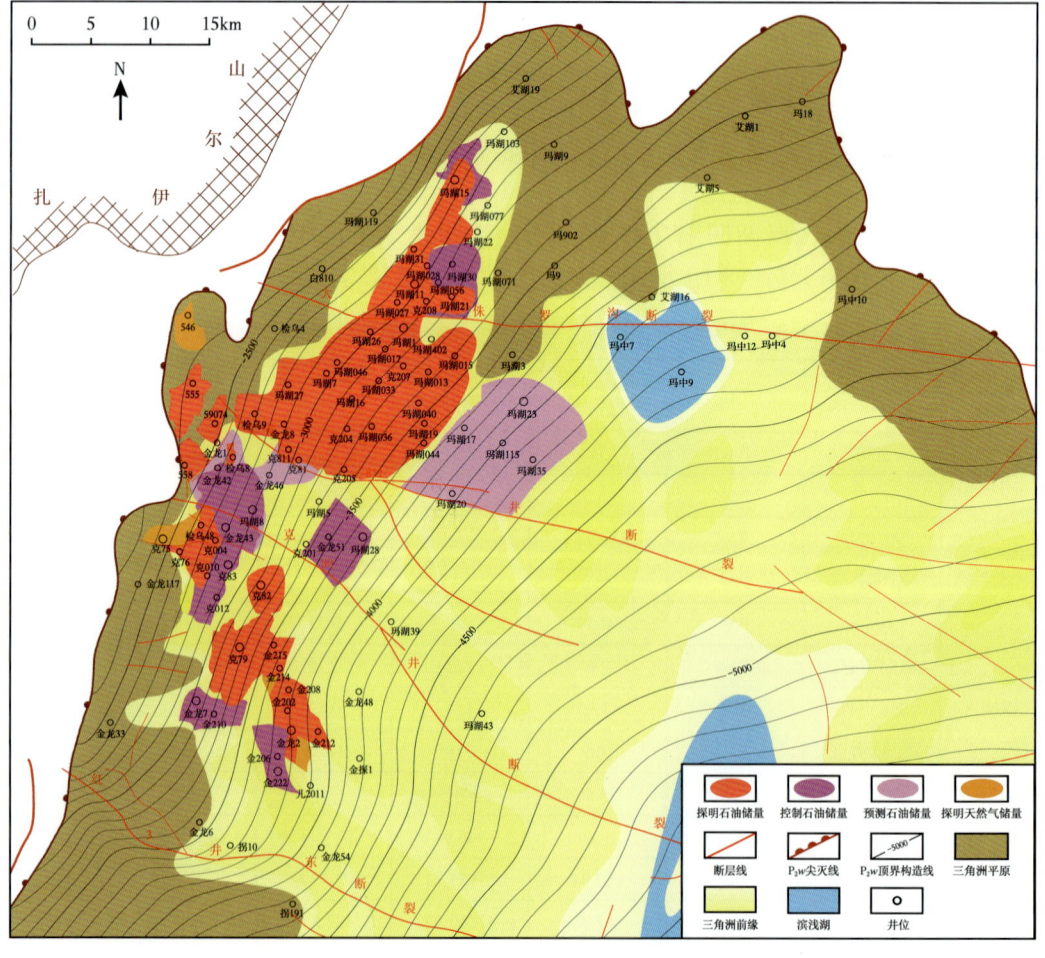

图3-38 玛湖凹陷二叠系上乌尔禾组油藏勘探成果图

第三节　勘探启示

自 20 世纪 60 年代至今，玛湖凹陷上乌尔禾组油气勘探经历近 60 年，从克拉玛依油田五区上乌尔禾组油藏发现，到中拐扇、白碱滩扇体逐步突破，直至大面积成藏地质认识形成，勘探上有成功有失利，回顾玛湖上乌尔禾组勘探历程，敢于突破思想禁锢，"水区"探油，敢于创新地质理论，构建大型地层背景下退积型多期砂体纵向叠置、横向搭接连片岩性油气藏群新模式。在勘探思路解放、配套技术形成及地质理论创新下，上乌尔禾组勘探取得显著成效，为准噶尔盆地其他凹陷勘探提供重要借鉴意义。

一、"水区"找油，金龙 2 井的发现和玛湖 8 井的试油成功是玛湖凹陷上乌尔禾组突破的关键

中拐扇"水区"之下老井复试金龙 2 井区油藏的发现，主要原因有：第一，多年来，从二维地震到大面元三维地震，再到高密度三维地震，通过持续物探技术攻关，形成了玛湖地区砾岩油气藏采集、处理、解释地震勘探配套技术，资料品质大幅提升，断裂、构造、地层及相带落实更清楚；第二，从"水区"之下埋深大储层质量差的认识，到深层仍发育规模优质储层，颠覆前人认识，老井复试金龙 2 井恢复试油获工业油流，发现了金龙 2 井区油藏，证实了"水区"之下仍有油藏。白碱滩扇"水区"内找油，玛湖 8 井试油获百立方米高产，为大面积成藏理论其形成奠定基础，其核心因素是敢于打破以往认识，大胆尝试，针对电阻率较为接近的低孔低渗砂砾岩油水层开展流体识别，发现低渗砂砾岩中的钻井液异常侵入特征，提出采用钻井液异常侵入特征来定性识别储层中流体性质的方法，提高了对油水层的识别能力，从而有效地指导了"水区"老井试油工作，相继在"水区"内复查和新井试油获工业油流 12 井 12 层。低阻段试油成功，验证了各个油藏间可能是连片，为大面积成藏奠定依据。

二、不断解放思想，创建大型地层背景下大面积成藏地质理论是勘探获得新发现的源泉

新的突破和发现是勘探人的永恒追求，但突破和发现往往以地质研究的思想解放、认识创新为前提，玛湖凹陷上乌尔禾组持续发现的过程也是认识不断深化的过程。构造认识从西北缘单一地层构造到凹陷斜坡区，从过去简单平缓斜坡到走滑断裂交织发育、鼻凸坡折成带分布的复杂斜坡区，奠定了油气高效输导体的存在，建立了油气跨层运聚模式。沉积认识从传统陡坡型扇三角洲沉积到大型退覆式浅水扇三角洲沉积，勘探领域由盆缘逐步拓展到整个凹陷区，建立了储层叠置连片大面积发育模式。成藏认识经历由断裂带控制成藏到斜坡区岩性大面积成藏模式的转变，勘探部署从单个构造圈闭、岩性圈闭勘探到大面积直井控面，再到大油区整体布控的理念转变。玛湖凹陷上乌尔禾组勘探，深化了源上砾岩大油田成藏认识，对国内外盆地大油区勘探也具有重要指导意义。

第四章 准噶尔盆地沙湾凹陷上乌尔禾组油藏的发现

准噶尔盆地中央坳陷包括玛湖凹陷、盆1井西凹陷、沙湾凹陷、东道海子凹陷、阜康凹陷及索索泉凹陷六个次级凹陷（何登发等，2021），玛湖凹陷率先以"大面积成藏"为指导在多层系发现多类型油藏。沙湾凹陷与玛湖凹陷成藏条件类似，二叠系发育大型地层背景，前缘相大面积成藏（况军等，2006；唐勇等，2021），勘探面积3500km^2，是盆地规模勘探现实接替区。

第一节 勘探概况

沙湾凹陷位于准噶尔盆地西北部，属于中央坳陷的二级构造单元，面积约6000km^2。沙湾凹陷北面与中拐凸起相邻，南面为霍玛吐背斜带，西面紧邻红车断裂带，东面为莫索湾凸起和莫南凸起（图4-1）。该区地势平坦，地表为半固化的沙地、戈壁，地面海拔280~310m。

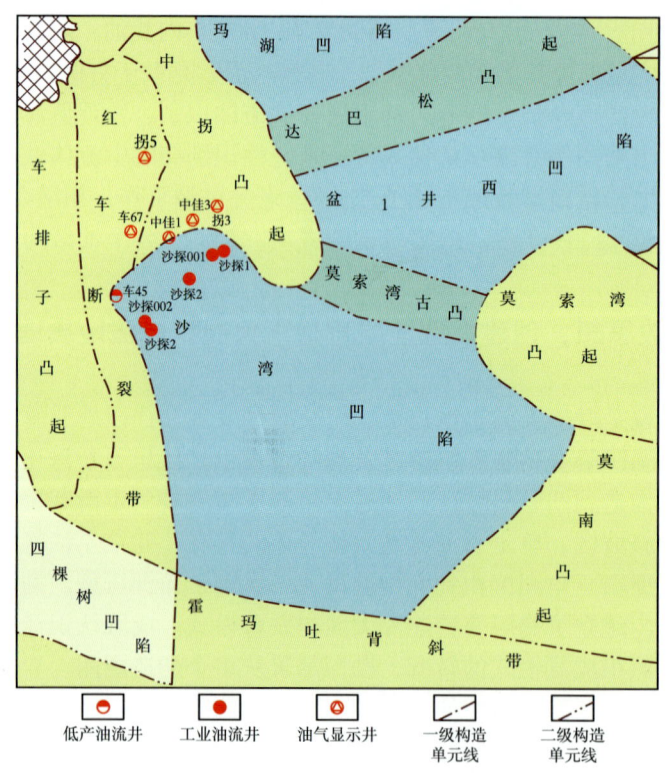

图4-1 沙湾凹陷区域构造位置图

沙湾凹陷内地层发育相对完整（图4-2），自下而上依次为石炭系、二叠系、三叠系、侏罗系、白垩系、古近系及新近系。其中，二叠系发育佳木河组、风城组、夏子街组、下乌尔

第四章 准噶尔盆地沙湾凹陷上乌尔禾组油藏的发现

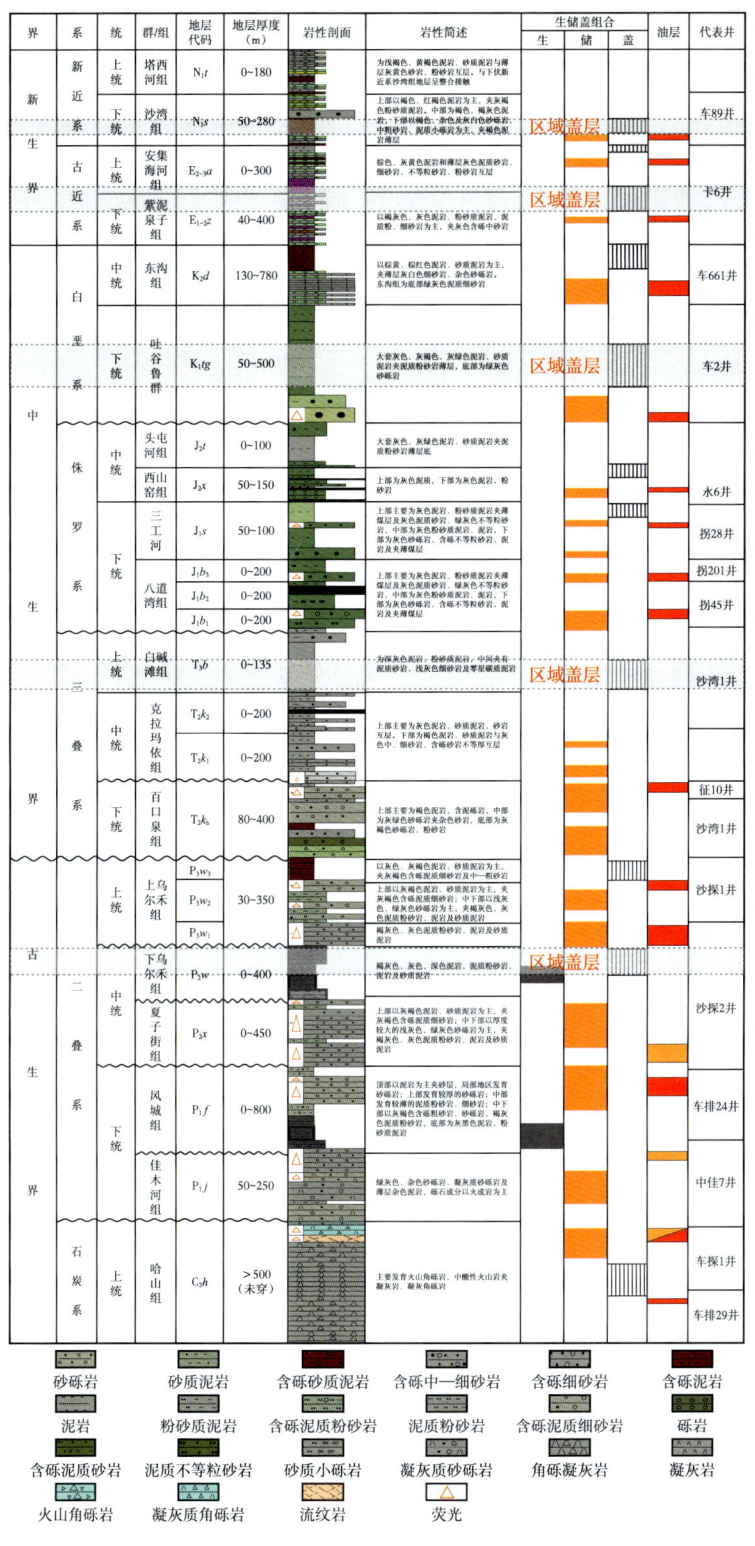

图 4-2 沙湾凹陷地层综合柱状图

禾组和上乌尔禾组。沙湾凹陷是准噶尔盆地重要的生烃凹陷之一，在其周缘中拐凸起南翼和红车断裂带下盘多层系均获得油气发现，具备九大含油层系（石炭系、二叠系佳木河组、风城组、夏子街组、下乌尔禾组、上乌尔禾组、三叠系百口泉组、侏罗系白碱滩组、白垩系清水河组）。沙湾凹陷整体发育五大区域盖层（二叠系下乌尔禾组、三叠系白碱滩组、白垩系吐谷鲁群、古近系紫泥泉子组、新近系沙湾组），配合二叠系、三叠系、侏罗系、白垩系、古近系储层形成了五套储盖组合。

沙湾凹陷邻接的红车断裂带为一自石炭纪开始发育的右行压扭带，在压扭构造运动中，导致沙湾凹陷地层发生褶皱变形与剥蚀，同时来自凹陷周缘边界断裂带的挤压应力在凹陷内部传播，形成了多排的褶皱及不整合构造组合（梁宇生等，2018），构造样式复杂（图4-3）。

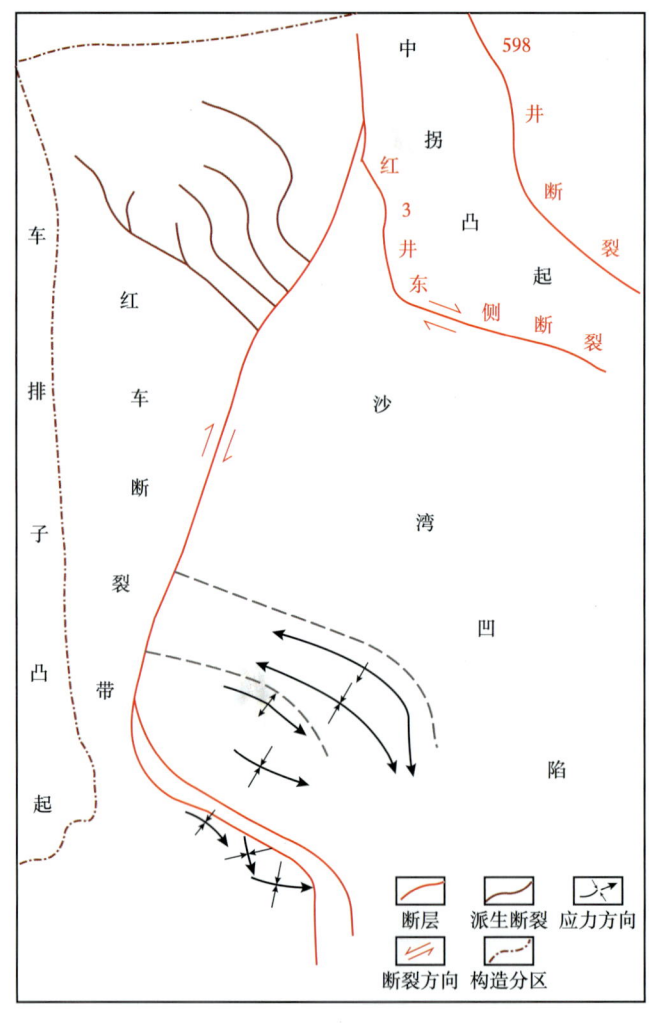

图4-3 沙湾凹陷二叠系上乌尔禾组断裂纲要图

红3井东侧断裂呈北西向展布，将中拐凸起划分为南北两翼。南翼是指中拐凸起轴部（红3井东侧断裂）以南的区块，一直延伸到沙湾凹陷西北斜坡带（图4-4）。

第四章 准噶尔盆地沙湾凹陷上乌尔禾组油藏的发现

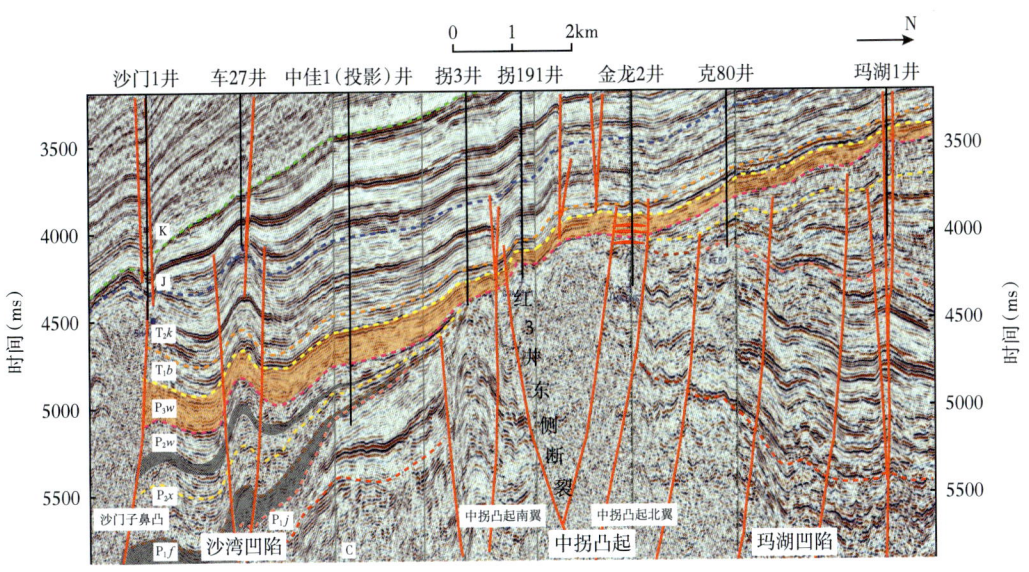

图 4-4 沙湾凹陷—中拐凸起—玛湖凹陷从南至北地震地质解释剖面

沙湾凹陷上乌尔禾组地层整体表现为向南东倾没的单斜构造，具有西北高东南低的特点，地层向西超覆尖灭（图 4-5）。

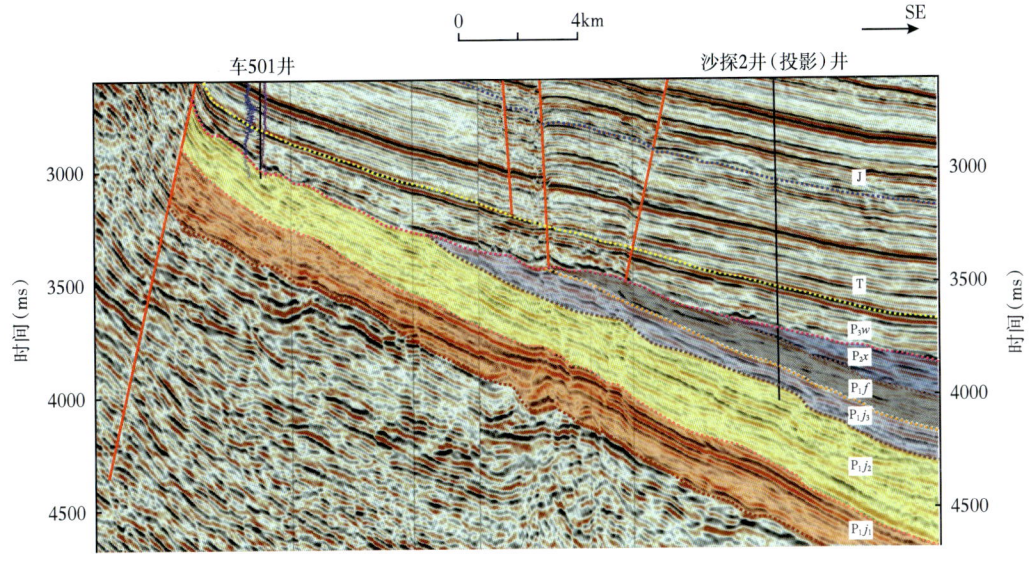

图 4-5 沙湾凹陷北西—南东向地震地质解释剖面

沙湾凹陷的油气勘探与中拐凸起和红车断裂带的勘探紧密相连。中拐凸起南翼陆续发现拐 5 井区、中佳 2H 井区、中佳 7 井区、拐 16 井区等二叠系、侏罗系多个油气藏（表 4-1）。红车断裂带陆续提交车 21 井区、车峰 3 井区、车 67 井区、车 47 井区、车 2 井区、车 45 井区石炭系、二叠系、侏罗系等多个层系的探明储量。2017年部署上钻沙探1井，2018年该井首次在上乌尔禾组获得突破，日产油16.74t。2019年部署钻探沙探2井，2020年该井获得工业油流，日产油10.33t，同年提交沙探1井、沙探2井区预测储量6878×10⁴t。2021年沙探1井区、沙探2井区的评价井在上乌尔禾组再获工业油流，同年升级沙探1井区控制储量2884×10⁴t。

表 4-1　沙湾凹陷及其周缘发现油气藏简表（部分）

年份	发现油气藏	层系	所在位置
2010年以前	拐16井区断块油藏	J_1s	中拐凸起
	克75断块气藏	P_3w	
	拐5井区、车67井区等断块油藏	P_2x	
	克82井区断块气藏	P_1j	
	红003井区、车60井区等断块油藏	K	红车断裂带
	红29井区、红浅1井区、车35井区、车45井区等断块油藏	J	
	红15井区、红60井区、红76井区等断块油藏	T	
	车43井区、车46井区、车47井区等断块油藏	P_1j	
	车541井区、车峰3井区、车峰6井区、车23井区、车32井区、红018井区等断块油藏	C	
2014年	金龙2井区断块油气藏	P_3w、P_1j	中拐凸起
2016年	中佳2H井断块气藏	P_1j	
2017年	金龙7井断块气藏	P_1j	
2018年	中佳7井断块气藏	P_1j	
2020年	沙探1井断层—岩性油藏、沙探2井断层—地层油藏	P_3w	沙湾凹陷
	车排24井断层—地层油藏	P_1f	
2021年	车排18井区断块油藏	P_1j	红车断裂带

综上，需要对沙湾凹陷不同阶段的地质认识及勘探思路进一步梳理，并从中总结勘探成果与启示，期望能对沙湾凹陷以后的油气勘探有所借鉴。

第二节　勘探历程

结合沙湾凹陷不同阶段勘探思路及发现，上乌尔禾组的勘探阶段可以划分为凹陷边缘探索（1993—2012年）、斜坡攻关突破（2013—2018年）、斜坡扩大领域（2019年至今）三个勘探阶段（图4-6，表4-2）。

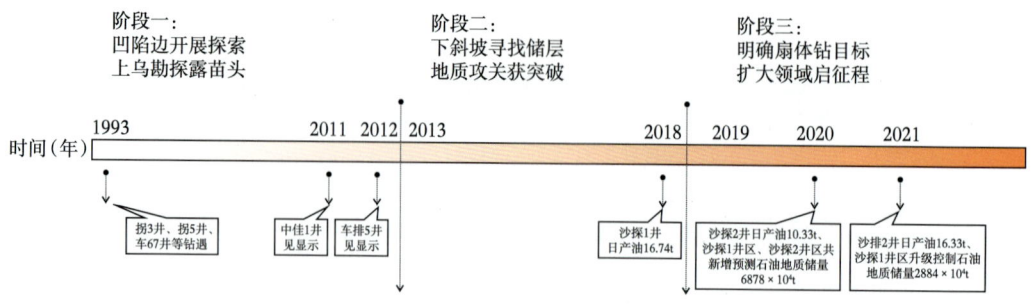

图 4-6　沙湾凹陷勘探阶段划分图

第四章　准噶尔盆地沙湾凹陷上乌尔禾组油藏的发现

阶段一是凹陷边缘探索阶段（1993—2012年）：自20世纪90年代，拐3井、拐5井、车67井等钻遇上乌尔禾组厚层泥岩，普遍认为上乌尔禾组为泥岩盖层，这一思想桎梏让上乌尔禾组的勘探局限在凹陷边缘长达20年。2011年，中佳1井、车排5井钻遇上乌尔禾组发现具有良好的油气显示，从此，开启了上乌尔禾组油藏勘探的苗头。

阶段二是斜坡攻关突破阶段（2013—2018年）：以玛湖凹陷"跳出断裂带，走向斜坡区，大面积成藏"的地质认识为引领，以中拐连片重处理三维地震资料为依托，通过井震结合精细标定，重新厘定地层划分方案，重新勾勒上乌尔禾组古地貌，明确沟槽发育位置和沉积相平面展布特征，2018年重绘小拐扇，部署上钻了沙探1井，日产油16.74t，上乌尔禾组自此获得油气勘探的进展。

阶段三是斜坡扩大领域阶段（2019年至今）：以"斜坡区扇三角洲前缘发育规模储层"的地质认识为引领，地震部署为保障，在"从找到储层到找规模储层"的勘探思路的转变下，2019年部署上钻沙探2井，2020年沙探2井上乌尔禾组日产油10.33t，论证了沙门子扇发育规模储层，同年新增石油地质预测储量$3286×10^4$t，2021年成功升级了沙探1井区石油地质控制储量$2884×10^4$t，扩展了上乌尔禾组的勘探领域。

表4-2　沙湾凹陷上乌尔禾组勘探历程数据表

勘探阶段	时间	重点井	发现上乌尔禾组油藏	储量	
				预测石油地质储量（10^4t）	预测石油地质储量（10^4t）
阶段一	1993—2012年	中佳1井、车排5井			
阶段二	2013—2018年	沙探1井			
阶段三	2019年至今	沙探001井、沙探2井、沙排2井、沙探002井、沙排6井、沙排8井	沙探1井区油藏	3592	2884
			沙探2井区油藏	3286	

一、凹陷边开展探索，上乌勘探露苗头（1993—2012年）

1. 凹边隆资源丰富，油气勘探潜力大

以构造控藏为指导，中拐凸起北翼90年代起先后发现了克75井、克79井、克82井区块二叠系上乌尔禾组和佳木河组断块油藏（图4-7）。1996年上交克79井区块二叠系上乌尔禾组油藏探明石油地质储量$1043×10^4$t，探明含油面积26.2km^2。1999年上交克82井区块二叠系佳木河组气藏探明天然气地质储量$95.67×10^8$m^3，探明含气面积8.7km^2。2001年上交克82井区块二叠系上乌尔禾组油藏探明石油地质储量$738×10^4$t，上报探明含油面积10.9km^2。处于红3井东侧断裂下盘与红车断裂所夹持的小拐地区，是断裂带下盘上倾封闭的斜坡，是南部源区沙湾凹陷西北角的上倾边缘，所以从东北到西南三面被断层遮挡的上翘斜坡，其顶端形成了很好的封闭，是油气运聚的指向区，被称为"金三角"。20世纪90年代初期，中拐凸起南翼上钻拐3井，二叠系佳木河组二段获工业气流，小拐勘探初露曙光，"金三角"油气勘探工作再次引起重视。1995年拐5井二叠系夏子街组3448~3428m试油，获日产油60.87t、日产气8894m^{3}的高产油气流，从而发现了小拐油田拐5井区二叠系夏子街组油藏。同年9月，上报近$5900×10^4$t的控制储量。1997年车67井在夏子街组内日产油26.57m^3，日产气5688m^3，申报控制含油面积12.2km^2，储量$1733×10^4$t。同期，红车断裂带也陆续发现红003井区、车60井区白垩系，红

29井区、红浅1井区、车35井区、车45井区等侏罗系，红15井区、红60井区、红76井区等三叠系，车43井区、车46井区、车47井区等二叠系佳木河组，车541井区、车峰3井区、车峰6井区、车23井区、车32井区、红018井区等石炭系多个油（气）藏（图4-7）。

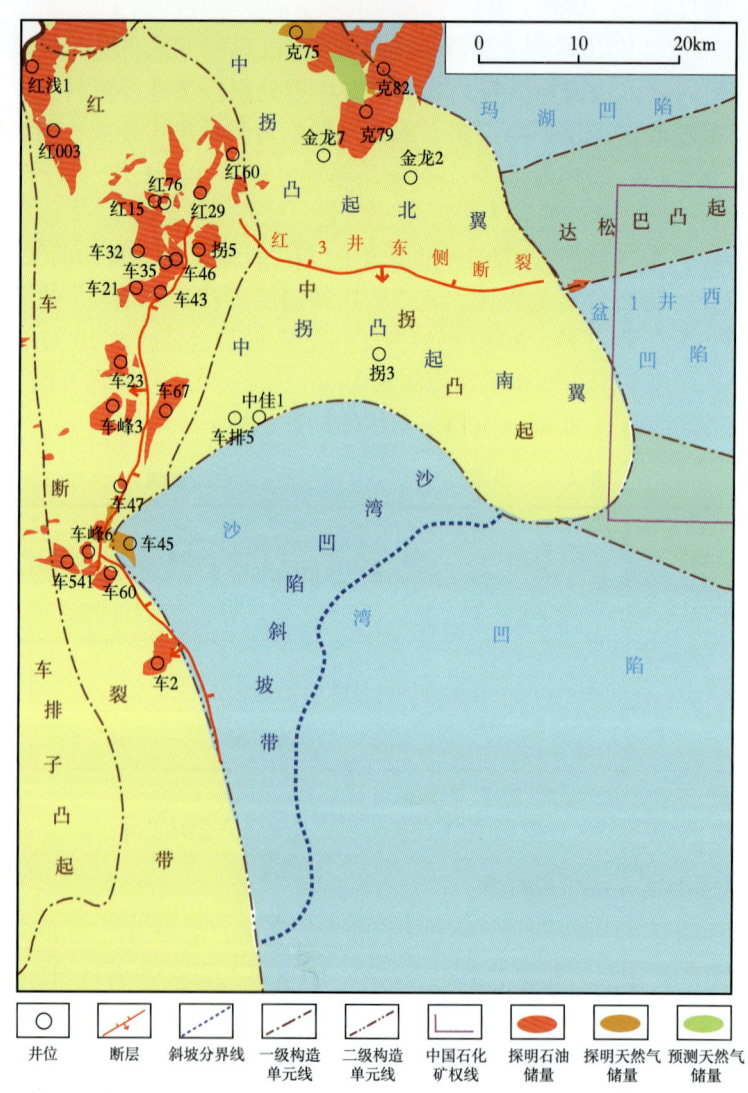

图4-7 沙湾凹陷周缘1993—2012年的发现油气藏

根据第四次油气资源评价结果，准噶尔盆地沙湾凹陷石油资源量为 30.5×10^8 t，占盆地石油总资源量的38.1%；截至2010年，累计探明原油地质储量 27575×10^4 t，探明率为9%。其中侏罗系油藏有6个区块，克拉玛依组油藏有17个区块，二叠系夏子街组油藏有1个区块，石炭系油藏有5个区块。周缘多层系油气发现说明沙湾凹陷勘探潜力巨大，具有立体勘探规模。

2. 盖层认识入误区，钻探未作目的层

虽然沙湾凹陷周缘多层系发现油气藏，但此时二叠系的油气勘探主要围绕中拐凸起及红车断裂带下盘的构造型目标展开，主探目的层并不是上乌尔禾组。这主要是因为中拐凸起的

第四章 准噶尔盆地沙湾凹陷上乌尔禾组油藏的发现

已钻井钻揭上乌尔禾组以厚层泥岩为主。如车 67 井上乌尔禾组储层不发育，仅有 2m 薄层粉砂岩录井见荧光显示，整体致密，物性差（图 4-8）。拐 5 井上乌尔禾组发育近 50m 厚的泥岩。

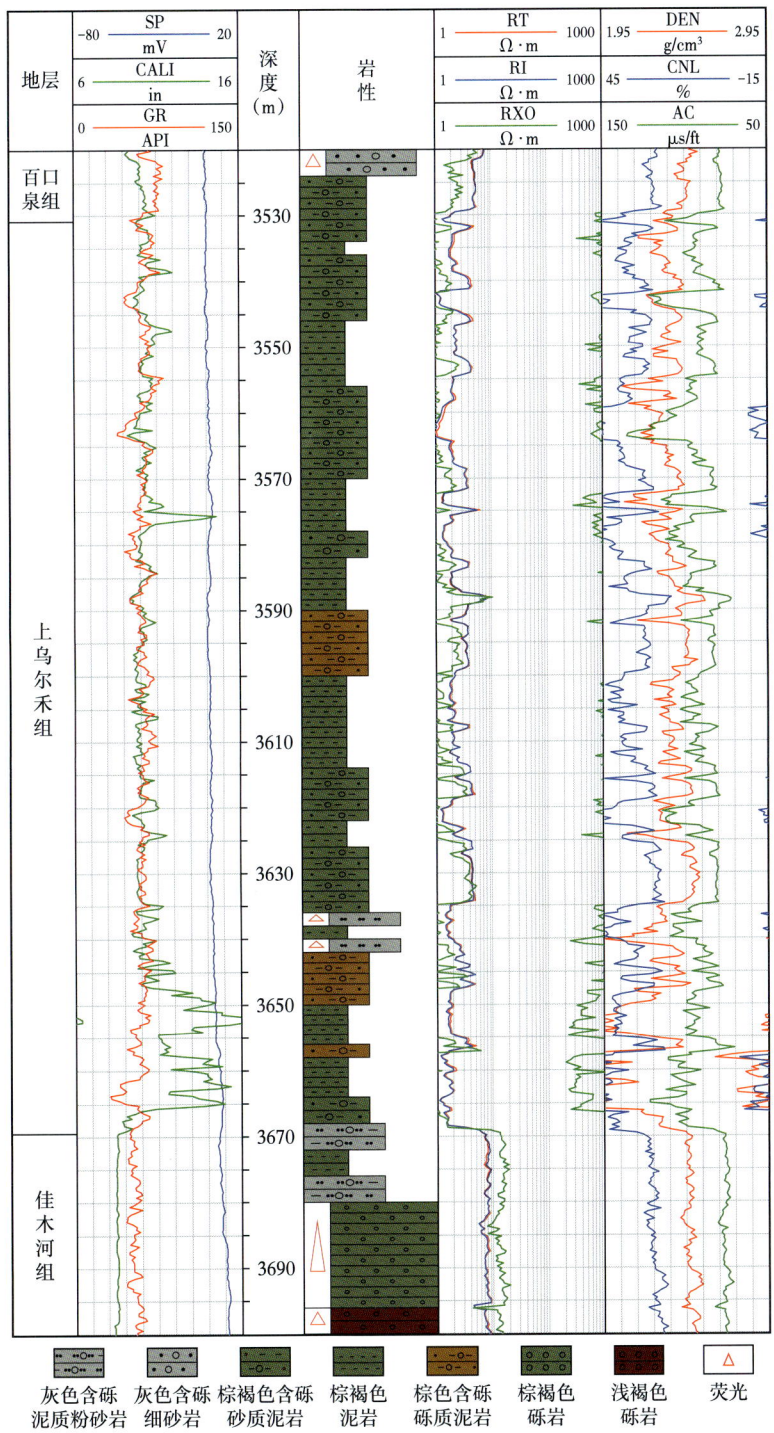

图 4-8 车 67 井上乌尔禾组单井柱状图

因此认为沙湾凹陷上乌尔禾组以泥岩为主,厚度大,泥质含量高,渗透性差且内部无裂缝,对下伏地层油气聚集起到了良好的封盖作用,是二叠系区域性盖层,并未将其作为勘探的重点层系。这一地质认识桎梏了上乌尔禾组的勘探近20年。

3. 探井测试显示好,即将叩开成果门

2010年以后,以寻找接替领域为主旨,认为沙湾凹陷中深层的目标在垂向上更靠近烃源岩,横向上紧邻凹陷中心烃源岩,成藏更为有利(蔚远江等,2007;匡立春等,2012)。因此,在钻井、物探等技术的辅助下,精细解释车91井三维地震资料,于2011年部署上钻风险探井中佳1井,钻探深度5250m,探索二叠系岩性目标的含油气性。中佳1井钻探结果表明上乌尔禾组上部发育厚层泥岩;中下部发育砂泥岩互层,见荧光显示,砂地比为17%,测井解释气层1层厚为3.7m,泥质含量为13%,孔隙度为7.6%,由于缺乏沟通油源的大断裂,试油未获得油气流,但开始形成上乌尔禾组也存在油气的地质认识,按照向上变细的正旋回将上乌尔禾组精细划分为上乌尔禾组三段、上乌尔禾组二段和上乌尔禾组一段(图4-9)。

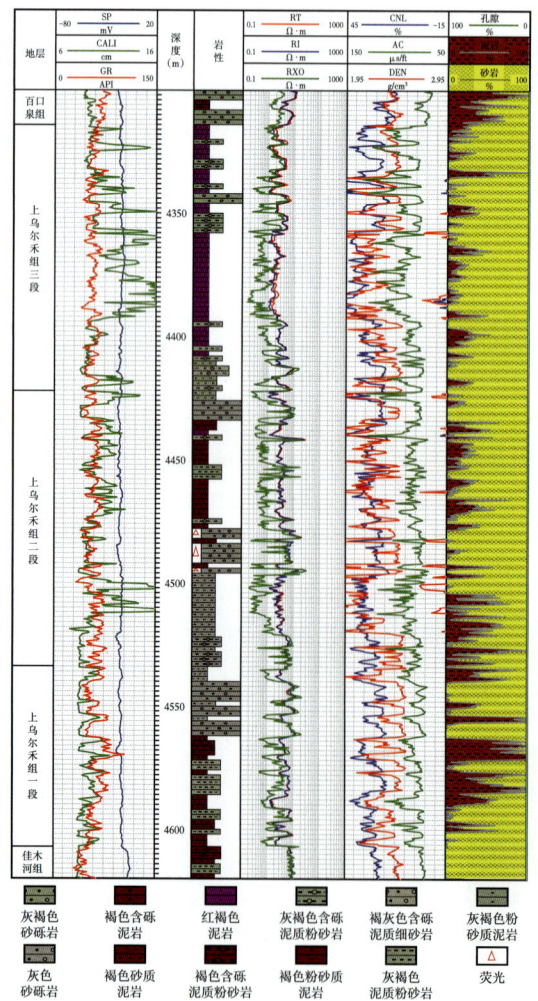

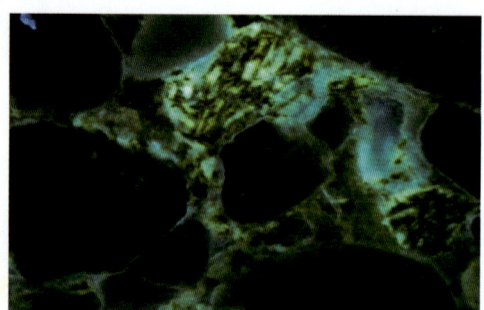

4480m,含砾不等粒岩屑砂岩,部分碎屑及部分泥质具荧光显示

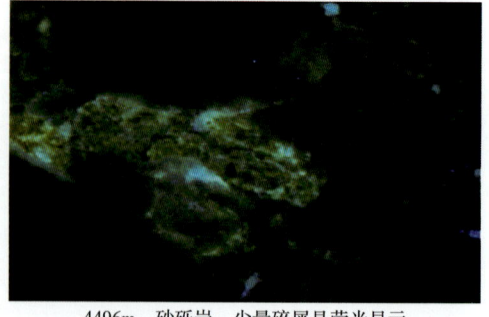

4496m,砂砾岩,少量碎屑具荧光显示

图4-9 中佳1井上乌尔禾组单井柱状图及荧光薄片

第四章　准噶尔盆地沙湾凹陷上乌尔禾组油藏的发现

2012 年，基于中佳 1 井上倾方向构造更有利成藏，二叠系储层埋深相对浅因此物性更好的地质认识，部署上钻了车排 5 井。该井上乌尔禾组二段录井见荧光显示，荧光薄片见部分颗粒发光（图 4-10），测井解释差油层 3 层，厚度为 6.1m，孔隙度为 9.0%~11.9%，含油饱和度为 35.1%~60.2%，由于其下伏佳木河组试油未出，暂时认为上乌尔禾组不利于成藏，故没有针对上乌尔禾组试油。

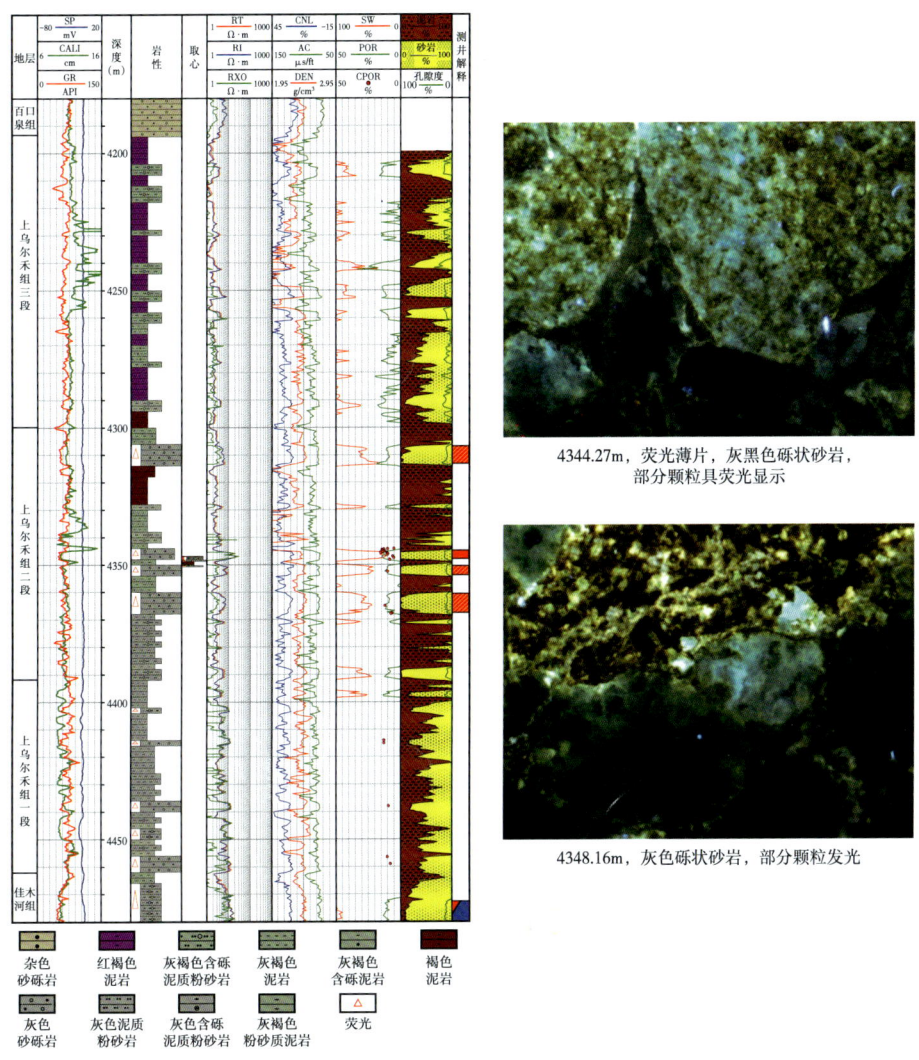

图 4-10　车排 5 井上乌尔禾组单井柱状图及荧光薄片

自从中佳 1 井、车排 5 井钻遇上乌尔禾组有利储层，见良好显示，开始认识到沙湾凹陷上乌尔禾组并非是泥岩盖层，斜坡区不仅是油气运移的指向区，也有储层发育，是成藏的有利区，蕴含着大型油气藏的潜力。自此，开始有了沙湾凹陷上乌尔禾组蕴含规模油气藏这一假设，为下一阶段打开了上乌尔禾组这一重点层系勘探的大门，但上乌尔禾组油气藏在哪儿依然是未知数。

二、下斜坡寻找储层，地质攻关获突破（2013—2018年）

1. 对比玛湖同与异，跳出断裂向斜坡

玛湖凹陷位于沙湾凹陷北部，面积约5100km²；其西侧和克百断裂带相接，南部邻接中拐凸起；凹陷斜坡带地层发育相对完整；凹陷内发育下乌尔禾组、风城组及佳木河组三套烃源岩；凹陷斜坡带发育多套储盖组合，多层系成藏。玛湖凹陷斜坡带二叠系上乌尔禾组埋深小于5000m，主要发育扇三角洲水下分流河道砂体，储层物性较好。其中玛南斜坡区玛湖8井区、克83井区、克79井区、金龙2井区在2015年以前就已发现上乌尔禾组油藏，金龙2井区按照断块油藏上交探明储量5000×10⁴t以上，周边连片成藏潜力大。金龙43井区、玛湖1井区、玛湖16井区、玛湖013井区已提交控制储量亿吨以上，有坡下连片成藏的趋势（图4-11）。

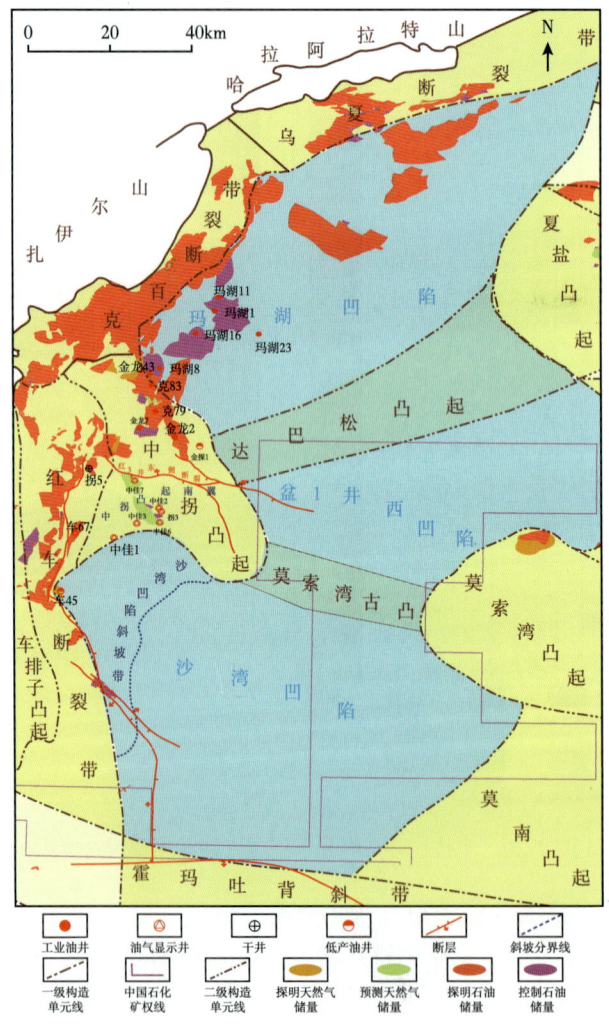

图4-11 2018年前玛湖凹陷和沙湾凹陷勘探成果图

第四章 准噶尔盆地沙湾凹陷上乌尔禾组油藏的发现

前已述及,沙湾凹陷比玛湖凹陷面积略大,具有类似的地层结构和成藏特征,上乌尔禾组和百口泉组底界两大不整合面控制了油气富集(吴孔友等,2002;罗凯声,2003)。玛湖凹陷的油气勘探以围绕古凸的凹槽带沉积扇三角洲前缘相优质储层为依据,从斜坡上走向斜坡下,坡下大面积成藏启发了对沙湾凹陷的重新认识。沙湾凹陷的勘探程度低,相比玛湖凹陷存在以下两大方面不同:(1)沙湾凹陷烃源岩埋深厚度普遍大于6500m,厚度大,根据热模拟,烃源岩演化程度高,达到大量生气阶段,生烃潜力大(图4-12),但凹陷周缘发现的油气远低于凹陷生烃潜力;(2)二叠系上乌尔禾组在沙湾凹陷埋深更大,普遍超过4000m,不能确定是否同样具有规模有效储层。

基于以上分析,在玛湖凹陷"跳出断裂带,走向斜坡区,斜坡下大面积成藏"成功的勘探思路的引领下,沙湾凹陷开始了以斜坡带为目标领域,以上乌尔禾组为重点层系的勘探。沙湾凹陷斜坡带是全新的勘探领域,地层格架、古地貌、沉积相及砂体展布特征皆不清楚。需要重新厘清地层格架,精细刻画古地貌,重新明确沉积相展布,突破打破物探技术瓶颈,寻找有利储层,坚持油气勘探不动摇。

2. 落实地层定格架,勾古地貌划相带

1)三维连片提品质,落实地层超削尖

以沙湾凹陷斜坡带中深层为主要勘探目的层,在建立沙湾凹陷整体层序地层格架和寻找有利目标的需求下,地震资料存在以下问题:(1)构造、断裂及不整合面不清晰;(2)不同年队施工地震资料,品质差异较大,十分影响上乌尔禾组各层解释及尖灭线位置的确定;(3)小层的接触关系及各类圈闭难以落实。因此,2014年特别针对中拐地区重新连片处理三维地震资料,包括金龙2井南、拐3井、车91井、拐3井南及拐3井西三维地震资料,处理后的资料品质大部分可以达到一类,整体品质较好,二叠系以上地震资料主频在30~40Hz之间,二叠系以下地震资料主频在28Hz左右,目的层尖灭点、断点清晰,地震资料品质可以满足圈闭识别的要求。这一阶段新增宽方位角、宽频及高密度三维地震资料部署见表4-3。

表4-3 沙湾凹陷2013—2018年三维地震施工参数表

序号	三维地震名称	面元（m×m）	覆盖次数（次）	满覆盖面积（km²）	检波器类型	年份（年）	激发方式
1	拐3井东三维地震	25×25	240	335.34	模拟	2013	单深井
2	玛湖1井三维地震	12.5×25	190	403.92	模拟	2013	单深井
3	中佳2井三维地震	25×25	240	157.32	模拟	2015	单深井
4	玛湖1井南三维地震	12.5×25	468	330	模拟	2017	单深井
5	车45井三维地震	12.5×12.5	792	351.54	模拟	2017	单深井

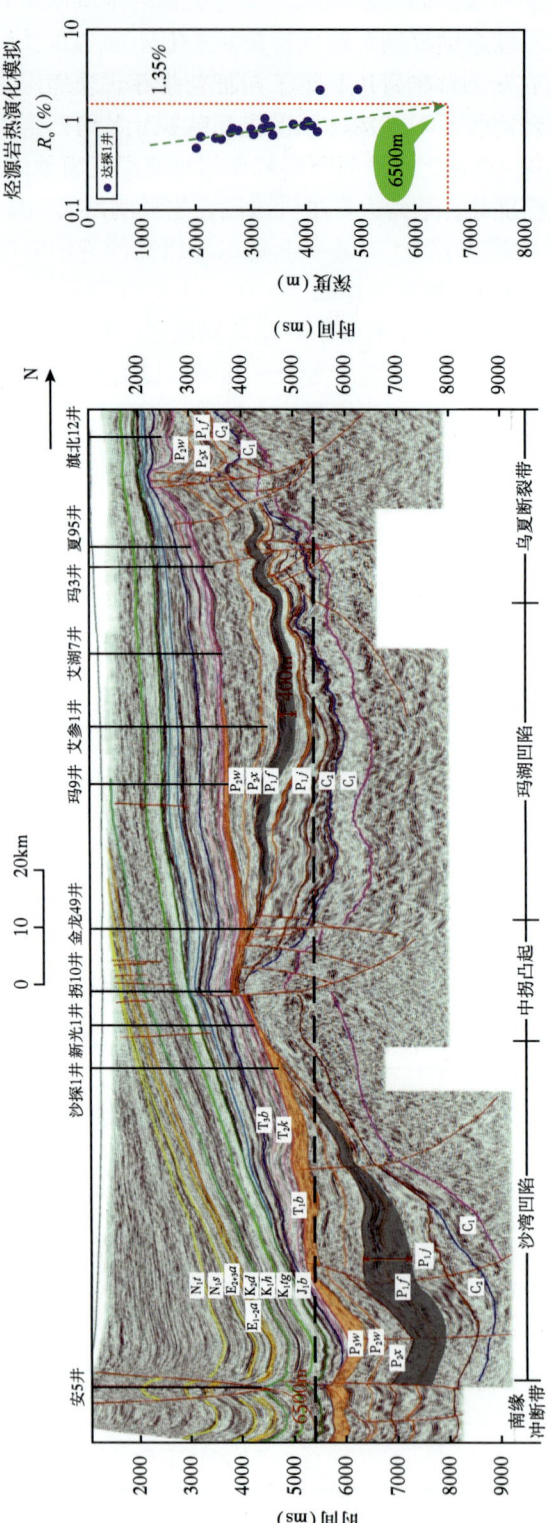

图 4-12 南缘冲断带—沙湾凹陷—中拐凸起—玛湖凹陷—乌夏断裂带南北向地震地质解释剖面

第四章 准噶尔盆地沙湾凹陷上乌尔禾组油藏的发现

在重处理和新部署三维的辅助下，精细井震联合标定，准确确定了工区范围内的主要地震层序界面及解释方案，标志层白垩系底界、侏罗系底界、三叠系底界、二叠系上乌尔禾组底界、佳木河组顶界不整合面在测井上层序界面电性特征清楚，所对应的地震反射波组特征明显可分辨，不整合接触关系清楚。二叠系上乌尔禾组和三叠系百口泉组地层自东向西逐渐变薄尖灭，由凹陷向凸起区二叠系下乌尔禾组、夏子街组及风城组地层削蚀尖灭，说明沙湾凹陷具备大型地层圈闭条件（图4-13）。其中，上乌尔禾组与其下地层的削蚀不整合为区域不整合。

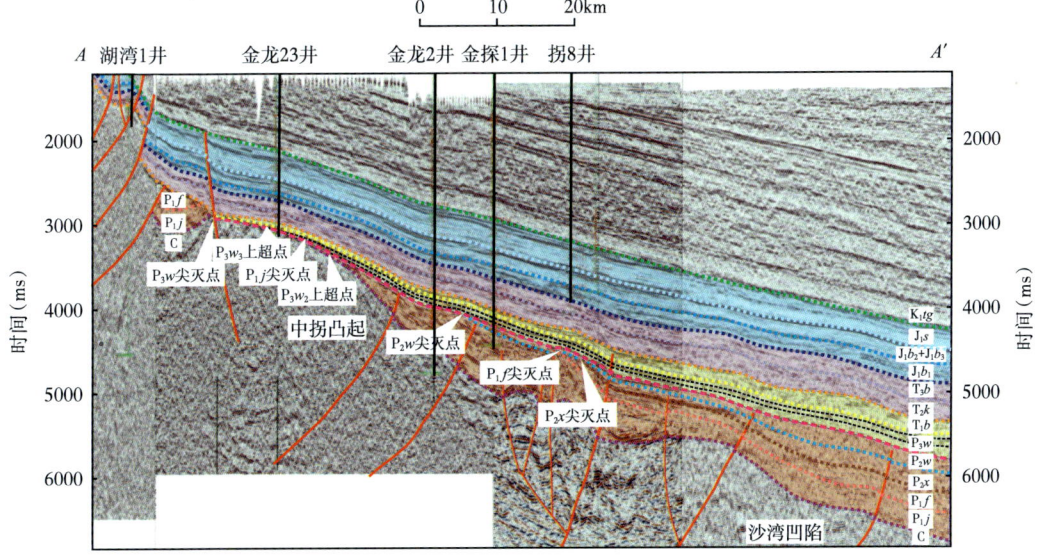

图4-13 沙湾凹陷北西—南东向地震地质解释剖面

2）精细刻画两沟槽，相面法绘沉积相

通过对中拐连片处理三维资料精细解释，落实了沙湾凹陷的基本构造特征，即沙湾凹陷西斜坡发育四大继承性古鼻凸，断裂伸入生烃凹陷。多期的构造运动使基底抬升，产生的一系列不整合面和通源断裂构成了油气运移的通道；断裂停止活动时对油气又起到了遮挡封闭作用，使得沙湾凹陷西斜坡带处于油气成藏的有利构造位置（图4-14）。

通过以上地层和构造解释，进行古地貌分析，沙湾凹陷上乌尔禾组古坡度约7°，略大于玛湖凹陷的4°，存在小拐和沙门子两大古沟槽，扇三角洲水下分流河道砂体优先在沟槽内填平补齐（图4-15、图4-16）。

如图4-17，上乌尔禾组一段和上乌尔禾组二段在中拐凸起沉积扇三角洲平原相，具有中高频、中强振幅、连续反射特征；在斜坡区发育扇三角洲前缘相，具有中低频、中弱振幅、弱连续反射特征；上乌尔禾组三段整体为一套湖相泥岩盖层。

根据单井电性、岩性特征及旋回性、地震反射同相轴对不同岩性的响应特征，将上乌尔禾组从下至上精细划分为上乌尔禾组一段、上乌尔禾组二段和上乌尔禾组三段，向上岩性变细。上乌尔禾组地层在沙湾凹陷全区分布，上乌尔禾组一段地层在构造抬升高部位向

— 201 —

西超覆尖灭,主要为灰色、灰绿色厚层砂砾岩与薄层泥岩互层,地层厚度为0~110m;上乌尔禾组二段横向分布稳定,向西超覆于上乌尔禾组一段之上,主要为灰色、灰绿色砂砾岩与泥岩互层,地层厚度为90~130m;上乌尔禾组三段整体发育较稳定,超覆于红车断裂带和中拐凸起低部位,主要为厚度较大的灰色、褐色泥岩,局部地区发育薄层砂岩、砂砾岩,为区域盖层,地层厚度为20~120m(图4-18)。

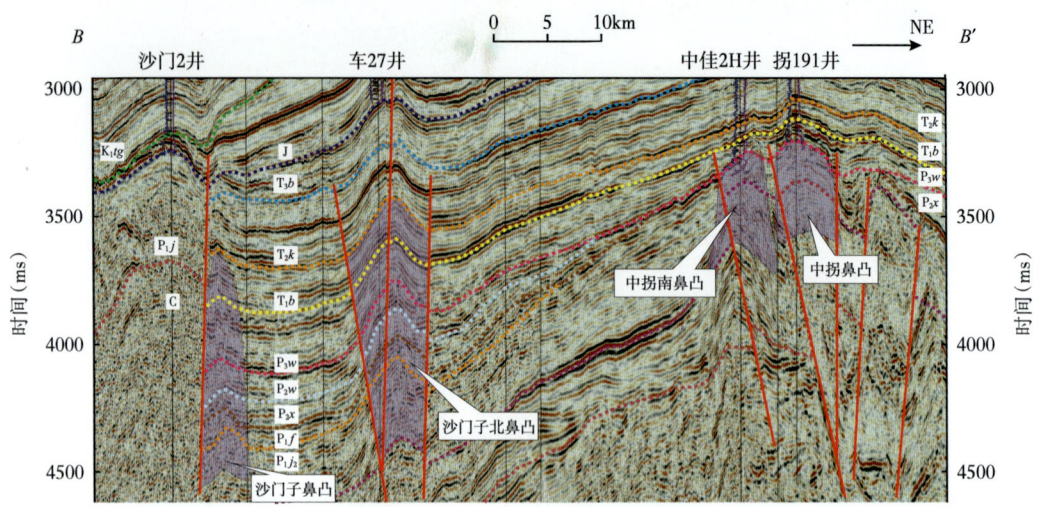

图4-14 沙湾凹陷南西—北东向地震地质解释剖面

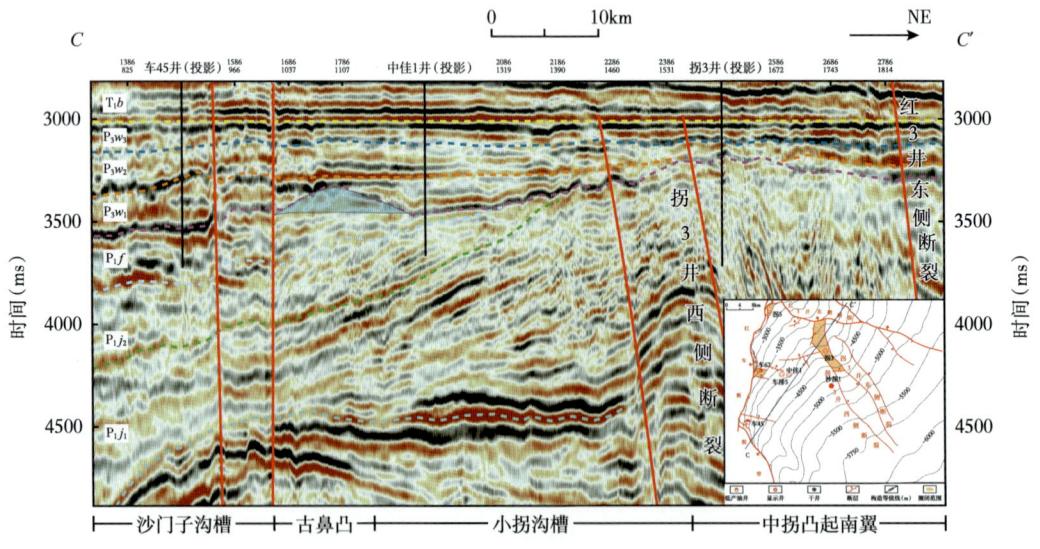

图4-15 沙湾凹陷南西—北东向上乌尔禾组顶拉平地震地质解释剖面

第四章 准噶尔盆地沙湾凹陷上乌尔禾组油藏的发现

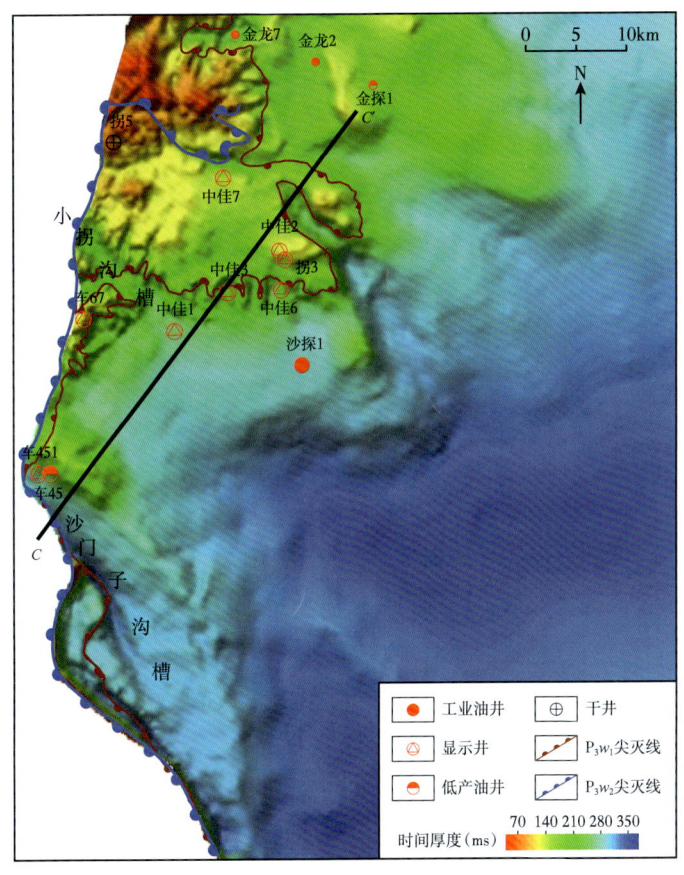

图 4-16 沙湾凹陷二叠系上乌尔禾组古地貌图

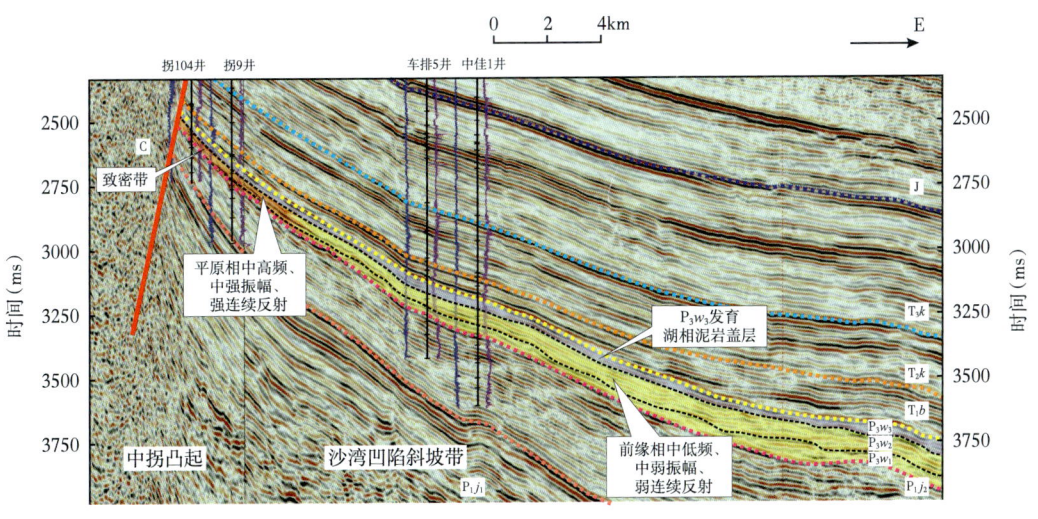

图 4-17 过车 11 井—拐 104 井—拐 9 井—车排 5 井—中佳 1 井连井地震相

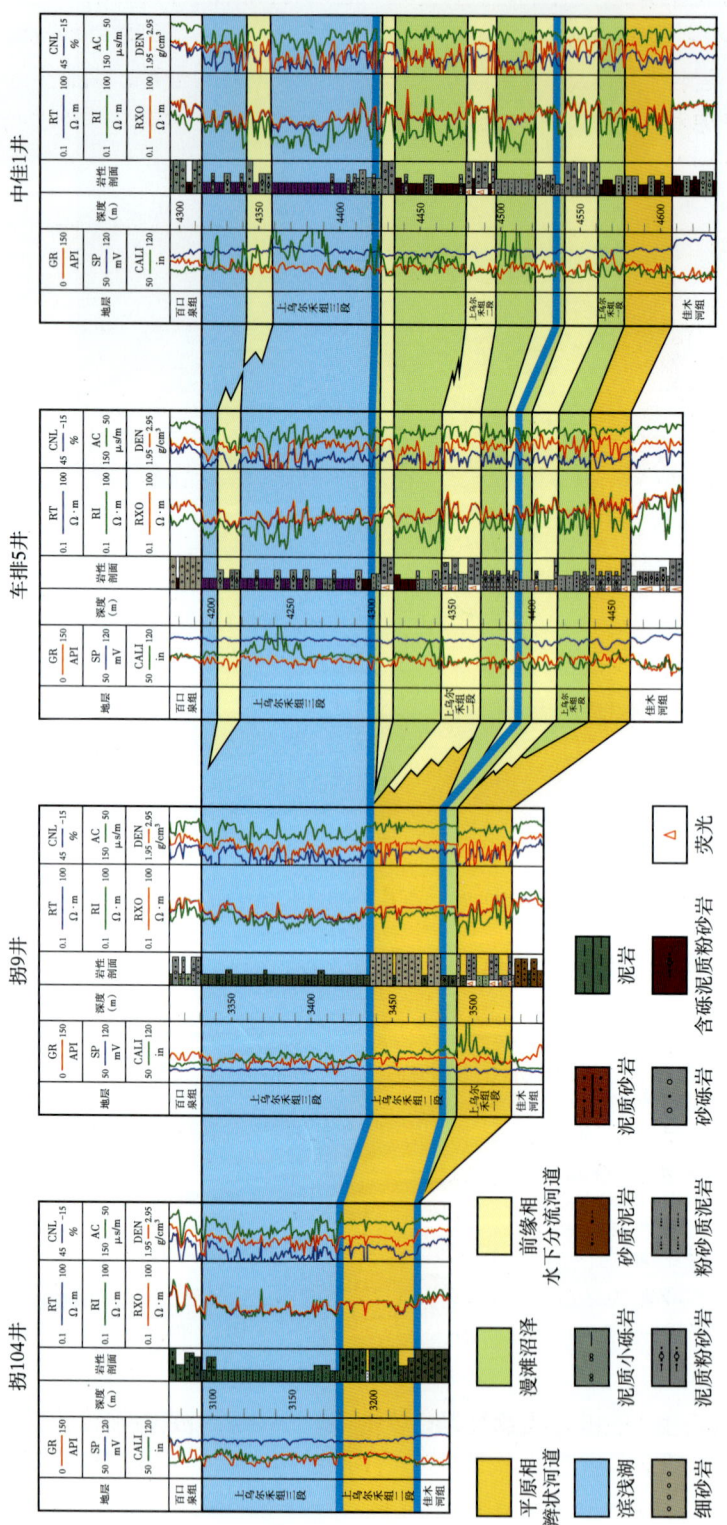

图 4-18 过拐104井—拐9井—车排5井—中佳1井北西—南东向T_1b层拉平上乌尔禾组连井沉积相

第四章 准噶尔盆地沙湾凹陷上乌尔禾组油藏的发现

根据剖面地震相结合连井沉积相（图4-17、图4-18），认为上乌尔禾组整体发育退覆式扇三角洲沉积体系，从上乌尔禾组一段至上乌尔禾组三段，湖水逐渐变深，砂体退积，砂砾岩厚度减薄，岩性变细，砂地比越来越低。基于以上地质分析，结合平面属性，对沙湾凹陷扇三角洲平原和前缘的分布范围进行刻画，绘制上乌尔禾组一段+上乌尔禾组二段的沉积相图（图4-19）。

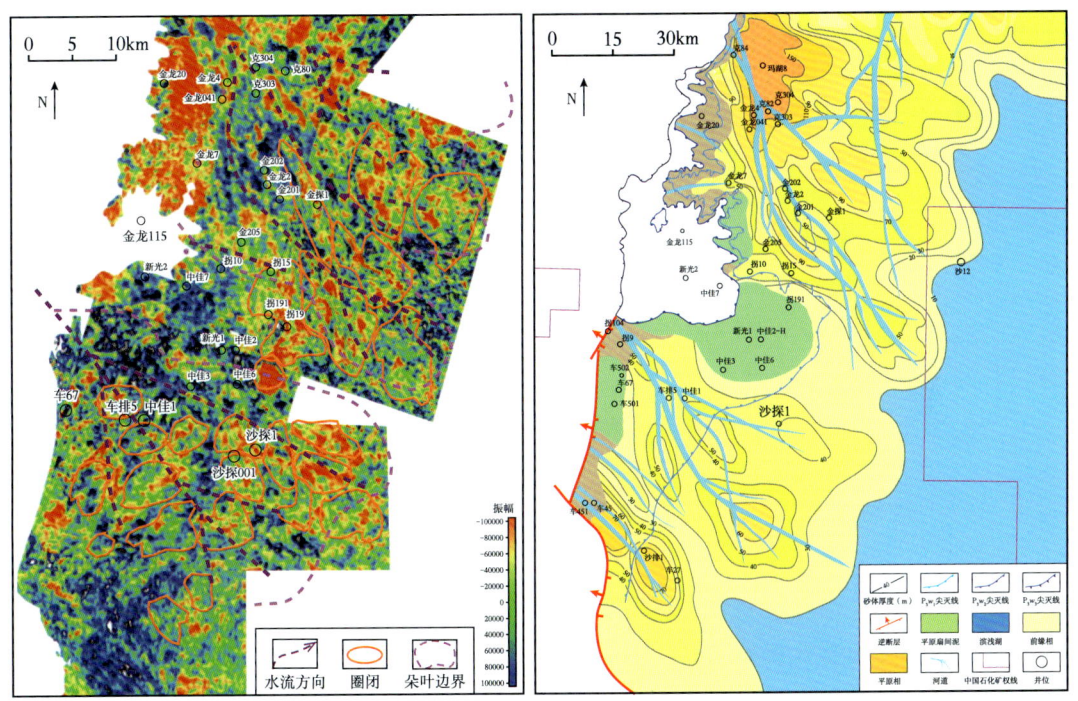

图4-19　沙湾凹陷二叠系上乌尔禾组一段+上乌尔禾组二段地震属性（左）和沉积相图（右）

3. 优选前缘相砂体，斜坡勘探获突破

古沟槽控制沉积相类型、砂体规模与质量；大型退覆式扇三角洲沉积使下凹斜坡带具有良好的源储匹配关系，是寻找高效油藏的研究方向。前期所钻拐3井、拐5井和车67井等位于上乌尔禾组三段超覆泥岩区，钻遇上乌尔禾组二段平原相地层；中佳1井和车排5井钻遇上乌尔禾组二段前缘相地层，发育砂泥岩互层，虽未成藏，但油气显示良好。根据岩心孔渗分析表明，平原相平均孔隙度7%~9.5%；前缘相上乌尔禾组储层虽然埋深更大，但平均孔隙度约10.5%，储层泥杂基含量低，分选变好，粒间孔发育，比平原相储层物性更好（图4-20），预示了沙湾凹陷下凹斜坡带扇三角洲前缘相带是全新的重点接替领域。

2018年在中国石油"积极寻找油气勘探新领域，突出石油战略接替新领域准备"的要求下，综合评价沙湾凹陷斜坡带沉积有利区，优选沙湾凹陷小拐沟槽扇三角洲前缘相有利砂体，以上乌尔禾组三段湖相泥岩为盖层，中佳2井区扇间泥岩侧向遮挡，部署上钻风险探井沙探1井（图4-15至图4-20）。该井上乌尔禾组二段单砂层厚度3~5m，储层平均孔隙度11%，同年于5344~5375m试油获日产16.75t工业油流，日产天然气790m³（图4-21），成为沙湾凹陷上乌尔禾组首口突破井。

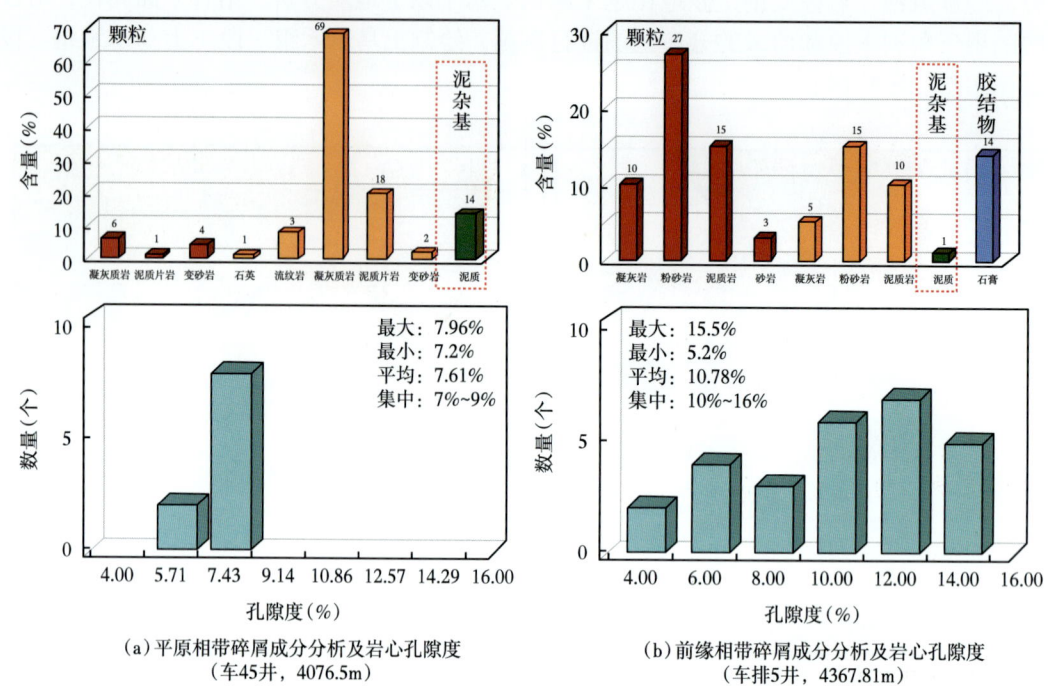

(a) 平原相带碎屑成分分析及岩心孔隙度
（车45井，4076.5m）

(b) 前缘相带碎屑成分分析及岩心孔隙度
（车排5井，4367.81m）

图4-20 不同相带储层物性分析对比图

沙探1井上乌尔禾组埋深超过5000m，实测流压62.87MPa，静压93.6MPa，根据d_c指数法预测上乌尔禾组地层压力系数最高达1.78（表4-4）。异常高压减缓上覆地层压实作用的同时抑制了砂砾岩储层的压溶作用和石英次生加大，因此保留了较大孔隙，是后期油气充注成藏的关键因素。异常高压是二叠系上乌尔禾组在沙湾凹陷斜坡带发育有利储层的重要保障。

综上所述，2013—2018年沙湾凹陷的油气勘探和上一阶段相比发生了明显的变化，主要表现在以下几个方面：（1）借鉴玛湖油气勘探思路，以重处理三维地震资料为依托，精细井震标定，重新细划了上乌尔禾组的层序地层格架，明确沙湾凹陷具备大型地层圈闭条件；（2）细划上乌尔禾组，确定上乌尔禾组三段发育泥岩盖层，上乌尔禾组二段和上乌尔禾组一段发育砂砾岩储层；（3）落实四大鼻凸带，断裂深入烃源岩，利于油气运聚；（4）确定了小拐和沙门子两大沟槽发育位置，利于砂体展布；（5）依据切实的古地貌、单井岩心岩相、连井相和地震相分析，明确了沙湾凹陷上乌尔禾组一段和二段沉积相，发育小拐和沙门子两大沉积体系，前缘相储层物性比平原相更好，下凹斜坡带分布广，有利区面积广，油气勘探潜力大；（6）以上地质认识推动沙湾凹陷的油气勘探走向更深的斜坡带，并将上乌尔禾组作为重点勘探目的层，部署上钻沙探1井获得了重大突破；（7）沙探1井上乌尔禾组钻遇异常高压，是深埋储层具有较高孔隙度的重要保障，也是斜坡带油气成藏的关键要素。

第四章 准噶尔盆地沙湾凹陷上乌尔禾组油藏的发现

沙探1井（岩石薄片），5349.00m，砂砾岩

沙探1井（铸体薄片），5357.00m，砂砾岩，粒间孔及微裂缝

图 4-21 沙探 1 井上乌尔禾组二段单井综合柱状图及薄片

表 4-4　沙探 1 井地层压力系数表

井段（m）	地层	压力系数	钻井液密度（g/cm³）
490~4300	N—T$_3$b	1.05	1.2~1.29
4300~4934	T$_3$b—T$_1$b	1.2~1.5	1.29~1.3
4934~5200	T$_1$b—P$_3$w	1.7~1.78	1.43~1.84
5200~5532	P$_3$w—P$_1$j	1.7	1.82~1.79

三、明确扇体钻目标，扩大领域启征程（2019 年至今）

沙探 1 井实际钻探结果离大面积成藏尚有一段距离。首先，沙探 1 井上乌尔禾组未钻遇规模厚层砂砾岩；其次，上乌尔禾组二段出油层段砂体很薄，面积不大，小拐扇没有预计的规模。上乌尔禾组更大规模油气藏的位置是亟需解决的问题。2019 年为了继续拓展上乌尔禾组前缘相带勘探领域，基于对沙探 1 井钻探结果反思沙湾凹陷上乌尔禾组的地质认识，认识到只有大面积沉积的厚层砂体才能产生更好的效益，明确了规模砂体是斜坡带最重要的控藏要素，也是首要勘探目标。上乌尔禾组规模砂体的发育位置在哪，面积和厚度有多大，这些都决定了上乌尔禾组油气藏的储量规模，这些亟待解决的问题就是进一步研究的重要课题。

1. 开展老井复查，厘定地层归属

在前期沟槽控扇、控砂的地质认识下，以车 45 井评价三维地震资料为依托，通过老井复查，精细井震标定，发现位于沙门子扇扇根的两口井——车 45 和车 451 井早期地层划分有误，将原归于佳木河组的上部地层重新厘定至上乌尔禾组，且同样由下至上分为上乌尔禾组一段、上乌尔禾组二段和上乌尔禾组三段（图 4-22）。

不同于小拐扇上乌尔禾组发育薄储层，位于沙门子扇的车 45 井上乌尔禾组一段发育厚层砂砾岩，上乌尔禾组一段测井解释油层 1 层厚 6.4m，但储层致密，物性较差，获低产工业油流。车 451 井在车 45 井的上倾方向，上乌尔禾组岩性特征类似，储层物性更差，只有荧光显示，间接证明了沙门子扇平原相储层物性差，可作为下倾前缘相优质储层的侧向遮挡。同时，根据过车 45 井—车排 5 井—中佳 2H 井连井地层对比，沙门子扇上乌尔禾组一段和上乌尔禾组二段明显比小拐扇更厚，特别是上乌尔禾组一段（图 4-23）。

2. 全区扇体研究，精准刻沉积相

以地震、测井、钻井、录井和岩心分析化验等综合资料为依据，结合小拐和沙门子沟槽发育特征，综合沙探 1 井钻探结果，将沙湾凹陷上乌尔禾组沉积相进一步细化。连井相、地震属性和沉积相研究认为沙湾凹陷小拐扇和沙门子扇在上乌尔禾组一段、上乌尔禾组二段具有不同的沉积特征。小拐扇具有欠物源供给的特征；上乌尔禾组一段物源供给不充足，小拐扇不发育，以砂质泥岩为主；上乌尔禾组二段湖水能量较大，水下分流河道频繁改道从而形成叠置连片状分布的薄储层，岩性以细粒砂岩、含砾中—粗砂岩为主（图 4-24）。沙门子扇比小拐扇砂体厚，砂地比高，特别是上乌尔禾组一段，沙门子扇发育并沉积大面积分布的厚层砂砾岩（图 4-25）。

第四章 准噶尔盆地沙湾凹陷上乌尔禾组油藏的发现

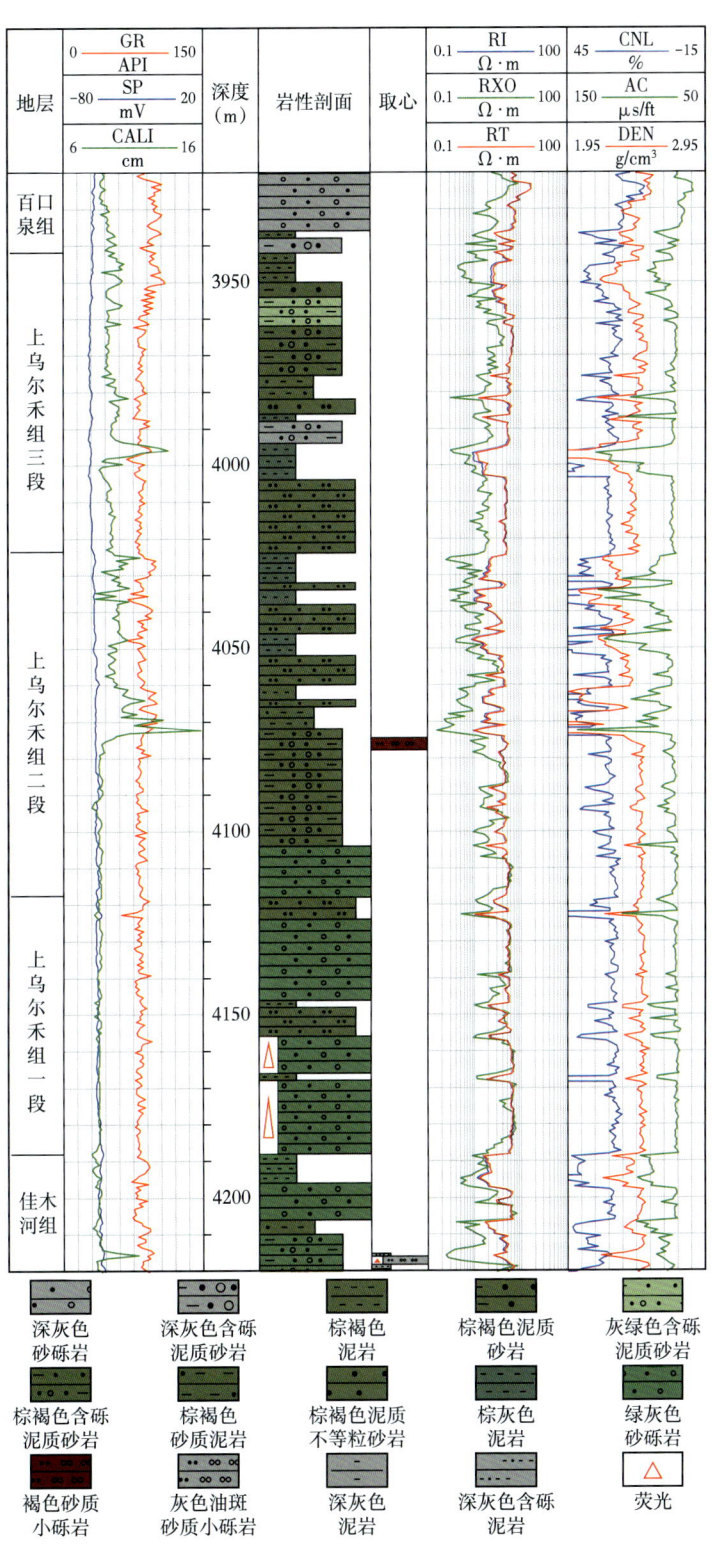

图 4-22 车 45 井上乌尔禾组单井综合柱状图

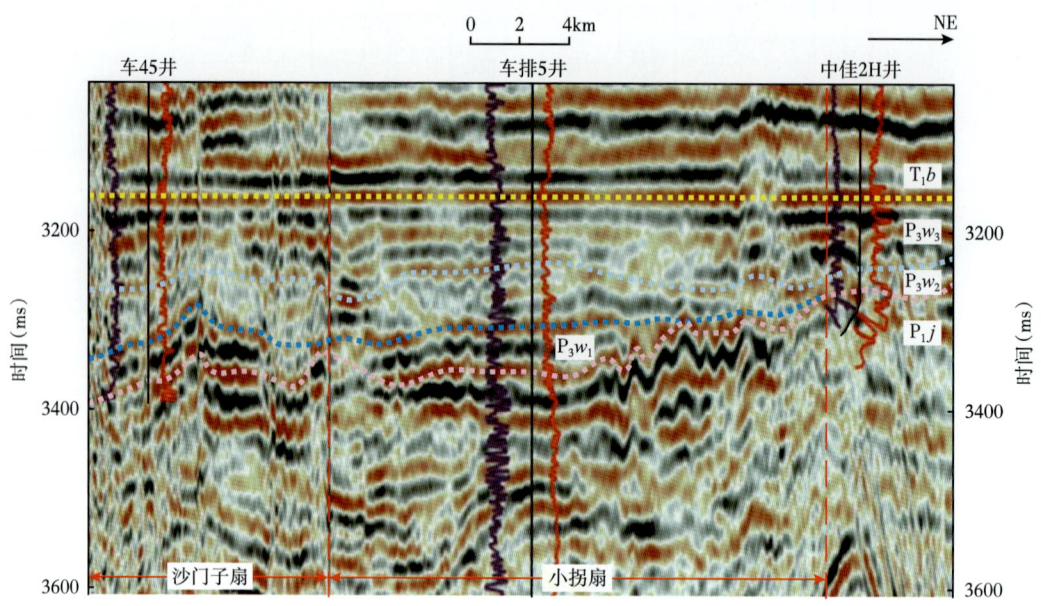

图 4-23　沙湾凹陷过车 45 井—车排 5 井—中佳 2H 井三叠系百口泉组层拉平地震地质解释剖面

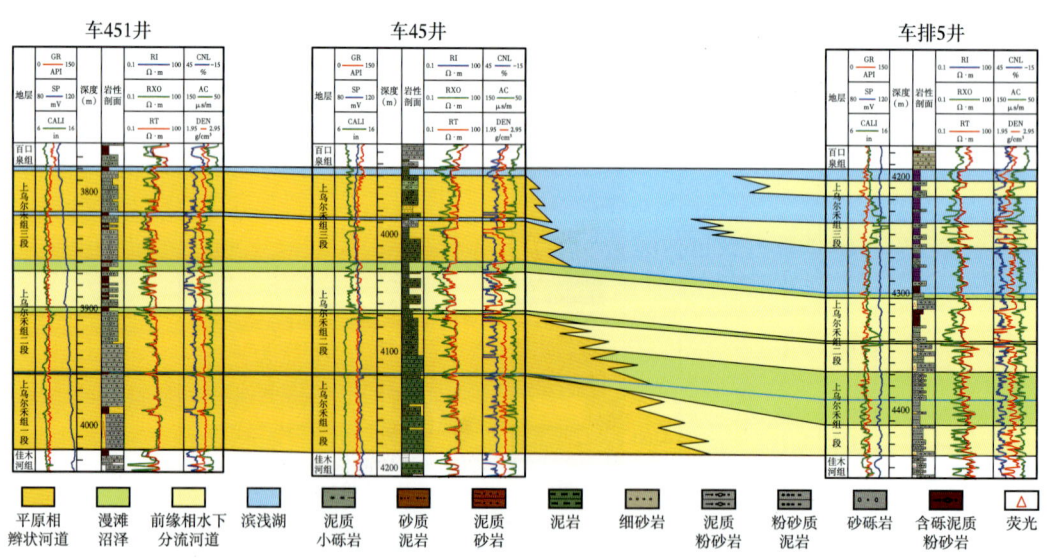

图 4-24　车 451 井—车 45 井—车排 5 井连井沉积相图

3. 优选沙门子扇，确定有利目标

通过对比沙湾凹陷沙门子扇和小拐扇的大小、砂地比及储层厚度，认为沙门子扇比小拐扇更大，上乌尔禾组一段发育规模厚层砂砾岩，若在沙门子扇前缘相上找到通源断裂，就有可能大面积成藏，规模油藏近在咫尺。

第四章　准噶尔盆地沙湾凹陷上乌尔禾组油藏的发现

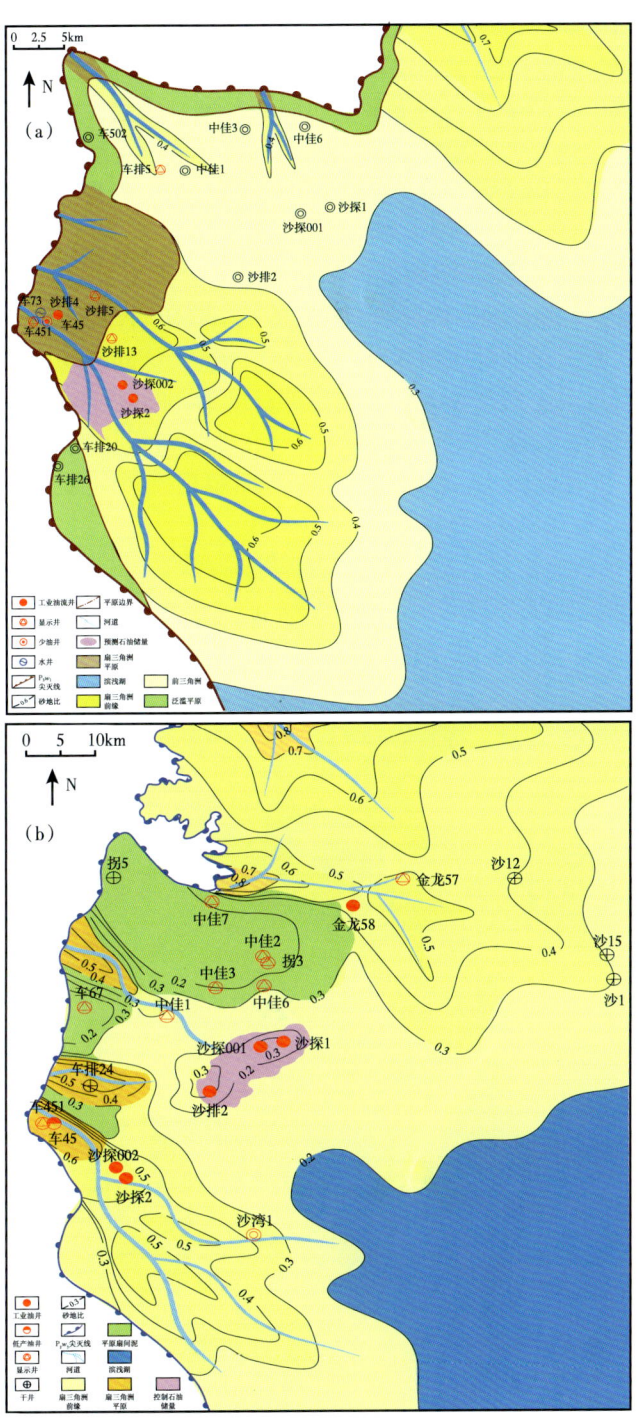

图 4-25　沙湾凹陷上乌尔禾组一段（a）、二段（b）沉积相图

1）断裂刻画，寻找有利圈闭

在沙湾凹陷上乌尔禾组沙门子扇刻画的基础上，叠合断裂，进一步落实有利圈闭发育的

位置。通过对车45井评价三维地震资料进行构造导向滤波和倾角增强提高断层的分辨率，提取上乌尔禾组曲率属性刻画断裂（图4-26），识别沙探2井北断裂及沙探2井南1号断裂。

从过沙探2井西—东向地震地质解释剖面明显看出，研究区内上乌尔禾组地层发育较稳定。上乌尔禾组一段地层向西超覆尖灭，尖灭点特征清楚。上乌尔禾组一段在地震地质解释剖面上呈地震反射波连续性较好，中振幅、中等频率反射特征。由此落实了沙探2井上乌尔禾组一段断层—地层圈闭（图4-27）。

沙探2井上乌尔禾组一段圈闭南北两侧被沙探2井北断裂与沙探2井南1号断裂控制，高部位地层超覆尖灭线遮挡，构造形态整体为东南倾单斜，形成断层—地层型圈闭。如图4-27，沙探2井北断裂是西部走滑大断裂的伴生断裂，该断裂为南倾北西走向发育的逆断层，断开层位自石炭系至白垩系，在区内延伸长度为24km，断距为10~110m。沙探2井北断裂控制沙探2井断层—地层圈闭的北部边界。在地震剖面上断点清晰，地震反射波明显错动，下部断距大，上部断距小。沙探2井南1号断裂是控制沙湾凹陷区域构造的主断裂，

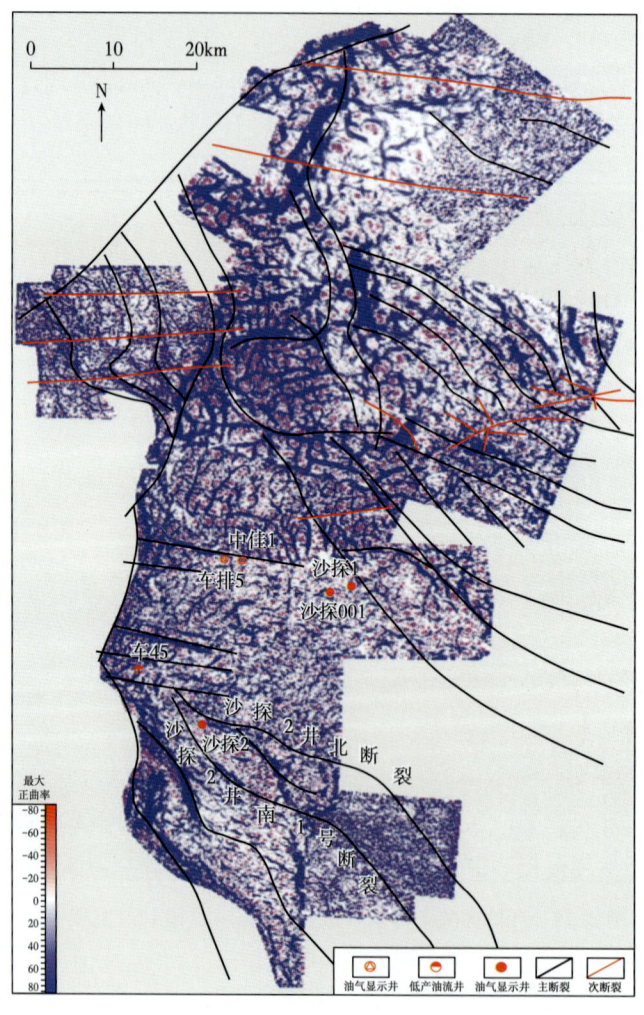

图4-26　红车拐地区二叠系主曲率属性平面图

第四章 准噶尔盆地沙湾凹陷上乌尔禾组油藏的发现

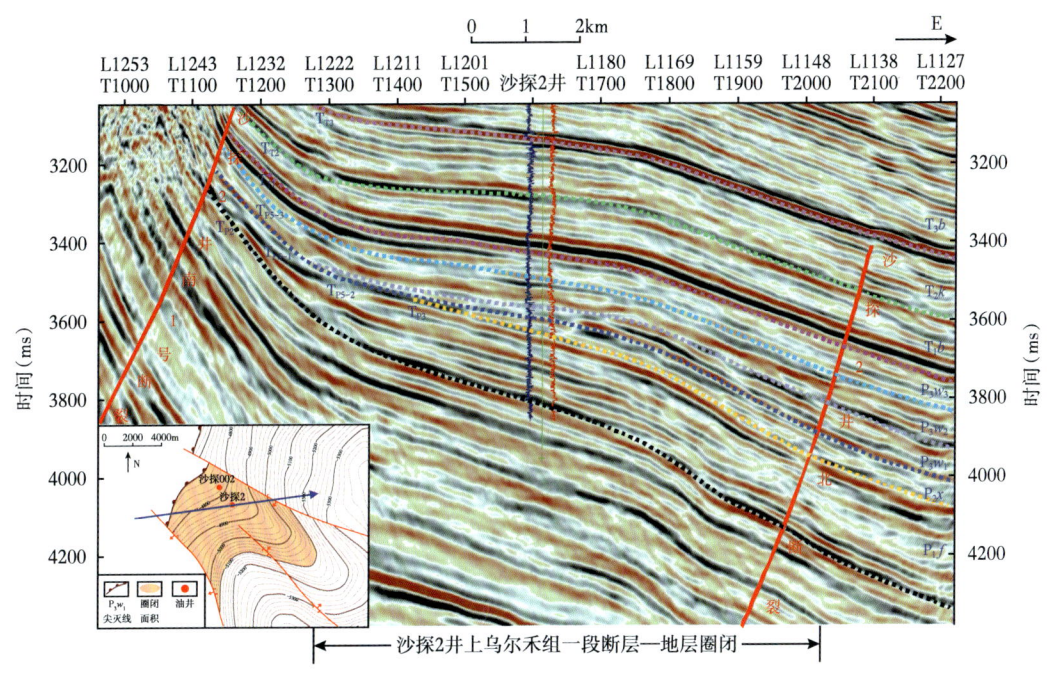

图 4-27 沙探 2 井西—东向地震地质解释剖面

近北西走向，倾向南西的走滑断裂，断开层位自石炭系至侏罗系，在区内延伸长度为 9km，断距为 50~200m。沙探 2 井南 1 号断裂控制着沙探 2 井二叠系上乌尔禾组断层—地层圈闭的南部边界。各断裂在平面和剖面上显示清楚，断裂要素见表 4-5。

表 4-5　沙探 2 井区块断裂要素表

序号	断层名称	断面产状		断开层位	断层性质	延伸长度（km）	断距（m）
		走向	倾向				
1	沙探 2 井南 1 号断裂	北西	南西	J—C	逆断层	9	50~200
2	沙探 2 井北断裂	北西	南西	P—C	逆断层	24	10~110

2）地震反演，预测储层展布

根据二叠系上乌尔禾组波阻抗反演，橙红色高阻抗代表砂砾岩储层，蓝色低阻抗表示泥岩，沙门子扇上乌尔禾组一段以砂砾岩为主（图 4-28），进一步落实沙探 2 井上乌尔禾组一段断层—地层圈闭发育规模砂砾岩储层，厚度大，面积广。

3）部署上钻，沙探 2 井获油

因此，针对沙门子扇前缘相断层—地层型目标，部署上钻风险探井沙探 2 井，探索沙门子扇规模储层的含油气性。2020 年沙探 2 井上乌尔禾组一段 5178~5230m 试油，日产油 10.33t，日产气 6470m³（图 4-29）。

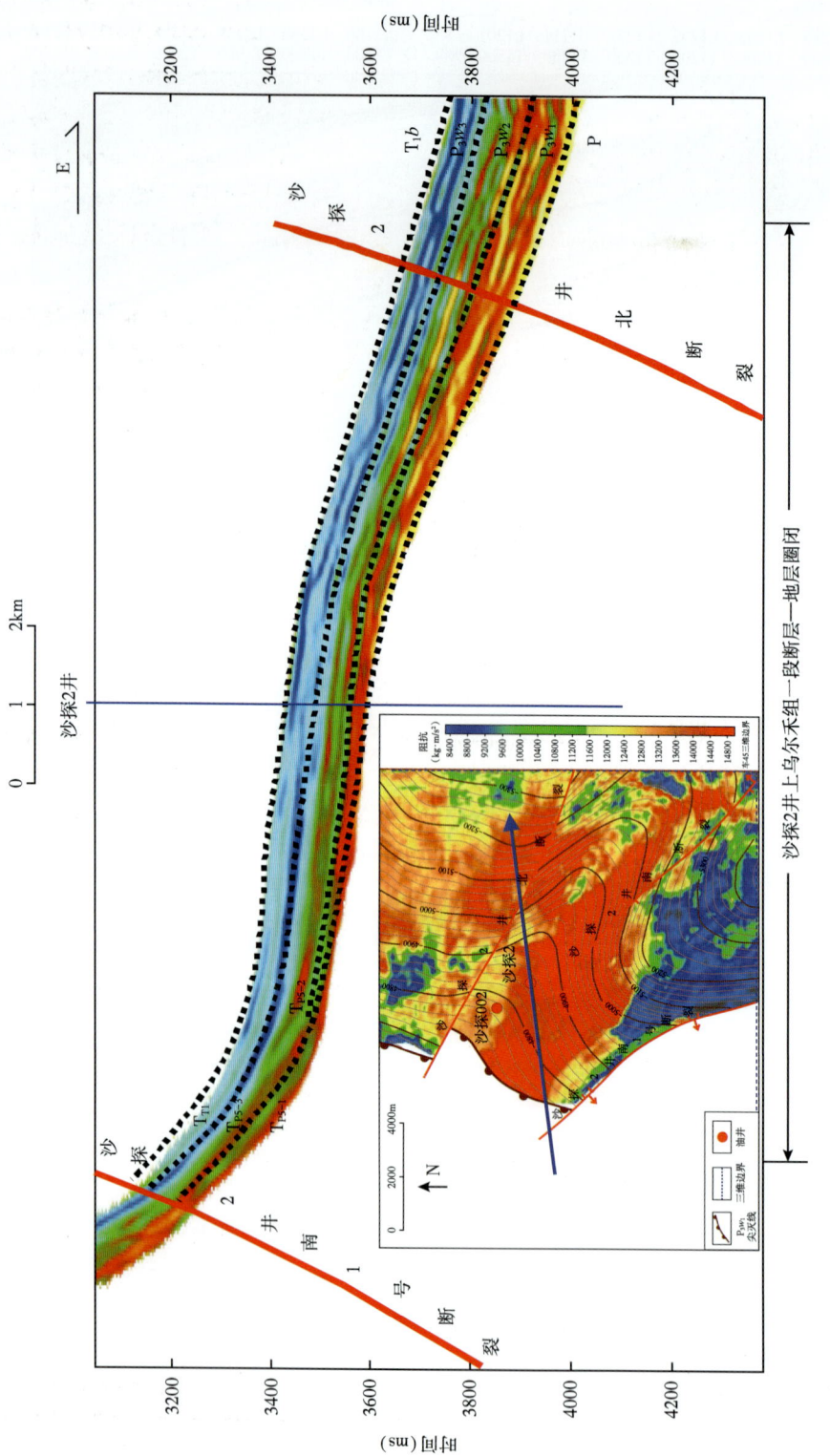

图 4-28 过沙探2井西—东向波阻抗反演剖面

第四章 准噶尔盆地沙湾凹陷上乌尔禾组油藏的发现

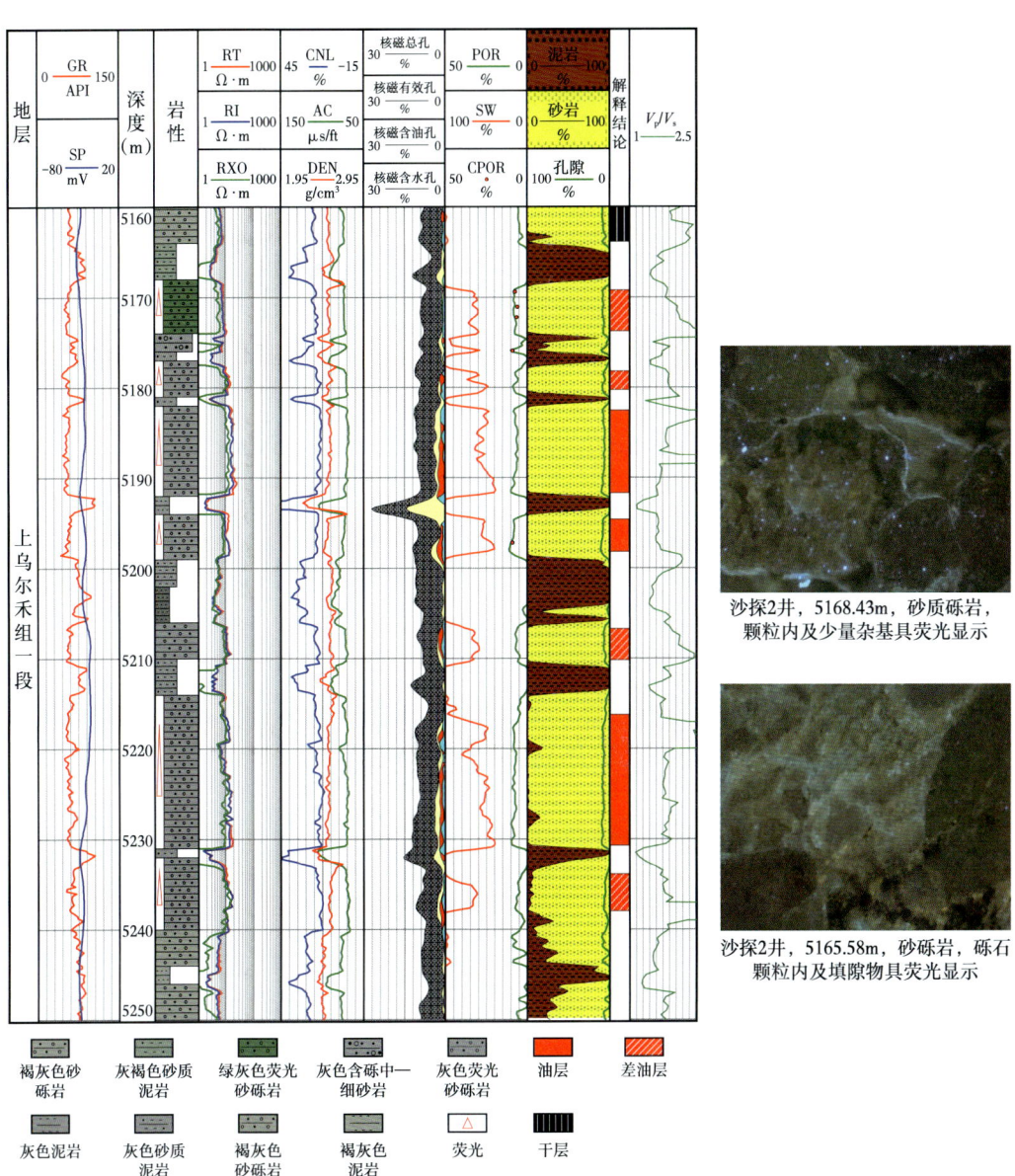

图 4-29 沙探 2 井上乌尔禾组一段测井综合解释图及荧光薄片

4. 两评价井获油，落实油藏规模

2020 年，为落实上乌尔禾组扇三角洲前缘相储层分布规律及沙探 1 井区上乌尔禾组二段断层—岩性、沙探 2 井区上乌尔禾组一段断层—地层油藏规模，部署上钻评价井沙探 001 井和沙探 002 井。沙探 001 井上乌尔禾组二段 5286~5358m 获高产油流，日产油 58.07t，日产气 2830m^3。沙探 002 井上乌尔禾组一段 5092~5148m 获工业油流，日产油 22.84t，日产气 6200m^3。由此落实了沙探 1 井区上乌尔禾组二段断层—岩性、沙探 2 井区上乌尔禾组一段断层—地层油藏（图 4-30）。

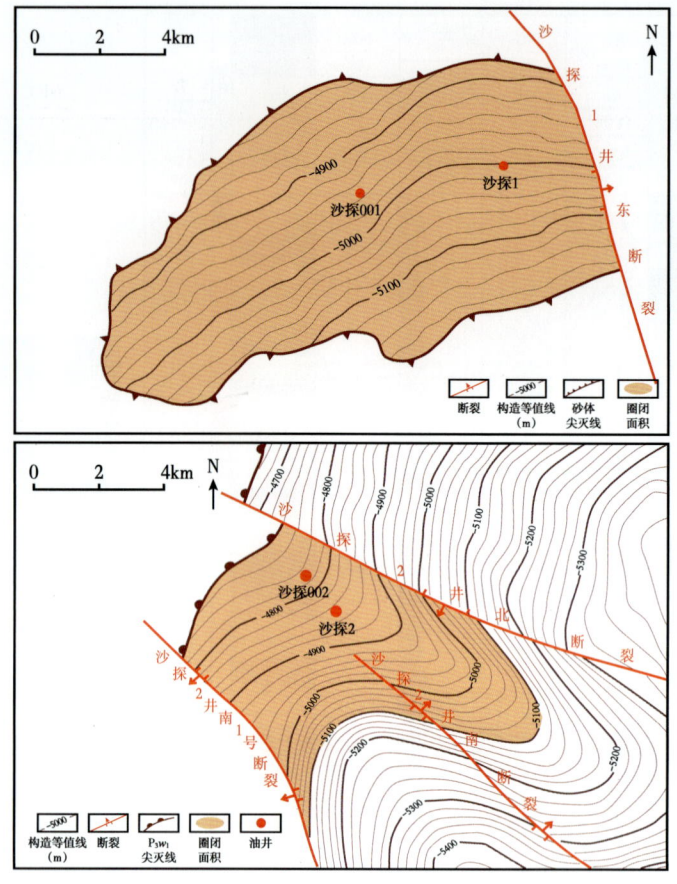

图 4-30　沙湾凹陷沙探 1 井断层—岩性（上）、沙探 2 井断层—地层（下）圈闭图

5. 申报预测储量，升级控制储量

1）提交沙探 1 井区、沙探 2 井区预测储量

沙探 1 井区块上乌尔禾组二段油藏的南、北、西侧均受砂体尖灭控制，东侧受断裂遮挡。综合分析认为沙探 1 井区块上乌尔禾组二段油藏类型为断层—岩性油藏。油藏内已完钻沙探 1 井、沙探 001 井试油均获工业油气流，未见产水迹象，录测井解释也均未解释出水层，以圈闭全充满圈定含油面积。由此确定油藏高度为 340m，油藏高点埋深为 5130m，油藏中部海拔为 -4990m（埋深为 5300m）（图 4-31）。据此，沙探 1 井区块上乌尔禾组二段断层—岩性油藏提交石油地质预测储量 $3592×10^4$t。

沙探 2 井区块上乌尔禾组一段（P_3w_1）油藏南、北两侧受断裂遮挡，西侧高部位受地层尖灭控制。综合分析认为该油藏类型为断层—地层型油藏。油藏内已完钻沙探 2 井、沙探 002 井试油均获工业油气流，未见产水迹象，录测井解释也均未解释出水层，以圈闭全充满圈定含油面积。由此确定油藏高度为 360m，油藏高点埋深为 5060m，油藏中部海拔为 -4920m（埋深为 5240m）（图 4-32）。据此，沙探 2 井区块上乌尔禾组一段断层—地层油藏提交石油地质预测储量 $3286×10^4$t。

第四章 准噶尔盆地沙湾凹陷上乌尔禾组油藏的发现

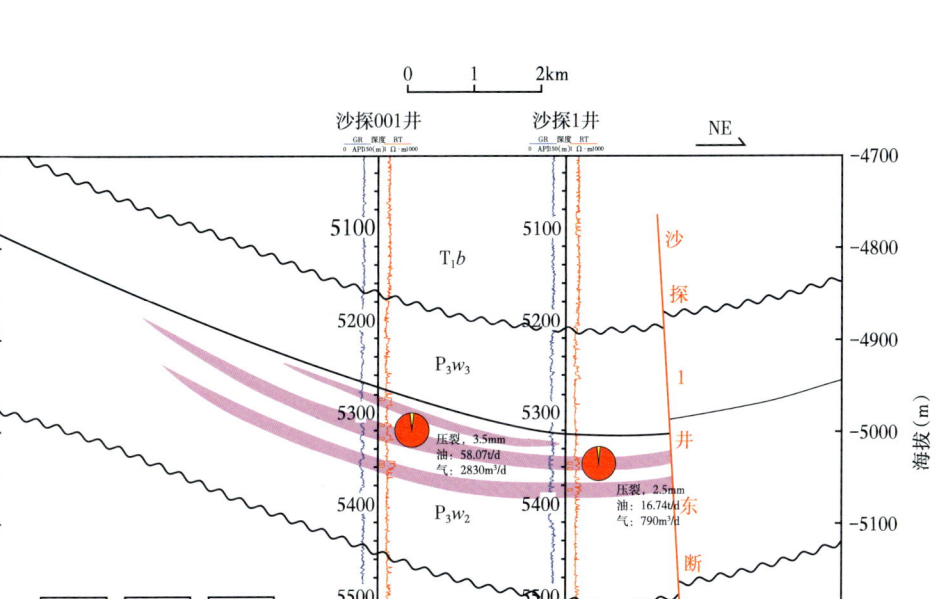

图 4-31 过沙探 001 井—沙探 1 井上乌尔禾组二段油藏剖面

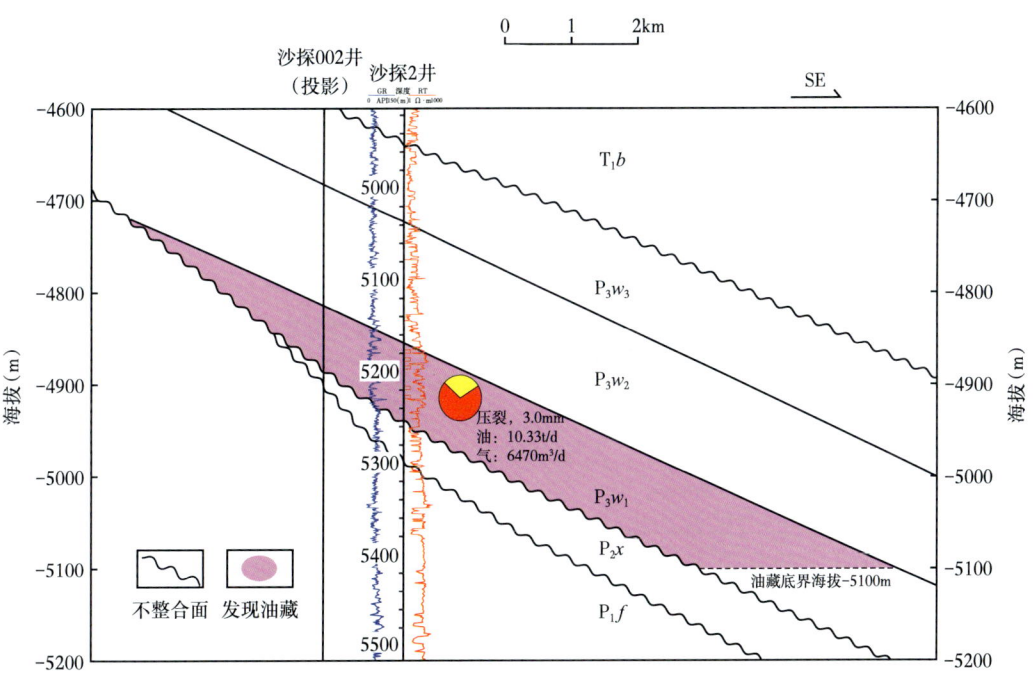

图 4-32 过沙探 002 井—沙探 2 井上乌尔禾组一段油藏剖面

2）实现沙探 1 井区控制储量升级

2021 年，为升级沙探 1 井区块上乌尔禾组二段油藏储量，部署上钻沙排 2 井、沙排 8 井。沙排 2 井上乌尔禾组二段 5346~5391m 试油获工业油流，上乌尔禾组二段砂层厚度 22m，解释有效厚度 13.9m，油层孔隙度 8.8%，日产油 16.33t。沙排 8 井上乌尔禾组二段 5346~5391m 试油获低产油流，解释有效厚度 7.6m，油层孔隙度 6.6%，压裂后日产油 4.11t。考虑到沙探 1 井区块上乌尔禾组二段油藏开发的可行性，含油边界参考经济评价水平井开发厚度下限，选择油层厚度等值线 10.4m 线作为含油计算边界，由此确定油藏含油面积为 40.8km²，高度 300m，油藏高点埋深 5215m，油藏中部海拔 -5050m（埋深 5365m）（图 4-33）。

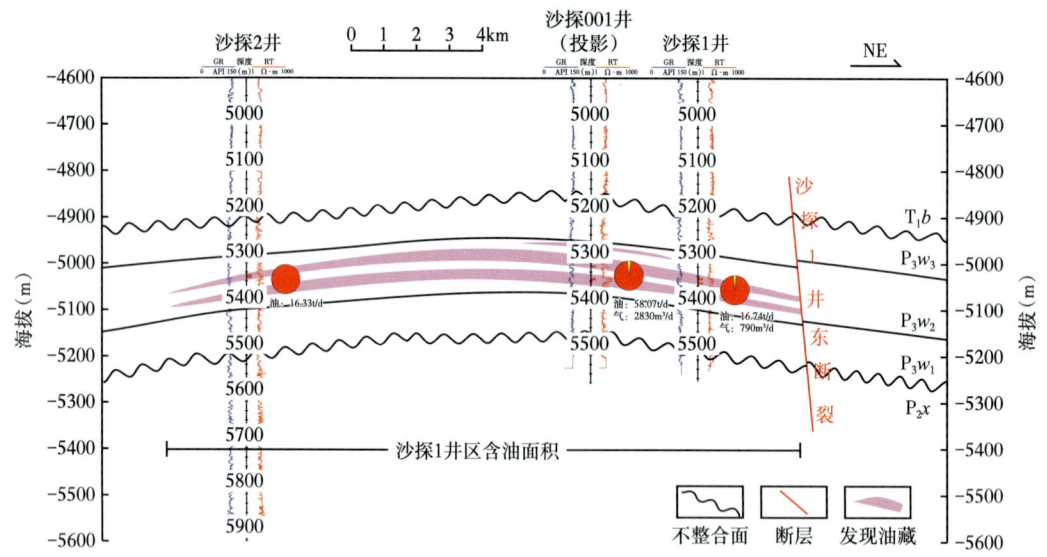

图 4-33　过沙排 2 井—沙探 001 井—沙探 1 井油藏剖面图

油藏参数详见表 4-6。据此，实现沙探 1 井区二叠系上乌尔禾组石油控制储量升级，新增石油控制地质储量 2884×10⁴t（3450×10⁴m³），含油面积 40.8km²（表 4-7，图 4-34）。

表 4-6　沙湾凹陷沙探 1 井区二叠系上乌尔禾组油藏参数表

油藏名称	层位	油藏类型	驱动类型	高点埋藏深度（m）	含油高度（m）	油藏中部海拔（m）	油藏中部压力（MPa）	压力系数	饱和压力（MPa）	地饱压差（MPa）	油藏中部温度（℃）
沙探 1 井区	P_3w_2	断层—岩性	溶解气+弹性	5215	300	-5050	93.62	1.75	21.31	72.31	121.59

表 4-7　沙探 1 井区二叠系上乌尔禾组申报石油控制储量简表

井区	层位	储量参数	地质储量			
		A_o（km²）	N（10⁴m³）	N_Z（10⁴t）	NR（10⁴m³）	NR_Z（10⁴t）
沙探 1 井区	P_3w_2	40.8	3450	2884	483.0	403.8

第四章　准噶尔盆地沙湾凹陷上乌尔禾组油藏的发现

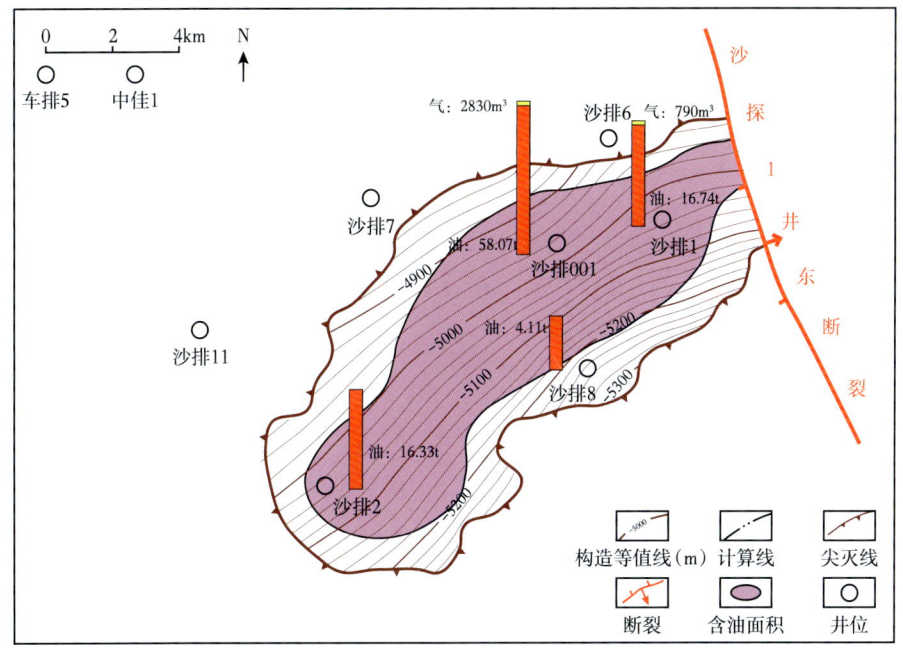

图 4-34　沙探 1 井区二叠系上乌尔禾组二段含油面积图

第三节　勘探启示

一、创新勘探思路从断裂走向斜坡带是找油探气的源泉

前已述及，沙湾凹陷的石油地质特征与玛湖凹陷类似，将玛湖凹陷斜坡带油气勘探成功的经验和思想，拿来为沙湾凹陷所用，不但节省了大量的时间，还启发了沙湾凹陷油气勘探的地质思路；同时，根据沙湾凹陷自身的特点，去创新性地利用玛湖凹陷勘探思路这颗"他山之石"；推进了沙湾凹陷斜坡带的油气勘探，雕琢了沙湾凹陷斜坡带上乌尔禾组这块"宝玉"。

沙湾凹陷二叠系上乌尔禾组埋深较大，斜坡带能否存在规模有效储层是下斜坡勘探面临的最大难点，也是沙湾凹陷不同于玛湖凹陷勘探思路的创新之处。自从中佳 1 井发现上乌尔禾组油气显示，改变了以往"盖层"的认知，斜坡带的地质攻关陆续展开。以重新处理地震资料为依托，重新厘定地层格架，刻画沟槽；从单井沉积储层分析、连井沉积相研究到重绘全区沉积相，都是为论证和寻找斜坡带的有效储层，从而确定目标发现油气。直到沙探 1 井钻遇异常高压，上乌尔禾组二段试油获工业油流，正式明确了沙湾凹陷斜坡带深埋储层也具有较好的物性。如图 4-35，异常高压在沙湾凹陷斜坡带及凹陷内广泛发育，是减缓上覆地层压实和储层保孔的关键要素，储层物性不再只受限于埋深。

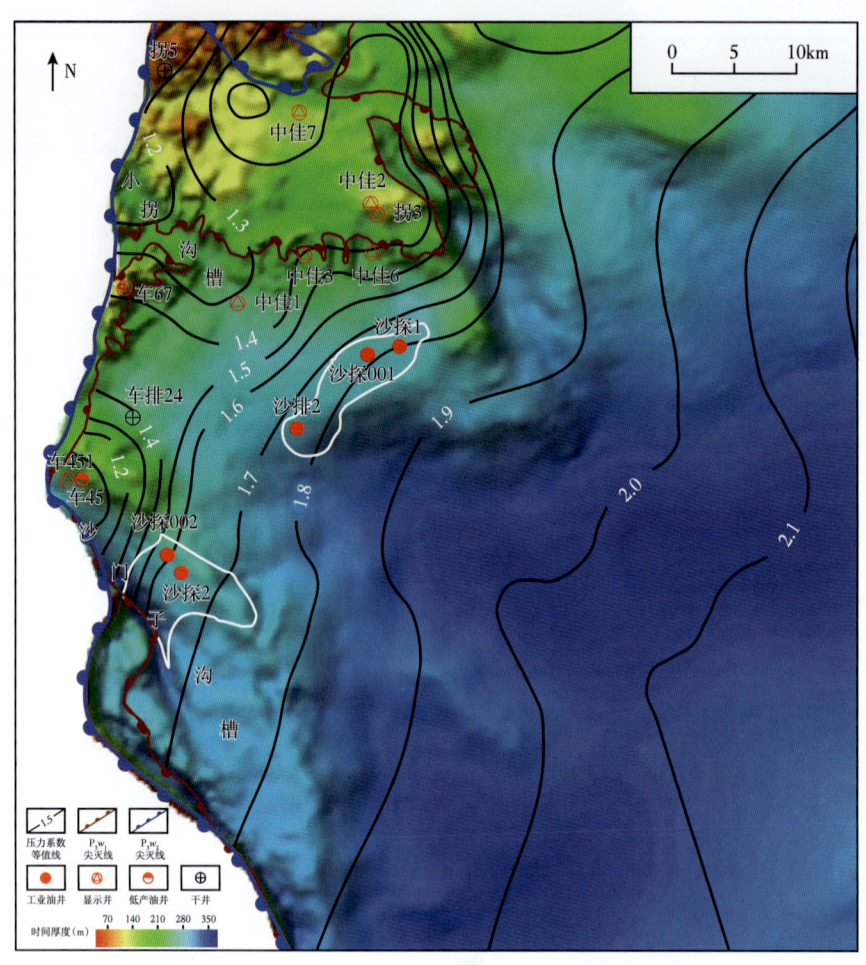

图 4-35 沙湾凹陷上乌尔禾组压力系数与古地貌叠合图

沙探 2 井上乌尔禾组一段钻遇厚层规模砂砾岩,这一断层—地层油藏的落实,彻底揭开了沙湾凹陷斜坡带在较大埋深下,不仅有储层,还具有规模有效储层的面纱。这一借鉴并创新的勘探思路引领了沙湾凹陷斜坡带的油气勘探。

二、扇三角洲前缘相带发育优质储层是落实目标的前提

沙湾凹陷发育小拐、沙门子两个古沟槽,因此沉积发育了小拐扇和沙门子扇。在小拐沟槽内部署的沙探 1 井、沙探 001 井沿线,砂地比高,为 30%;小拐扇三角洲前缘相储层虽然较薄但物性变好;平原相储层虽然较前缘相厚但过于致密,物性差,作为前缘相储层上倾方向的侧向遮挡。顺着前缘相延展方向,由于储层物性更好,单井产能也随之提高(图 4-36)。

沿沙门子沟槽内部署的车 45 井、沙探 002 井沿线,上乌尔禾组一段单砂体厚,最大厚度为 22m,砂地比高。沙门子扇也具有平原相储层,虽厚但致密,物性差;前缘相储层有物性变好的特征,顺着前缘相延展方向,储层物性更好,单井产能更高(图 4-37)。

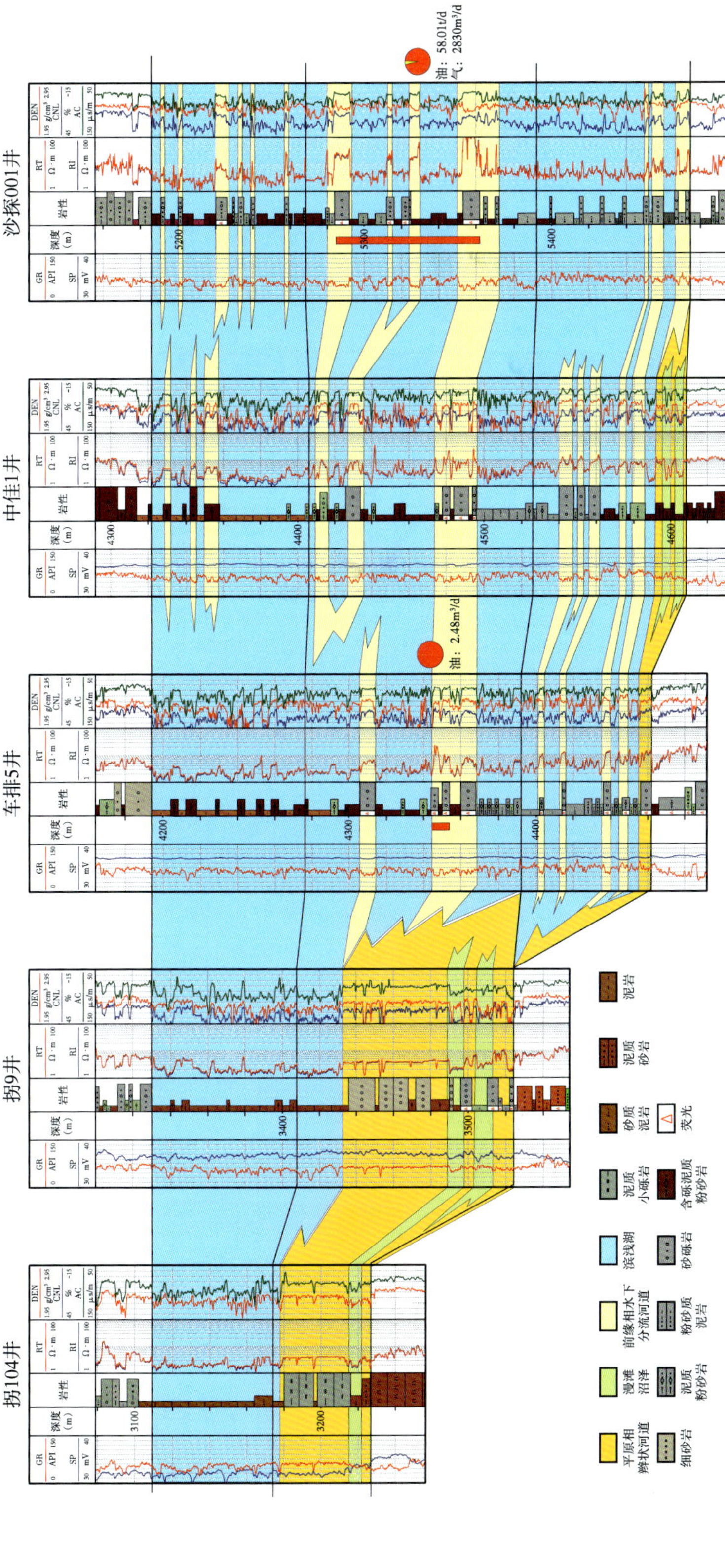

第四章 准噶尔盆地沙湾凹陷上乌尔禾组油藏的发现

图 4-36 小拐扇过拐104井—拐9井—车排5井—中佳1井—沙探001井上乌禾组连井相

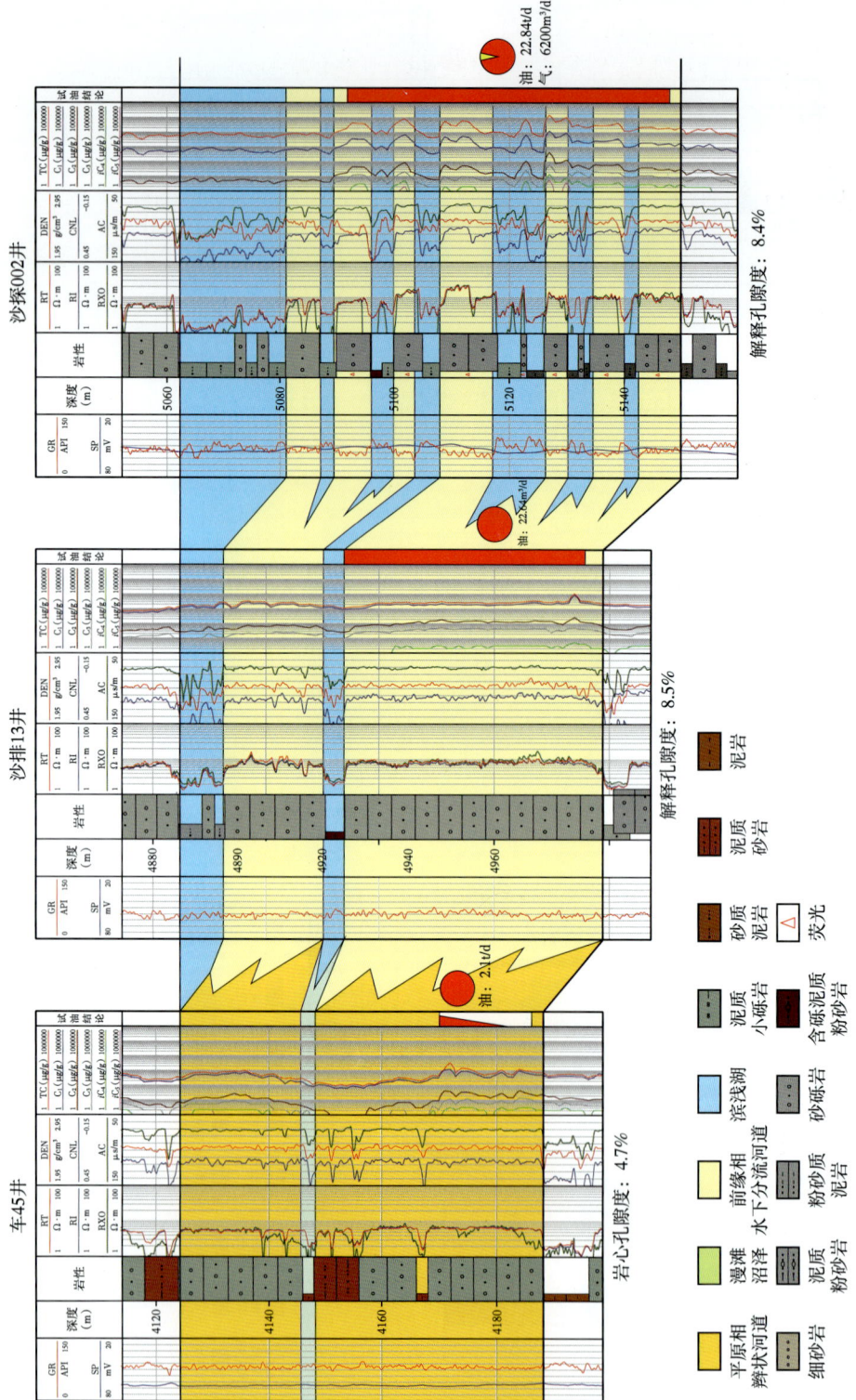

图 4-37　沙门子扇过车45井—沙排13井—沙探002井上乌尔禾组一段连井相

位于扇三角洲前缘相带的沙探 1 井区块和沙探 2 井区块上乌尔禾组均获得工业油流，而在扇三角洲平原相上钻的探井皆以失利告终，综合以上认为扇三角洲前缘相带是控制储层物性和油气产能的关键要素，前缘相更有利是目标优选的前提。

三、成藏模式反思带来地质认识变化是油气发现的关键

1993—2012 年，沙湾凹陷上乌尔禾组被认为是区域盖层（图 4-38），直到中佳 1 井钻遇见油气显示，以上乌尔禾组为主探目的层的勘探才正式拉开序幕。

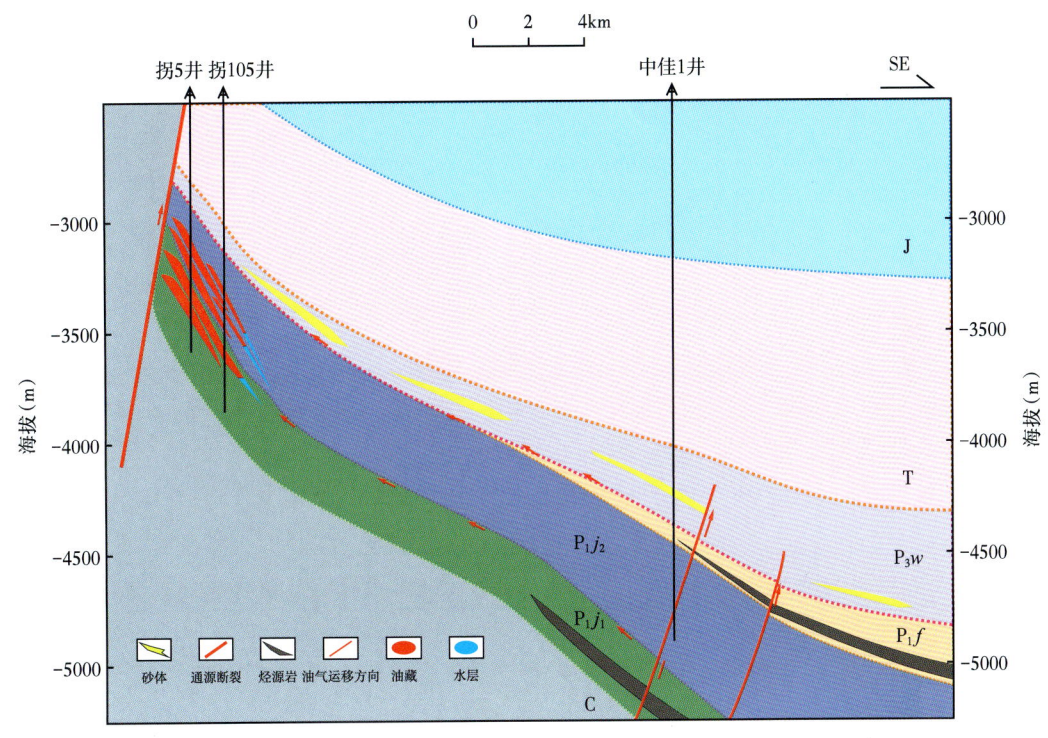

图 4-38　1993—2012 年上乌尔禾组成藏模式示意图

2013—2018 年，借鉴玛湖凹陷勘探思路，从凹陷边缘断裂带走向斜坡区，建立"沟槽控相，前缘相控藏"的成藏模式（图 4-39），依据构造背景下寻找有利岩相带的勘探思路，按单个岩性圈闭部署沙探 1 井，在沙湾凹陷斜坡带首获突破。但沙探 1 井完钻后，认为其所在小拐扇储层薄，油藏面积不大，已有的地质认识和钻后评估差别明显，主要表现在：（1）沉积相不准确，小拐扇比预想的小很多，规模储层不发育；（2）沙湾凹陷斜坡带的规模储层还没有找到。

2019 年以后，开展老井复查，重新精准细化沉积相，明确沙门子扇比小拐扇更大、储层更发育，叠合识别的断裂，发现沙探 2 井上乌尔禾组一段断层—地层型圈闭。根据"断裂通源，扇控储层，裂缝控产"成藏模式（图 4-40），落实了沙探 2 井区油藏，扩大了斜坡带上乌尔禾组的勘探领域，申报了三级储量，预计拓展沙湾凹陷上乌尔禾组勘探领域 650km^2。

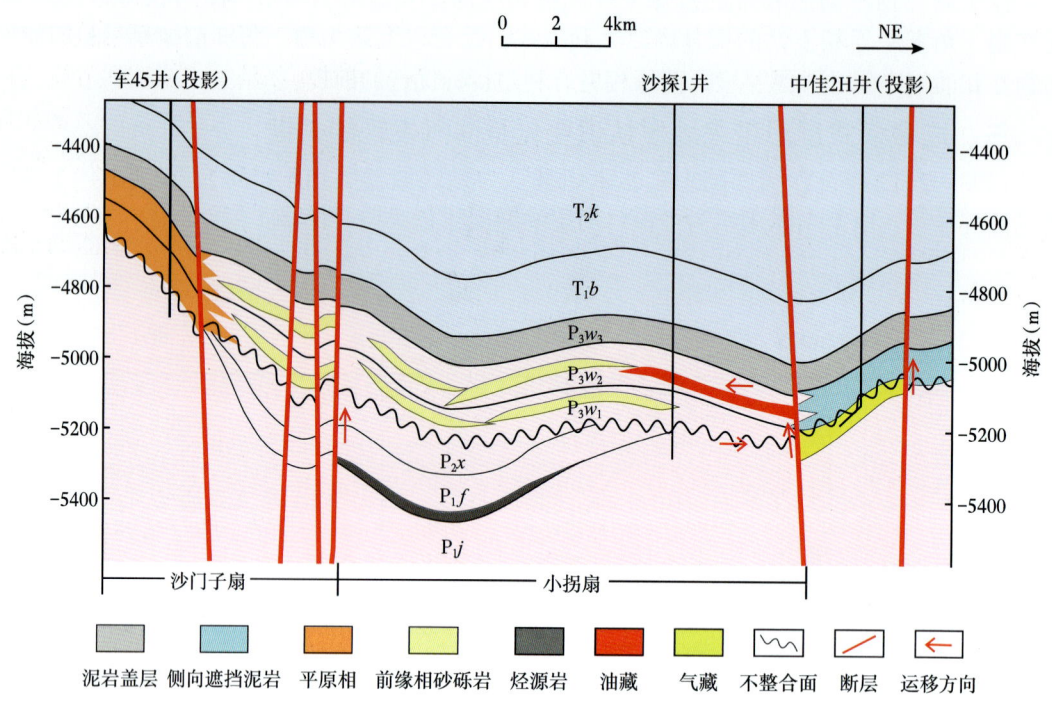

图 4-39 2013—2018 年上乌尔禾组成藏模式示意图

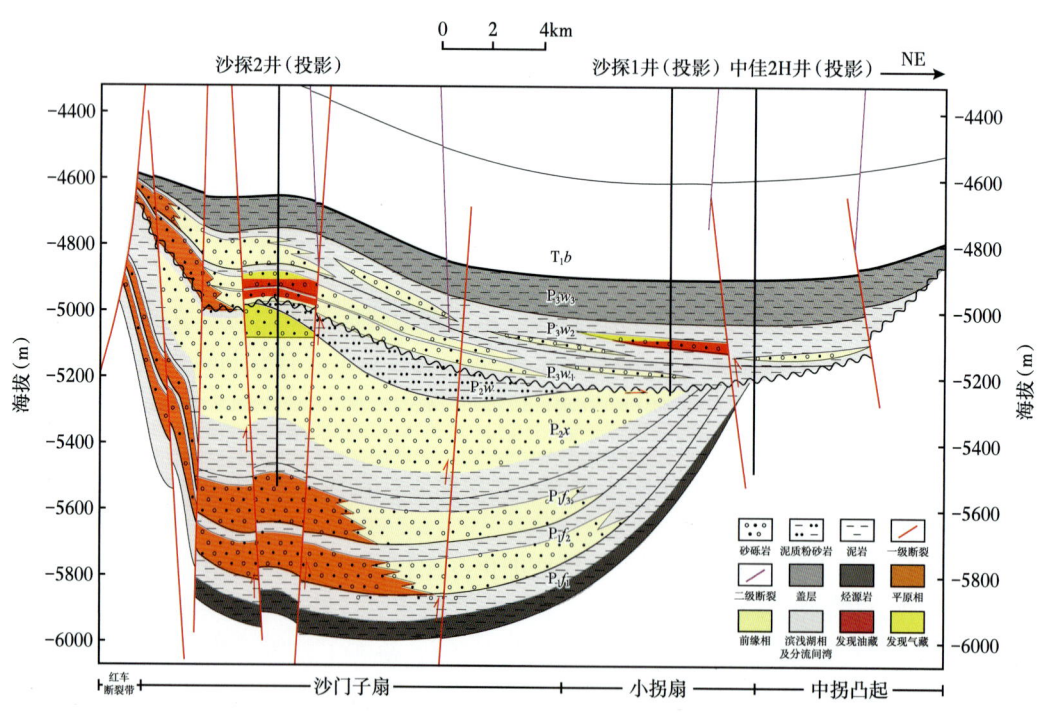

图 4-40 2019 年至今"断裂通源,扇控储层,裂缝控产"成藏模式示意图

在近 30 年的勘探中，在物探技术不断推进中重新认识构造，重划地层格架，细划单井、连井及平面沉积相；在复查评估已钻井的过程中，反复审视部署思路，调整地质认识。对上乌尔禾组的认识从泥岩盖层转变为也含有油气；从斜坡带小拐扇大面积沉积砂砾岩储层到精准描画上乌尔禾组一段、二段沉积相，认为沙门子扇上乌尔禾组一段沉积大面积厚层规模砂砾岩储层；从沙湾凹陷边缘探井见油气显示，到沙湾凹陷斜坡带攻关获得突破，落实油藏规模，申报储量，最终扩大了沙湾凹陷上乌尔禾组勘探领域。知常明变者赢，守正创新者进。守正创新，就是不断超越过去的认识和思想，博采众长、不断完善地质认识，才能不断开辟新境界，发现新的大型规模油气藏，谱写新的油气勘探华章。

第五章　准噶尔盆地阜康凹陷上乌尔禾组源内勘探开创新篇

2017年，在准噶尔盆地玛南地区二叠系上乌尔禾组勘探获重大突破后，以风险战略布控引领、预探适度甩开拓展的思路，由围凹源边勘探转为下凹源内勘探，快速推进全盆地上二叠统上乌尔禾组的整体研究和部署。2020年，针对准噶尔盆地东部阜康凹陷上乌尔禾组一段大型地层岩性领域部署的首口风险探井——康探1井3层连获百立方米高产工业油气流，拉开了准噶尔盆地东部下凹勘探的序幕，是继准东会战三十多年后的又一次重大突破。2021年，康探1区块提交预测储量 $13933×10^4t$，准噶尔盆地阜康凹陷上乌尔禾组源内勘探开创新篇。

第一节　勘探概况

阜康凹陷位于盆地一级构造单元中央坳陷东部，为一东西长、南北短的一近长条形凹陷，总面积近 $10000km^2$，是盆地面积最大的富烃凹陷，其西邻莫南凸起，东南为北三台凸起，南与阜康断裂带相接，东北为沙奇凸起和白家海凸起（图5-1）。

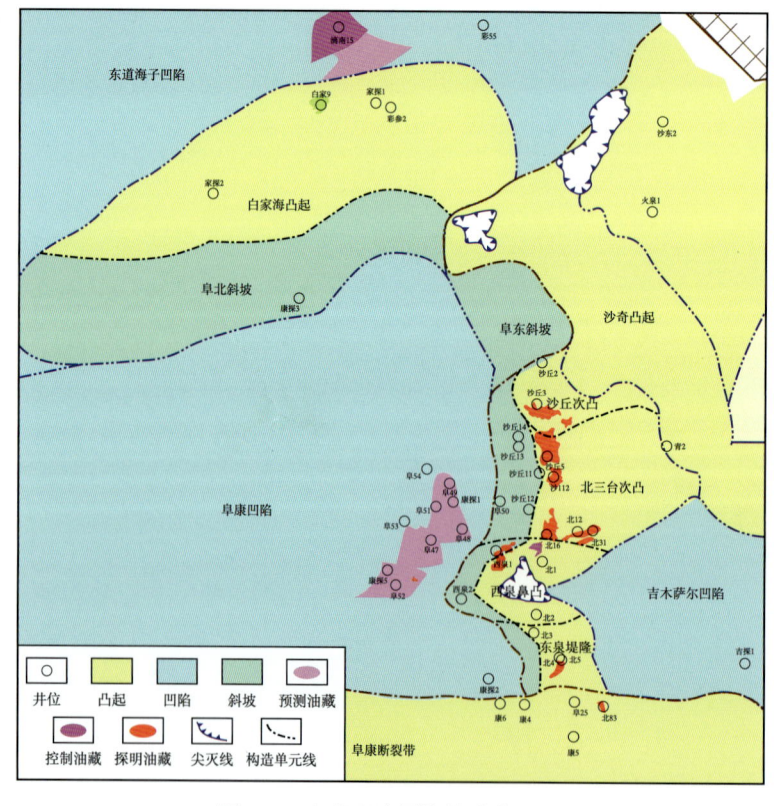

图 5-1　阜康凹陷周缘构造位置图

第五章 准噶尔盆地阜康凹陷上乌尔禾组源内勘探开创新篇

自石炭纪形成以来，阜康凹陷的构造演化受到海西期、印支期、燕山期及喜马拉雅期构造运动的影响。海西运动导致盆地早期沉积具有明显的分割性特征，北三台凸起与白家海凸起开始隆升，形成了阜康凹陷的雏形；印支期，开始了统一的陆内坳陷发展阶段；燕山期，盆地进入统一湖盆发育阶段，阜康凹陷整体表现为一西倾的单斜（图5-2）。侏罗纪末期的燕山运动二幕使凹陷周缘凸起带再次抬升遭受剥蚀，随后的喜马拉雅构造运动导致盆地开始向北逐渐抬升，最终形成了阜康凹陷现今构造上西低东高、南低北高（图5-3）的构造特征。

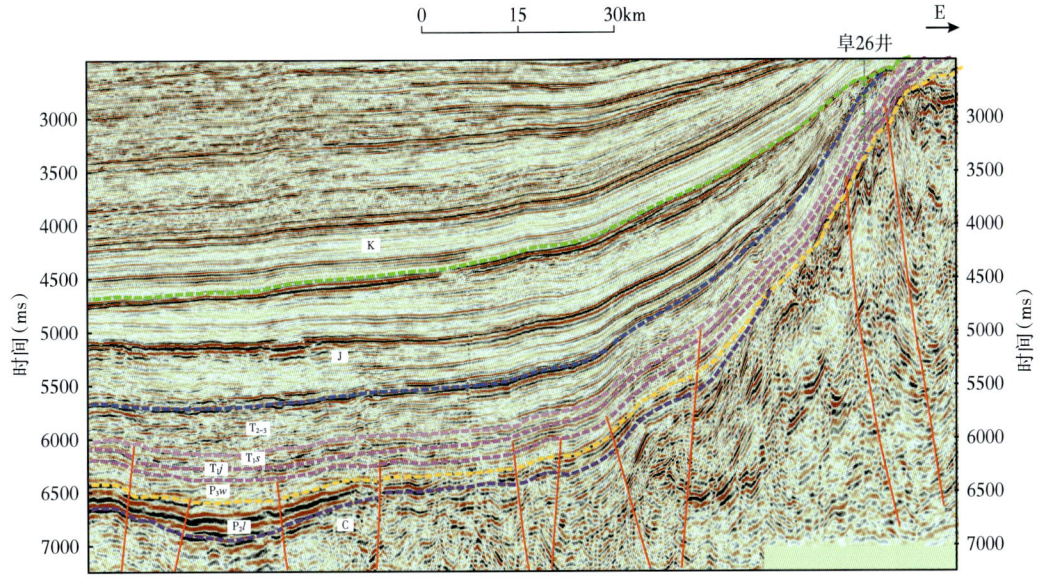

图 5-2 过阜康凹陷东西向地震地质解释剖面

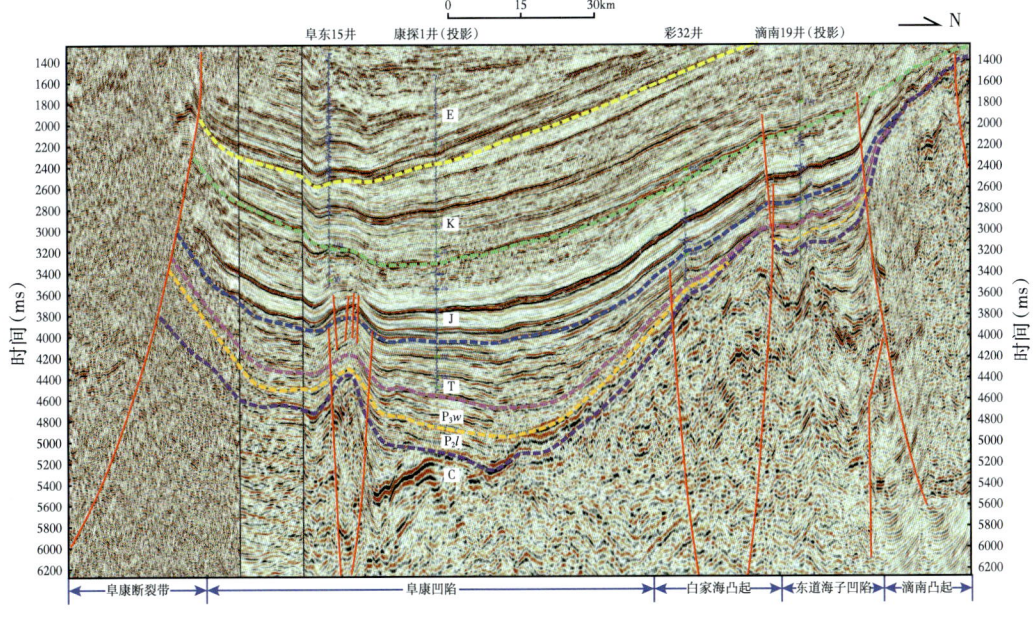

图 5-3 过阜康凹陷南北向地震地质解释剖面

阜康凹陷及其周缘地层发育齐全，自上古生界至新生界，依此发育石炭系、二叠系、三叠系、侏罗系、白垩系、古近系、新近系和第四系，受海西期、印支期、燕山期及喜马拉雅期多期构造运动的影响，下组合发育多套储盖组合（图5-4）。中二叠统芦草沟组是准东南部的最主力烃源岩层，除北三台凸起高部位缺失外，其余地区均有不同厚度的分布。芦草沟组为一套湖泊沉积，以泥岩为主，局部地区发育少量薄层砂岩、粉砂岩，有机碳含量平均为2.83%，大部分大于1.0%；氯仿沥青"A"平均为0.17%，多数大于0.01%；生烃潜

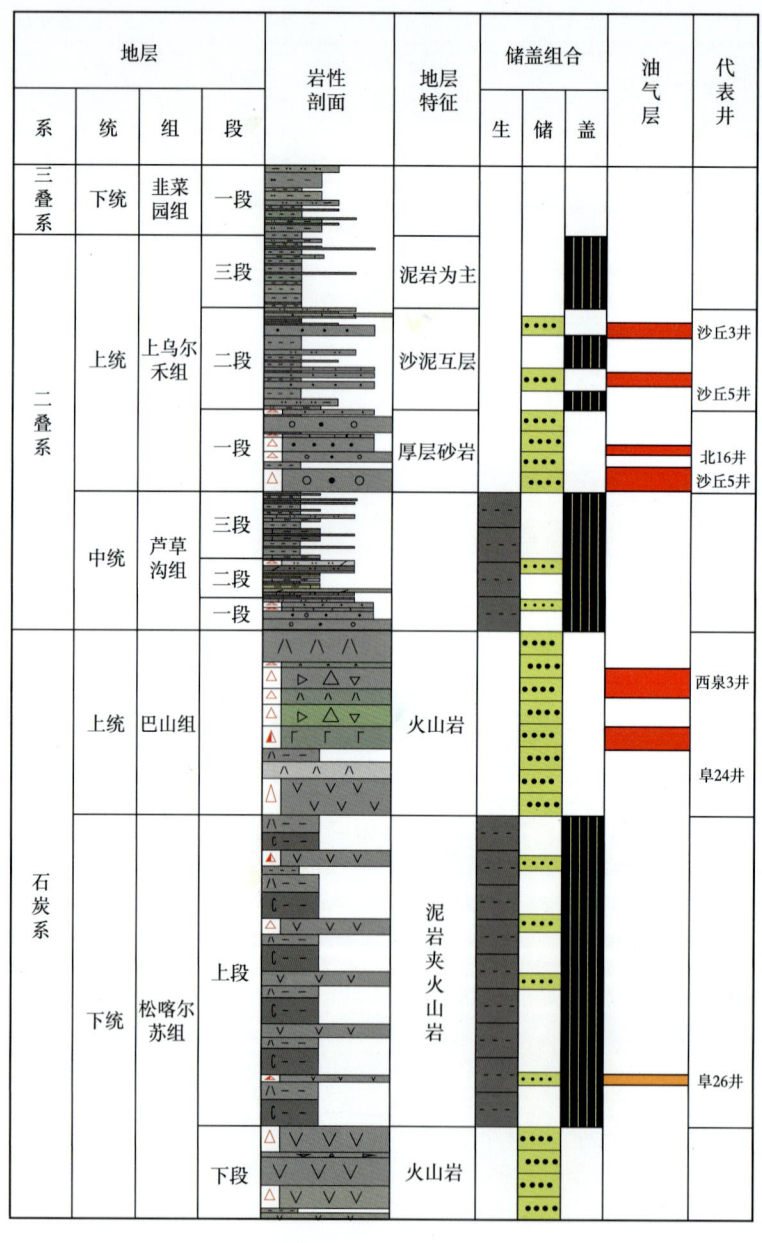

图 5-4　阜康凹陷周缘石炭系—二叠系储盖组合图

量平均为 13.72mg/g，大于 0.5mg/g 的占优势；总烃平均为 925.0μg/g，大多数大于 200μg/g，为较好—好烃源岩，处于生油高峰期，推测凹陷区达到高—过成熟生凝析油气阶段。

二叠系上乌尔禾组是北三台凸起周缘的主要储层和油藏发育层段，除凸起高部位"草帽圈"内地层剥蚀殆尽外，其余地区均有分布，且上乌尔禾组与芦草沟组紧邻，成藏组合优越，易于油气运聚成藏。凹陷区上乌尔禾组向北三台凸起超覆沉积，凹陷区发育低位域规模砂砾岩；凸起带上乌尔禾组厚度逐渐变薄，在凸起局部高部位遭剥蚀尖灭。受退覆式沉积的控制，阜康凹陷周缘上乌尔禾组规模砂体主要分布在凹陷区，向周缘凸起带逐层超覆尖灭（图5-5）。

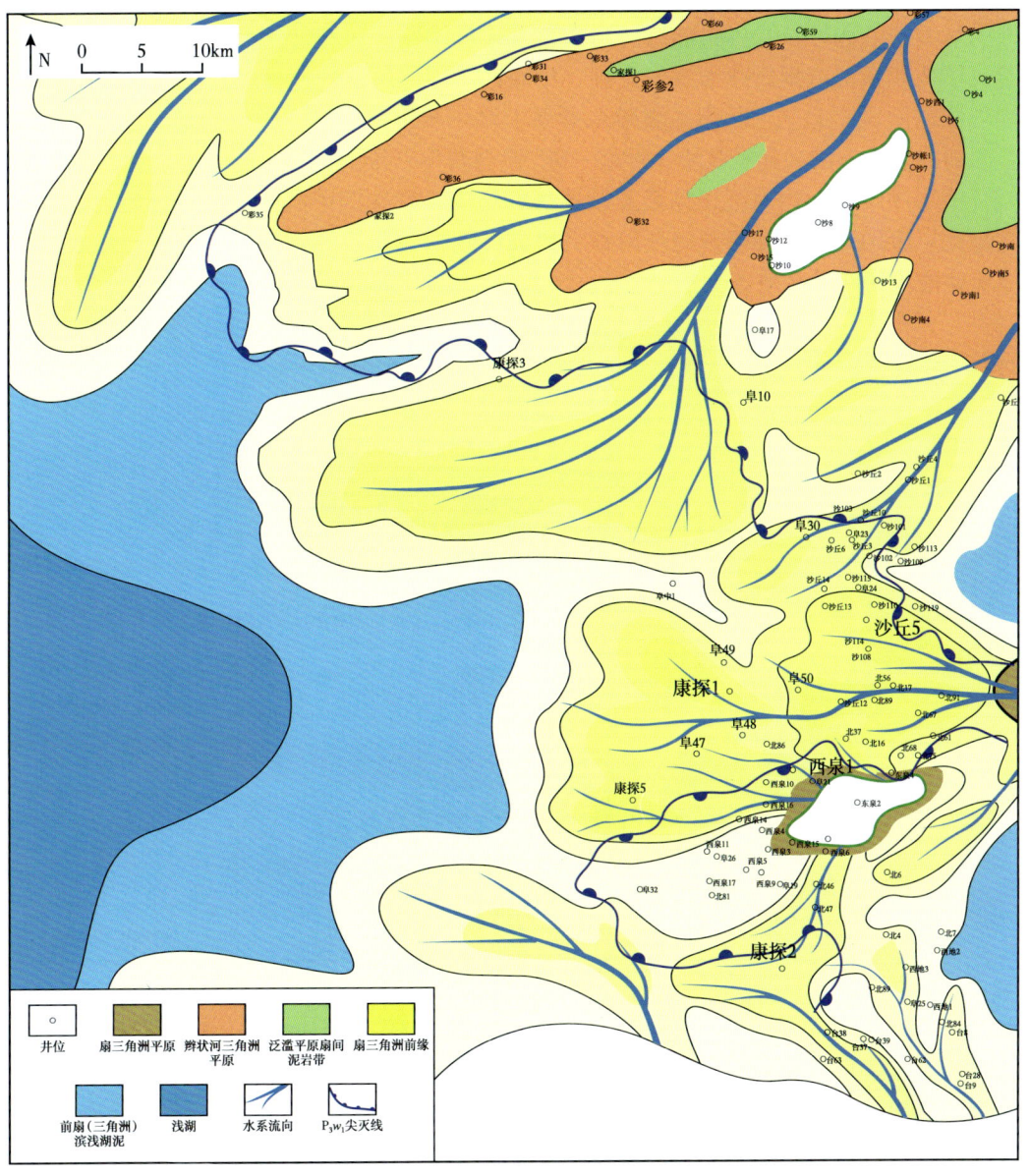

图 5-5 阜康凹陷周缘二叠系上乌尔禾组沉积体系图

阜康凹陷周缘自20世纪50—60年代开展油气勘探工作，前期的油气勘探主要集中在凹陷周缘的凸起带，以地面地质、重磁力、浅井钻探和综合研究为主，大规模的油气勘探工作始于20世纪80年代；1984年，随着北三台凸起南部北5井及北三台凸起北部北12井二叠系上乌尔禾组（原梧桐沟组，下同）工业油气流的喷出，拉开了阜康凹陷周缘油气勘探的序幕，后续由于北三台凸起南部上乌尔禾组砂体厚度薄、变化快，二叠系油气勘探的重点转向北三台凸起的北部，先后发现了北三台油田和沙南油田，累计探明石油地质储量约为 $5000×10^4$t；21世纪初，以"岩性地层油气藏"理论为指引，北三台凸起二叠系上乌尔禾组勘探领域向斜坡区岩性尖灭型目标探索，先后部署了沙丘11井、沙丘12井、沙丘13井、沙丘14井，斜坡带钻井4口均在上乌尔禾组钻遇规模砂体，取心见含油岩心，但储层物性明显差于凸起带，受当时储层压裂改造技术的限制，斜坡带钻井均未获得突破，此后随着浅层侏罗系河道型岩性油藏的发现，阜康凹陷周缘的油气勘探进入了寻找浅层高效岩性油气藏的阶段，北三台凸起斜坡带二叠系上乌尔禾组油气勘探进展较缓。2015年以来，随着源内油气勘探的兴起及多块"两宽一高"高分辨率三维的部署，通过重新认识阜康凹陷上二叠统层序结构、物源沉积体系及砂体沉积模式，优选凹中凸有利目标部署上钻康探1井，自此阜康凹陷油气勘探开启新篇章，目前已新增工业油气流共7井8层，提交预测石油地质储量 $1.39×10^8$t（表5-1）。

表5-1　北三台凸起周缘上二叠统勘探历程数据表

勘探阶段	重点井	探明区块	年份	发现油田/油藏
定凹探隆	北5井、北12井、沙丘3井	北4井区块	1984	北三台油田
		北16井断鼻	1984	
		北31井断鼻	1991	
		北75井断块	1991	
		北90井断块	2002	
		沙丘3井区块	1997	沙南油田
		沙丘5井区块	1998	
探索斜坡	沙丘11井、沙丘12井、沙丘13井、沙丘14井		2008—2014	
下凹勘探	康探1井		2021	康探1井区块

第二节　勘探历程

根据勘探领域的差异、目标类型的变化及重点井，将北三台凸起二叠系上乌尔禾组的勘探划分为定凹探隆多找出油点（1980—2007年）、探索斜坡岩性油气藏（2008—2014年）、源内岩性地层油气藏勘探（2015年至今）3个阶段（图5-6）。

第五章 准噶尔盆地阜康凹陷上乌尔禾组源内勘探开创新篇

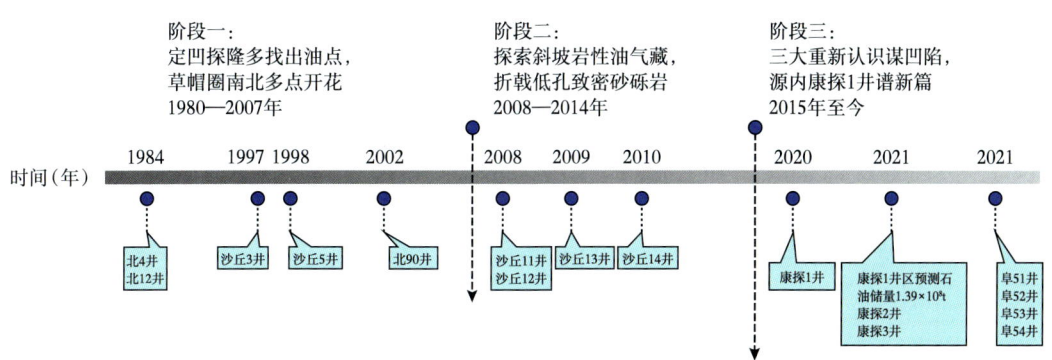

图 5-6 北三台凸起周缘上二叠统勘探阶段划分图

一、定凹探隆多找出油点，草帽圈南北多点开花（1980—2007 年）

准东地区自 20 世纪 50—60 年代开展油气勘探工作，前期的油气勘探基本以地面地质、重磁力、浅井钻探和综合研究为主，总体属于探索阶段，完成了 1∶20 万重磁力普查，划分准东区域地质结构，了解基岩起伏，划分出帐北隆起、奇台高地上的小凹陷、吉木萨尔凹陷（图 5-7）。

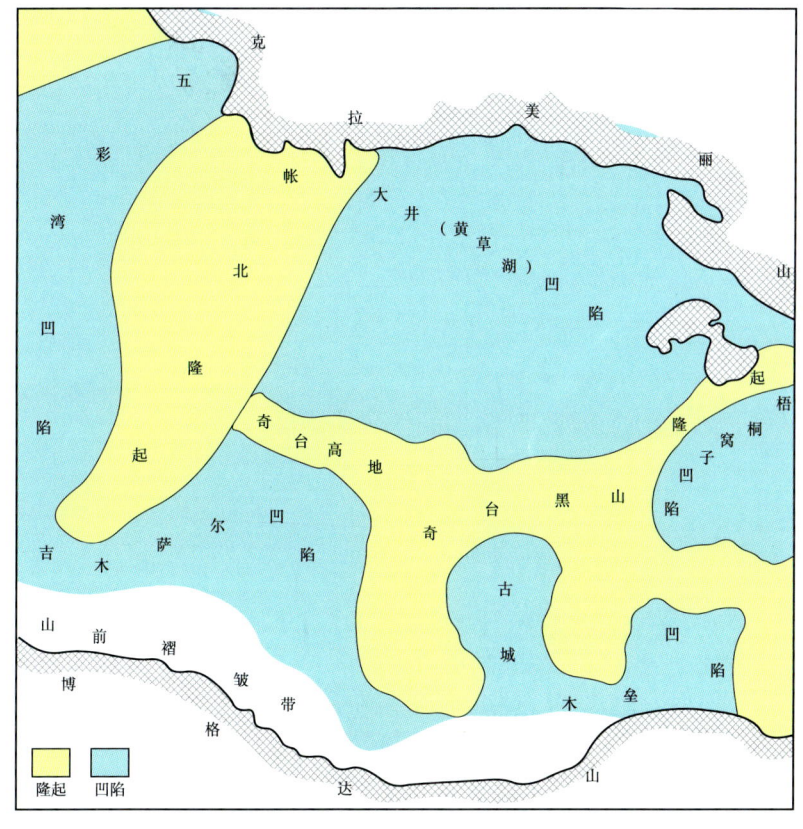

图 5-7 准东地区 1980 年前传统构造分区

围绕基于重磁落实的构造格局(图5-8),1958年前后相继部署探井3口,其中北1井在二叠系上乌尔禾组井壁取心获含油砂岩,试油为水层,地质报废;北2井在二叠系上乌尔禾组见到含沥青岩屑,该井没有进行试油,工程报废;北3井在三叠系小泉沟群1725m钻井过程中钻井液面上曾发现有褐黑色重质油滴,呈分散状分布,井深2047m停钻后,井内出水,曾收油半罐,该井没有进行试油,工程报废。3井的钻探虽然均未获得突破,认为3井均钻遇"秃顶"构造区,基底隆起高,盖层多遭严重剥蚀而缺乏保存条件,因而未取得突破。但3井均获得油气显示,证明了该区曾发生过油气充注,具备一定的油气勘探潜力。

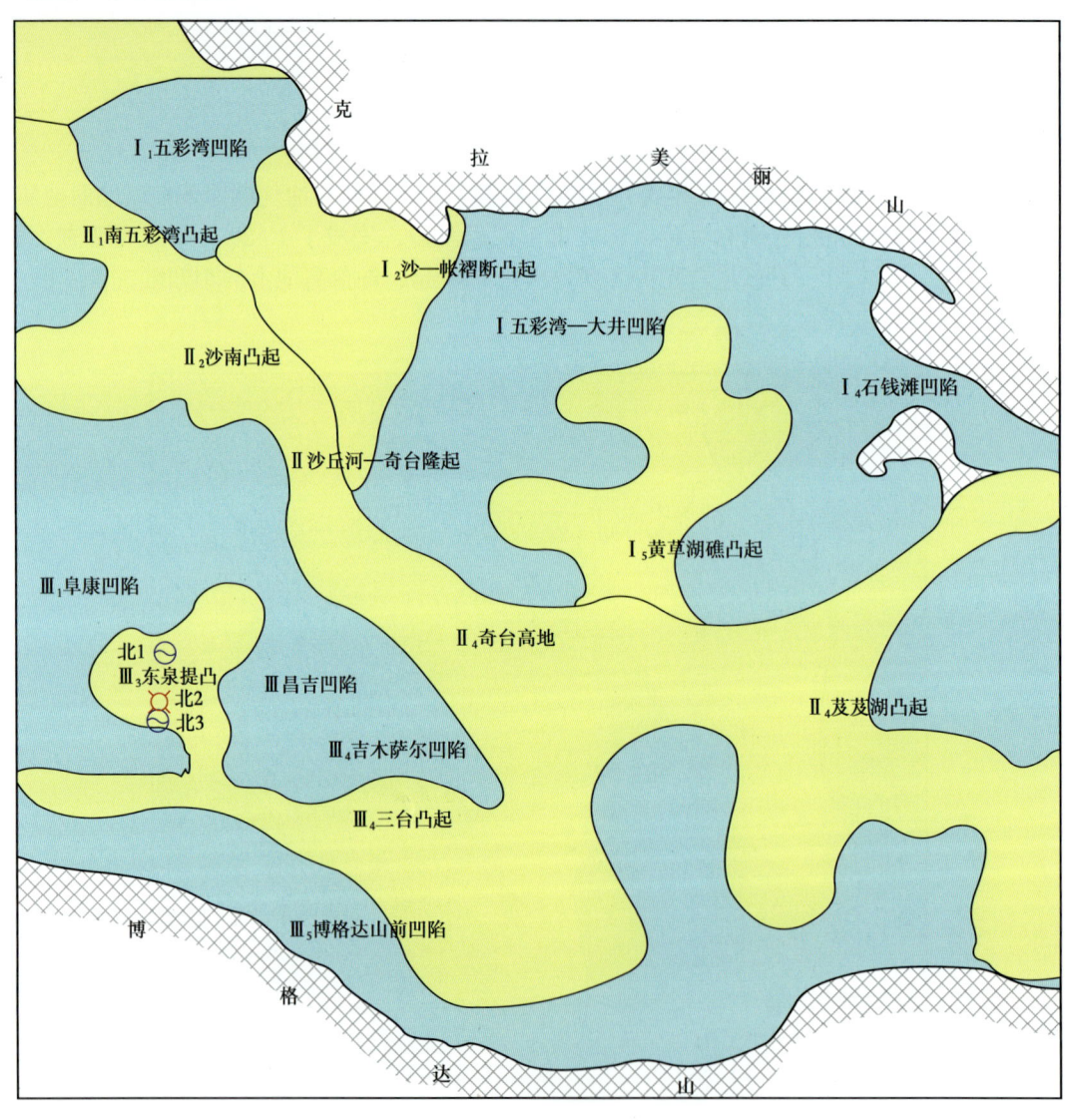

图5-8 准东地区1980年前三叠系以下深层结构图

1. 甩开钻探北三台,草帽圈突破南北翼

1)落实有利构造高点,二维布控北三台

20世纪80年代,准噶尔盆地西北缘克拉玛依油田经过30年的规模开发,作为产能建设主体的西北缘断裂带面临后备资源不足的困境,准噶尔盆地亟需发现新的油气勘探领域。而在准东地区克拉美丽山前发现并证实沙丘河侏罗系大面积油砂、西大沟二叠系平地泉组沥青脉,帐篷沟背斜轴部二叠系油页岩夹层和沥青脉,基于这些发现认为克拉美丽山前五彩湾凹陷为有利含油凹陷,滴水泉鼻隆、沙南构造、北三台等为有利含油构造和地区,这都为20世纪80年代挥师准东提供了宝贵的资料。北1井、北2井及北3井的钻探证实了北三台凸起发生过油气运移,但3井主体钻遇"秃顶"区,保存条件差是其未取得突破的主要原因,因此保存条件好的有利构造是下一步有利的勘探目标区。为此,1984年,对北三台凸起潜伏构造上实施二维地震勘探,测网密度达0.5km×1km,围绕北三台凸起"草帽圈",在其南部东泉堤隆上发现了西地1号和西地2号背斜(图5-9),在其北部发现了一个独立的向北倾末的鼻状构造(图5-10)。

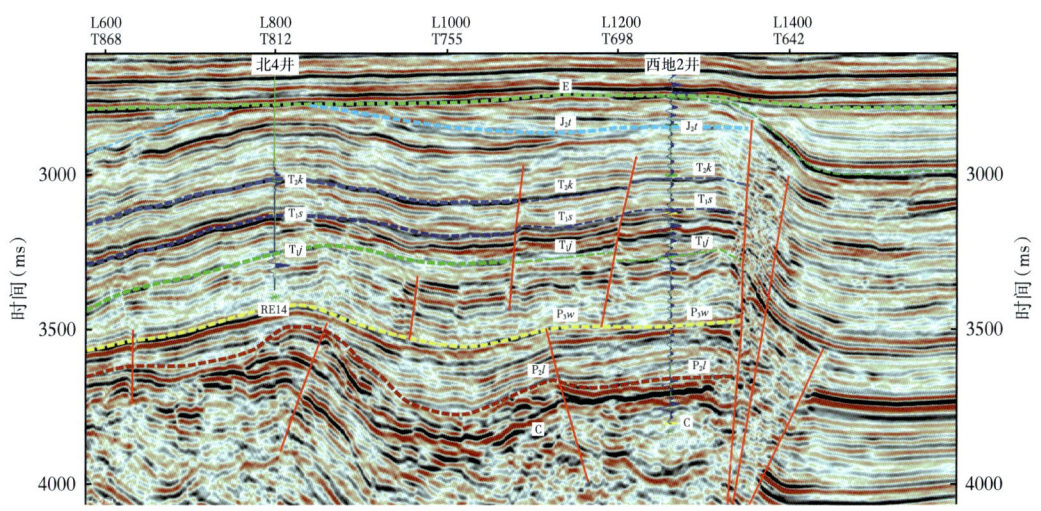

图5-9 过西地1号背斜—西地2号背斜地震地质解释剖面

2)甩开钻探多找出油点,草帽圈突破南北翼

彼时,类似"草帽圈"特征的沾化凹陷孤岛油田已经发现且落实了亿吨级的储量规模,借鉴孤岛油田成藏模式(图5-11),并围绕北三台凸起"草帽圈"周缘展开了以探索与不整合有关的岩性尖灭型油藏和构造型油藏为目标的油井部署和钻探。1984年,首先在"草帽圈"南部的东泉堤隆西地1号背斜实施了北4井的钻探,该井在二叠系上乌尔禾组压裂后抽汲,日产油7.3t,从而发现了北三台地区第一个工业出油点;1985年又在"草帽圈"北部的北断裂下盘的北三台北断鼻部署北12井,该井在上二叠统用5mm油嘴试油,日产油4.1t,日产气4489m^3。自此,标志着北三台"草帽圈"南北两翼均获突破。

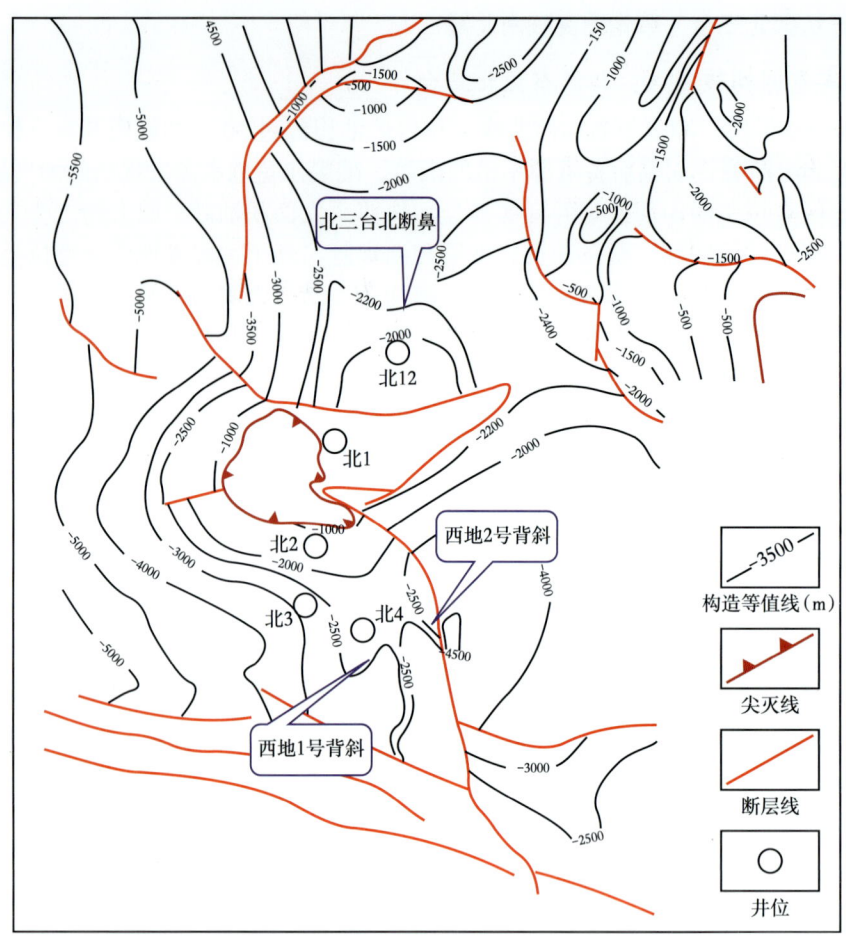

图 5-10 准东地区上二叠统顶界构造图

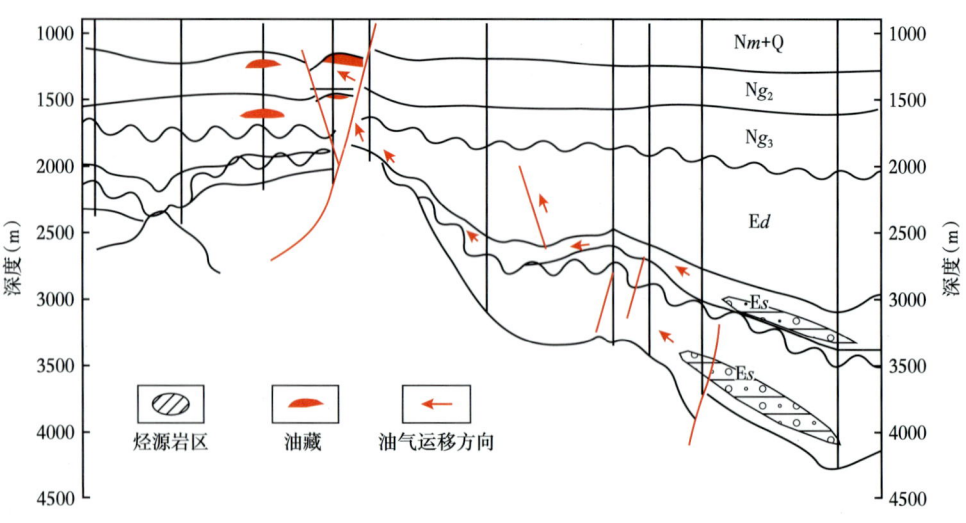

图 5-11 沾化凹陷孤岛油田成藏模式图

2. 十字剖面布控,"草帽圈"南北拓展

1)南翼砂薄遇阻,转战侏罗系

为快速拿下大场面,控制已发现上二叠统油藏范围,在北三台部署了钻井十字剖面(图5-12),在"草帽圈"南翼东泉堤隆西地1号背斜部署实施北10井、北11井、北23井等;从"草帽圈"南翼东泉堤隆西地1号背斜新钻井效果来看,仅北23井获日产油3.26t工业油流,南部的北10井及西部的北11井上二叠统厚度变薄、岩性明显变细,显示较差(图5-13),分析认为北三台凸起南部上二叠统为一单砂层的砂岩透镜体,大范围内相变,为受构造控制的岩性油藏(图5-14),最终落实含油面积18.9km²,石油地质储量1578×10⁴t。同时北三台凸起南部的台3井、北10井等侏罗系钻遇油气层,故北三台凸起南部在此后一段时间重点目的层段主要集中在侏罗系,该区二叠系的勘探工作暂时停滞。

2)北翼拓展顺利,发现北三台油田

而"草帽圈"北翼新钻井效果整体较顺利,上乌尔禾组砂砾岩厚度大,分布稳定(图5-15),仅低部位北17井上二叠统试油为水层,故认为北12井区上二叠统油藏为一具有统一边底水的断鼻油藏(图5-16),落实含油面积35.1km²(图5-17),石油地质储量3369×10⁴t。后续相继探明北75、北90等多个构造岩性和断块油藏,北三台凸起北翼上乌尔禾组展现新规模勘探潜力。新一轮井的钻探不仅明确了北三台凸起二叠系上乌尔禾组的勘探方向,也为北三台凸起北部继续向北拓展提供了强有力的支撑。

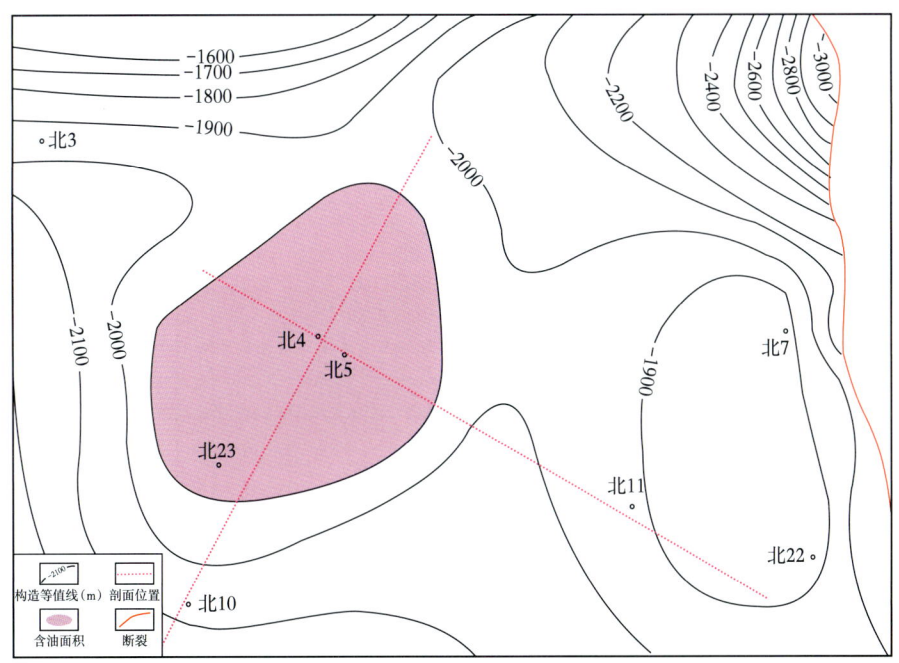

图5-12 北三台凸起南翼北4井区上乌尔禾组含油面积图

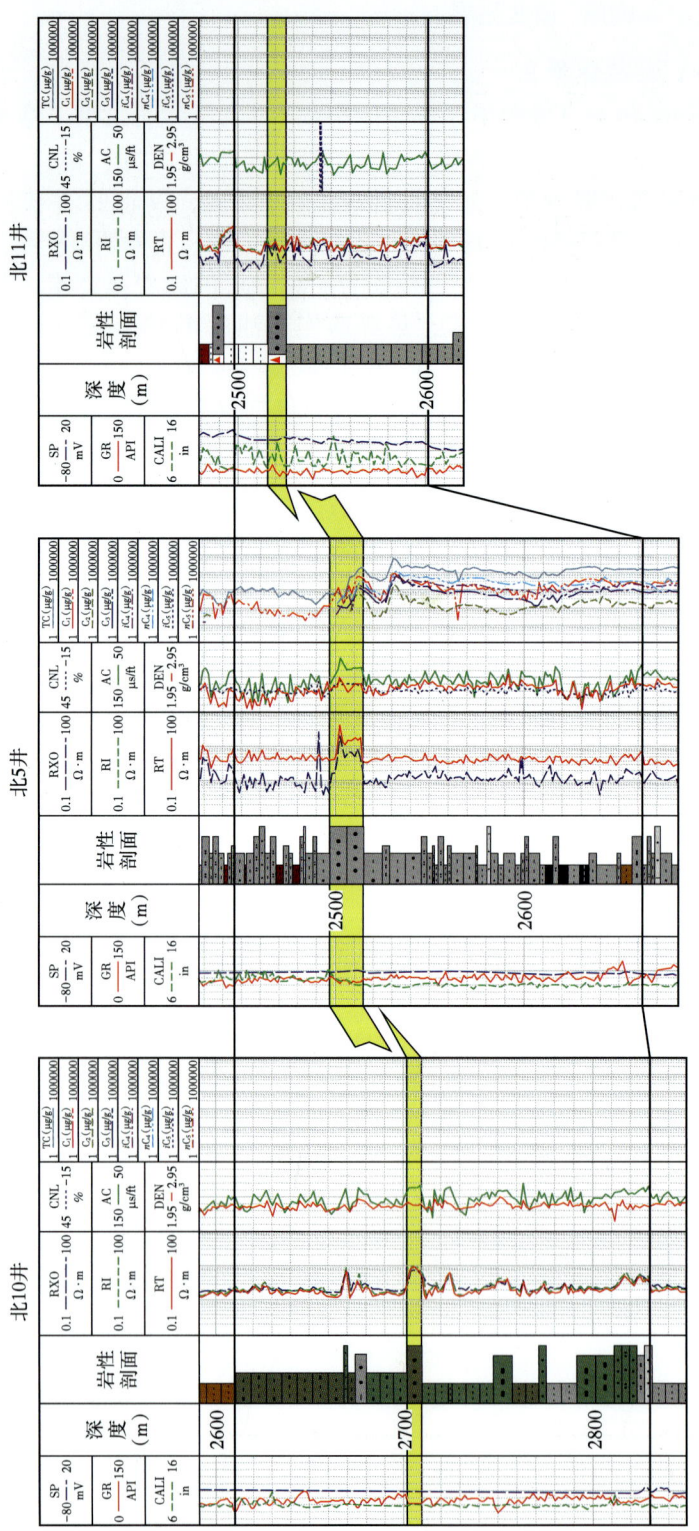

图 5-13　北三台凸起南翼上乌尔禾组砂层对比图

第五章 准噶尔盆地阜康凹陷上乌尔禾组源内勘探开创新篇

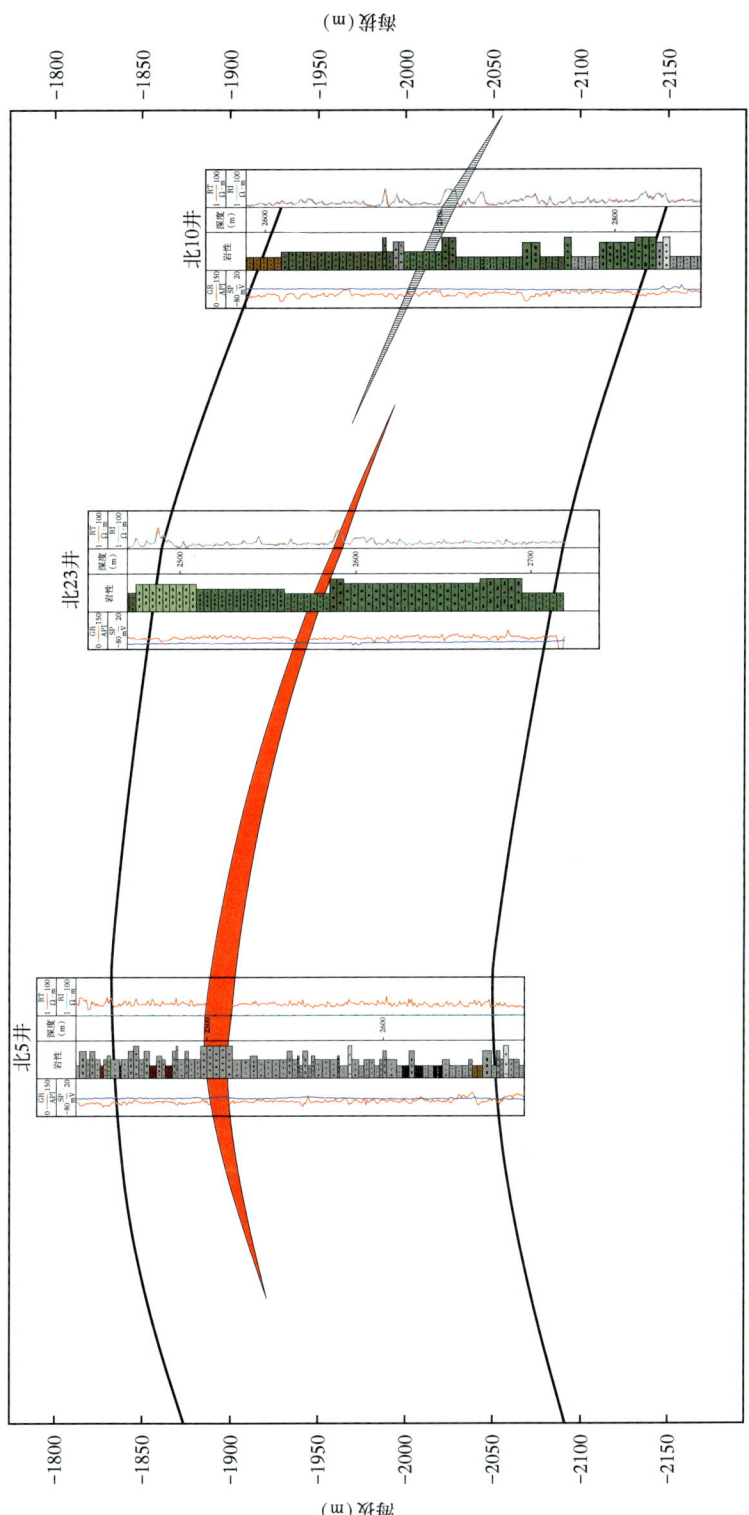

图 5-14 北三台凸起南翼北4井区上乌尔禾组油藏剖面图

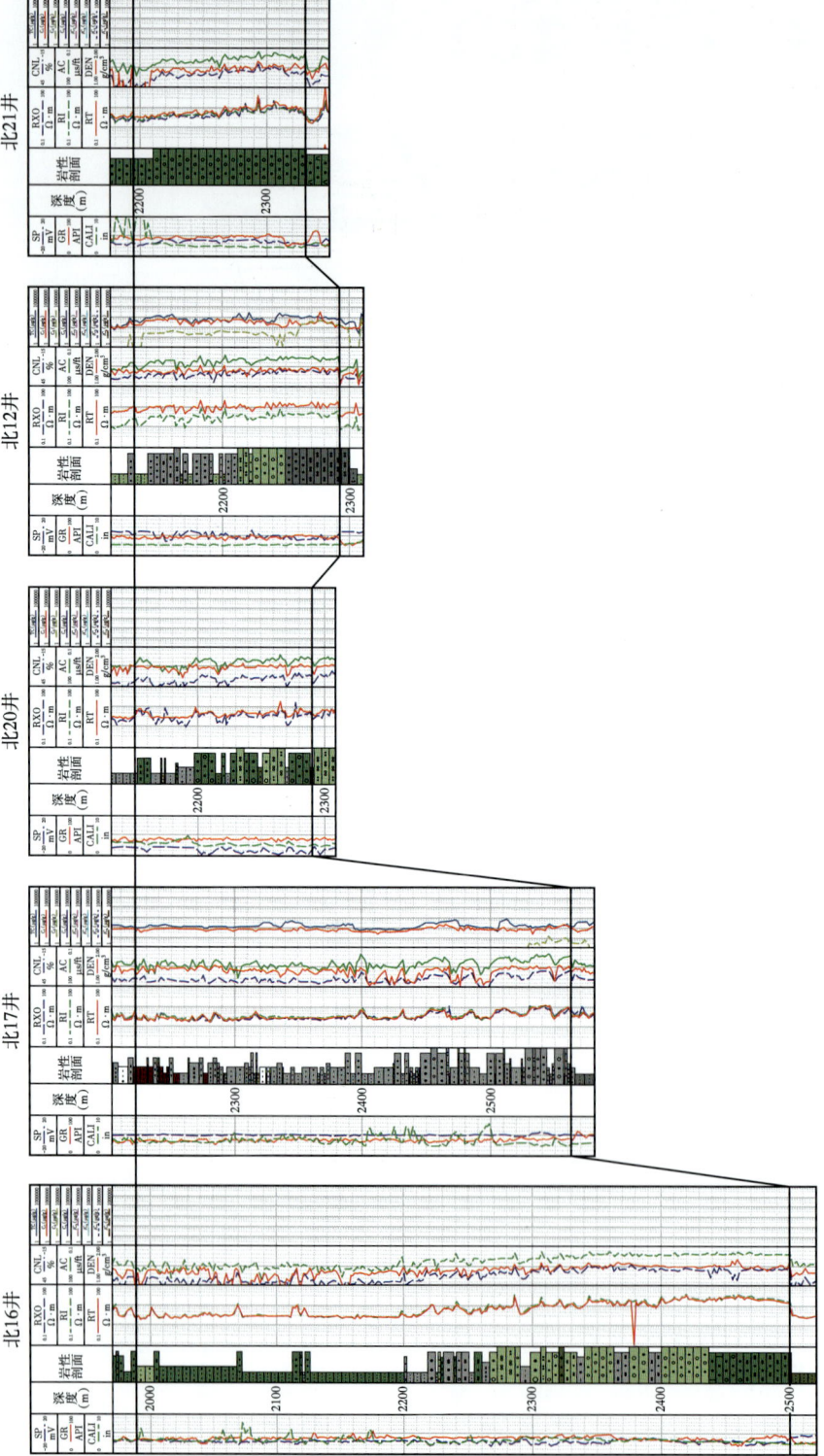

图 5-15 北三台凸起北翼上乌尔禾组砂层对比图

第五章 准噶尔盆地阜康凹陷上乌尔禾组源内勘探开创新篇

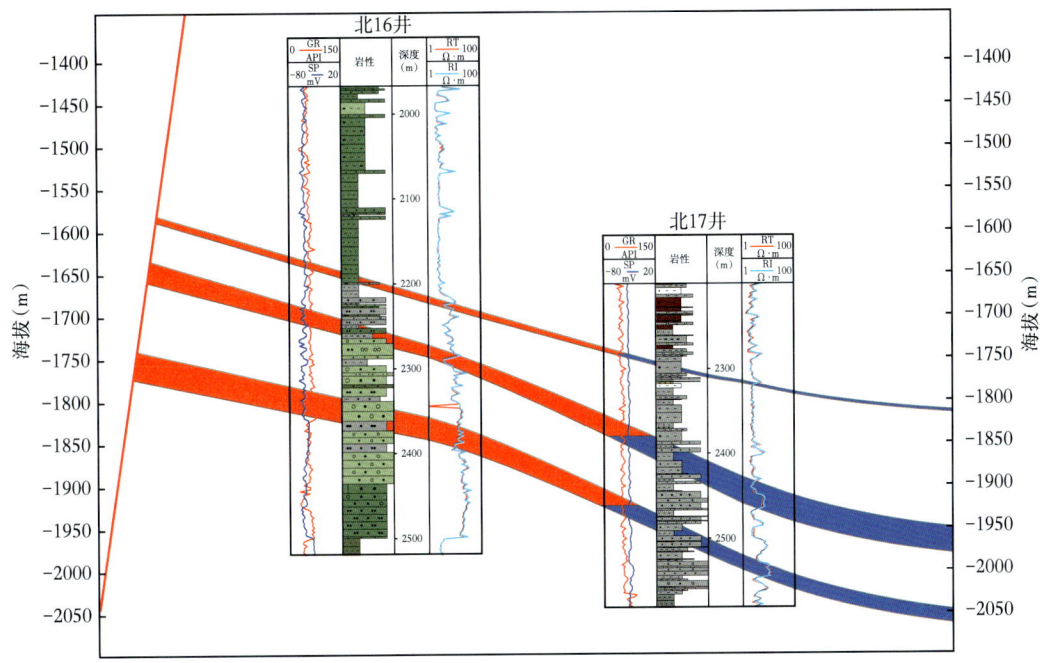

图 5-16 北三台凸起北翼上乌尔禾组油藏剖面

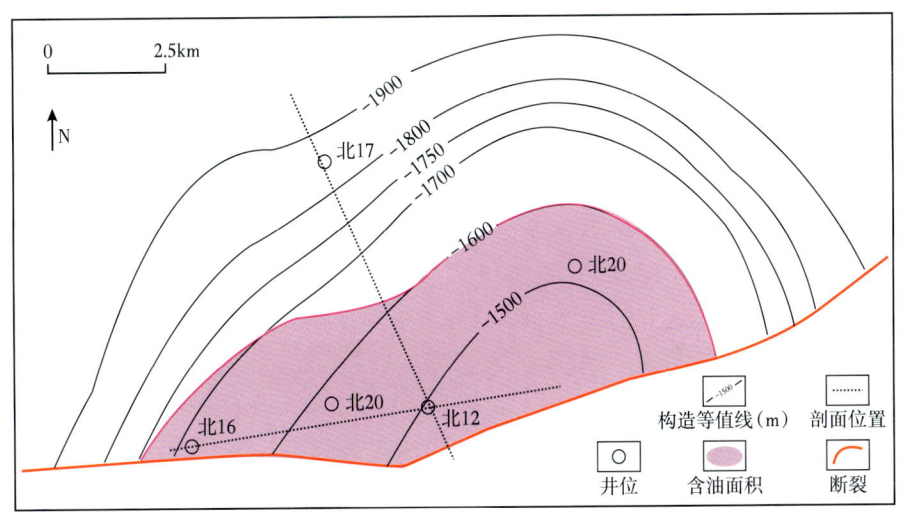

图 5-17 北三台凸起北翼北 12 井区上乌尔禾组含油面积图

3. 北拓帐北断褶带，沙丘次凸响春雷

1）精细二维，细化沙丘古构造

"草帽圈"北翼新钻井效果整体较顺利，证实了北三台凸起有利的成藏条件和良好的勘探前景；北三台次凸与北部的沙丘古构造及两者夹持的平缓鞍部地区整体表现为一正向构造单元，同属于准噶尔盆地东部隆起的帐北断褶带中段，北三台油田的突破预示着北部沙

丘次凸成藏条件应该也不会差。为落实有利目标，1991年和1994年围绕该区新实施高分辨率二维地震开展圈闭精细描述，立足该区新完成的高分辨率二维地震资料进一步落实了沙丘北断鼻和沙丘断背斜的构造特征及沙丘北断裂、沙丘断裂的展布特征（图5-18）。

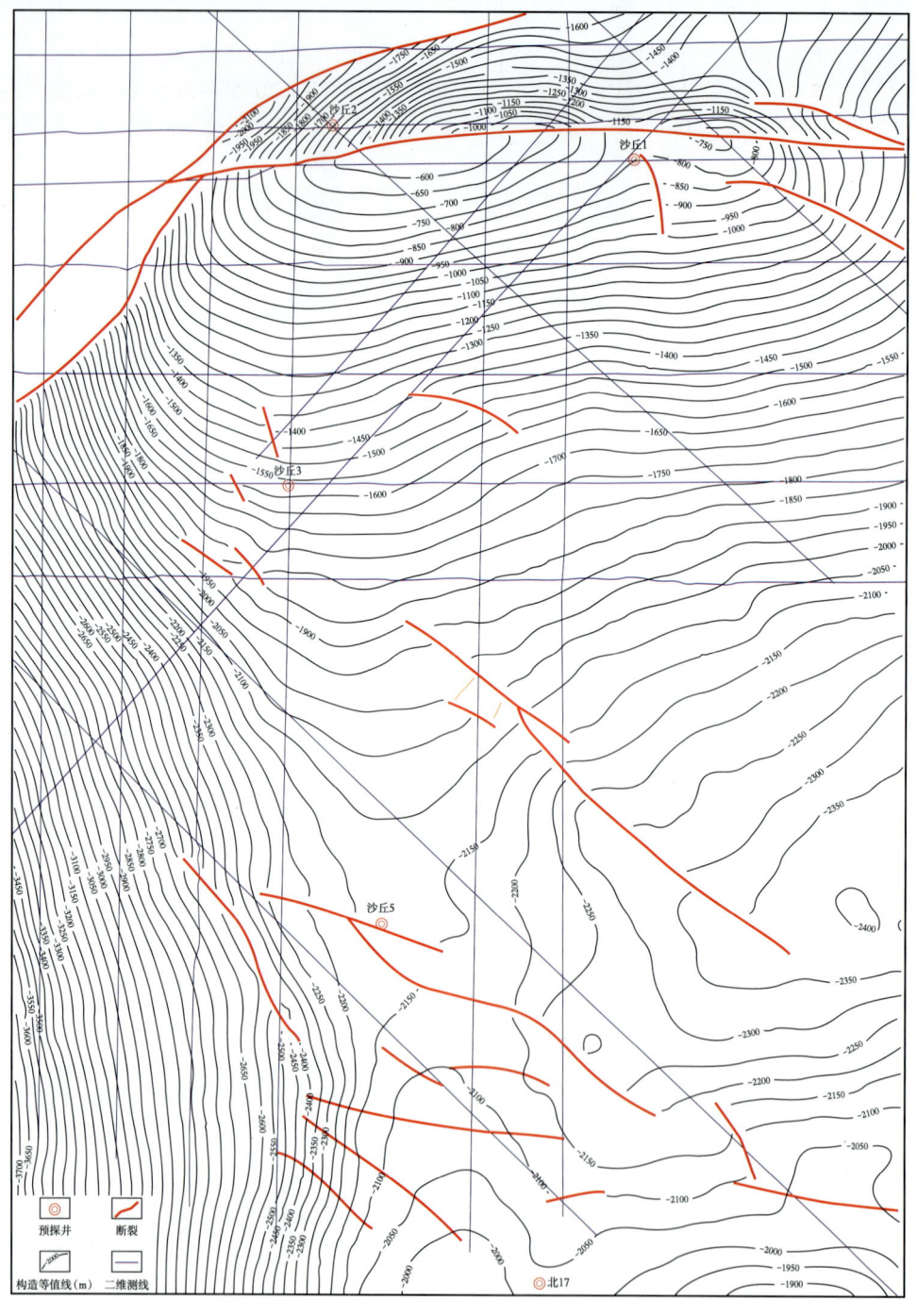

图5-18　沙南地区构造图

2)解剖老井,部署沙丘断背斜

沙丘北断鼻区已部署了沙丘2井,但距离沙丘断裂较近,油气保存条件不利;而沙丘断背斜区前期部署的沙丘1井处于向斜区(图5-19),背斜带尚无井钻探,是北拓帐北的有利勘探区。并于1997年2月在沙丘断背斜部署沙丘3井,该井在三叠系油气显示活跃,其中钻至三叠系韭菜园组1769.0~1778.0m井段发生强烈油侵,在韭菜园组用8.0mm油嘴试油,获日产油145.9t,日产气11355m^3。完井测试在上乌尔禾组2015.0~2027.0m试油,经压裂改造,用3.5mm油嘴获日产油27.6t,日产气4519m^3,宣告了沙南油田的诞生。

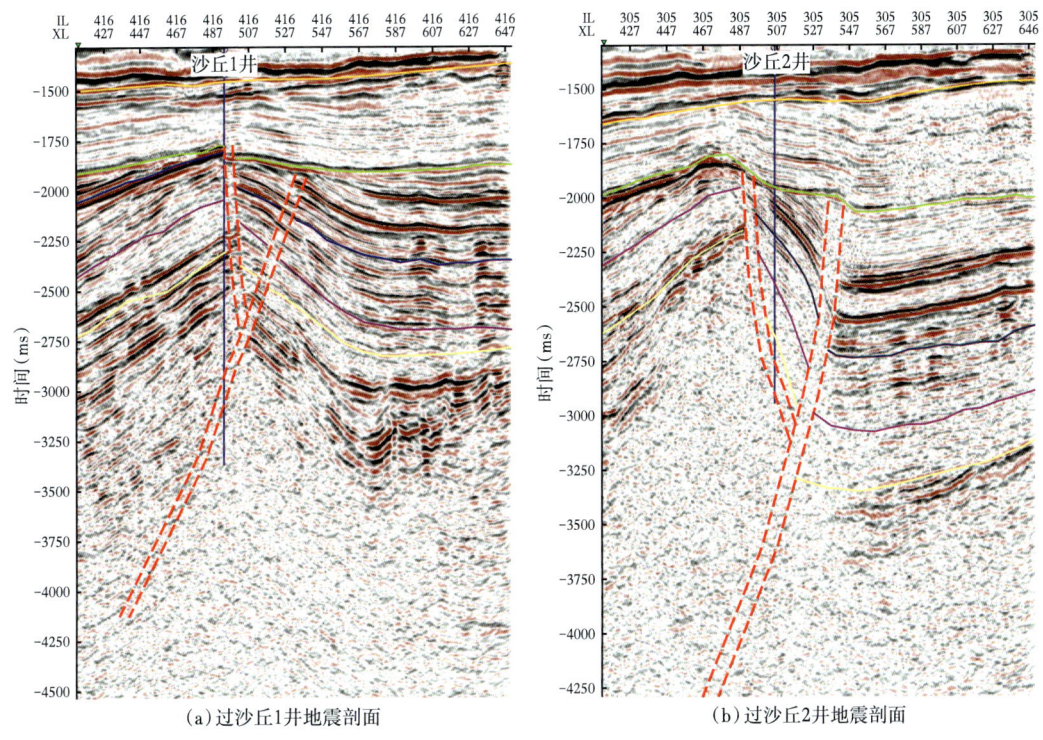

图5-19 过沙丘1井、沙丘2井地震剖面

3)探索鞍部,沙南北三台连片

沙南油田发现后,为实现沙南油田和北三台油田连片,在沙丘断背斜与北三台北断鼻之间部署了沙丘5井(图5-20),沙丘5井于1997年8月开钻,1998年该井在上乌尔禾组2561~2571m获日产油29.4t,日产气4519m^3,发现了沙丘5井区上乌尔禾组油藏。沙丘5井获高产工业油流后,对整个北三台—沙南地区进行了整体部署,至此,北三台凸起带上乌尔禾组进入了以寻找构造油藏和断层岩性油藏的评价阶段,后续油藏评价获重大进展,沙南油田新发现了沙109井区上乌尔禾组油藏、沙112井区上乌尔禾组油藏、沙114井区上乌尔禾组油藏;北三台油田新落实了北90井区上乌尔禾组油藏、北307井区块上乌尔禾组油藏;沙南油田与北三台油田呈现连片的态势(图5-21)。

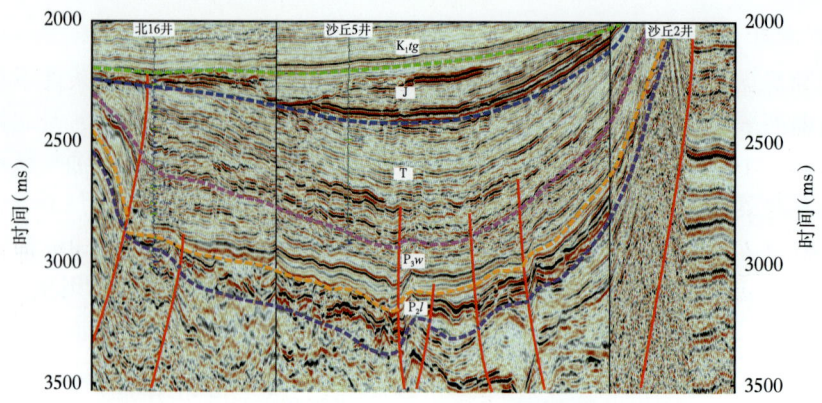

图 5-20　过北三台次凸—沙丘次凸地震地质解释剖面

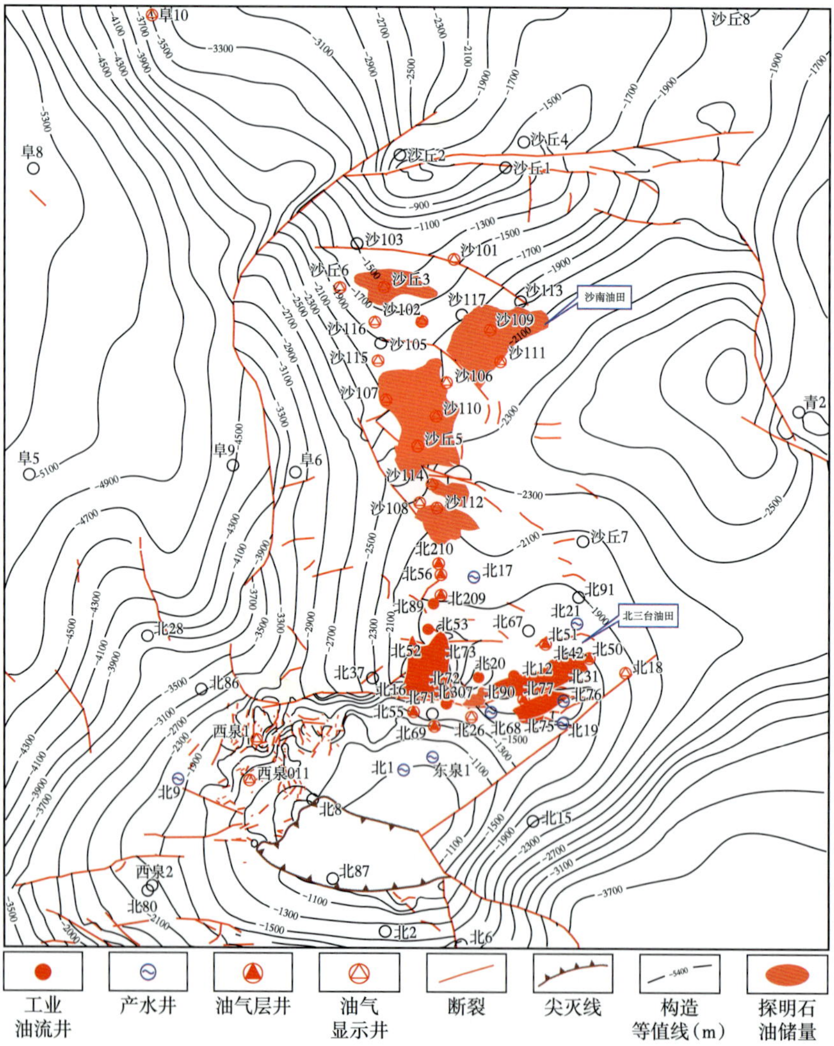

图 5-21　沙南—北三台油田二叠系勘探成果图（截至 2008 年）

4)拓展成果,拼接三维拓斜坡

随着沙南油田和北三台油田二叠系上乌尔禾组油藏的不断扩大,北三台地区把二叠系上乌尔禾组作为主攻目的层,而该区部署实施的沙丘 3 井区三维和沙丘 5 井区南三维研究对象是侏罗系—二叠系,未对二叠系进行针对性处理,且从整体解剖研究区二叠系构造形态来讲,两块三维地震都存在不完整性的问题。为查清研究区二叠系砂体的展布及发育情况,2006 年开发评价处开展了沙丘 3 井区三维地震与沙丘 5 井南三维地震拼接处理(图 5-22),拼接三维工区基本将沙丘构造—北三台凸起一线主体部位覆盖,拼接后三维地震资料各区

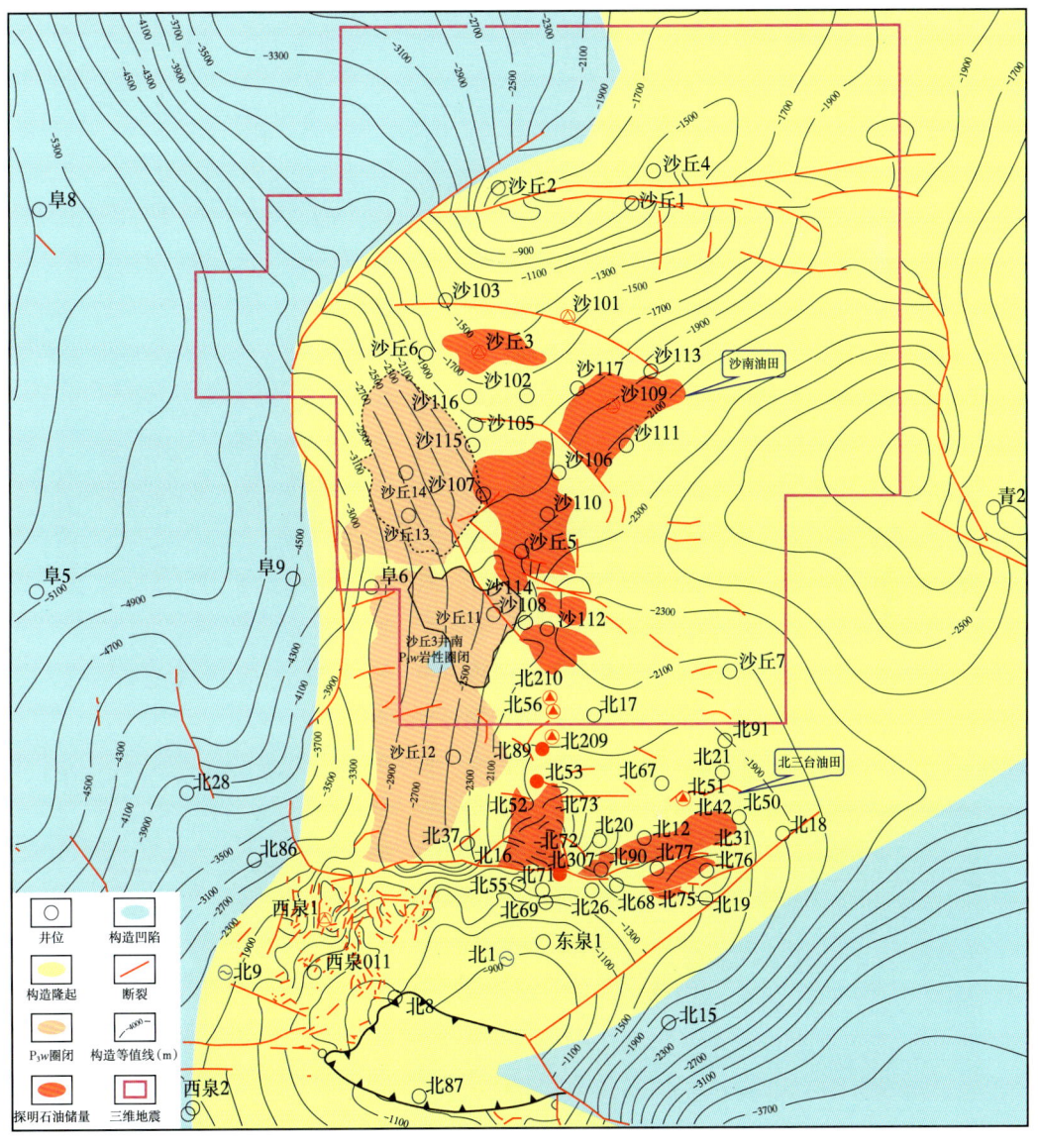

图 5-22 沙丘 3 井区三维地震与沙丘 5 井南三维地震连片面积及目标刻画

块频率、相位一致，拼接部位同相轴连续，波组特征、地层接触关系清晰，断层、断点位置精确（图5-23）；面元由原来的25m×50m（沙丘5井南三维地震）和50m×50m、50m×100m（沙丘3井区三维地震）达到25m×50m且二叠系频带得到较大程度的拓展，主频也有较大的提升；二叠系频率由原来的0~60Hz（沙丘5井南三维地震）与0~55Hz（沙丘3井区三维地震）拓展为0~85Hz，主频由原来的25Hz（沙丘5井南三维地震）和22Hz（沙丘3井区三维地震）提高到45Hz（表5-2）。

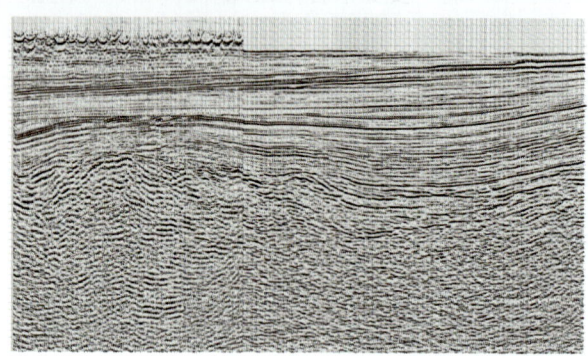 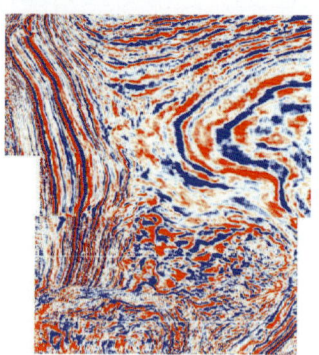

(a) 原处理的叠后偏移剖面及时间切片

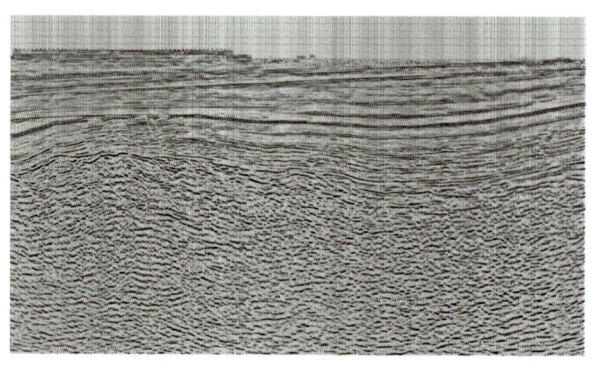 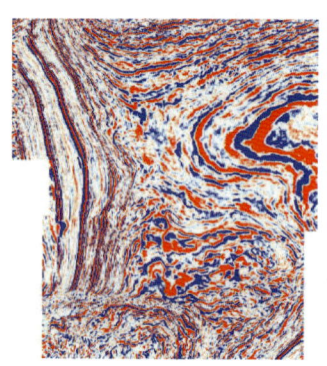

(b) 新处理的叠后偏移剖面及时间切片

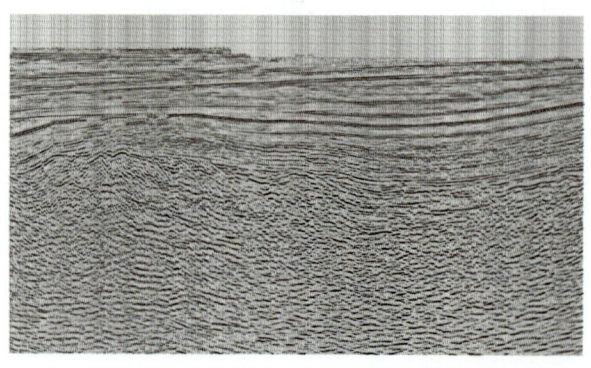 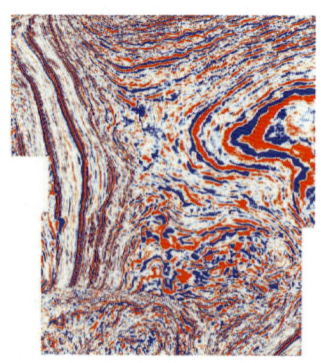

(c) 新处理的叠前偏移剖面及时间切片

图5-23 连片处理三维剖面及切片效果对比

第五章 准噶尔盆地阜康凹陷上乌尔禾组源内勘探开创新篇

表5-2 沙丘3井三维地震与沙丘5井南三维地震参数对比表

三维名称	面元	频宽	主频
沙丘3井区三维	50m×50m、50m×100m	0~55Hz	22
沙丘5井南三维	25m×50m	0~60Hz	25
连片三维	25m×25m	0~85Hz	45

基于沙丘3井—沙丘5井南叠前连片三维地震重新处理资料对该区进行了地震地质的重新解释，进一步落实了沙丘斜坡带上乌尔禾组一段9个岩性圈闭，斜坡带上二叠统展现良好的勘探潜力。

二、探索斜坡岩性油气藏，折戟低孔致密砂砾岩（2008—2014年）

1. 拓展凸起西斜坡，致密砂岩遇挑战

1）拓展沙南，钻遇油藏低部位

沙南油田沙丘5井上乌尔禾组发育多套砂岩和油层，为探索斜坡带尖灭型砂体或目标，优先在沙丘5井下倾方向，沙丘5井南二叠系上乌尔禾组一段岩性圈闭构造较高部位部署了沙丘11井，该井二叠系上乌尔禾组储层主要分布于中下部，沉积厚度与邻井沙丘5井相当，各砂层可对比性好（图5-24），表明上乌尔禾组区域上沉积稳定；二叠系上乌尔禾组取心获油迹级—荧光级砂砾岩岩心，但后续在2804~2816m试油效果并不理想，仅获得日产水2.14m³低产水层。结合构造特征及地震剖面（图5-25）分析认为，沙丘11井上乌尔禾组一段构造低于沙丘5井上乌尔禾组一段油藏，低于沙丘5井197m、低于沙112井236m，预计与沙丘5井油藏为同一砂层，沙丘11井处于沙丘5井上乌尔禾组一段油藏油水界面附近，为边水。

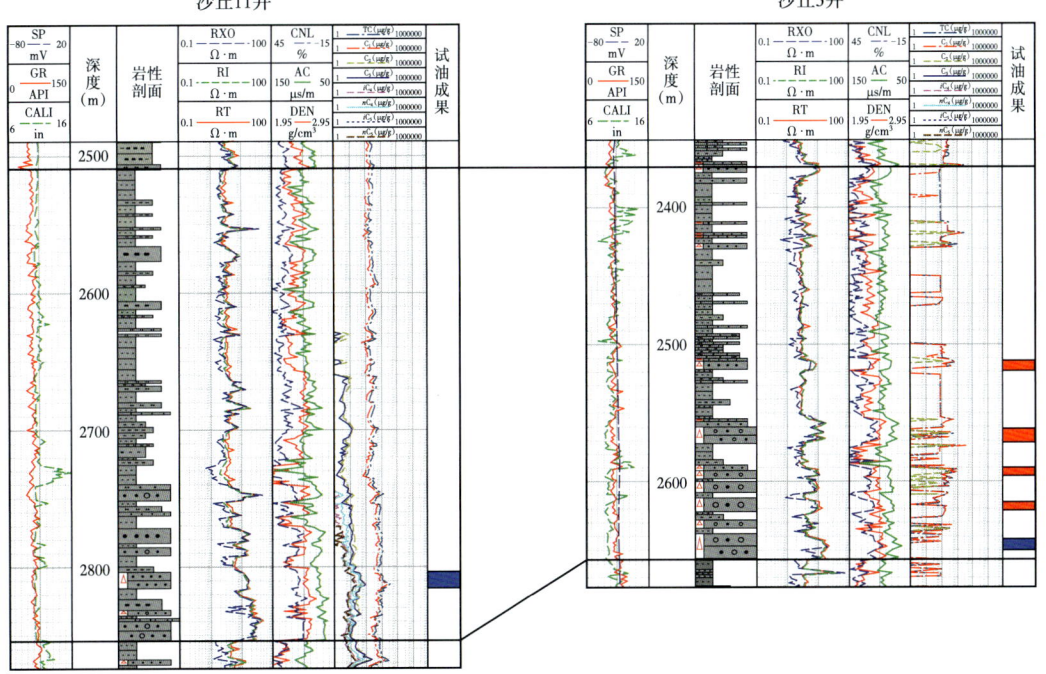

图5-24 沙丘11井—沙丘5井上乌尔禾组对比图

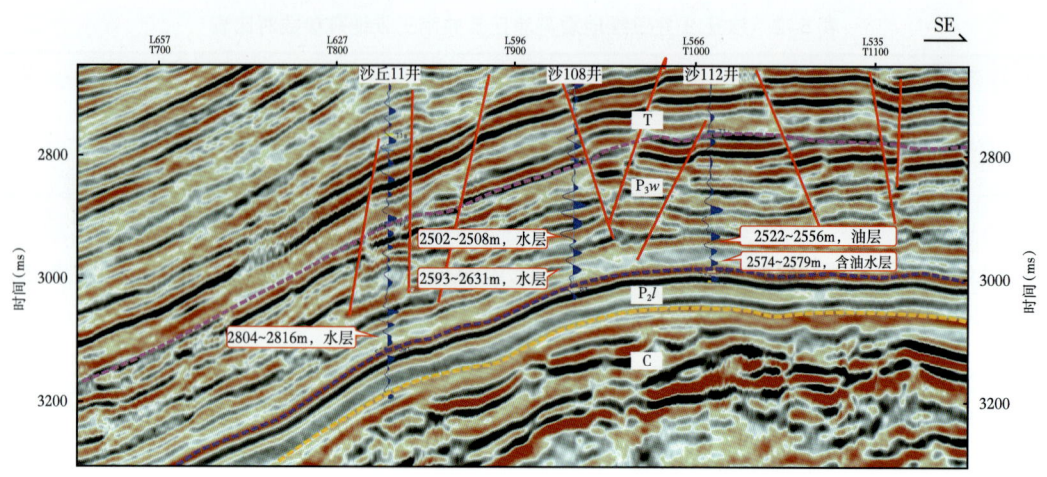

图 5-25　过沙丘 11 井—沙 108 井—沙 112 井地震地质解释剖面

2）扩大北三台，遇阻致密砂砾岩

基于沙丘 11 井的钻试认识，为扩大北三台油田上乌尔禾组勘探成果，在北三台油田下倾方向北 56 井西二叠系上乌尔禾组岩性圈闭、北 16 井西二叠系上乌尔禾组岩性圈闭和北 56 井西石炭系岩性圈闭叠合部位上部署预探井沙丘 12 井，沙丘 12 井油气显示活跃，但砂岩物性与凸起带相比，随着埋深增大，砂岩储层致密，储层渗透性急剧降低（图 5-26），储层中流体可流动性变差。分析认为，优质储层是斜坡带继续探索的方向。

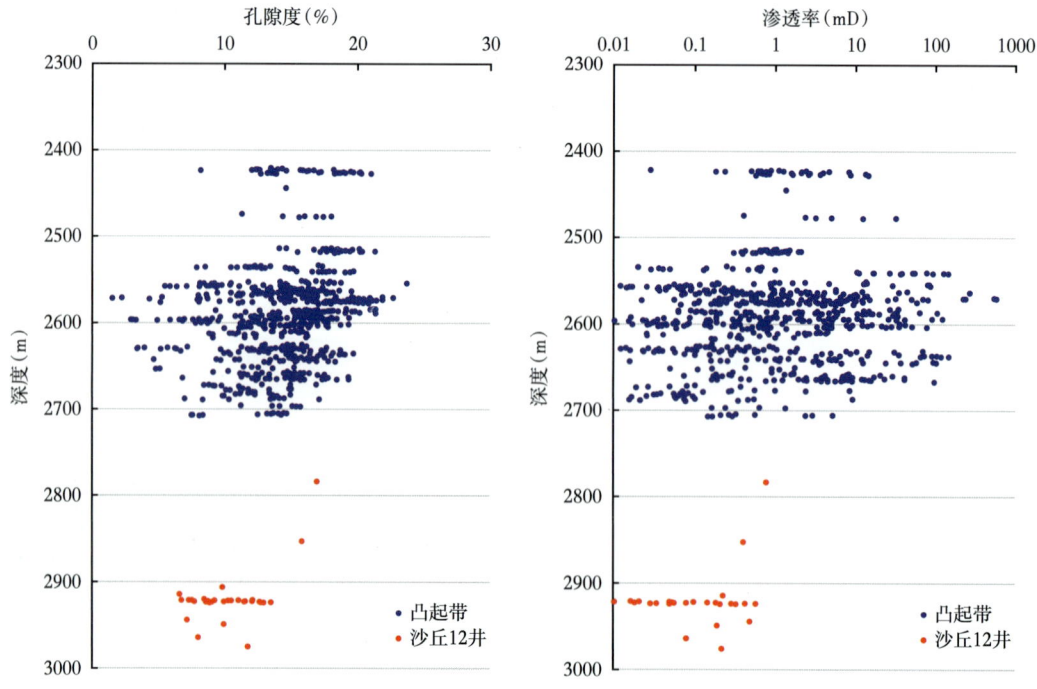

图 5-26　沙丘 12 井与凸起带上乌尔禾组砂砾岩物性对比图

2. 储层预测技术制约，凸起斜坡勘探停滞

1) 攻关储层预测，斜坡带持续探索

沙丘 11 井、沙丘 12 井虽然砂砾岩发育，但储层物性明显变差，指明了该区攻关储层预测的研究方向。通过二叠系上乌尔禾组圈闭储层预测（图 5-27）对比分析可知，沙丘 11 井井点位于沙丘 5 井西二叠系上乌尔禾组地层圈闭的弱反射区，而沙丘 13 井所处圈闭平均反射强度整体较强，井点也较强，推测储层物性较好，上钻一口以二叠系上乌尔禾组为主要目的层的预探井沙丘 13 井。

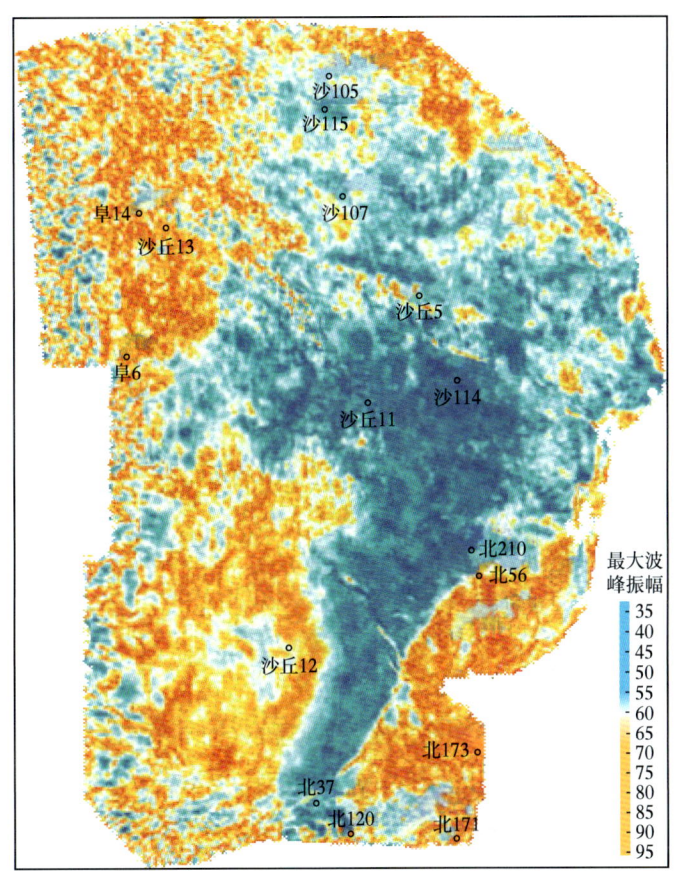

图 5-27 北三台凸起斜坡带储层预测图

2) 优储精准预测难，斜坡油气勘探停

沙丘斜坡带沙区 11 井、沙丘 12 井、沙丘 13 井及沙丘 14 井钻探证实，沙丘凸起西围斜带上乌尔禾组砂层发育（图 5-28），但由于斜坡带与凸起带相比，埋深增加近 1000m，与凸起带相比斜坡带上乌尔禾组储层物性明显变差（图 5-29），总体缺乏优质储层；同时由于当时除了用属性来表征储层物性外，尚无针对致密砂砾岩较为有效的储层预测技术，而仅仅通过属性来开展砂层物性表征来识别优质储层的预测结果和试钻结果匹配性不好，优质储层精确预测难度大，准东地区斜坡带的油气勘探暂时停滞。

准噶尔盆地重大油气发现勘探战例

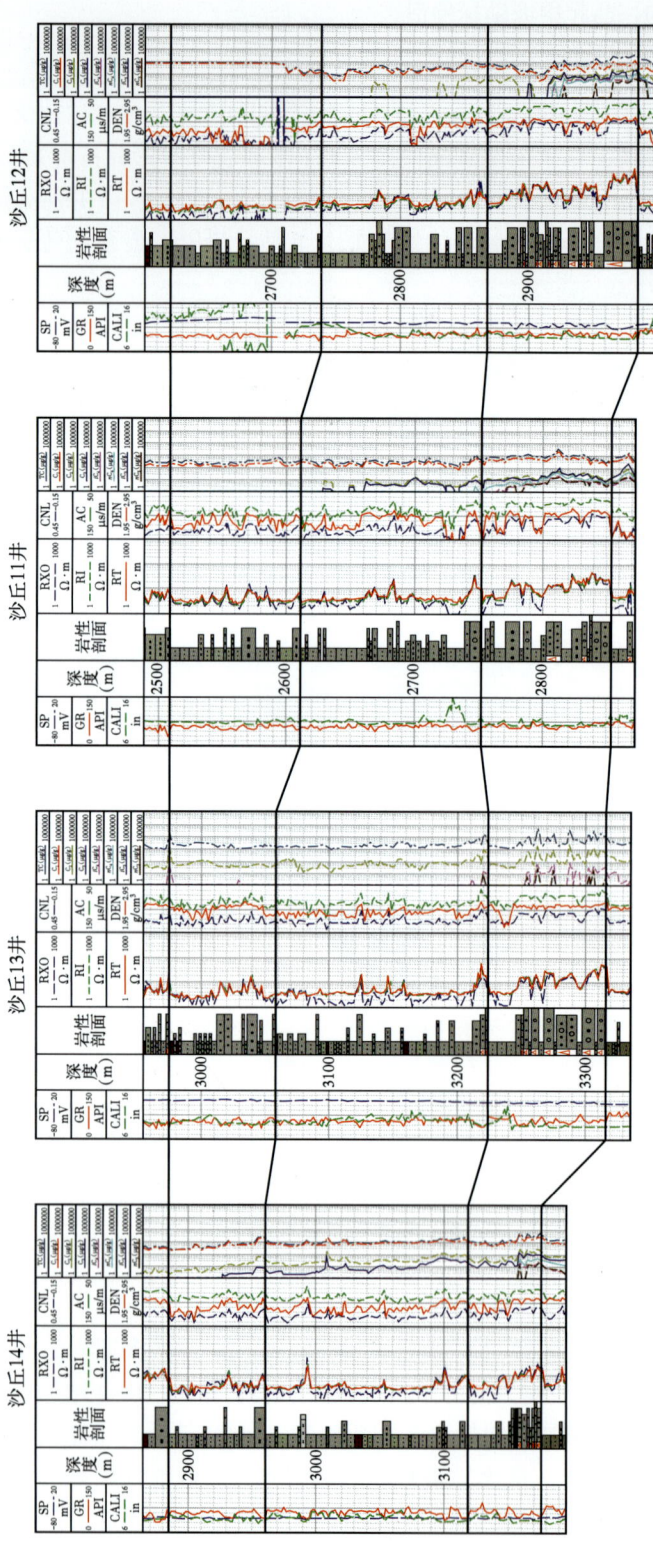

图 5-28 北三台凸起斜坡区上乌尔禾组地层对比图

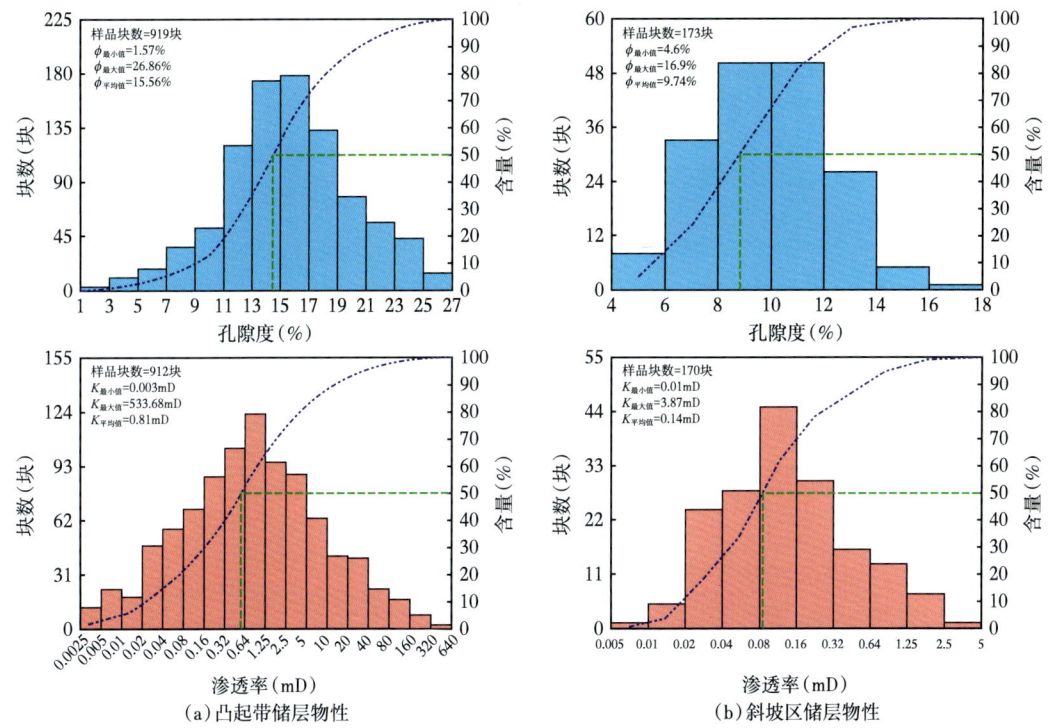

图 5-29 北三台凸起带与斜坡区上乌尔禾组储层物性对比图

三、重新认识谋凹陷，源内探井谱新篇（2015—2022 年）

阜康凹陷有效烃源岩面积约 10000km²，四次资源评价阜康凹陷生烃量近千亿吨，而目前阜康凹陷周缘凸起及断裂带勘探程度虽较高，但石油探明储量尚不足 $2×10^8$t，天然气探明储量仅 $54.2×10^8$m³。即便按照准噶尔盆地平均运聚系数 2.47% 计算，已落实储量规模与阜康凹陷上千亿吨的生烃量也是极度不匹配的。此外，目前凸起区已发现油藏的原油密度为 0.843~0.894g/cm³，尚未发现高—过成熟阶段的轻质油气。基于以上分析认为，凹陷区应具备较大勘探潜力，但深埋的凹陷区能否规模成砂、有效成储及大面积成藏亟需落实。

1. 重新认识物源体系

1）露头—井—震三位一体研究，构建上乌三分层序

准东地区上二叠统上乌尔禾组前期细分为两段，一段以砂岩为主，二段以泥岩为主；准东南部大龙口地质露头上二叠统表现为三分的地层结构，底部出露厚层状褐色泥质砂砾岩，重力流特征明显；中部出露 7 层 2~15m 灰色砂岩与泥岩互层；上部以灰色泥岩为主，夹薄层泥灰岩，与盆地西北缘特征基本一致。为此，基于地质露头、钻井及新部署的高分辨率三维地震资料，以层序观点重新梳理准东地区上二叠统层序（图 5-30），在以往地层二分结构的基础上，构建了阜康凹陷上二叠统三分地层结构（上乌尔禾组划分为一段、二段和三段，一段为块状砂砾岩，二段为砂泥互层，三段以泥岩为主），以上乌尔禾组等时三分地层结构层序划分的思路，优选区内 36 口井，利用新采集三维与新处理二维地震资料相结合，

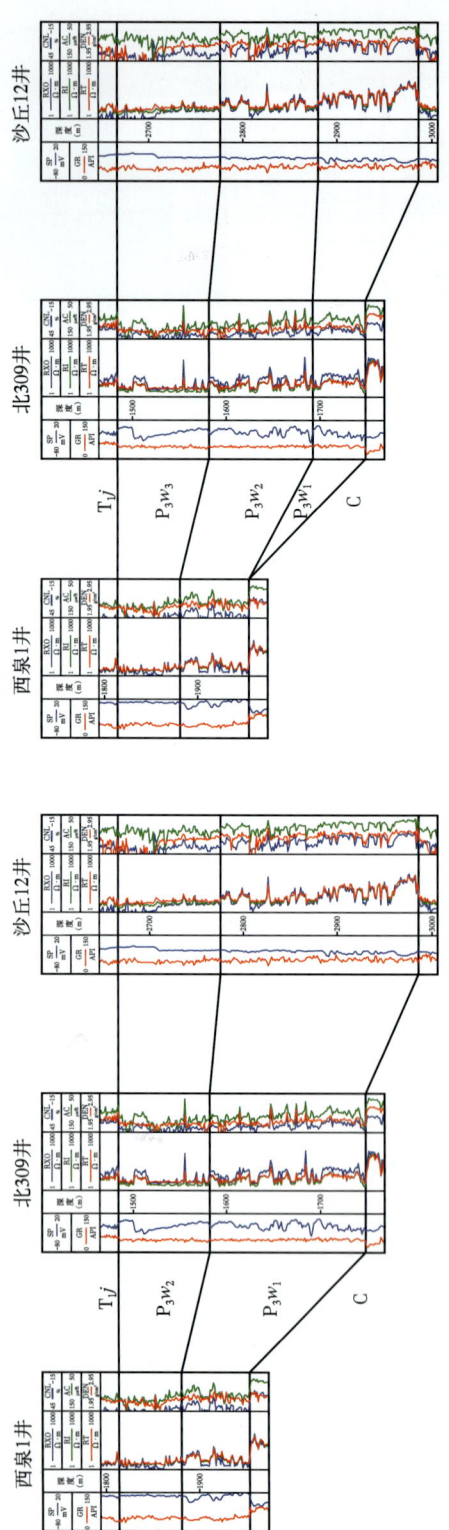

图 5-30　阜康凹陷周缘二叠系上乌尔禾组地层层序划分方案对比图

系统搭建 8 条井震统一的地层格架大剖面，明确了二叠系上乌尔禾组一段主要发育在阜康凹陷斜坡区和凹陷区，向凸起带超覆尖灭。

2）古地貌和重矿物结合，构建东部物源体系

在层序地层新认识的基础上，结合古地貌和重矿物特征系统开展阜康凹陷二叠系上乌尔禾组沉积体系再认识。阜康凹陷周缘北部主要发育钛铁矿—绿帘石—褐铁矿、中部主要发育绿帘石—钛铁矿—白钛矿—锆石、南部主要发育绿帘石—钛铁矿—褐铁矿 3 种重矿物组合（图 5-31），可基本划分为南东、东、北东 3 个物源方向，上乌尔禾组地层倾角资料也显示阜康凹陷斜坡带存在北东、东及南东 3 个物源方向（图 5-32）。立足重矿物和地层倾角资料，突破前期凸起带沉积砂体南北向展布的认识（图 5-33），首次提出受北东向克拉美丽山物源、东部沙奇凸起物源及南东向博格达山物源的影响，阜康凹陷二叠系上乌尔禾组发育阜北扇、沙丘扇和双泉扇三大退积型扇体，坡下凹槽区发育低位域规模砂体，向白家海凸起、沙丘次凸、西泉鼻隆超覆尖灭，坡下凹槽区是规模勘探的全新领域，勘探潜力巨大。

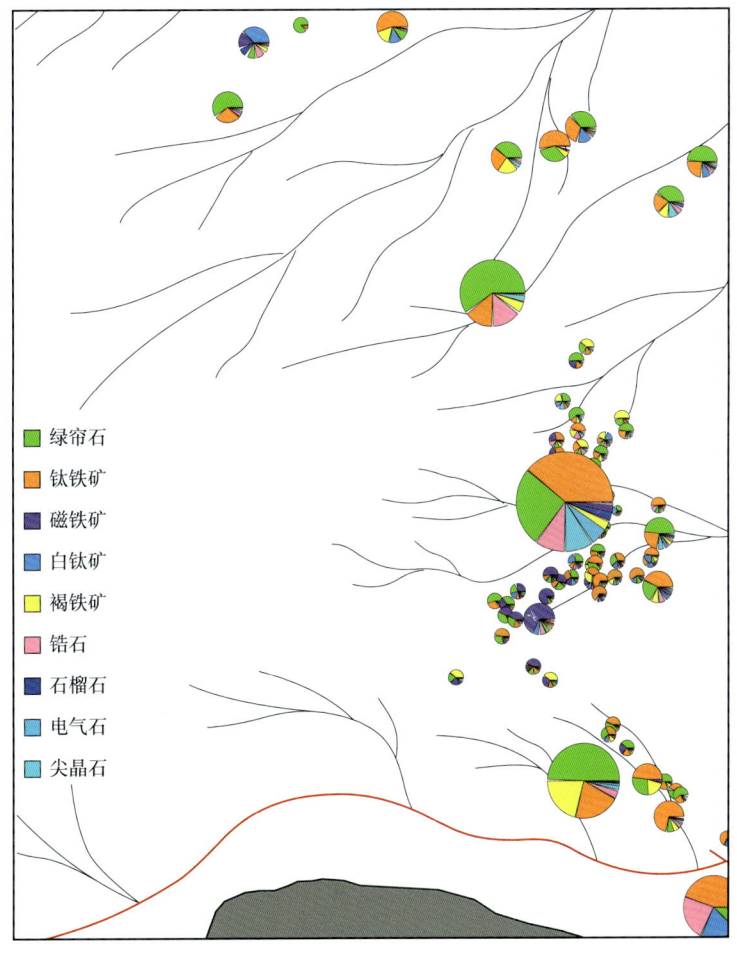

图 5-31　阜康凹陷周缘二叠系上乌尔禾组重矿物组合图

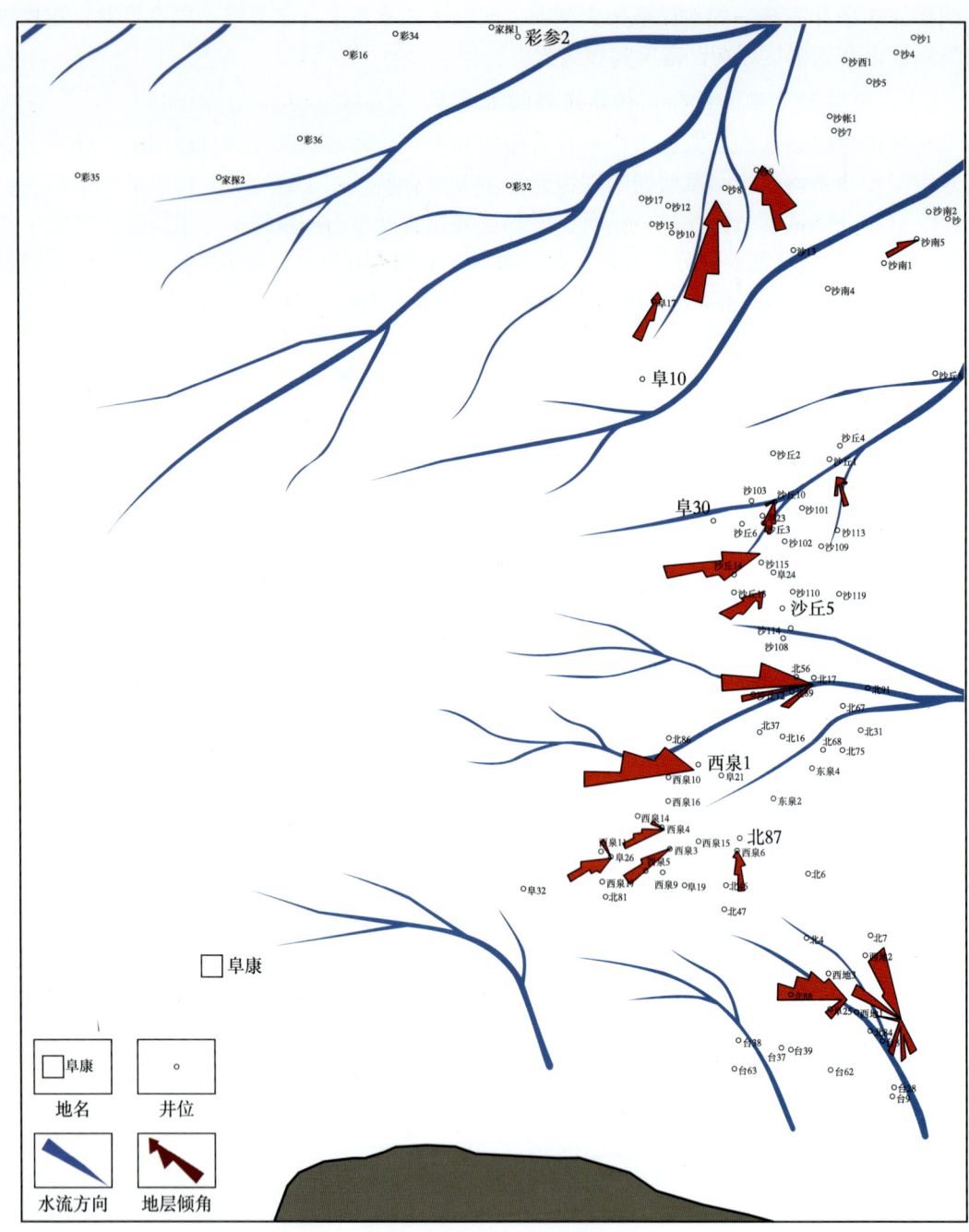

图 5-32 阜康凹陷周缘二叠系上乌尔禾组地层倾角图

2. 重新构建超压控储机制

1）对比孔隙结构差异，建立次生孔隙发育模式

基于盆地深浅层钻井物性对比分析，在埋深 6000m 左右仍可见孔隙度达 10% 左右的储

层,从铸体薄片(图 5-34)对比分析可知,浅层储层储集空间以原生粒间孔为主,深层发育大量溶蚀孔隙,是深凹区强压实作用下主要的储集空间类型。

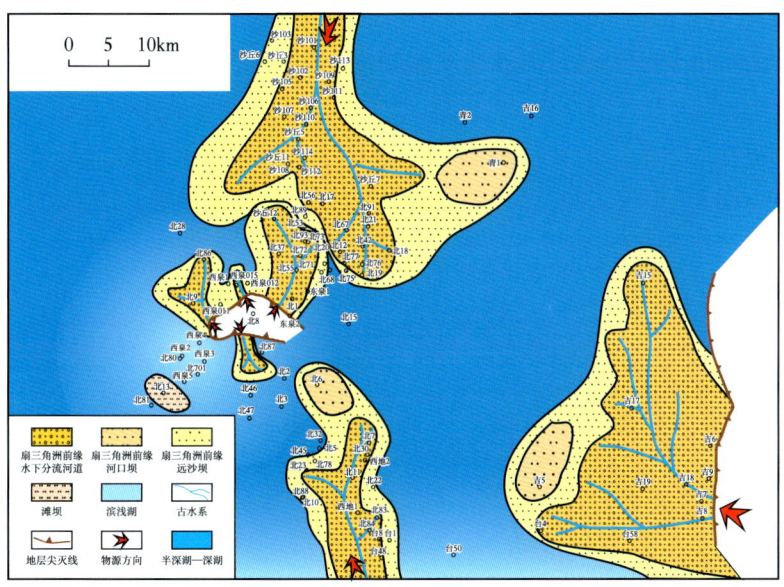

图 5-33 阜康凹陷二叠系上乌尔禾组沉积相平面图

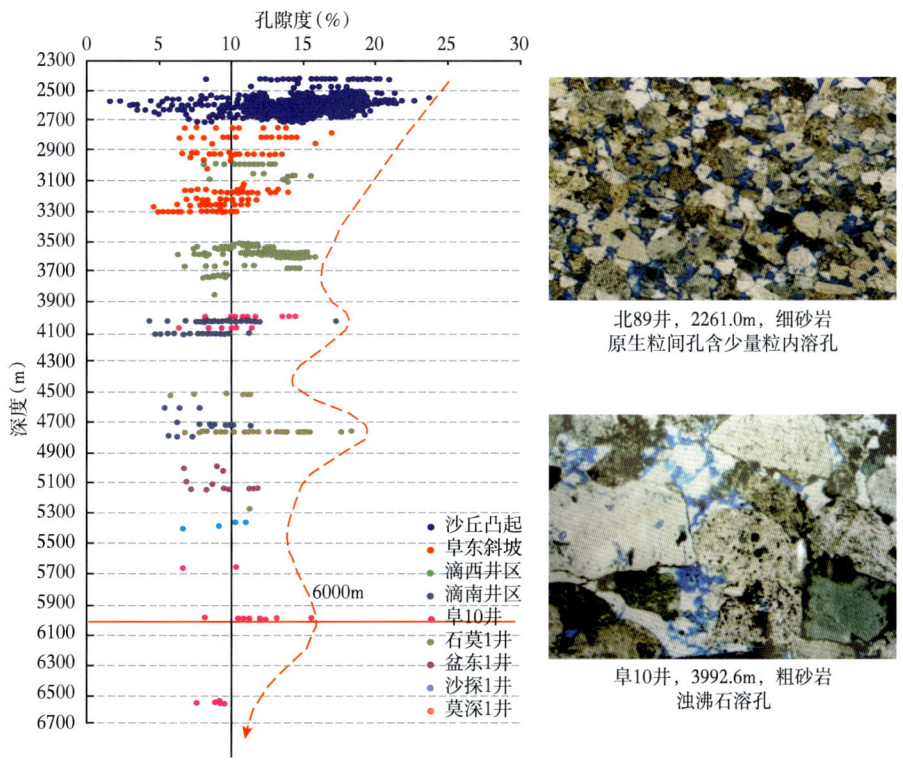

图 5-34 阜康凹陷凸起带和凹陷区储层特征对比图

2）开展超压实验模拟，证实超压保孔增渗

针对上乌尔禾组砂砾岩开展超压实验，从实验结果来看，在高孔隙压力—高围压条件下，上乌尔禾组致密砾岩储层渗透率突变阈值为1.68，而凹陷区上乌尔禾组地层压力系数已达到1.75，孔隙压力超过渗透率突变阈值（图5-35），凹陷深部超压增渗。

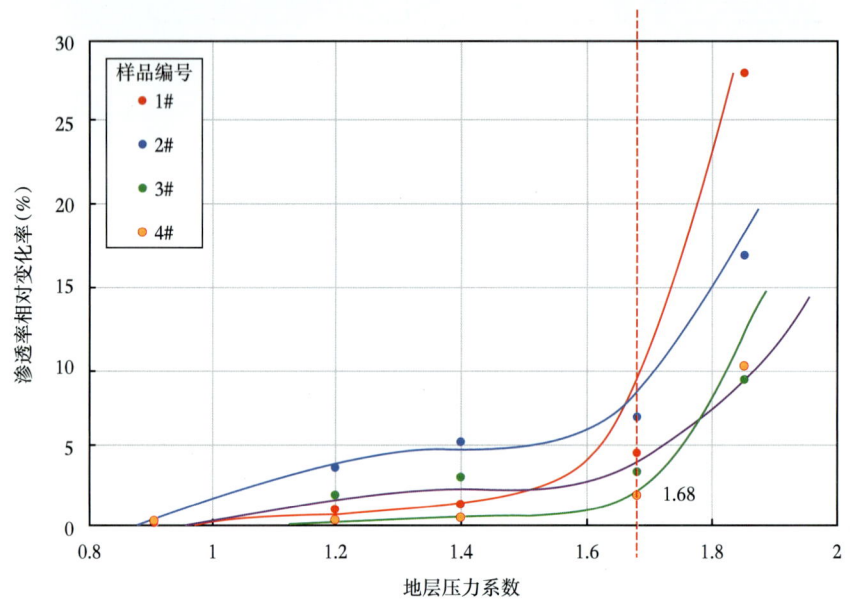

图 5-35　上乌尔禾组储层高压物性分析实验

3. 重新建立两期成藏模式

1）细化地化特征，明凹凸产物差异

阜康凹陷斜坡带与凸起带相比，原油密度明显变小，结合原油碳同位素和甾烷异构化指数分析（图5-36），从凸起带向斜坡区，上乌尔禾组原油同位素特征基本一致，但随着原油密度降低的同时对应原油的成熟度是在增大的，应为烃源岩不同热演化阶段的产物。

2）结合构造演化，建两期成藏模式

综合以上分析，构建了阜康凹陷及周缘二叠系上乌尔禾组两期油气成藏模式（图5-37）：（1）晚三叠世—早侏罗世，阜康凹陷二叠系芦草沟组进入生烃门限，此时成熟阶段早期的油气可沿上乌尔禾组一段规模毯砂向凸起区运移，并在凸起区聚集成藏（形成沙南油田和北三台油田）；（2）晚侏罗世末—早白垩世，阜康凹陷快速沉降、北三台凸起大幅隆升，沙丘断裂形成，断距大；白垩系沉积前形成的沙丘断裂不仅造成了凸起区中上侏罗统大量剥蚀，同时对阜康凹陷晚期高熟油气大面成藏发挥了截流而聚的关键作用，致使凹陷区烃源岩生成的成熟阶段中—晚期及高熟油气在凹陷区聚集成藏。

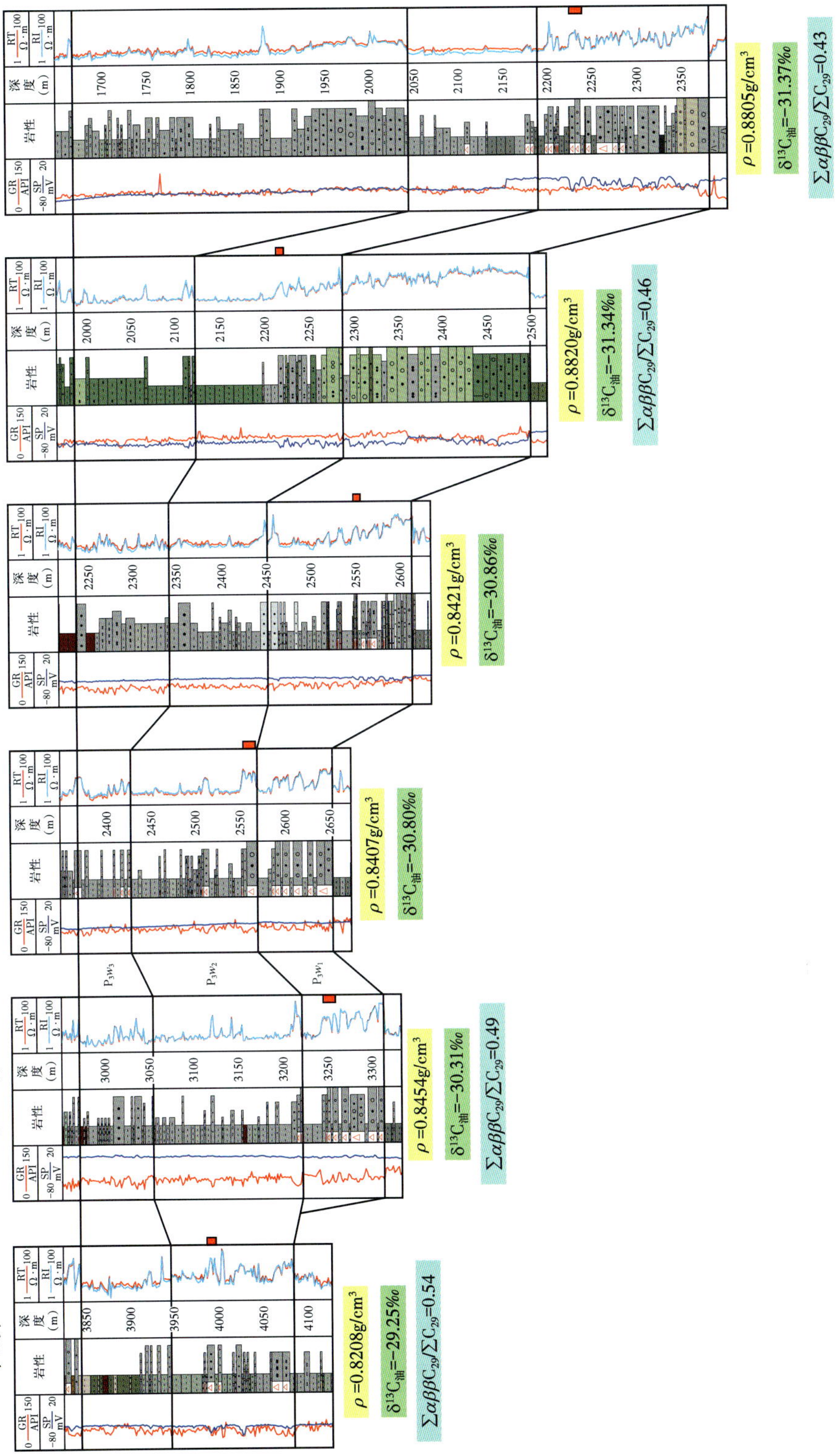

第五章 准噶尔盆地阜康凹陷上乌尔禾组源内勘探开创新篇

图 5-36 阜康凹陷周缘原油物性及地球化学参数对比图

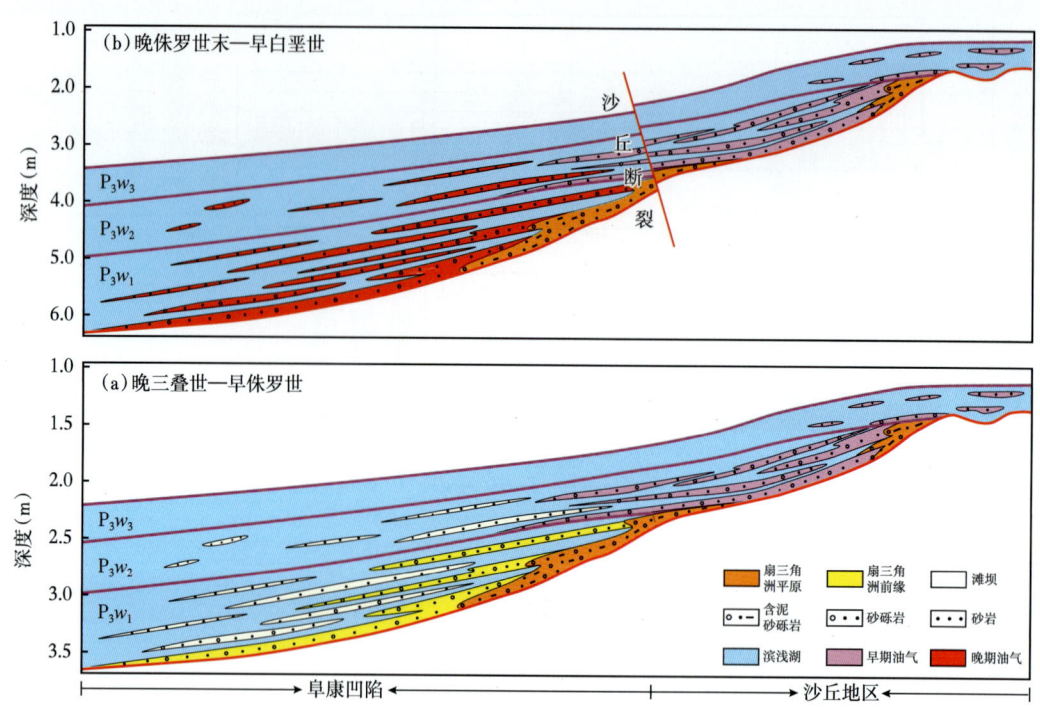

图 5-37　阜康凹陷及周缘二叠系上乌尔禾组两期油气成藏模式图

4. 优选有利目标，助力康探 1 井上钻

1）整体布控三维，提升资料基础

由于凹陷区埋深大，岩性目标识别和精细刻画对地震资料提出了新的要求；阜康凹陷东北环带前期勘探部署所用地震资料多为 20 世纪部署的老三维地震资料，覆盖次数低、面元大（表 5-3），缺少用于整体研究的高精度三维地震资料。自 2015 年以来，围绕阜康凹陷周缘先后部署高密度三维地震 6 块（图 5-38），有力夯实了阜康凹陷东北环带的勘探资料基础。宽方位、宽频带、高密度采集的"两宽一高"三维地震资料，较老的地震资料，品质改善明显，无论是信噪比、分辨率、保幅保真度都得到巨大的提高（图 5-39）。

表 5-3　阜康凹陷周缘新老三维地震参数对比表

序号	三维区块	采集时间（年）	满覆盖面积（km²）	覆盖次数（次）	面元（m×m）	备注
1	阜东 5 井区三维	2016	234.24	480	12.5×12.5	新三维
2	北 43 井区三维	2017	380.63	700~880	12.5×12.5	
3	北 43 井北三维	2018	201.47	960	12.5×12.5	
4	双 1 井区三维	2018	189.61	840	12.5×12.5	
5	阜北 3 井区三维	2019	496.12	880	12.5×12.5	
6	康探 1 井北三维	2021	425	960	12.5×12.5	

续表

序号	三维区块	采集时间（年）	满覆盖面积（km²）	覆盖次数（次）	面元（m×m）	备注
7	阜 8 井区三维	1999	280.69	60	50×100	老三维
8	沙 15 井三维	2000	301.88	60	25×50	
9	沙丘 3 井区三维	1997	669.28	45	50×50	
10	阜 10 井三维	2005	110.58	60	25×25	
11	阜 11 井三维	2003	397.43	72	25×50	

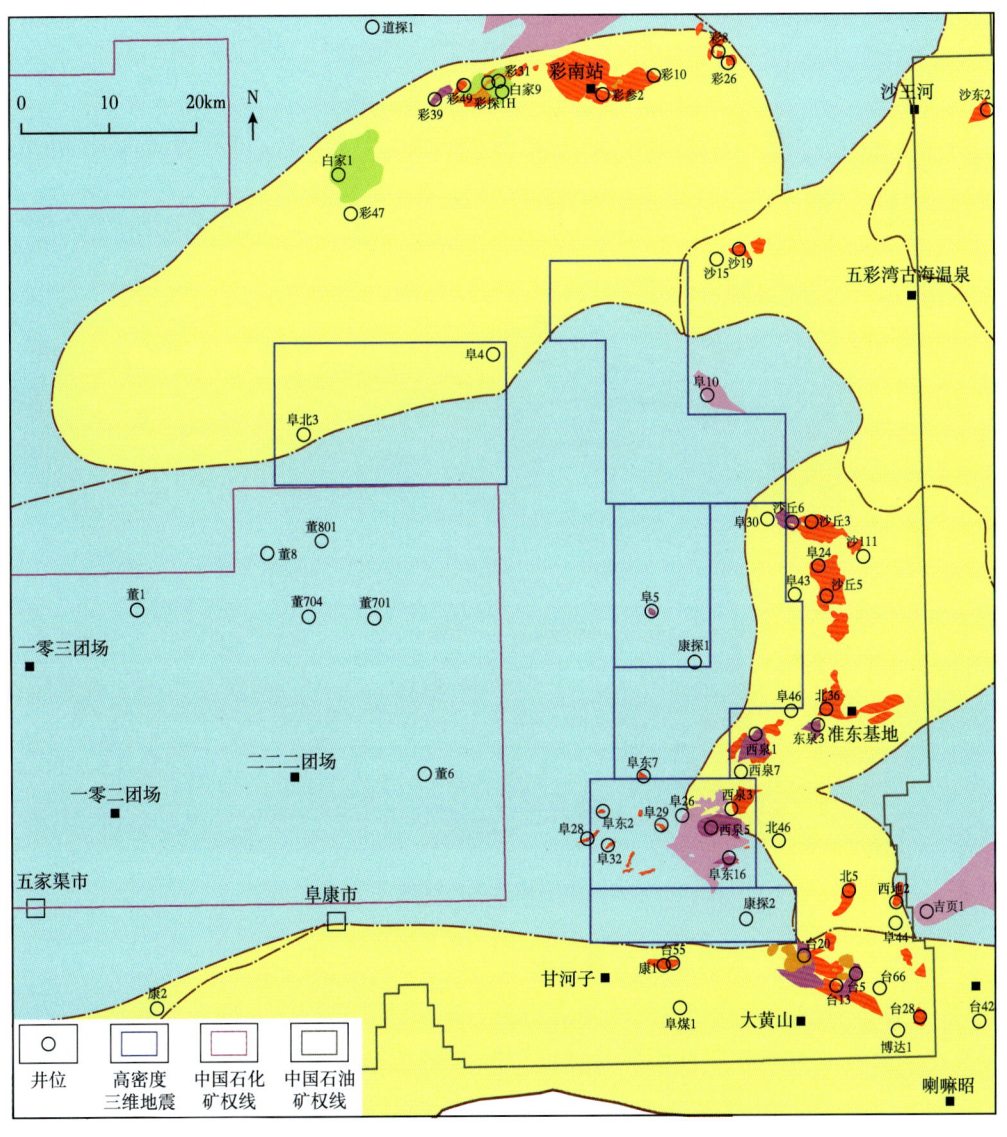

图 5-38 阜康凹陷周缘高密度三维地震部署图

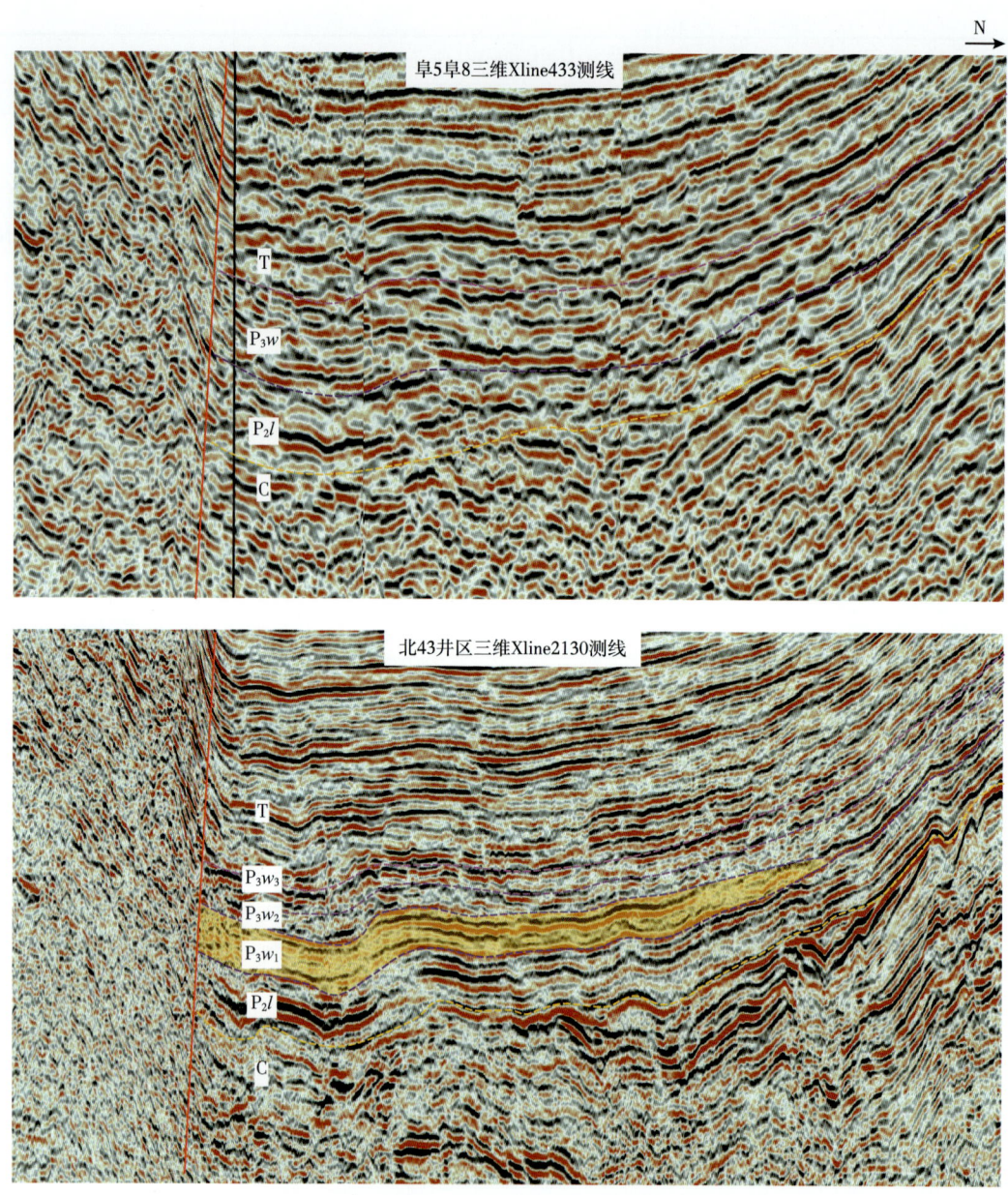

图 5-39　阜康凹陷周缘新老三维地震资料对比图

2）精细刻画沟槽，落实康探 1 井目标

利用整体部署的多块高密度三维地震资料，对阜康凹陷周缘古地貌开展整体研究，精细刻画了二叠系上乌尔禾组古地貌特征，明确阜康凹陷东北环带从南到北发育 3 大凹槽（图 5-40），其中阜中凹槽面积大，上倾方向已探明北三台油田和沙南油田，是风险探索的突破口；并根据圈闭目标的可靠程度进行优选，部署康探 1 井。

5. 分步部署阜中凹槽，源内勘探开创新篇

1) 康探 1 井获突破，优先布控凹中凸

康探 1 井在上二叠统上乌尔禾组一段和二段均钻遇厚层砂砾岩，累计厚度 113m，均见良好油气显示，上二叠统试油两层获百方高产（图 5-41），实现了阜康凹陷上二叠统下凹勘探的突破。康探 1 井突破证实了阜康凹陷巨大的勘探潜力，同时指明了"凹中凸"为有利的勘探方向，为此，在康探 1 井鼻凸带高部位和低部位分别部署阜 48 井和阜 49 井（图 5-42）。

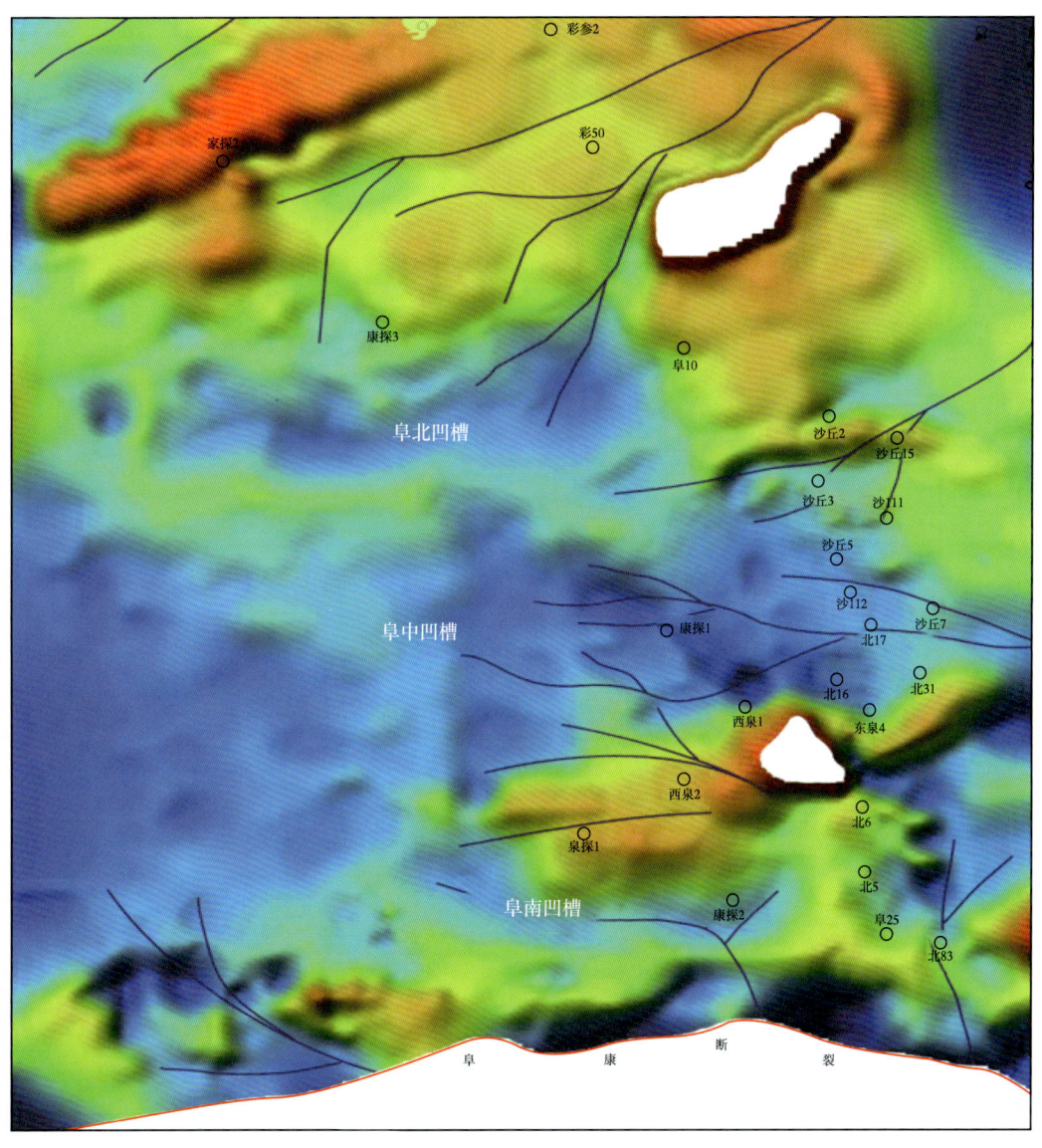

图 5-40 阜康凹陷周缘上乌尔禾组古地貌图

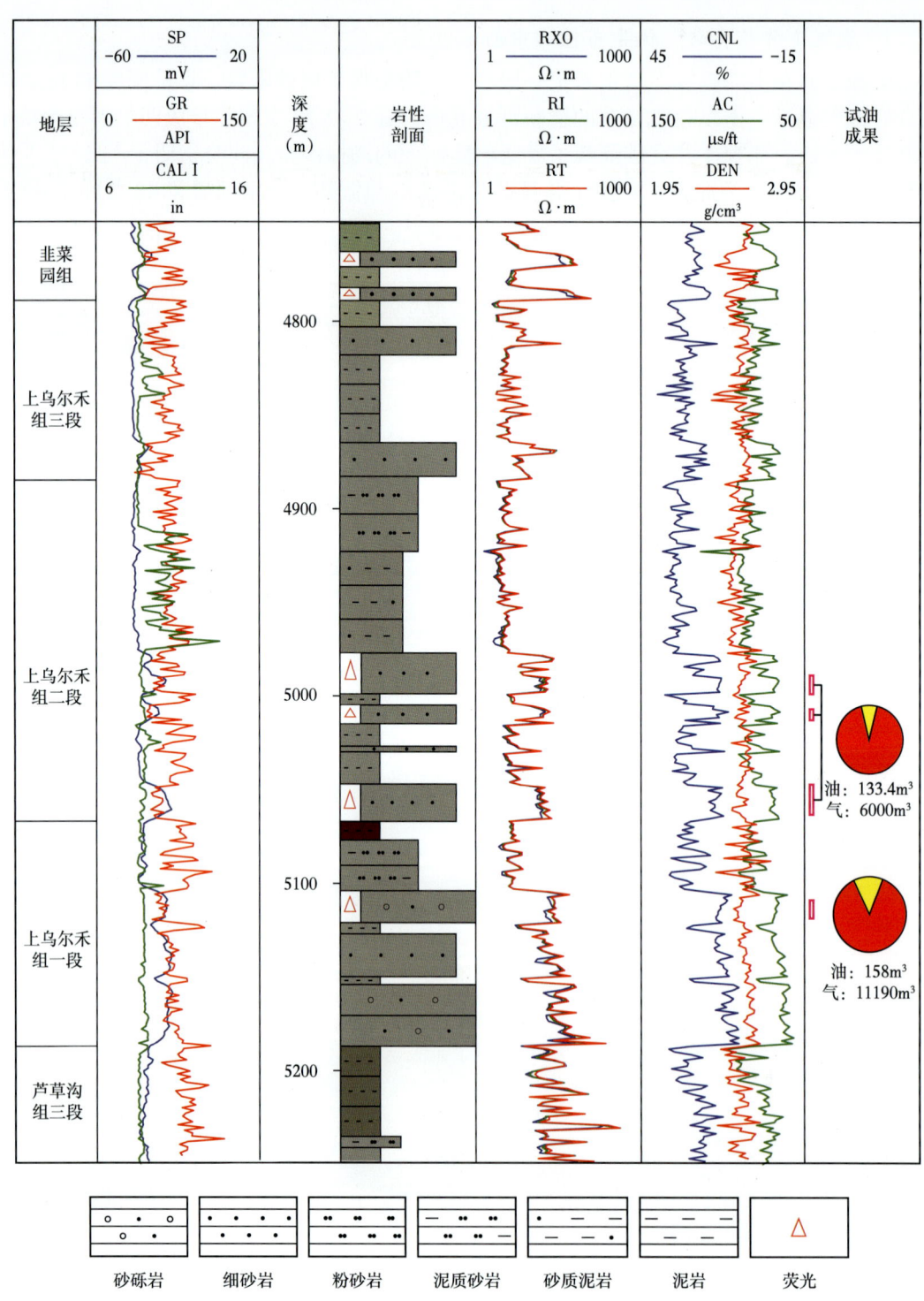

图 5-41 康探 1 井二叠系综合柱状图

第五章 准噶尔盆地阜康凹陷上乌尔禾组源内勘探开创新篇

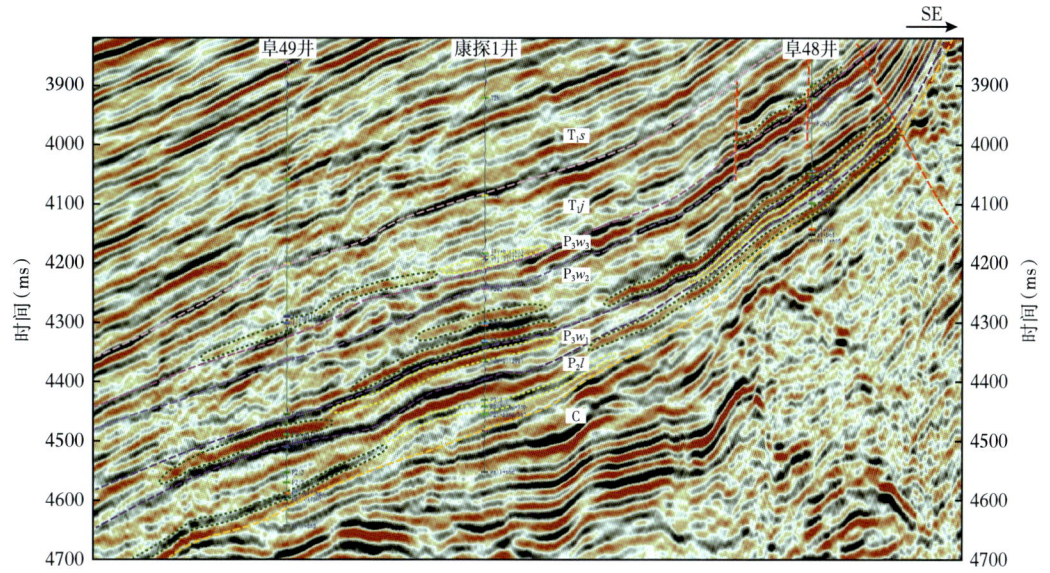

图 5-42 阜康凹陷康探 1 井鼻凸井位部署剖面图

2）两凸两洼全突破，拿下亿吨储量区

康探 1 井发现后，康探 1 井鼻凸高部位阜 48 井获日产油 10.9t 工业油流，低部位阜 49 井用 4.0mm 油嘴试油，获日产油 102.55m³，日产气 5500m³。为实现阜中凹槽的整体突破，针对阜中凹槽两隆两洼（图 5-43）4 大目标区新部署风险探井康探 5 井、预探井阜 47 井和

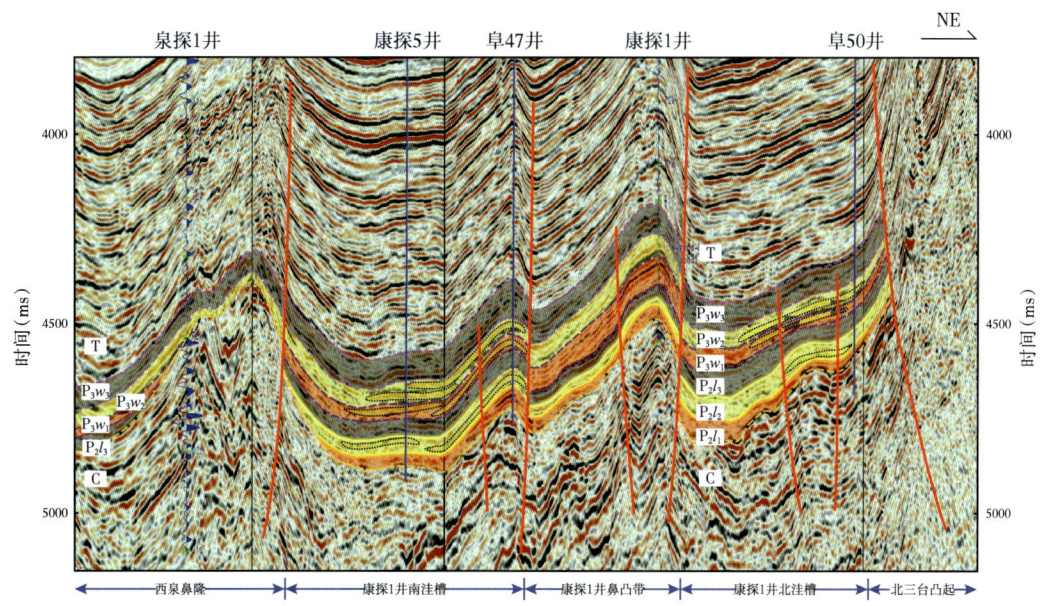

图 5-43 过阜中凹槽北东向地震地质解释剖面

— 261 —

阜50井。新钻井在二叠系上二叠统均钻遇上乌尔禾组一段规模砂砾岩,厚度大且分布稳定,油气显示活跃,且康探5井位于阜中凹槽构造最低部位,钻遇规模砂砾岩,试油获日产油15.6m³,日产水58m³;试油期间含油率稳定,为非边底水的岩性和断层岩性油藏,并于2021年康探1井—康探5井区落实含油面积132.9km²(图5-44),提交预测储量1.39×10⁸t。至此,阜康凹陷周缘上二叠统首块整装亿吨级储量落实。

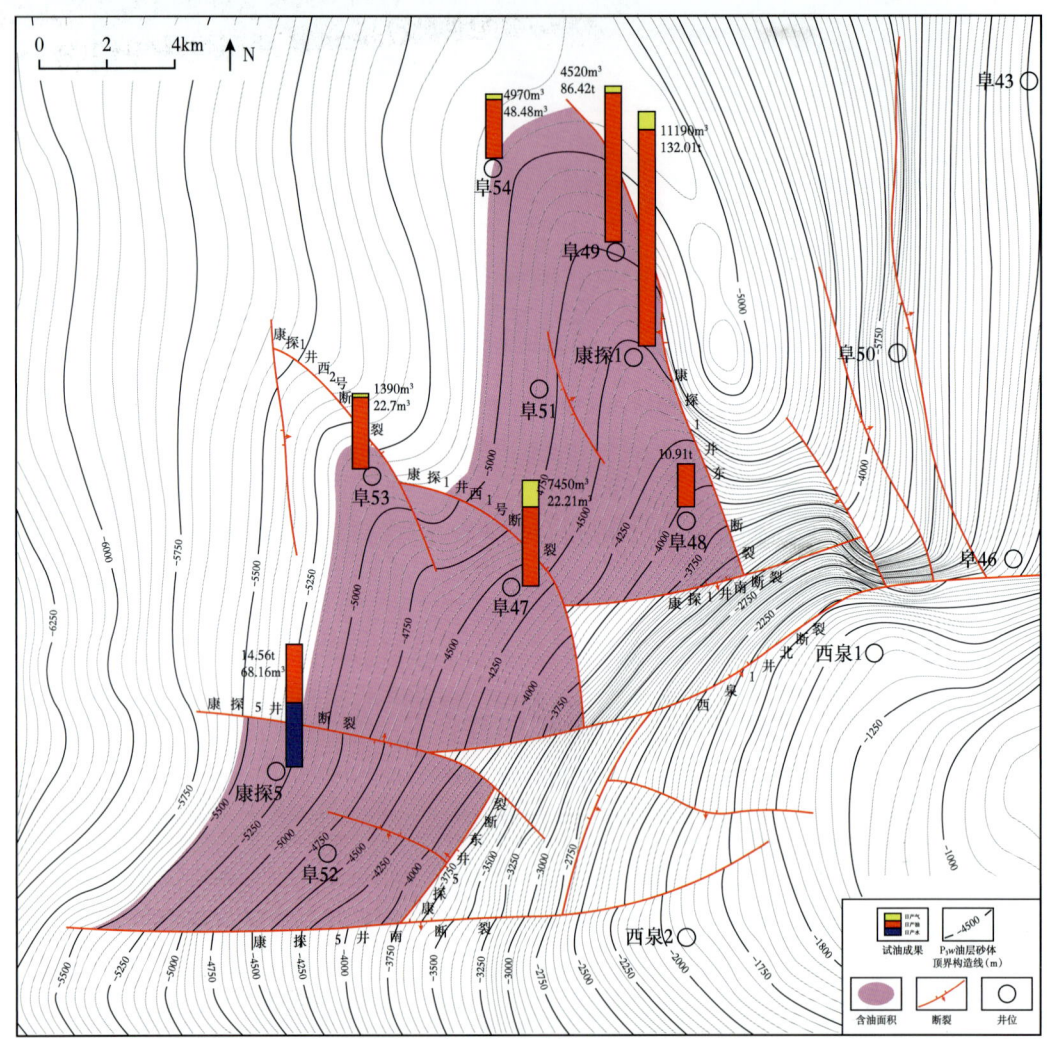

图5-44 阜中凹槽含油面积图

6. 地质工程齐发力,效益勘探奏华章

康探1井区上乌尔禾组5口井试油虽然均获得成功,但埋深大,主体在5000m左右;且大多数油层后期试采面临"产量递减快、含水率快速升高"的难题(图5-45),如何实现康探1井—康探5井区上乌尔禾组规模油藏的效益动用是该区深化勘探必须面临的问题。

第五章 准噶尔盆地阜康凹陷上乌尔禾组源内勘探开创新篇

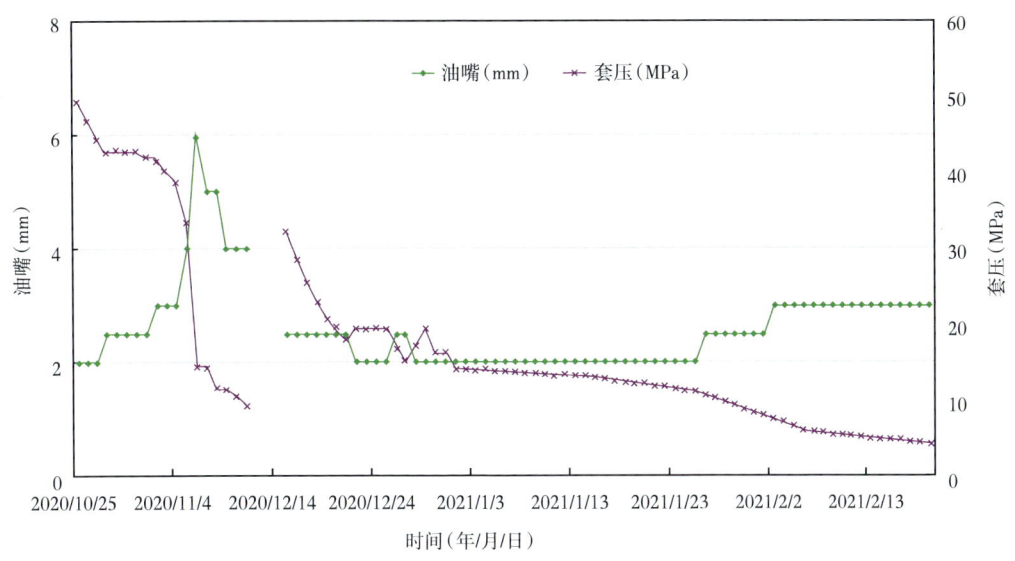

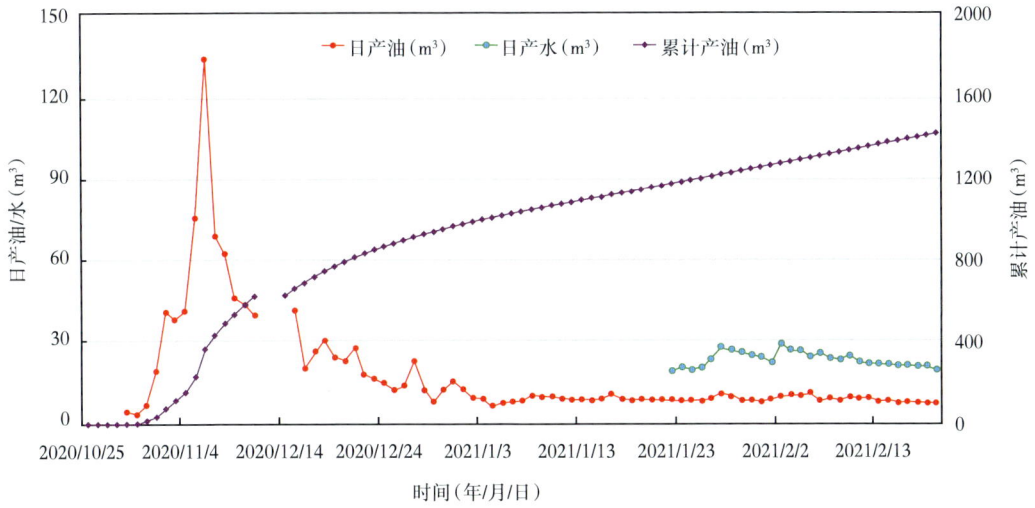

图 5-45 康探 1 井上乌尔禾组 4994~5066m 试产曲线

1）钻井提速显成效，降本增效好举措

阜康凹陷上乌尔禾组埋深大，钻探成本高，制约勘探进度和效益勘探潜力。2021年以来，通过配套油基钻井液+优化钻井工序+优化采用"1.25°螺杆+短钻铤+扶正器"导向钻具组合，不断刷新钻井速度：平均机速由 2020 年的 4.8m/h 提高至 2022 年的 12.3m/h，提高了 1.6 倍；平均钻井周期由 2020 年的 168 天降至 2022 年的 78 天，缩短 1.2 倍；阜 53 井创 5810m56 天完井的区块最快钻井纪录（图 5-46）、钻试成本大大降低（图 5-47）。

— 263 —

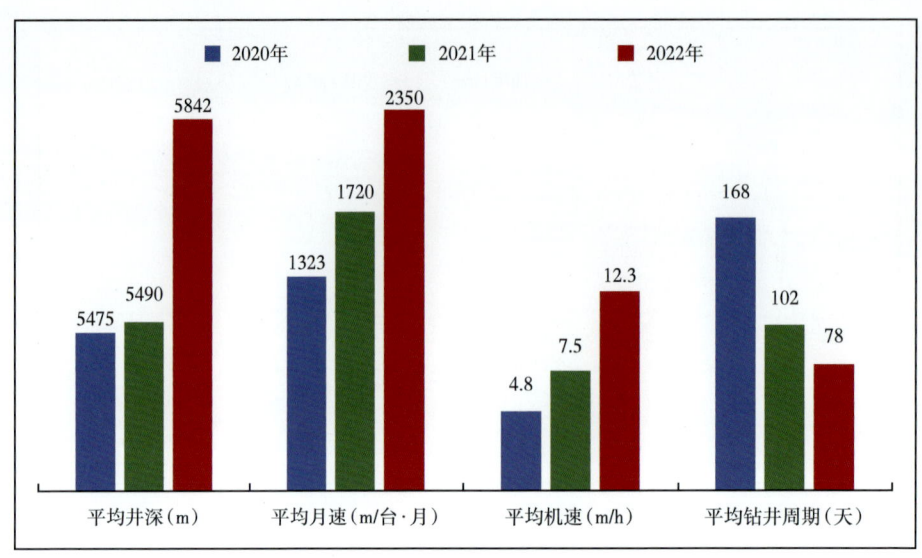

图 5-46　阜康凹陷钻井提速对标图

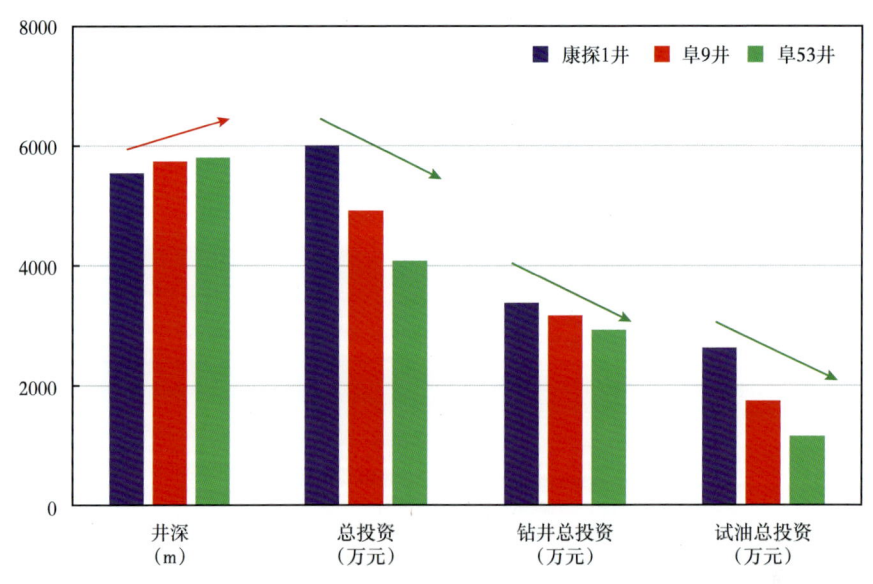

图 5-47　2020—2022 年阜康凹陷钻试总投资对比图

2）细分砂层综合评价，主砂展现效益潜力

康探 1 井—康探 5 井区上乌尔禾组发育多套砂层（图 5-48），试油结果差异较大；结合岩心、储层薄片、粒度、压汞及物性等开展砂体精细评价（图 5-49），明确上乌尔禾组②号砂层为最主力砂层，康探 1 井②号主力砂层下返长期试采，292 天累计产油 5401t，平均日产油 18.5t（图 5-50），进一步证实了主力砂层效益动用潜力。

第五章 准噶尔盆地阜康凹陷上乌尔禾组源内勘探开创新篇

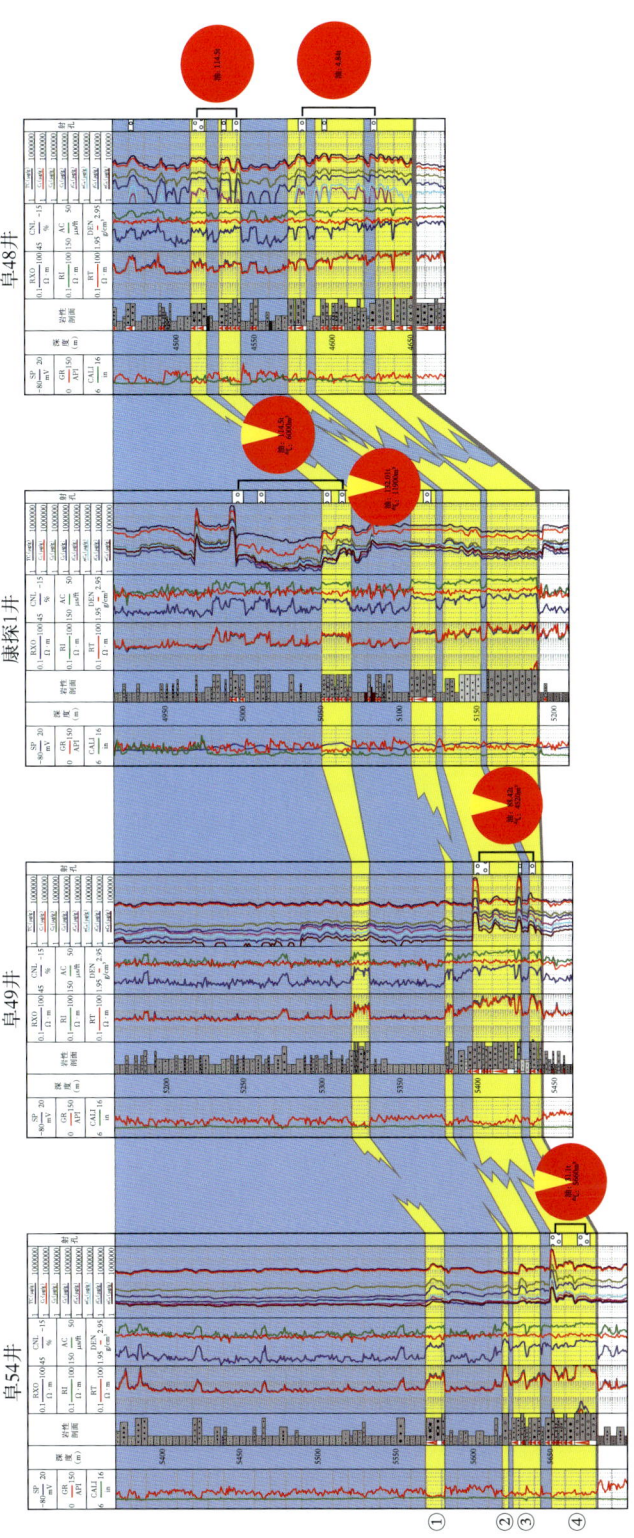

图 5-48 阜康凹陷上乌尔禾组砂层对比图

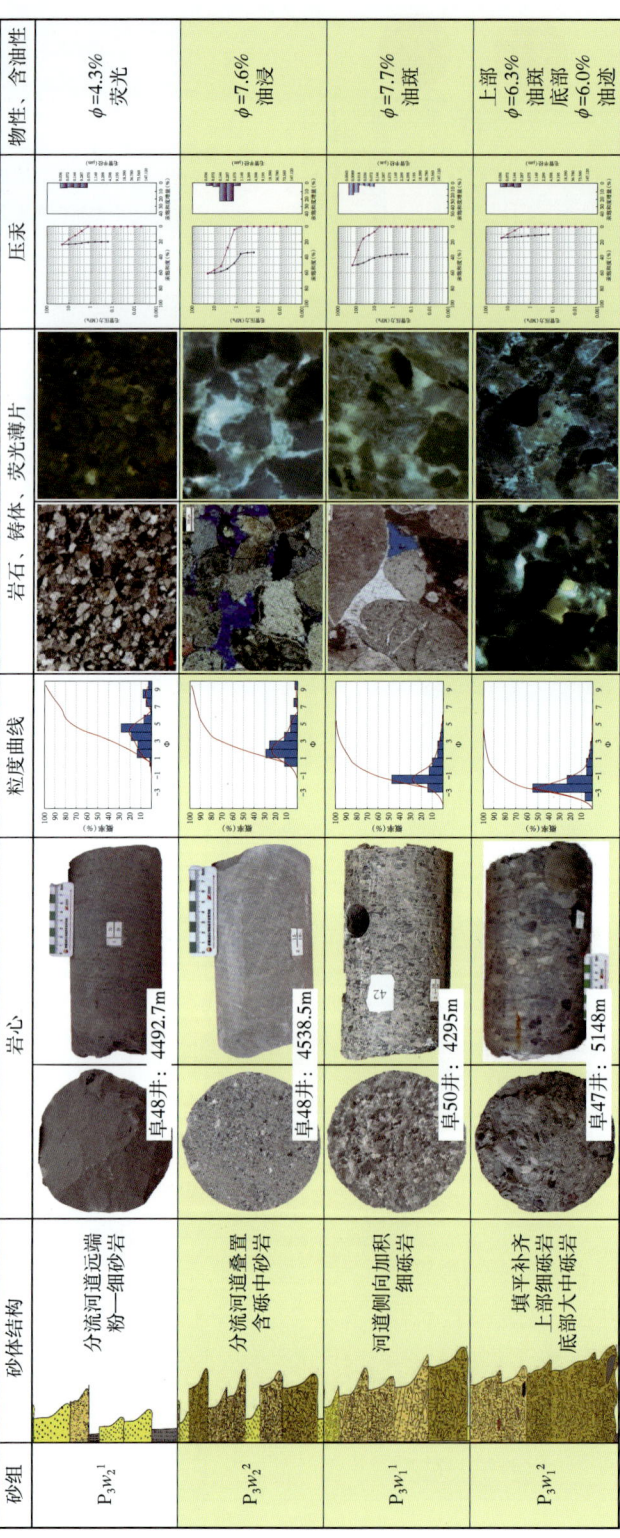

图 5-49　阜康凹陷上乌尔禾组砂层结构对比图

第五章 准噶尔盆地阜康凹陷上乌尔禾组源内勘探开创新篇

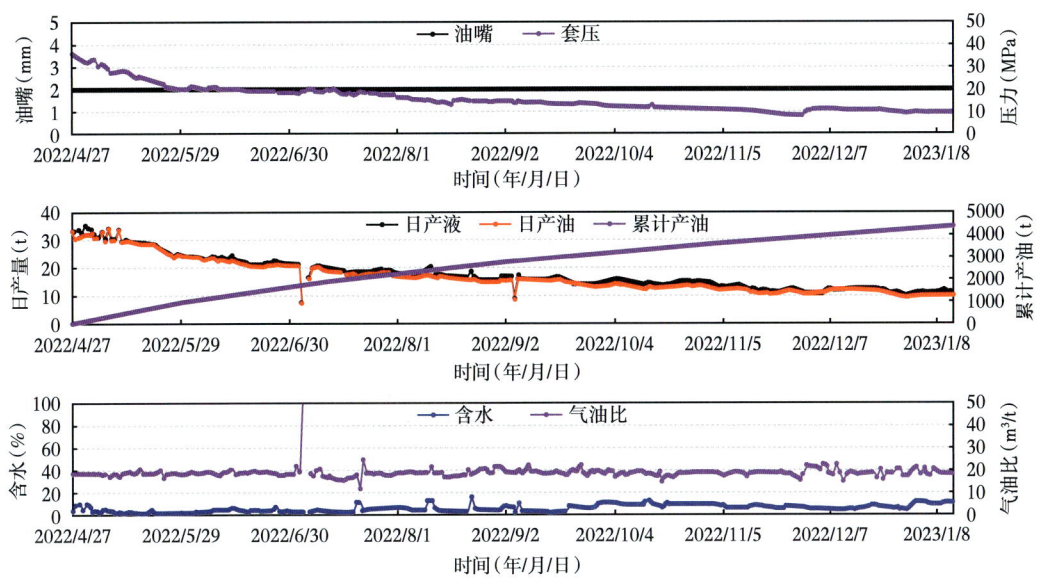

图 5-50　康探 1 井上乌尔禾组②砂组（5116~5121m）下返试采曲线

第三节　勘探启示

回顾阜康凹陷周缘油气勘探发现阶段可以看出，阜康凹陷周缘的油气勘探对象由早期的远源古凸型向斜坡带、源内转变，油藏类型由早期的构造型向岩性地层型转变；油气发现呈现早期快速突破—中期艰难探索—现今曙光再现的特征，油藏类型复杂，勘探历程曲折，总结该区油气勘探的认识对阜康凹陷周缘的油气勘探和发现具有重要的意义。

一、源外古隆起是开辟新区勘探的首选目标区

自挥师准东以来，先后发现北 4 井、北 16 井等多个油藏，不难发现，早期发现油藏均具有背斜构造背景（图 5-51），源外古隆起处于有利成藏背景下，这是开辟新区新领域的首选目标区。

二、退覆式沉积模式的建立是开创油气勘探新局面的思想源泉

北三台油田发现后，认为北三台凸起周缘二叠系砂体呈南北向展布，凹陷区主体为湖相，以泥岩为主，是规模砂体勘探的禁区。2015 年以来，立足多块高密度三维地震，井震结合重新梳理了阜康凹陷周缘二叠系上二叠统层序结构，构建了阜康凹陷上二叠统退覆式沉积模式，精细刻画了阜康凹陷二叠系上二叠统残余厚度图，认为中二叠世的隆凹格局控制了上二叠统的沉积格局，古凹槽发育低位体系域沉积砂体。从实钻情况来看，阜中凹槽康探 1 井区实钻井上二叠统上乌尔禾组一段低位体系域砂砾岩累计厚度 50~65m，整个凹槽区厚度稳定，古凹槽富砂特征明显；此外，坡下凹槽区上二叠统底部厚层砂砾岩与凸起带相比砂砾混杂、分选较差，且粒度更粗，碎屑颗粒呈次圆状—次棱角状（图 5-52），进一步

— 267 —

证实了阜康凹陷上二叠统退覆式扇三角洲沉积模式，基于沉积成砂模式的建立推动了北三台凸起周缘二叠系的勘探由源边凸起带向源内凹陷区转移，实现了阜康凹陷的重大突破。

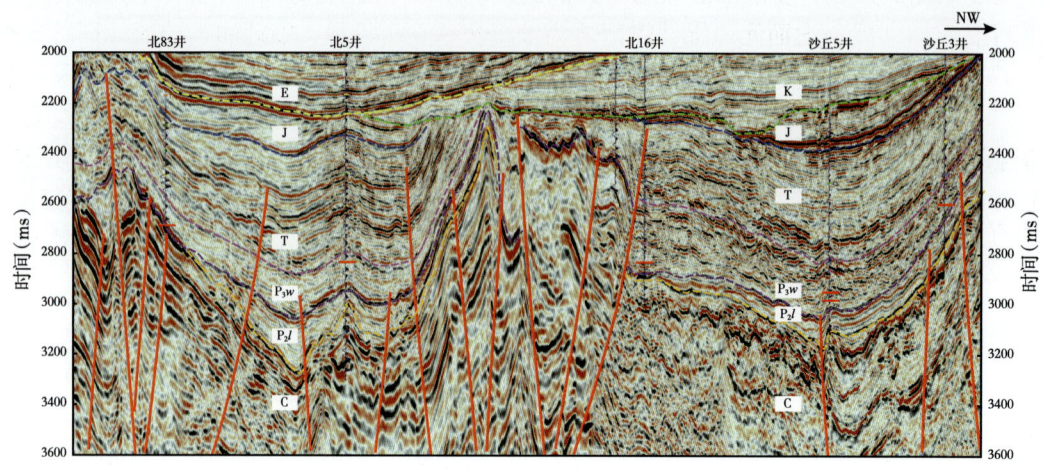

图 5-51 北三台凸起北西向地震剖面（背斜型）

图 5-52 凹陷区和凸起带砂砾岩对比照片

三、"两宽一高"多块高密度三维地震的部署是引领勘探突破和领域拓展的重要基石

随着勘探对象由构造型目标向构造—岩性、地层岩性型目标转变，勘探深度由凸起带浅层向凹陷区深层迈进，沙漠地震采集技术的突破、三维地震资料连片处理技术及"两宽一高"三维地震采集技术的引进是支撑准东地区新领域持续发现的有效手段。

第五章　准噶尔盆地阜康凹陷上乌尔禾组源内勘探开创新篇

19世纪80年代初数字地震勘探围绕阜康凹陷周缘凸起带落实了一批掩伏构造，发现了火烧山、北三台、三台地区等一批油气田；80年代后期，沙漠地震采集技术打破了腹部沙漠地震勘探的禁区，沙漠区区域网格大剖面发现了彩南背斜，为彩南油田的发现奠定了资料基础；90年代，大面元三维地震部署为油田快速剖析目标、推动油气勘探的快速建产提供了基础；21世纪初，运用三维地震资料连片处理手段，通过对多块不同年代、采集参数存在差异的三维地震资料进行针对性的叠前去噪、统一网格、统一静校正计算、地震数据特性的一致性处理、振幅补偿、面元均化及叠前时间偏移等多项技术措施，资料品质得到了明显的改善和提高，为寻找低幅度构造、岩性圈闭提供了较好的资料基础。近年来，"两宽一高"三维地震的整体实施，大大提高了凹陷区深层成像精度，地层层序结构更加清楚，为盆地重大接替领域的准备和突破起到了举足轻重的作用。

四、钻井提速、压裂提效是支撑新领域油气持续发现的关键手段

凸起带油藏发现后，为拓展勘探成果，在斜坡带先后部署预探井4口，但受控于致密的储层，虽然都见油气显示和含油岩心，但试油未获突破。凹陷区储层埋深更大（大于5000m），储层更致密，特别是高效勘探理念的提出，对研究区实现源内深层效益勘探提出了更大的挑战。通过深化油基钻井液综合提速技术、逐步优化钻具组合设计（采用"1.25°螺杆+短钻铤+扶正器"导向钻具组合）、攻关防斜打快及创新时效管理等配套钻井技术，钻井工程提速提效再创新高，其中阜53井刷新了6000m井深56天完井的区块纪录，钻井技术指标创区块新高，钻井机速提升156%，为该区后续高效开发提供了钻井经验。

针对该区储层埋藏深、基质物性较差、地层压力高、压裂施工难度较大的特点，结合储层类型，对裂缝不发育型致密储层和裂缝发育型储层分别采用常规冻胶多段塞压裂工艺及逆混合压裂工艺，同时优化泵注程序，第一级采用变排量启缝、多段塞控缝高、冻胶造长缝，第二级选用逆混合压裂工艺改造储层。充分改善和沟通远端储层，增大泄油面积。

钻井提速、压裂提效为阜康凹陷规模储量的快速落实奠定了良好的基础，是支撑该区在高效勘探新形势下实现深层持续探索和发现的关键技术手段。

第六章 准噶尔盆地东道海子凹陷上乌尔禾组开新局

准噶尔盆地目前已发现的储量多集中在二叠系含油气系统，2011年以来通过近源勘探发现的玛湖砾岩大油区，是近十年我国陆上石油勘探最大发现之一。玛湖凹陷三叠系百口泉组、二叠系上乌尔禾组储层受退覆式扇三角洲沉积相控制，在湖侵背景下扇三角洲前缘砂砾岩体由湖盆中心向物源方向多期搭接连片，形成大面积连续型储集体。在多期断裂垂向运移、不整合面横向输导条件下，风城组烃源岩生成油气在源上砾岩整体成藏（唐勇等，2019）。

除玛湖凹陷二叠系风城组烃源岩外，盆地东部二叠系平地泉组、东南部二叠系芦草沟组也是盆地重要的烃源岩层，已发现火烧山油田、北三台油田等多个油田。上乌尔禾组超覆尖灭带处于风城组、平地泉组、芦草沟组生烃灶上倾方向，形成盆地级的地层型油气遮挡带。纵向上，上乌尔禾组中、下部发育扇三角洲前缘优质砂砾岩储层，凹陷区—斜坡部位逐层退积，形成叠置连片的大型储集体，加之顶部湖侵期厚层泥岩形成有效的遮挡，构成了最有利的成藏系统。

东道海子凹陷作为平地泉组烃源岩重要的发育区，平地泉组烃源岩与上乌尔禾组砂砾岩储层、泥岩盖层构成良好的源储盖组合，预示着东道海子凹陷上乌尔禾组可作为盆地近源勘探的又一主战场。

第一节 勘探概况

东道海子凹陷位于准噶尔盆地中央坳陷东北部，面积5113km^2，北连滴南凸起、西接莫北凸起和莫索湾凸起，东南与白家海凸起相邻，东与五彩湾凹陷相通。为方便描述，按构造位置及勘探程度不同将东道海子凹陷细分为滴南断块、东道海子凹陷东斜坡、东道海子凹陷西斜坡（图6-1）。东道海子凹陷地表为沙漠，地形起伏较大，沙丘相对高差为20~50m，海拔高程380~710m。

东道海子凹陷是在海西早期基本定型的凹陷，受印支运动、燕山运动、喜马拉雅运动的影响，凹陷内地层整体表现为向北东方向抬升的单斜特征（图6-2）。

东道海子凹陷地层发育较全，自下而上依次为石炭系、二叠系、三叠系、侏罗系、白垩系及新近系。二叠系平地泉组为半咸水环境下细粒沉积，暗色泥岩中含有丰富的藻类，形成了优质烃源岩；二叠系上乌尔禾组、三叠系百口泉组、侏罗系八道湾组、三工河组、西山窑组均发育砂砾岩、砂岩储层；每套储层之上均发育区域盖层（图6-3）。

第六章 准噶尔盆地东道海子凹陷上乌尔禾组开新局

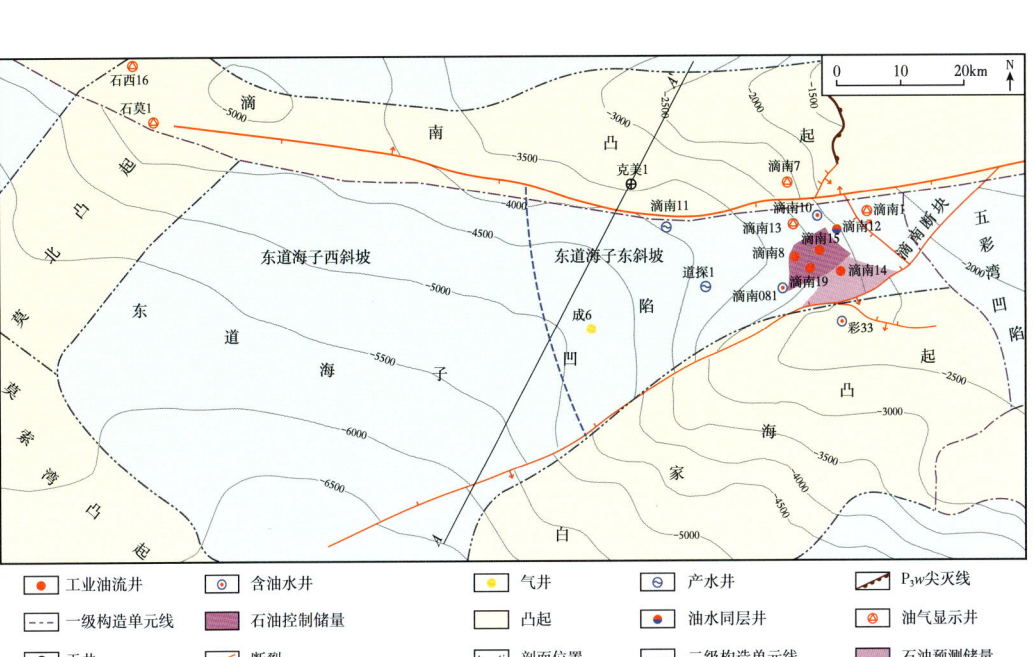

图 6-1 东道海子凹陷构造位置及上乌尔禾组勘探成果图

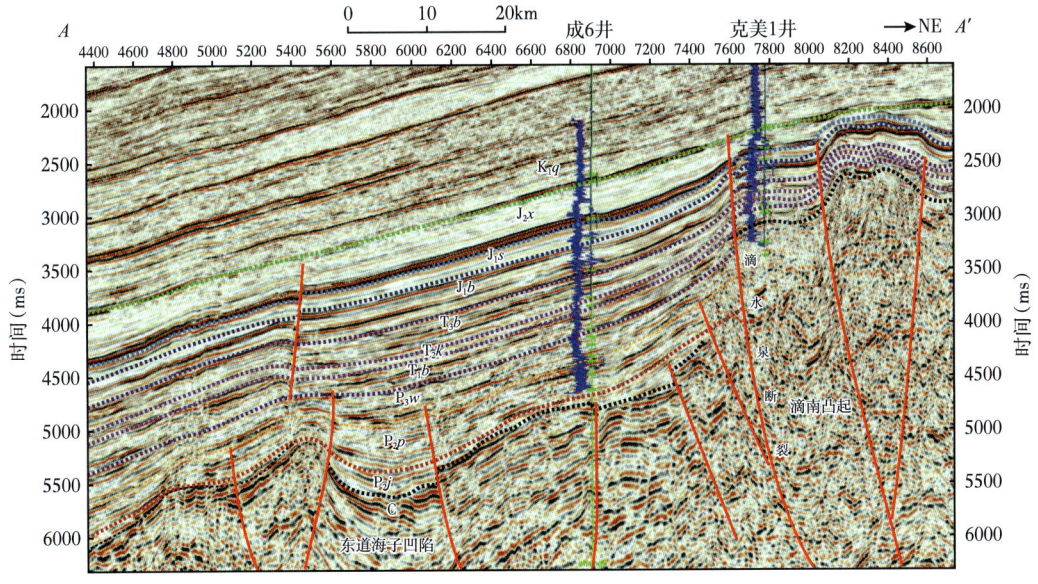

图 6-2 GJ2020SN03 线地震地质解释剖面

东道海子凹陷钻探工作始于 20 世纪 90 年代。1994 年钻探滴南 1 井，2013 年滴南 8 井首获工业油流，2019 年滴南 15 井获高产突破（表 6-1），主力含油层系为二叠系上乌尔禾组（图 6-3），滴南 15 井区上乌尔禾组提交石油控制储量 2102×10^4 t，滴南 14 井区上乌尔禾组提交石油预测储量 1902×10^4 t。

准噶尔盆地重大油气发现勘探战例

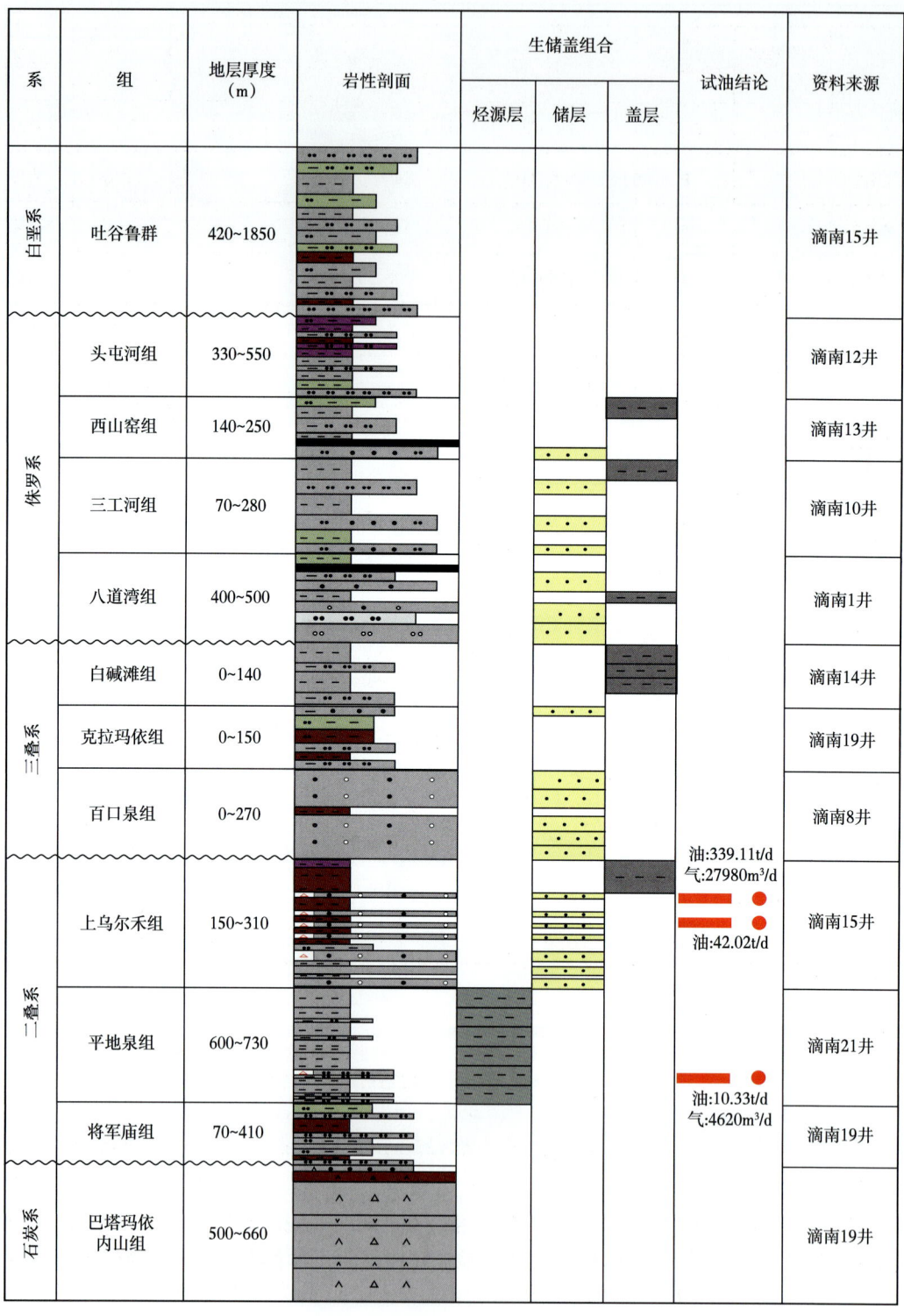

图 6-3 东道海子凹陷地层综合柱状图

第六章　准噶尔盆地东道海子凹陷上乌尔禾组开新局

表6-1　东道海子凹陷钻井表

井名	钻探年度（年）	目的层	目标类型	油气显示情况	产油（t/d）	产水（m³/d）	试油结论
滴南1	1994	P、T	断块圈闭	P_2p、P_3w 显示活跃	0.42	2.80	含油水层
滴南2	1994	P	断块圈闭	P_2p、P_3w 见显示		59.89	水层
滴南3	2000	P	断块圈闭	全井显示弱		0.50	水层
滴南4	2002	J	断块圈闭	全井显示弱			未试油
东道2	2004	K、J	背斜	J_1s 见显示	0.017	10.92	水层
彩49	2004	K、J	岩性、断鼻圈闭	K、J_1b 见显示		14.16	水层
东道3	2010	J	岩性圈闭	J_2t 见荧光显示			未试油
东道4	2010	K	断层—地层圈闭	全井显示弱			未试油
东道5	2010	K、J	断块圈闭	J_1s、J_1b 见显示		25.52	水层
滴南5	2011	K	断层—地层圈闭	全井显示弱			未试油
滴南6	2011	J	地层圈闭	全井显示弱			未试油
滴南8	2013	P	断块圈闭	P_3w 显示活跃	25.37		油层
滴南10	2014	P	断块圈闭	P 见显示	1.60	3.87	含油水层
滴南11	2014	P_3w、T_1b	断块圈闭	P_3w 见显示		12.63	水层
滴南12	2014	P	断块圈闭	P_2p、P_3w 见显示	0.6	7.52	含油水层
滴南13	2015	P_3w	断块圈闭	P_3w 见显示			未试油
滴南14	2019	P_3w	岩性圈闭	P_3w 见显示	10.31		油层
滴南15	2019	P_3w	岩性圈闭	P_3w 见显示	339.11		油层

第二节　勘探历程

东道海子凹陷油气勘探历程与盆地东部紧密相连。20世纪50年代，克拉美丽山前地面地质调查初步认定平地泉组为生油层；1981年五彩湾凹陷彩参1井在平地泉组钻揭成熟烃源岩；1984年，沙帐断褶带发现平地泉组自生自储的火烧山油田，至此平地泉组作为盆地东部主力烃源层的地位得以确立。地震地质解释认为五彩湾凹陷、东道海子凹陷发育厚层平地泉组，1991—1994年于两凹之间的滴南断块部署滴南1井、滴南2井，二叠系见良好显示但试油为水层。1991年彩参2井在侏罗系发现了盆地第一个沙漠整装油田，掀起了侏罗系勘探的热潮，勘探重点转向中浅层侏罗系、白垩系，2004—2010年先后钻探了东道

2井、东道3井、东道4井、东道5井等，整体显示较差。2012年随着玛湖凹陷三叠系、二叠系近源勘探取得成效，重新认识东道海子凹陷近源成藏条件后，走下斜坡区部署滴南8井，2013年该井在二叠系上乌尔禾组首钻获得成功，2019年滴南15井上乌尔禾组再次获得日产油339t高产，掀开了东道海子凹陷上乌尔禾组勘探新篇章。

按照勘探理念的变化，结合目标类型及重点井，将东道海子凹陷勘探划分为定凹探边勘探阶段（1991—2011年）、下凹断块勘探阶段（2012—2017年）、凹内岩性勘探阶段（2018年至今）（图6-4，表6-2）。

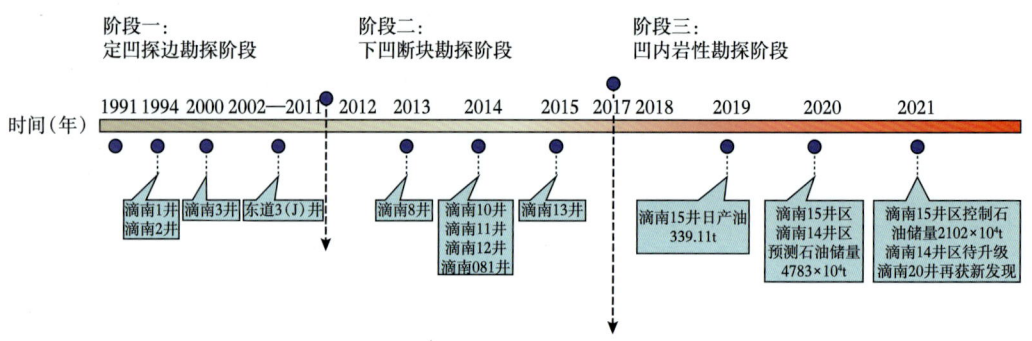

图 6-4　东道海子凹陷勘探阶段划分图

表 6-2　东道海子凹陷勘探阶段划分数据表

勘探阶段	时间	勘探目的层	重点井	油气显示/油藏	储量
定凹探边	1991—2000年	T、P	滴南1井	二叠系获油气显示	—
	2002—2011年	J、K	东道3井	油气显示差	
下凹断块	2012—2015年	P	滴南8井	上乌尔禾组获工业油流	—
凹内岩性	2018年至今	P_3w	滴南15井	滴南15井区块油藏	石油控制储量 $2102×10^4$t 石油预测储量 $1902×10^4$t

一、定凹探边获显示，勘探领域露端倪（1991—2011年）

1. 聚焦凹间断块，上井侦查，二叠系显示活跃

20世纪60—80年代，陆相盆地"定凹选带"源控论为我国辽河油田、胜利油田等的发现起了十分重要的指导作用，成为油气勘探的重要理论之一（张厚福等，1999；李丕龙等，2003；陈世加等，2014）。以"定凹选带"源控论为指导，准噶尔盆地东部在五年左右时间内便发现了火烧山油田、北三台油田、三台油田、甘河油田，形成盆地东部油气区。

1）区域网格大剖面概查，锁定凹间隆起

80年代后期，随着沙漠地震采集技术和相应设备保障能力的提升，盆地腹部中央沙漠区（盆1井西—东道海子—白家海地区）开展了区域网格大剖面地震概查，首次获得了准噶尔盆地腹部地震反射资料，明确了准噶尔盆地新凹隆构造格局（图6-5），同时勾画出盆地大断裂分布图、二叠系埋深图等基础图件，以此提出了"放眼全盆地，立足大凹陷（生油），在隆起区寻找大油田"的部署思想。锁定东道海子凹陷与五彩湾凹陷之间的隆起区（当时称之为南五彩湾凸起）为勘探重点目标区。

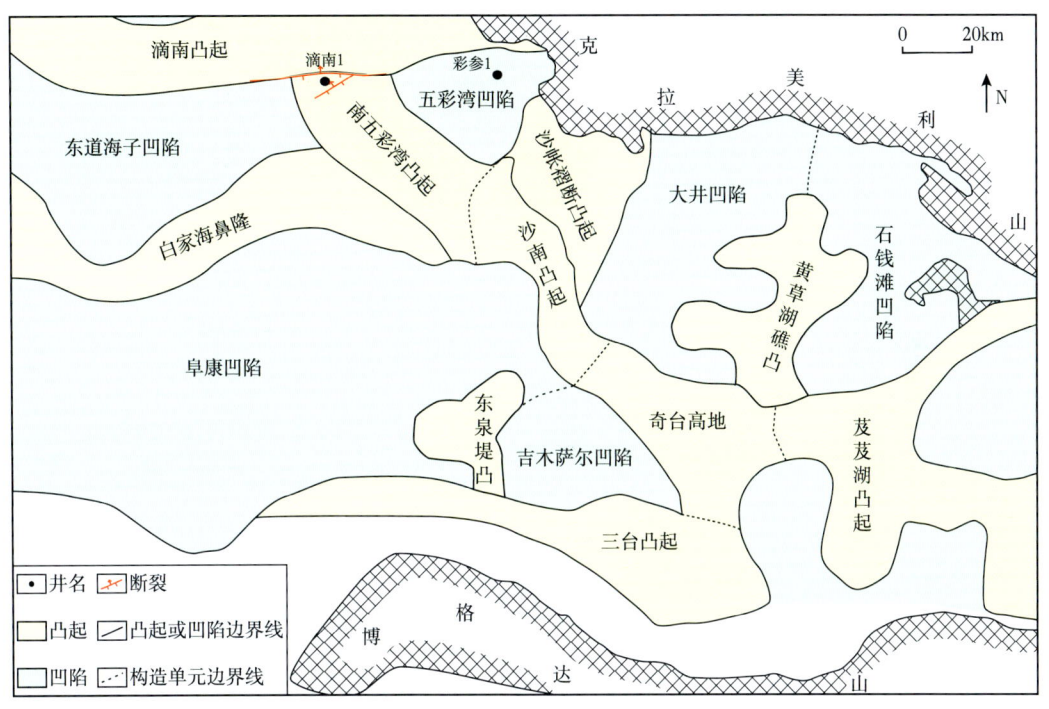

图6-5 区域网格大剖面基础上形成的盆地东部凹隆格局图（据彭希龄等，1984）

2）二维资料落实滴南断块，部署滴南1井

1991年地调处地物所在南五彩湾凸起上依托29条二维地震剖面落实了二叠系、三叠系断块圈闭，称为滴南断块，断块由断面北倾、东西向延伸的滴水泉断裂及断面北倾、北东向延伸的断裂组合而成（图6-6、图6-7）。

为了解滴南断块二叠系、三叠系地层的含油气情况，明确地层层序、岩性、岩相，并为地震解释提供参数，1994年上钻滴南1井。滴南1井钻后缺失三叠系，上乌尔禾组发育灰色细砾岩、砂砾岩储层，岩心分析孔隙度为9.59%~19.34%，平均为14.11%；平地泉组发育灰色粉砂岩、细砂岩、中砂岩储层，岩心分析孔隙度为8.96%~17.60%，平均为13.12%。上乌尔禾组砂砾岩，平地泉组灰岩、中砂岩、细砂岩和粉砂岩普遍见荧光显示，获油浸或油斑级岩心，岩心裂缝面见原油外渗，测井解释油层8层共厚33.8m，试油5层，获含油水层1层和水层4层（图6-8）。平地泉组灰色、深灰色、灰黑色泥质岩累计厚度350m，总有机碳平均含量为0.95%，镜质组反射率为0.68%。滴南1井含油岩心油源对比显示原油来自平地泉组。

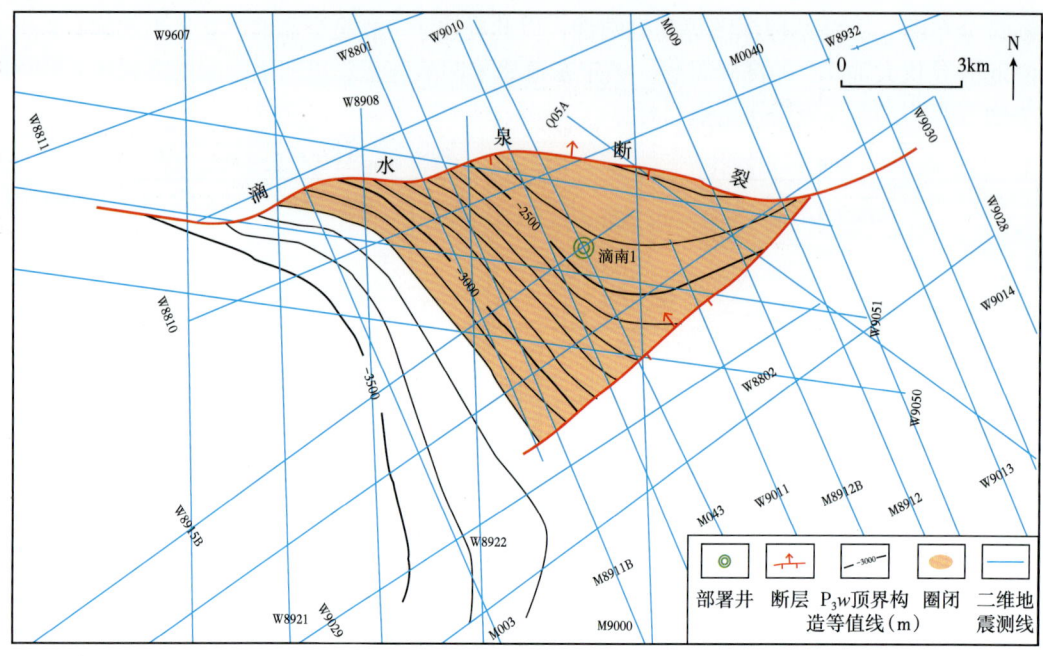

图 6-6 1991年识别的滴南断块平面图

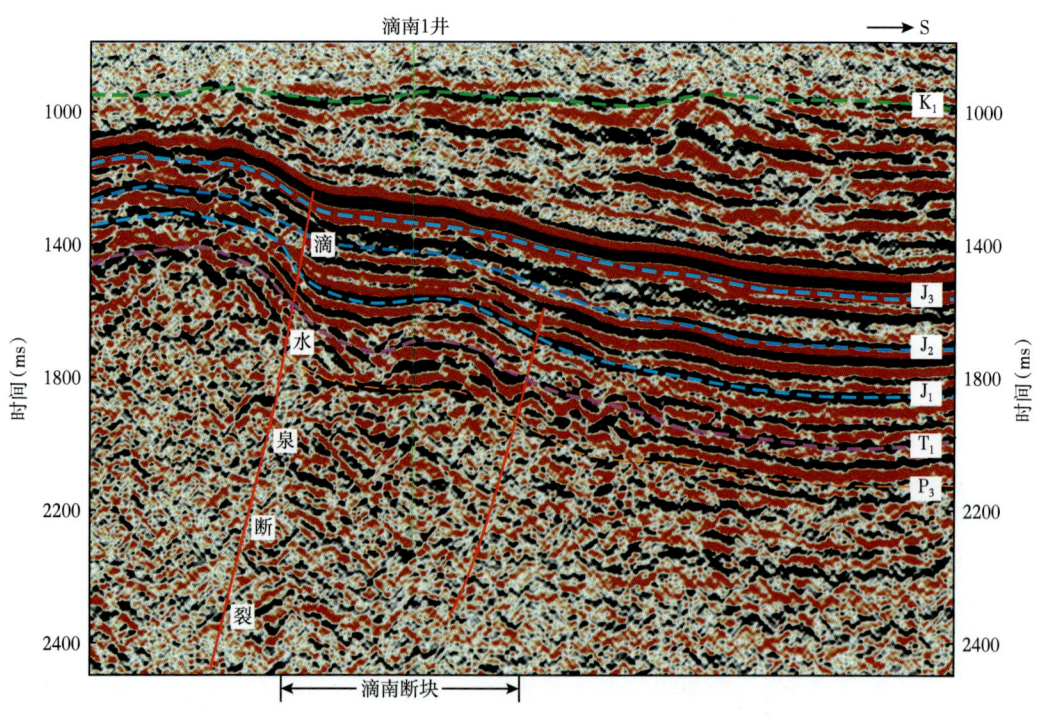

图 6-7 M043线地震地质解释剖面（1991年）

第六章 准噶尔盆地东道海子凹陷上乌尔禾组开新局

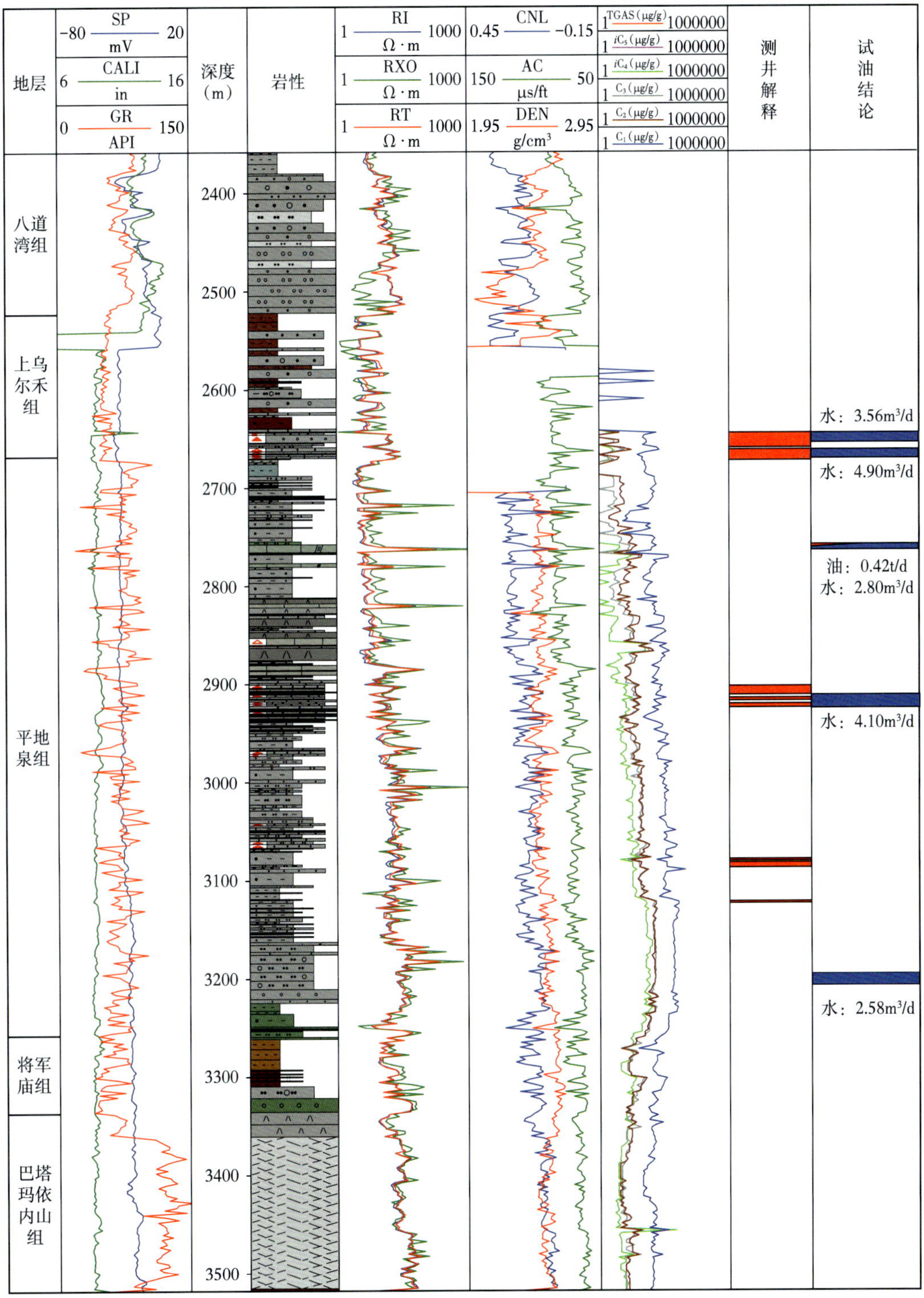

图 6-8 滴南 1 井二叠系综合柱状图

2. 再探滴南断块，两井失利，二叠系勘探停滞

滴南1井钻探表明：二叠系平地泉组是一套资源潜力较大的生油岩；二叠系上乌尔禾组发育砂砾岩储层、平地泉组的细砂岩、粉砂岩发育高角度裂缝，属双重介质储层，与已开发的火烧山油田相似；上乌尔禾组顶部发育泥岩盖层。滴南断块二叠系生储盖条件有利，为勘探的有利区。

1）二维地震资料重新刻画滴南断块，部署滴南2井

1994年为查明滴南断块内二叠系上乌尔禾组、平地泉组含油显示段的含油性及储层变化，新疆石油管理局研究院对滴南断块进行了重新刻画，认为在滴南断块内存在一条断面近东南倾的断裂将滴南断块分为两个断块，并部署滴南2井（图6-9、图6-10）。

滴南2井上乌尔禾组储层以粉砂岩、砂砾岩为主，与滴南1井相比砂层层数与厚度均有减少，物性变差，测井解释孔隙度为7.2%~10%。平地泉组储层岩性为细砂岩、中砂岩、砂砾岩、细砾岩，与滴南1井相比，底部多一套砾岩，裂缝不发育，物性变差，测井解释孔隙度0.7%~11.5%。滴南2井在上乌尔禾组及平地泉组见荧光显示，整体显示较滴南1井差，测井解释可能油层1层/4m，平地泉组试油3层为水层（图6-11）。

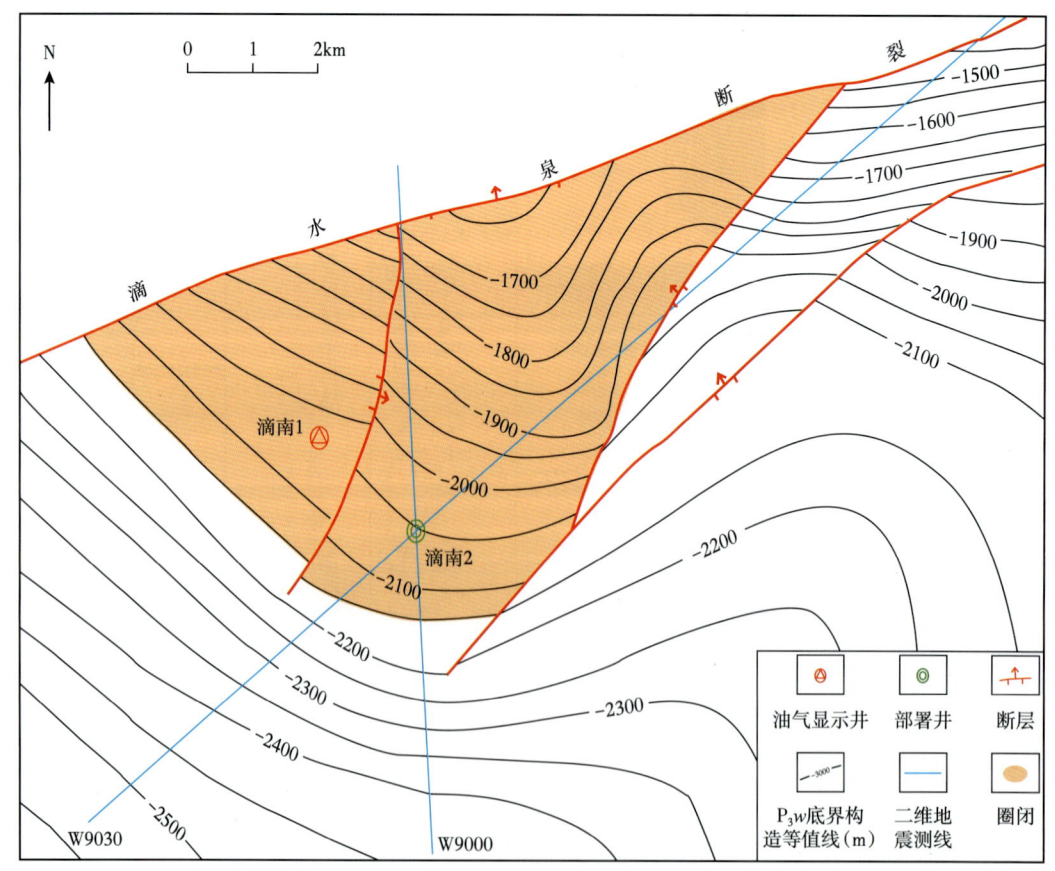

图6-9 1994年识别的滴南断块平面图

第六章 准噶尔盆地东道海子凹陷上乌尔禾组开新局

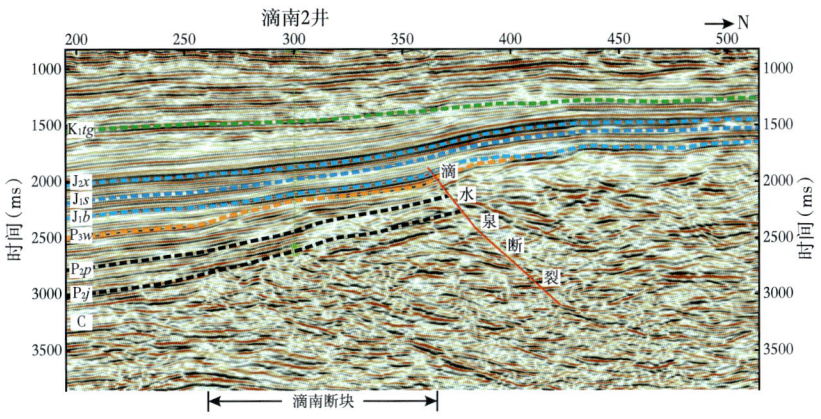

图 6-10 M9000 线地震地质解释剖面（1994 年）

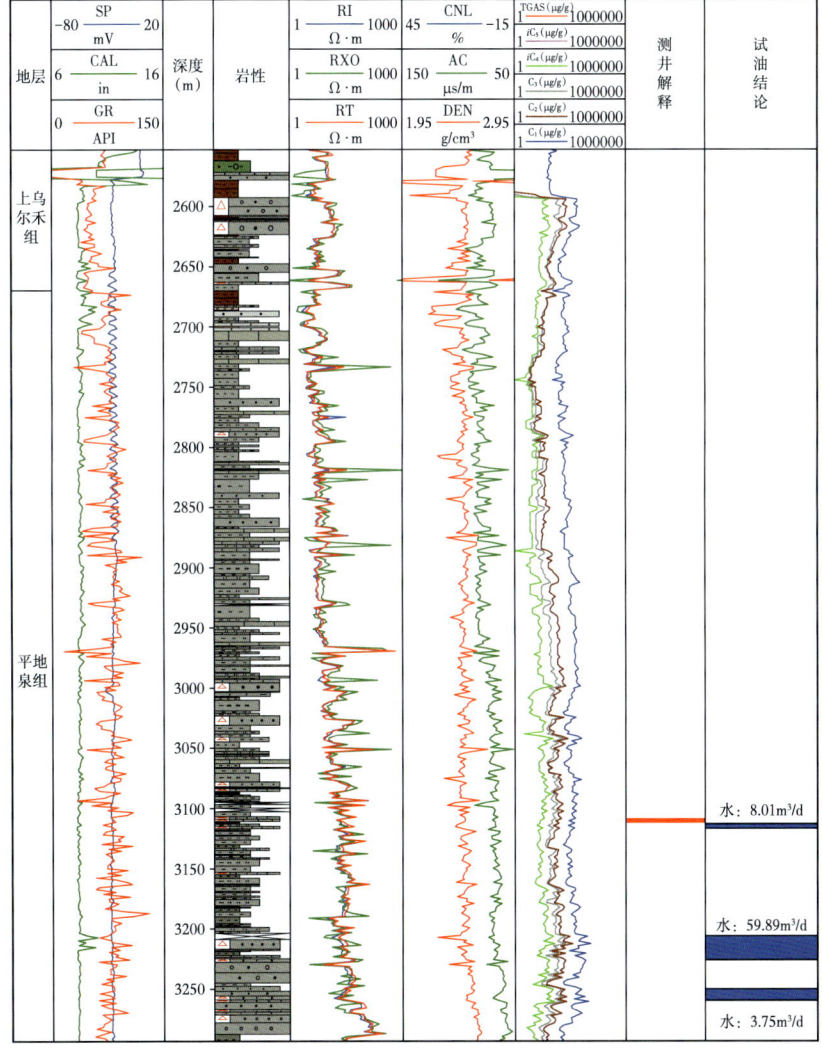

图 6-11 滴南 2 井二叠系综合柱状图

2）三维地震资料再落实滴南断块，部署滴南 3 井

2000 年，鉴于滴南 1 井和滴南 2 井在二叠系获得良好油气显示，存在成藏的可能，利用滴 12 井 C 块三维地震资料重新落实滴南断块的构造形态。控圈断裂为北倾的滴水泉断裂及北西倾的滴南 1 井南断裂，断块内发育北西倾的滴南 2 井东 1 号断裂（图 6-12）。滴南 1 井、滴南 2 井位于断块圈闭低部位，故而在上倾部位部署了滴南 3 井（图 6-13）。

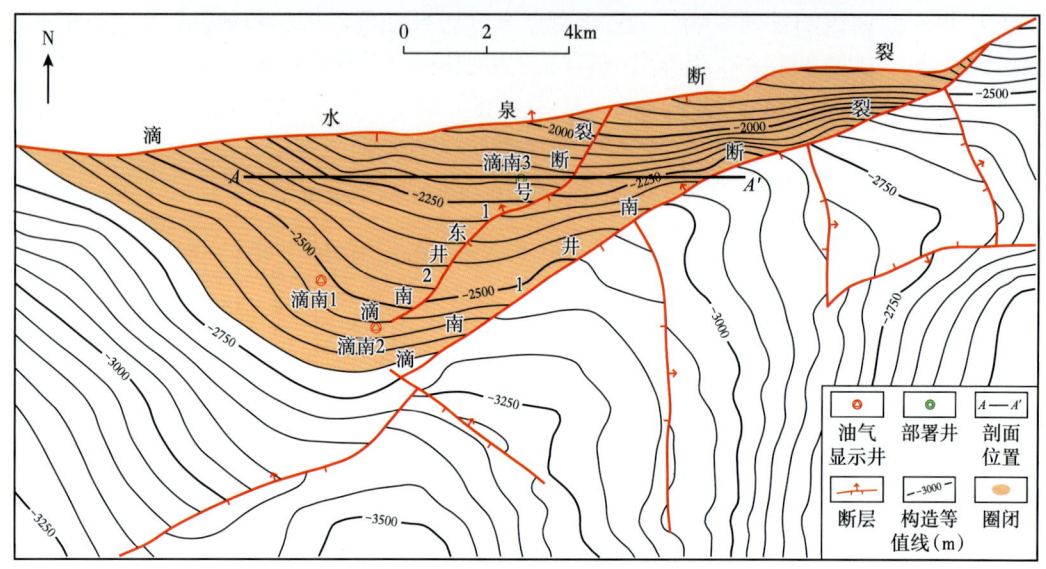

图 6-12　2000 年滴南断块二叠系井位部署图

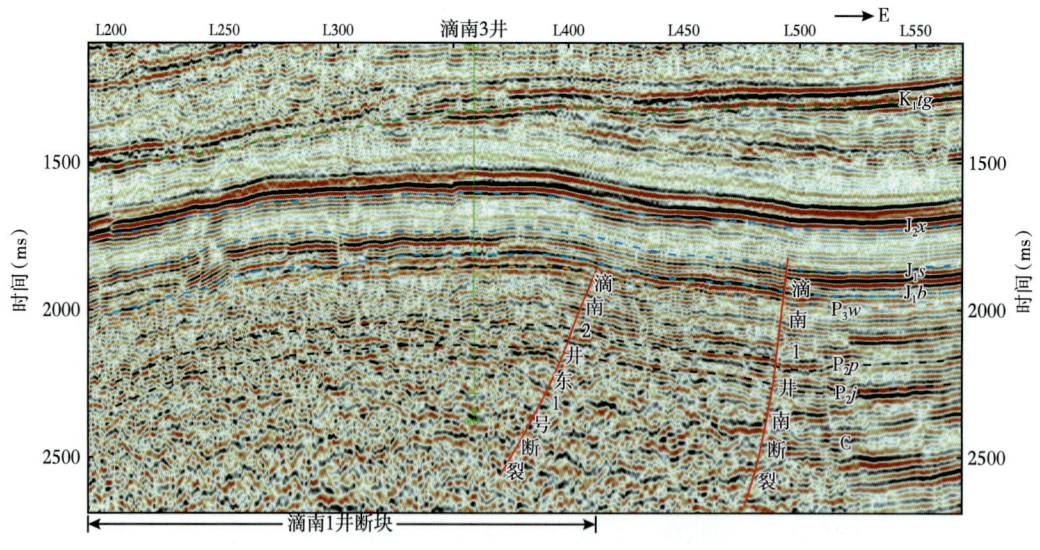

图 6-13　滴 12 井 C 块三维 CDP210 地震地质解释剖面（2000 年）

滴南3井上乌尔禾组及平地泉组储集相带发生变化，上乌尔禾组岩性变细，储层以粉砂岩为主，测井解释孔隙度为7.10%。平地泉组岩性变粗，储层岩性以砂砾岩为主，测井解释孔隙度为1.05%~16.01%。上乌尔禾组无油气显示，平地泉组显示多但显示微弱，整体油气显示较滴南1井、滴南2井差。圈闭低部位物性好显示好，高部位反而物性差显示差，成藏可能受岩性控制，以二叠系为目的层的"定凹探边"勘探工作停滞。

3. 转战中浅层，探索多类型圈闭，折戟而归

1991年彩南油田的发现吹响了总攻准噶尔盆地腹部油气勘探的号角，勘探重点转向了中浅层侏罗系—白垩系。1993年滴南凸起西段发现陆南1井侏罗系三工河组气藏、1997年滴南凸起东段滴12井、滴2井在侏罗系八道湾组获得突破，发现了滴水泉油田，2005年发现滴西12井白垩系油藏。油源对比显示原油与二叠系平地泉组烃源岩密切相关，表明二叠系生成的原油可运移到中浅层成藏。于是按照"圈闭理论"，2002—2011年间围绕东道海子凹陷先后部署探井8口（图6-14），探索背斜、断块、地层、岩性等多类型圈闭（表6-3），均未获得突破。

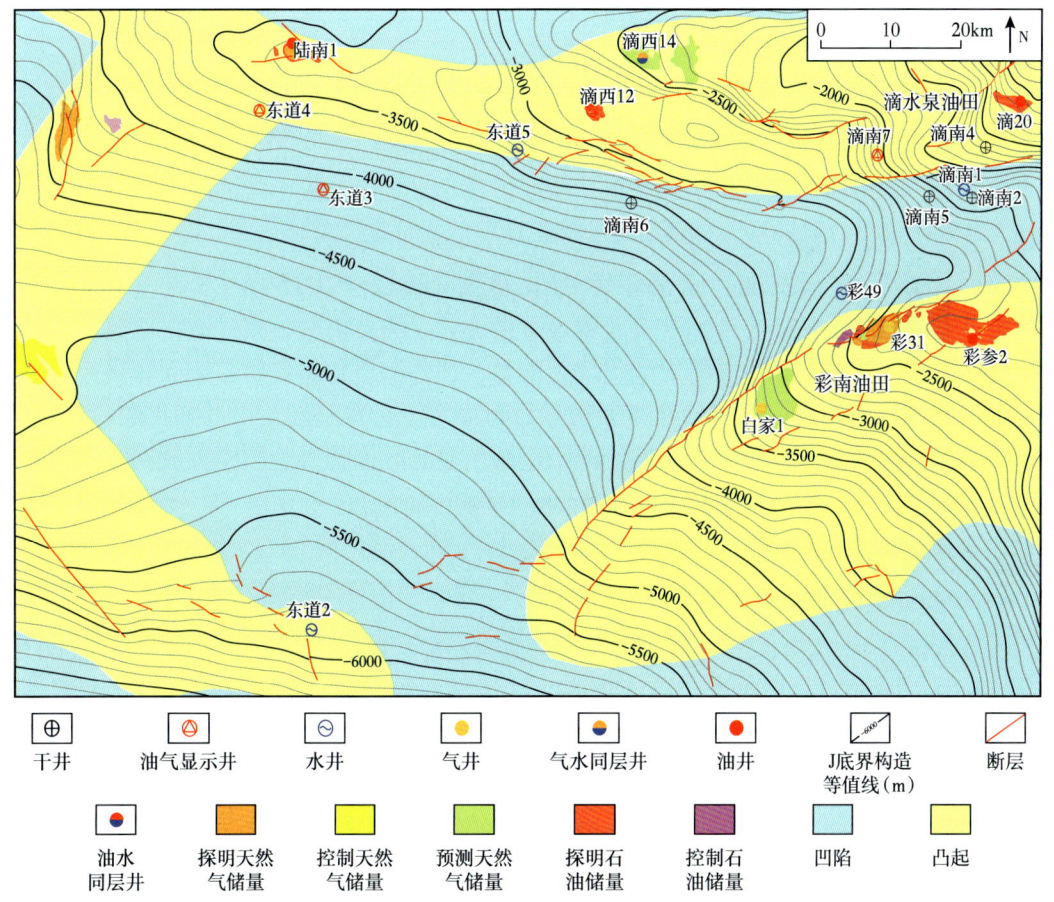

图 6-14 东道海子凹陷周缘侏罗系—白垩系勘探成果图

表 6-3 东道海子凹陷 2002—2011 年侏罗系—白垩系部署情况表

井名	时间（年）	圈闭类型	油气显示	试油结论	失利原因
滴南 4 井	2002	J_2x、J_1s、J_1b 断块	全井显示弱	—	圈闭不可靠
彩 49 井	2004	J_1s 岩性、断鼻	K_1q、J_1b 见显示	水层 3 层	圈闭不可靠
东道 2 井	2004	K_1q、$J_{2-3}sh$、J_2x 背斜	K_1q、$J_{2-3}sh$ 见显示	干层 2 层，水层 1 层	未成藏
东道 3 井	2009	K_1q、J_2t 岩性	K_1q、J_2t 见荧光，气测弱	—	圈闭不可靠
东道 4 井	2010	K_1q 断层—地层	K_1q 见荧光，气测弱	—	圈闭不可靠
东道 5 井	2010	K_1q、J_1s 断块	J_1s 见显示	水层 1 层	未成藏
滴南 5 井	2011	K_1q 断层—地层	全井显示弱	—	圈闭不可靠
滴南 6 井	2011	J_2x 地层	见微弱显示	—	圈闭不可靠

东道海子凹陷中浅层侏罗系—白垩系油气显示程度低，勘探效果差，主要原因有：（1）远离烃源岩层，油气需要纵向大跨度调整，而东道海子凹陷缺少规模较大的可断穿二叠系—白垩系的断裂；（2）侏罗系—白垩系各构造层均为向北东向抬升的单斜构造，缺少正向构造背景；燕山期断裂呈北东向展布，断层规模小，难以形成有效的断层型圈闭；凹陷内为二维地震资料，地层型、岩性圈闭的落实程度低，可靠性差。

二、下凹断块获发现，上乌尔禾组展新颜（2012—2015 年）

东道海子凹陷中浅层次生油气藏成藏难度较大，二叠系仍然是东道海子凹陷获取油气勘探突破的现实领域。经过四轮次地震攻关准备，凹陷深层地震资料品质大幅提升，为深化二叠系油气成藏条件研究、落实有利钻探目标奠定了资料基础。通过细化烃源岩评价、沉积相研究、成藏分析，明确东道海子凹陷二叠系有利区面积大、圈闭有规模，下凹勘探展示出巨大的勘探前景，成为获取新发现的必由之路。

1. 深化认识优选目标，滴南 8 井一举成功

1）持续开展地震攻关，逐见成效

即便在转战中浅层期间，仍积极为打开凹陷深层油气勘探局面做准备，1999—2000 年、2006—2007 年、2010—2011 年、2013 年开展 4 轮次地震部署攻关，逐步获得二叠系有效地震反射（图 6-15），三叠系、二叠系上乌尔禾组、平地泉组、石炭系顶界有了较清晰的反射，为凹陷内地层层序的确立奠定了基础。

在地震攻关的同时，积极利用非地震手段，获取深层资料，2004 年部署 1:5 万高精度重磁 8564km²，较清晰地反映了基底断裂的发育特征（图 6-16），各二级构造单元的边界断裂清晰可见，东道海子凹陷内发育一条近南北向的断裂，位置介于滴水泉断裂与白家海断裂之间。

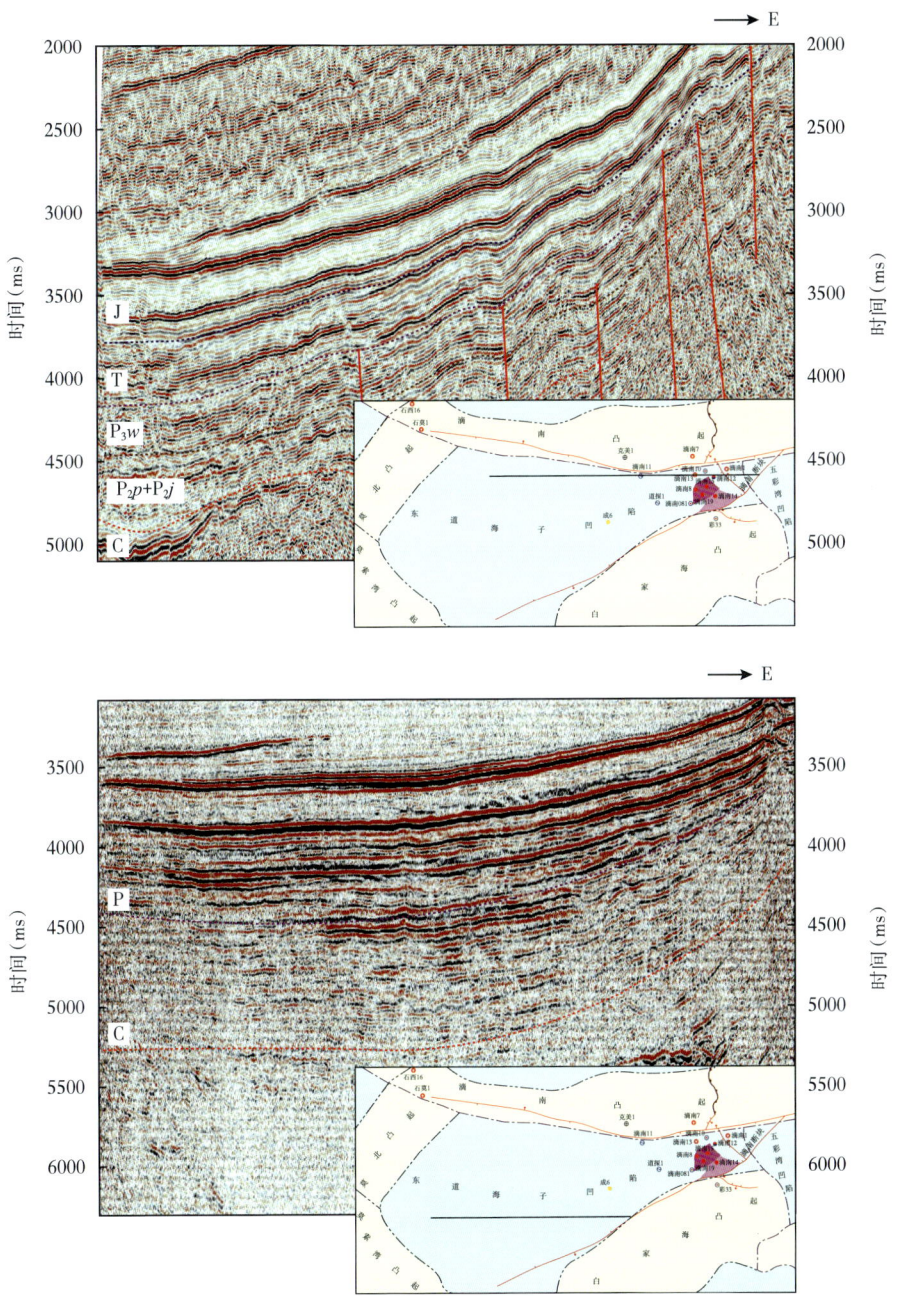

图 6-15　2013 年（上）与 1994 年（下）二维地震资料效果对比图

2）深化地化研究，明确生烃潜力

滴南 1 井二叠系平地泉组灰色、深灰色、灰黑色泥岩发育，厚度 350m 左右。TOC 含量为 0.23%~2.52%，平均含量为 0.95%，镜质组反射率为 0.68%，为低演化程度的中等烃源岩（靳军等，2015）。滴南 1 井含油岩心抽提出的原油特征与火烧山地区平地泉组原油相同,说明东道海子凹陷平地泉组已生成油气。但已发现原油(李林等,2013年;张焕旭等,2017年)与烃源岩抽提产物成熟度不匹配,滴南凸起和白家海凸起二叠系来源的原油 $\alpha\alpha\alpha C_{29}$ 甾烷 $20S/(20S+20R)$ 为 0.40~0.51,滴南 1 井平地泉组烃源岩抽提物 $\alpha\alpha\alpha C_{29}$ 甾烷 $20S/(20S+20R)$ 为 0.30~0.39,已发现二叠系来源原油成熟度明显高于滴南 1 井烃源岩抽提物,推测东道海子凹陷内随着平地泉组埋深的加大,烃源岩已进入生油高峰期。

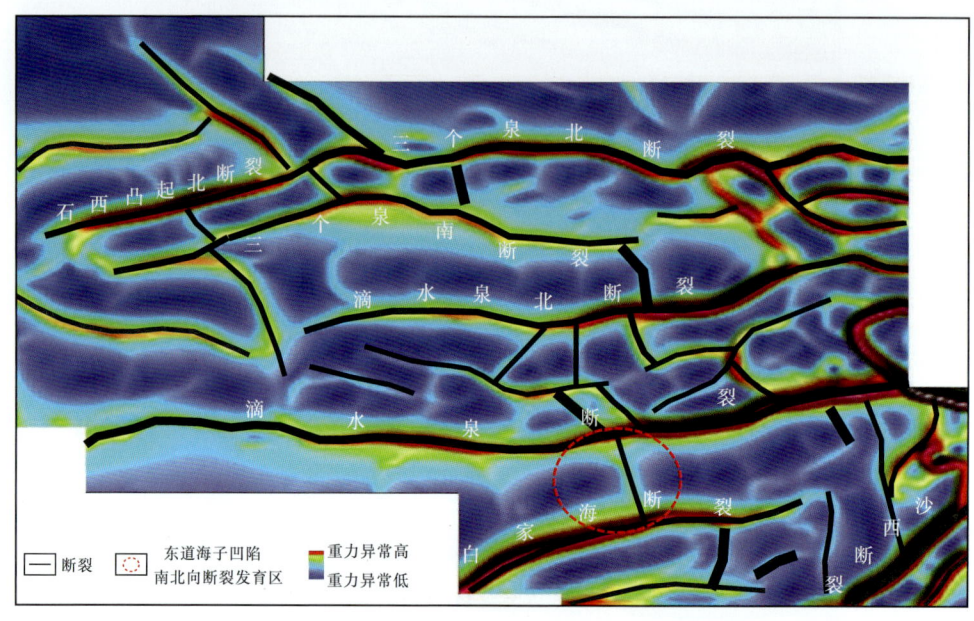

图 6-16 反映基底断裂的线性重力异常影像图

东道海子凹陷内二叠系平地泉组埋深为 3500~7500m,厚度为 250~800m,分布面积为 5100km^2(图 6-17),热演化模拟显示平地泉组埋深为 4000~4500m,R_o 演化至 1.0%~1.3%,埋深大于 4500m,R_o 演化至 1.3%~2.0%,重新估算平地泉组总排烃量为 88×10^{8}t,较三次资评估算的 34×10^{8}t 有大幅提高,坚定了下凹勘探的信心。

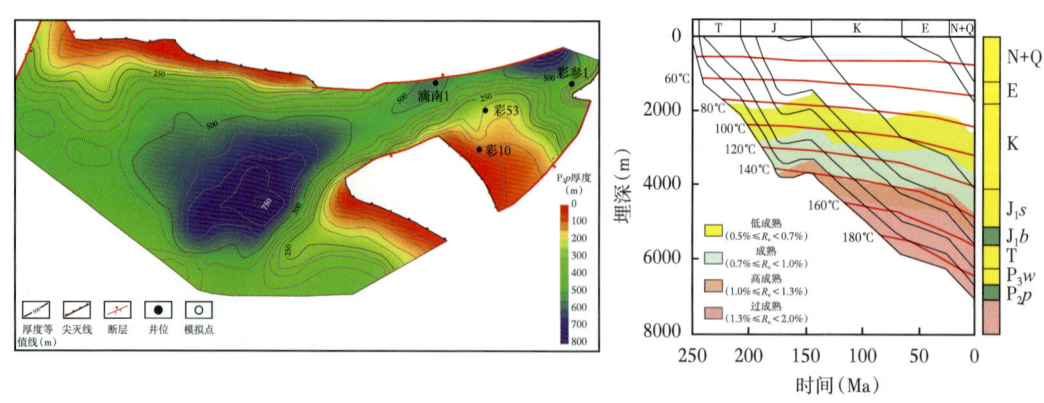

图 6-17 东道海子凹陷平地泉组厚度图(左)、热模拟图(右)

3)落实构造特征,明确有利区带

东道海子凹陷二叠系沉积受控于边界断裂(滴水泉断裂、白家海断裂),断裂上盘缺失平地泉组和上乌尔禾组下部地层。上乌尔禾组沉积时期地层整体向北东向抬升,凹陷东斜坡发育一条近南北向的断裂,即滴南1井西断裂,与滴水泉断裂、白家海断裂共同构成了大型的断块圈闭(图6-18、图6-19),埋深5000m以浅有利勘探面积为525km²。

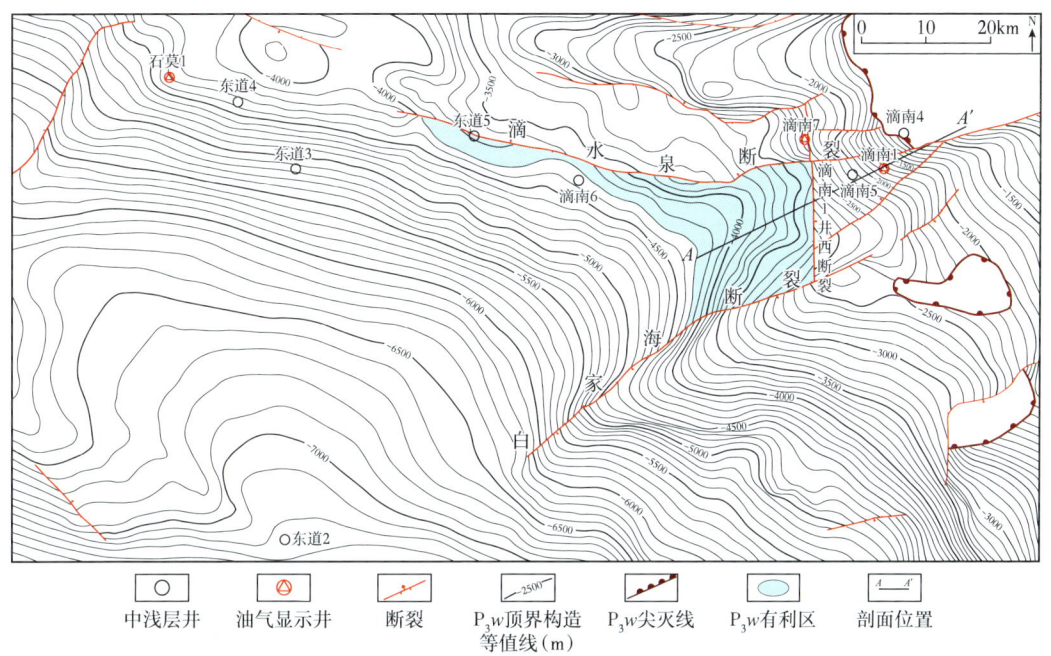

图6-18 东道海子凹陷上乌尔禾组顶界构造图(2013年)

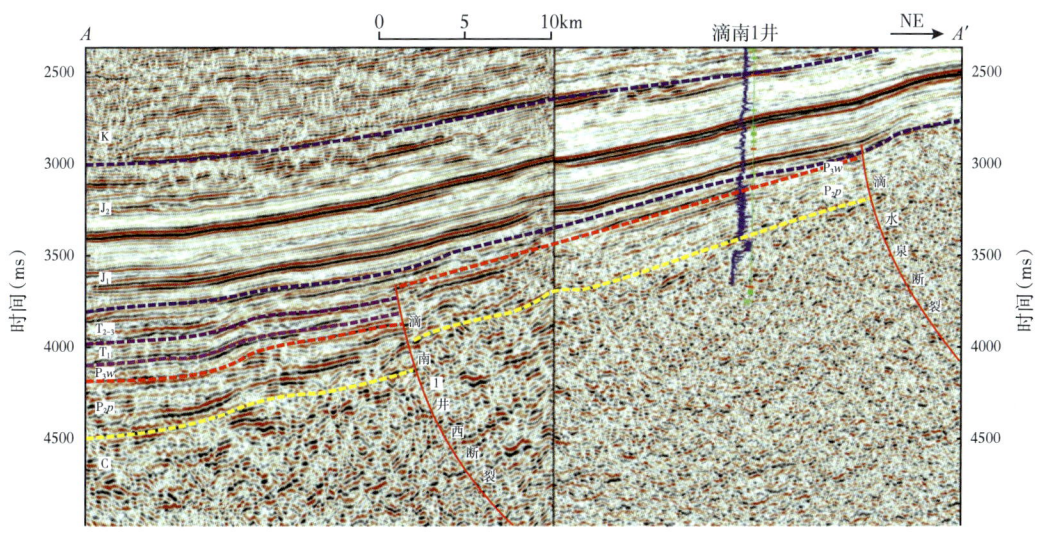

图6-19 过滴南1井北东向地震地质解释剖面(2013年)

4）细化沉积认识，推测有利储层

周缘凸起区滴南1井、滴南7井、石莫1井在二叠系上乌尔禾组钻遇扇三角洲砂砾岩、中粗砂岩储层。滴南1井上乌尔禾组砂砾岩储层埋深为2550~2670m，储层累计厚度为67m，孔隙度为9.59%~19.34%，平均14.11%，储集空间以粒间孔为主。滴南7井上乌尔禾组砂砾岩储层埋深为3250~3410m，储层厚度可达150m，孔隙度为7.9%~13.3%，平均为10.6%。石莫1井上乌尔禾组砂砾岩储层埋深为4750~4930m，储层厚度为110m，孔隙度为6.8%~18.2%，平均为11.7%，以粒间及粒内溶孔为主。根据扇三角洲沉积模式，推测东道海子凹陷发育滴南7井、石莫1井两大扇体，扇三角洲前缘有利相带向凹陷延伸，凹陷内储层发育（图6-20）。

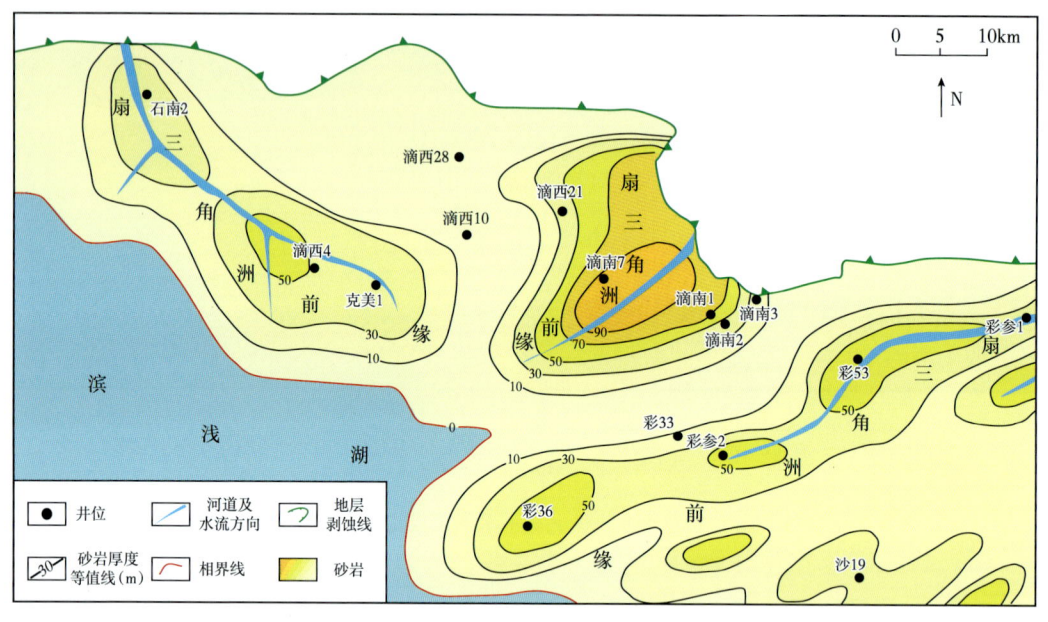

图6-20 东道海子凹陷上乌尔禾组沉积相图（2013年）

5）深化成藏认识，选定凹陷东斜坡

平地泉组烃源中心分布于滴水泉断裂下盘，生排烃高峰期在晚侏罗世之后，而滴水泉断裂在三叠纪之后基本不再活动，油气运移受制于滴水泉断裂，造成断裂上盘滴南凸起上乌尔禾组油气显示较差，浅层发现储量规模较小，断裂下盘上乌尔禾组油气应更富集（丁湘华，2016；乔锦琪，2017）（图6-21），下凹勘探更易获得规模发现。

东道海子凹陷上乌尔禾组构造具有向北东向抬升的特征，由滴水泉断裂、滴南1井西断裂、白家海断裂构成的有利区较落实。同时凹陷东斜坡埋深浅，位于油气运移指向区，上倾方向滴南1井上乌尔禾组已见良好显示，滴水泉油田在缺失二叠系、三叠系储层后，于石炭系不整合面之上的首套砂层——侏罗系八道湾组捕获东道海子凹陷来源原油。滴南1井、滴南7井钻遇厚层砂砾岩储层，扇三角洲沉积体系更落实，故而选定凹陷东斜坡为下凹勘探的有利区。

第六章 准噶尔盆地东道海子凹陷上乌尔禾组开新局

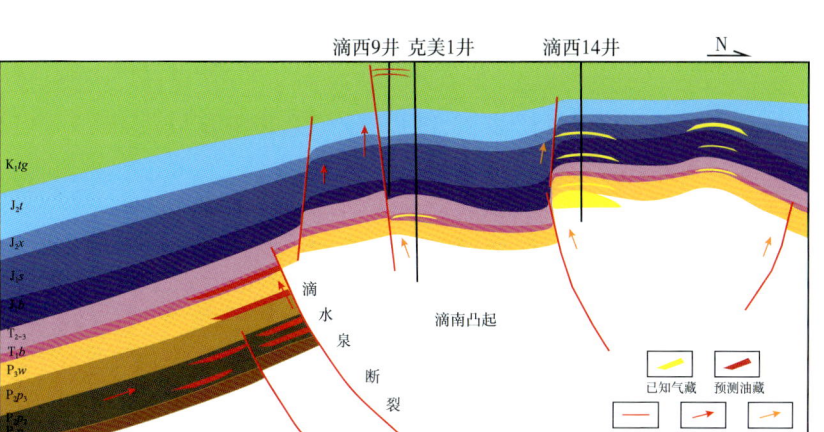

图 6-21　东道海子凹陷东斜坡成藏模式图（2013 年）

6）刻画断裂定目标，精心部署预探井

按照"从源岩到圈闭"的含油气系统理论，东道海子凹陷主体区二叠系可作为一个完整的含油气系统。其平地泉组可生成高成熟油气，上乌尔禾组发育规模砂砾岩储层，受边界断裂控制，油气富集于近源层组，断块圈闭落实，具备下凹探索价值。2012 年以探索近源断块油气藏类型为思路，精细刻画凹陷东斜坡上乌尔禾组构造特征，于滴南 1 井西断裂下盘，落实一个构造低凸及控制低凸的次级断裂两条，从而构成可靠的断块圈闭，在断块高部位，首次走下凹陷斜坡区，部署滴南 8 井（图 6-22）。

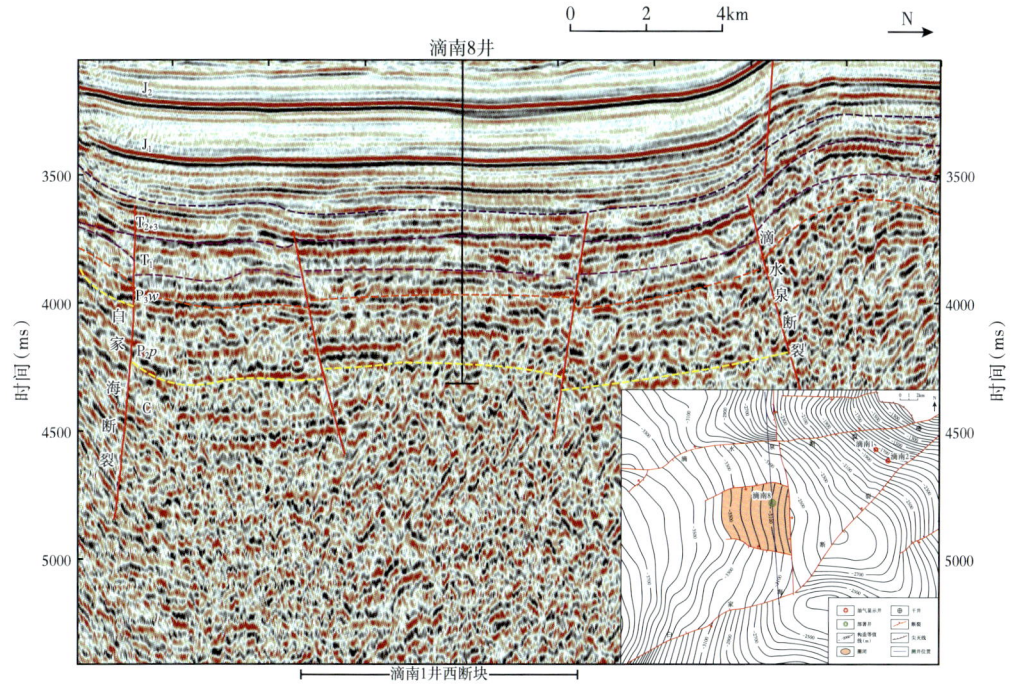

图 6-22　L200005 线地震地质解释剖面及滴南 8 井部署图（2013 年）

滴南 8 井上乌尔禾组 7 层共 36 m 见荧光显示，气测异常 4 层 13 m，总烃最高出至 92.92%，发生气侵 4 次，取心 4.8m，获荧光级岩心 3.18m。在上乌尔禾组二段顶部砂砾岩储层试油，用 4mm 油嘴自喷，日产油 25.37 t，日产气 2610 m³（图 6-23）。下凹勘探首获成功，证实了凹陷内上乌尔禾组的含油气性。

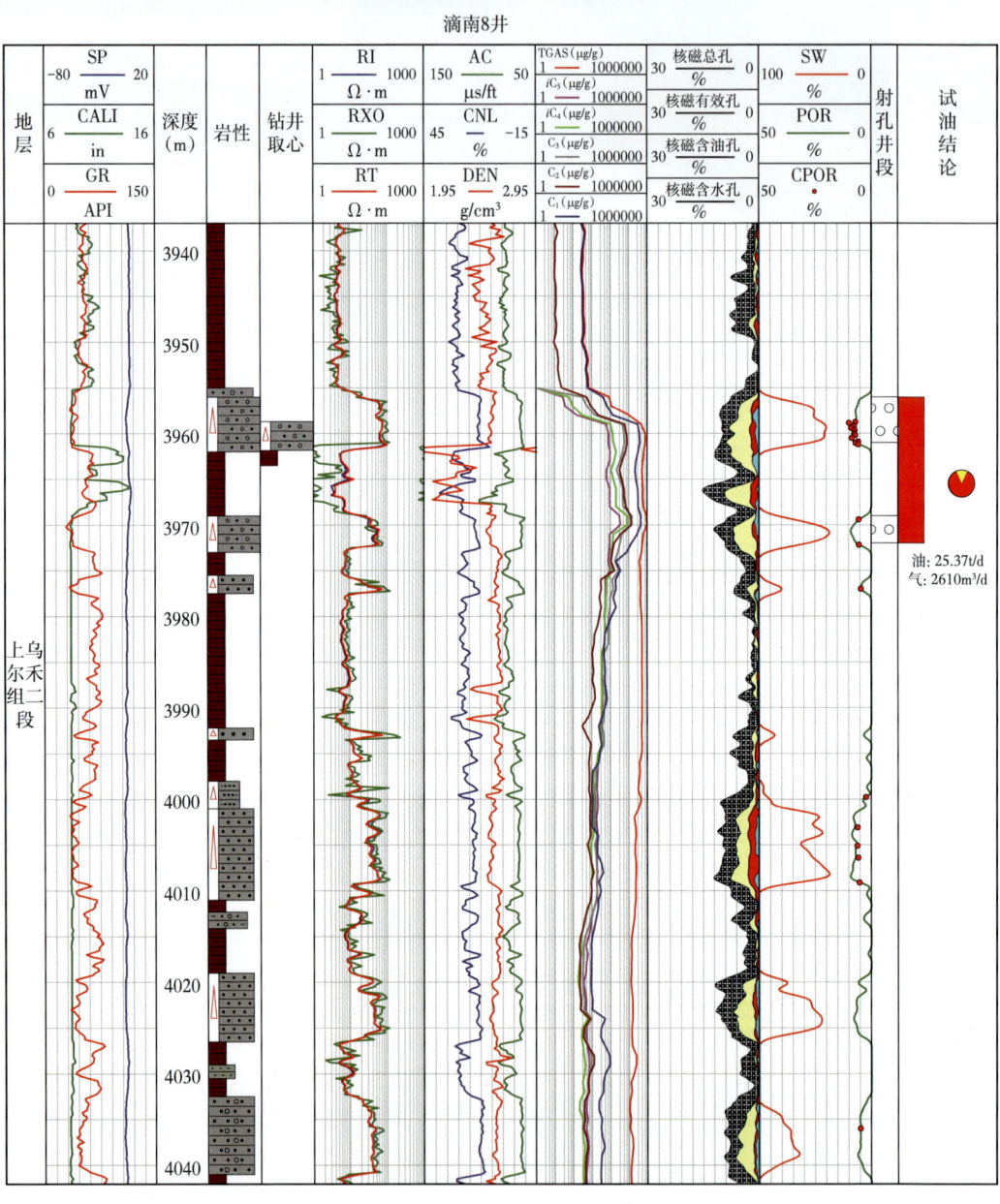

图 6-23　滴南 8 井上乌尔禾组二段成果图

2. 断块控藏收效甚微，勘探成果难展开

断块控藏勘探思路在滴南 8 井获得成功，为准确有效落实断块圈闭，2013 年部署东道

海子凹陷首块三维地震——滴南8井高密度三维地震,资料品质显著提升,随后勘探部署主要精力集中在断块圈闭的刻画上。

1）区域应力调查,确定走滑模式

东道海子凹陷上乌尔禾组为向东抬升的单斜构造,传统的逆断裂解释模式,很难发现断块目标。通过调研区域应力背景,明确了卡拉麦里右旋走滑断裂的性质（孙晓晨,2017；梁舒艺等,2019）,受卡拉麦里走滑断裂的影响,东道海子凹陷发育与卡拉麦里走滑断裂近垂直的派生断裂。其呈北东走向,规模大,延伸远,断开石炭系、二叠系和三叠系。在北东向走滑断裂平面位移作用下,形成北西向次级雁列式断裂,与走滑断裂斜交,形成了一系列断块圈闭（图6-24）。

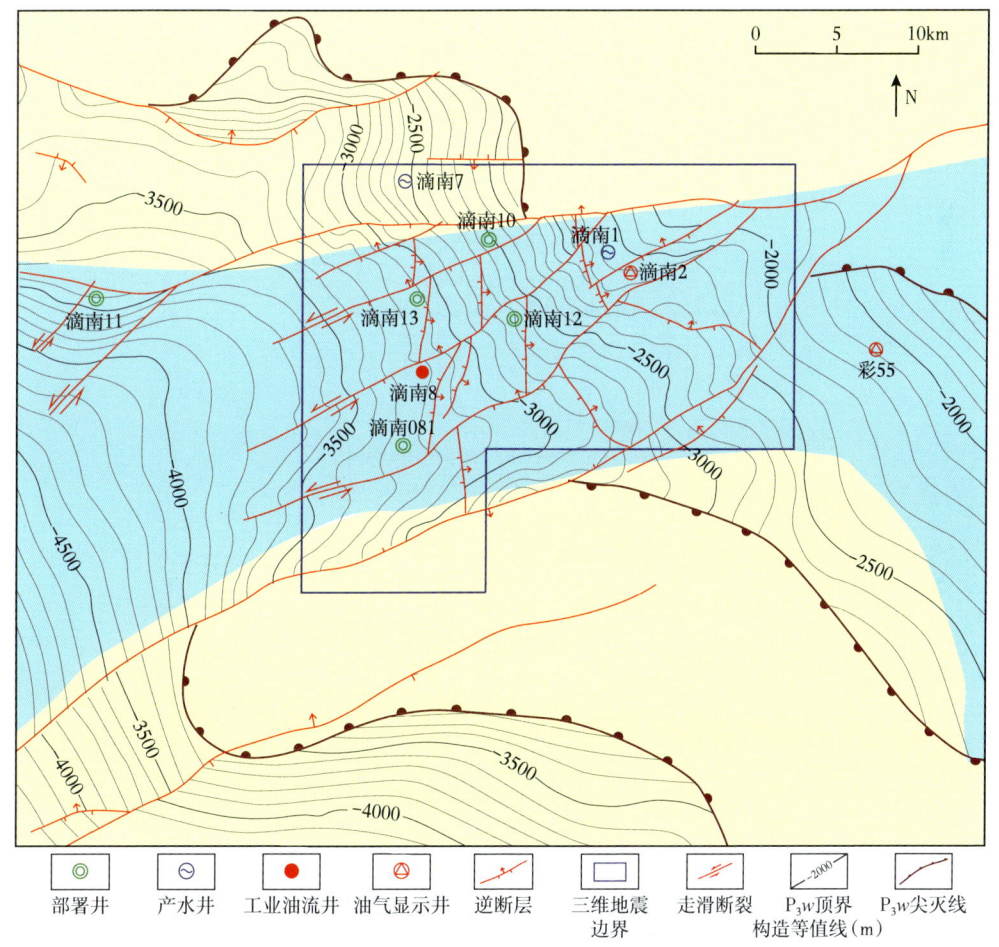

图6-24 2014年东道海子凹陷二叠系勘探部署图

2）构造控藏理念,钻探效果不佳

按照构造油气藏部署理念,选择不同的断块部署滴南10、滴南12等5口井,与滴南8井相比,油气显示及产能差异较大,试油成功率低（图6-25）,勘探成果未能展开,东道海子凹陷勘探工作再次陷入低谷。

准噶尔盆地重大油气发现勘探战例

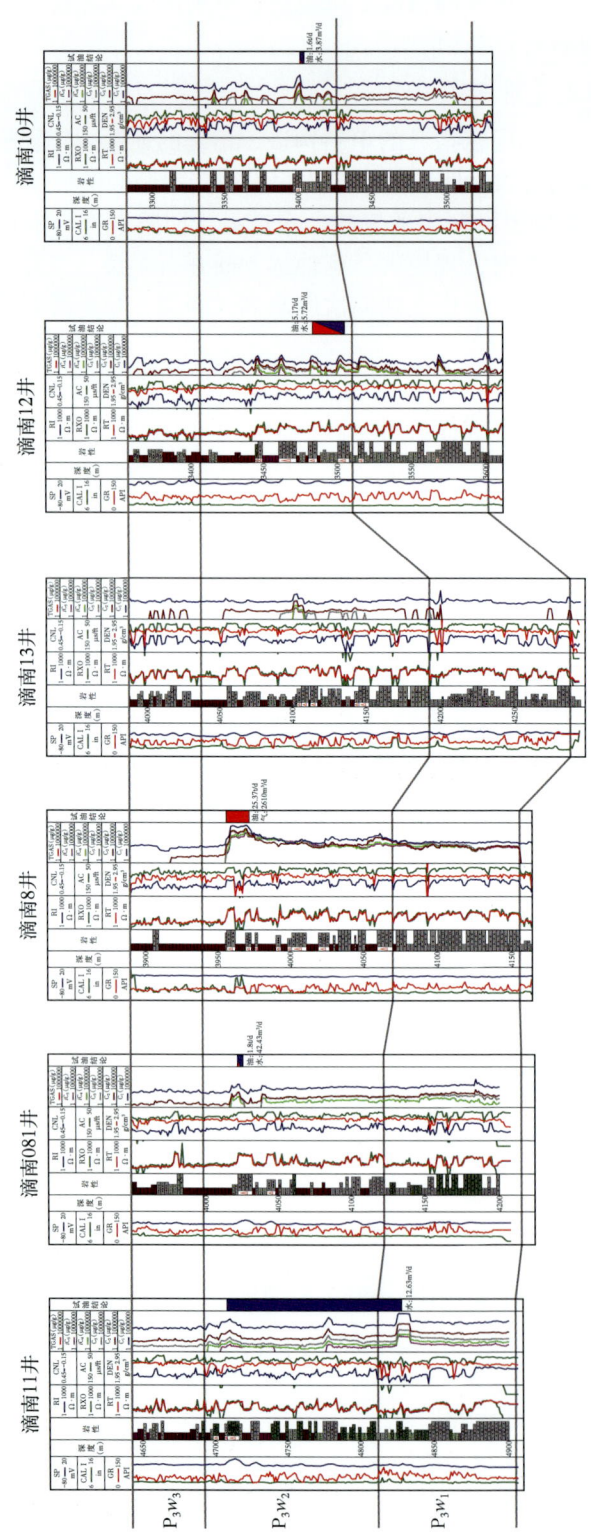

图 6-25 滴南11井—滴南081井—滴南8井—滴南13井—滴南12井—滴南10井连井对比图

三、凹内岩性获高产，东道海子谋新篇（2018年至今）

1. 关注岩性物性，钻探获得高产

尽管滴南10等井未达到预期，但并不是一无所获。多井钻后表明部署井所在的近300km²范围内均见到油气显示，有油气大面积运移成藏的可能，且储层物性明显控制含油气性。沉积体系分析及储层控制因素研究成为寻求油气发现的关键。

1）深化沉积体系认识，确定油气富集相带

2018年始持续深化沉积储层研究，落实有利前缘相带展布。根据单井岩心观察分析、沉积序列研究，东道海子凹陷东斜坡上乌尔禾组为扇三角洲—湖泊沉积体系，自上乌尔禾组一段至三段表现为湖侵退积沉积序列，上乌尔禾组二段发育灰色小砾岩、含砾砂岩，为扇三角洲前缘水下分流河道沉积；褐色泥岩为分流间湾沉积（图6-26）。根据测井相、地震相、沉积相、重矿物分析，物源来自东北部克拉美丽山，发育美7井—滴南7井、

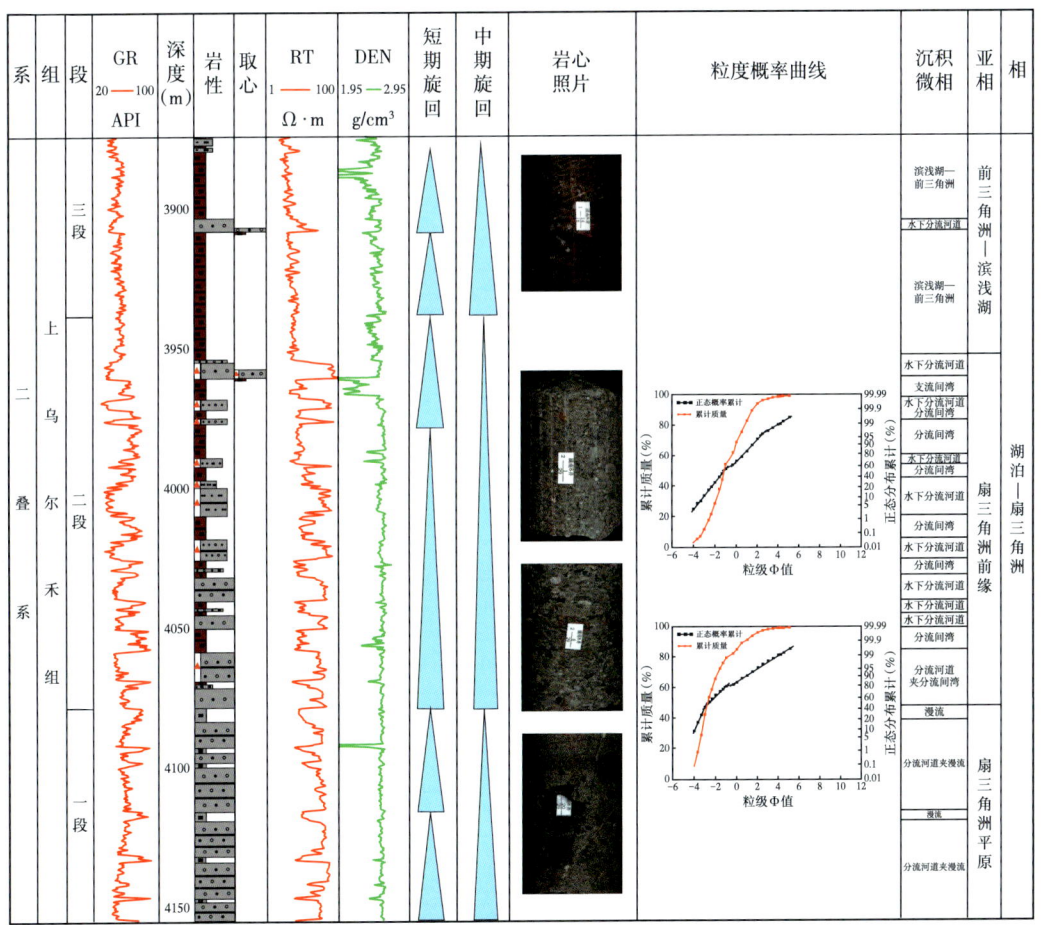

图6-26 滴南8井上乌尔禾组单井相图

滴南 10 井—滴南 12 井两支主要物源。平面上可划分为扇三角洲平原、扇三角洲前缘亚相（图 6-27）。扇三角洲平原砂体单层厚度大 8~22m，呈块状结构，储层物性较差，含油性较差，以滴南 1 井、滴南 2 井为代表；扇三角洲前缘砂体单层厚度小为 2~10m，呈砂泥互层状，砂体叠置连片沉积，储层物性较好，普遍见含油显示。按距物源区的距离进一步划分为内前缘和外前缘，外前缘储层孔隙度为 7.7%~9.6%，内前缘储层孔隙度为 5.1%~7.9%，外前缘储层物性略好于内前缘。

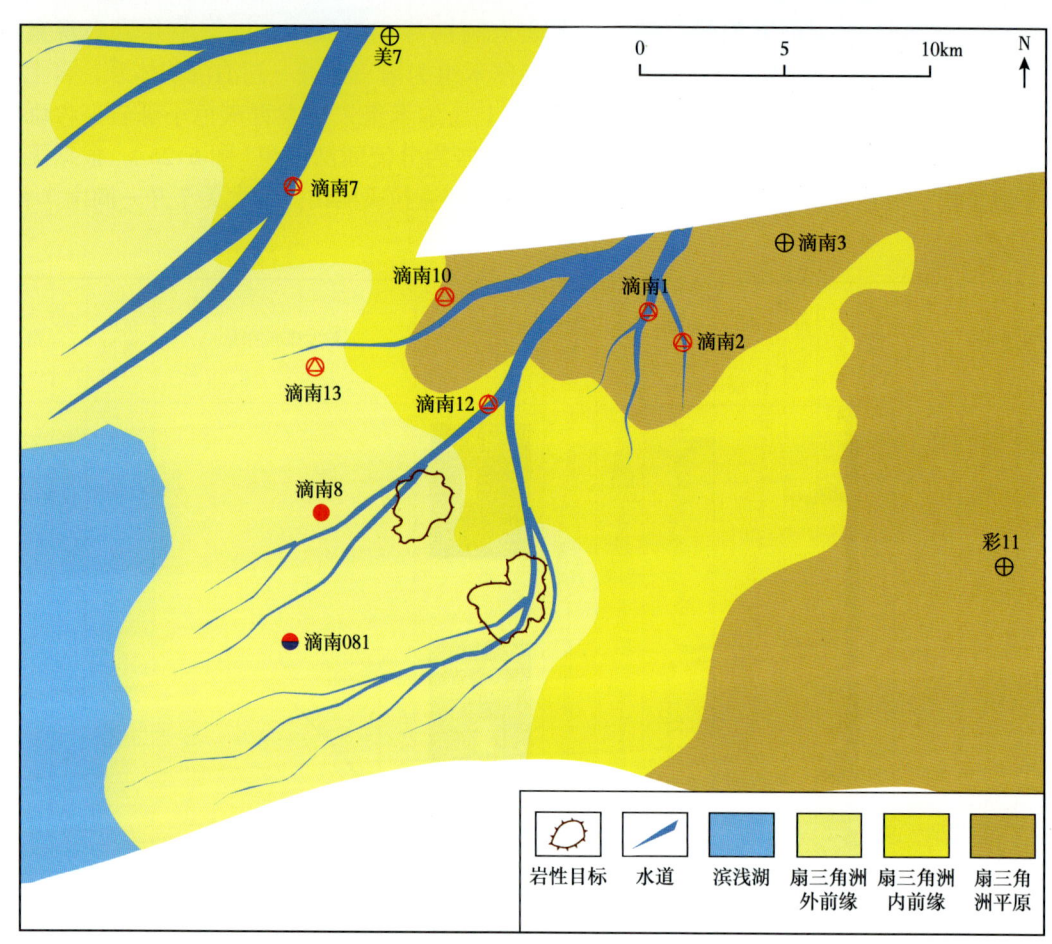

图 6-27　东道海子凹陷东斜坡上乌尔禾组沉积相图（2018 年）

2）刻画古地貌，识别岩性圈闭

按照"沟槽富砂"理论，找准有利相带及岩性圈闭，古地貌图至关重要，联合东方地球物理公司，背靠背解释成图，图件均具有相似性，证实了上乌尔禾组残余厚度图的可靠性，明确了研究区发育 3 个凹槽，识别有利砂体 20 个，累计面积 114.2km²。优选②号和③号凹槽有利砂体，部署滴南 15 井和滴南 14 井（图 6-28）。

第六章 准噶尔盆地东道海子凹陷上乌尔禾组开新局

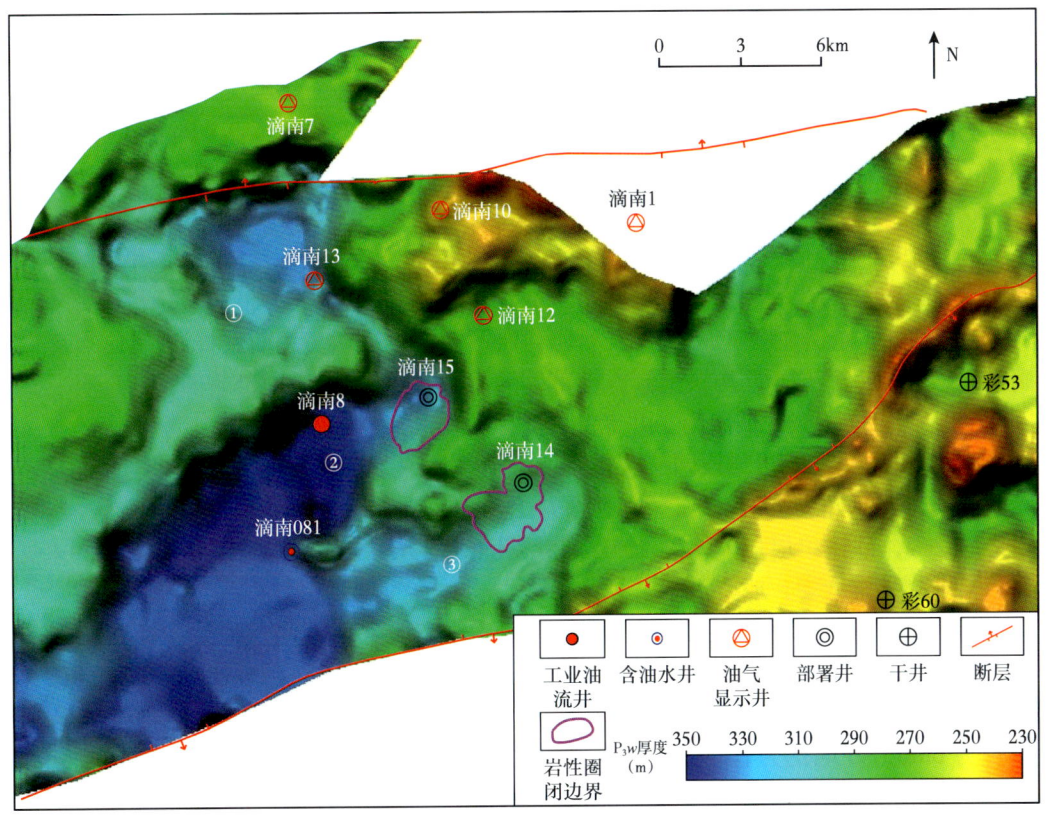

图 6-28 滴南 14 井和滴南 15 井位置图

3）部署两井，再获高产突破

滴南 14 井和滴南 15 井在上乌尔禾组二段均钻遇砂砾岩储层，单砂层厚度为 2~7m。滴南 14 井储层平均孔隙度 7.1%，获日产 10.31t 工业油流。滴南 15 井储层平均孔隙度 7.5%，且裂缝较发育，在上乌尔禾组二段顶、底分别获得最高日产超百立方米的高产工业油流。凹内岩性油气藏勘探带来新的突破，东道海子凹陷上乌尔禾组油气勘探取得实质性进展，勘探掀开新篇章。

2. 储量落实与勘探甩开并进，喜忧参半

1）预探评价一体化，快速落实储量

随后滴南 14 井、滴南 15 井区快速进入储量落实阶段。通过对滴南 14 井上乌尔禾组二段顶部录井荧光显示较弱、气测有异常的砂层，滴南 8 井底部气测异常不明显、录井有荧光显示及滴南 12 井顶部录井荧光显示、气测有异常的砂层恢复试油，均获得工业油流。上乌尔禾组二段表现出薄砂层叠置连片成藏特征，油藏为低饱和度油藏的特点。

2019—2021 年，滴南 15 井和滴南 14 井区完钻预探井、评价井 9 口，全部获得工业油流。2020 年滴南 15 井、滴南 14 井区提交石油预测储量，2021 年优先升级滴南 15 井区，提交石油控制储量。

一、凹内规模高成熟烃源岩的确立是坚定下凹勘探信心的前提

1991—2018年东道海子凹陷周缘凸起仅发现二叠系来源油田（藏）4个，探明储量不足 $6700×10^4t$。在盆地腹部侏罗系、白垩系不断获得勘探大发现的同时，东道海子凹陷周缘十年中浅层勘探得到的却是整体油气显示差的结果。一度怀疑东道海子凹陷平地泉组生烃规模有限，勘探信心不足。

提振勘探信心首先要确立平地泉组生烃潜力。滴南1井钻后显示平地泉组灰色泥岩总有机碳平均含量为0.95%，镜质组反射率为0.68%，处于低成熟阶段早期，符合其埋深浅（2800~3300m）的烃源岩演化特征。向凹陷中心平地泉组埋深为3500~7500m，分布面积为 $5100km^2$，厚度为250~800m，热埋藏史模拟 R_o 可达1.3%~2.0%，在晚侏罗世—早白垩世达到生油高峰，估算总排烃量 $88×10^8t$。这一时期边界断裂不活动，油气富集在凹陷内近源层组。

随后滴南8井原油密度轻（ $0.8169g/cm^3$ ）、正构烷烃组分分布完整，轻烃组分含量高，五环萜烷低于三环萜烷，原油碳同位素轻（-30.01‰）的特征，反映油源来自高演化阶段的平地泉组烃源岩，从产物特征上证实了平地泉组生烃潜力。滴南19井、道探1井和成6井的钻探，证实了东道海子凹陷存在高有机质丰度和高成熟度平地泉组湖相烃源岩，烃源岩有机组分主要为藻类，厚度为110~340m，TOC含量为0.16%~6.91%，平均为1.44%；干酪根碳同位素为-20.44‰~-29.31‰。埋深为4200~6500m， R_o 为1.1%~1.41%，已进入高成熟演化阶段。根据成因法估算，主凹陷区排油强度为 $100×10^4~700×10^4 t/km^2$，排气强度为 $5×10^8~25×10^8 m^3/km^2$，这是围绕平地泉组烃源灶开展近源规模勘探的基础。

平地泉组烃源岩轻质油气的生成对储层物性条件要求大幅降低，有利于凹陷区形成轻质油气藏，是下凹勘探的前提。

二、退覆式扇三角洲沉积体系的确立是下凹勘探的物质基础

滴南8井断块油气勘探突破后，勘探部署注重了走滑断裂及断块圈闭的刻画，对沉积体系的研究相对薄弱。多井钻后显示储层物性控制含油性，明确有利储集相带分布成为油气再突破的关键。

东道海子凹陷上乌尔禾组纵向上为湖侵退积的扇三角洲—湖泊沉积体系。物源为滴南凸起，发育西部、东部两大物源体系，沉积规模较大，东部物源体系具有北部和东北部2个分支（图6-31）。上乌尔禾组一段沉积时期受制于滴水泉断裂和白家海断裂，沉积范围较小，主河道携带大量砂体快速堆积，滴南21井、滴南18井和道探1井钻遇主河道厚层块状砂体，储层物性较差；河道侧翼砂体规模减小，物性变好，滴南19井获工业油流。上乌尔禾组二段沉积时期，湖平面上升，物源输送不足，加之湖水能量较足，造成水下分流河道的频繁改道，平面上形成大范围叠置连片的薄层砂体，目前凹陷东斜坡已有钻井27口，分布在 $800km^2$ 范围内，均钻遇砂体，砂地比平均为35%。同时湖水的反复淘洗改善了储层物性，这是上乌尔禾组二段整体油气显示较好的原因。上乌尔禾组三段沉积时期湖水进一步扩大，陆源输送不足，为湖相泥岩发育段，厚度70~110m，延伸最远，范围最广，形成了较好的封盖层。研究认为东道海子凹陷发育多个扇三角洲物源体系（图6-32），上乌尔禾组扇三角洲前缘有利储集相带面积为 $3350km^2$，以东部物源体系最为落实，有利面积为 $1550km^2$。

第六章　准噶尔盆地东道海子凹陷上乌尔禾组开新局

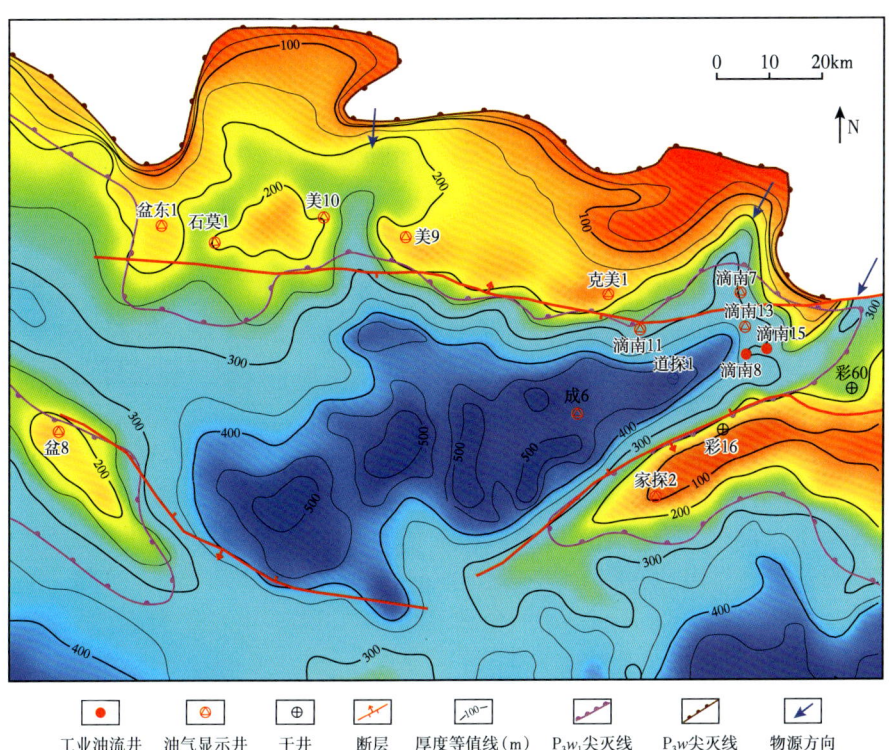

图 6-31　东道海子凹陷上乌尔禾组地层残余厚度图

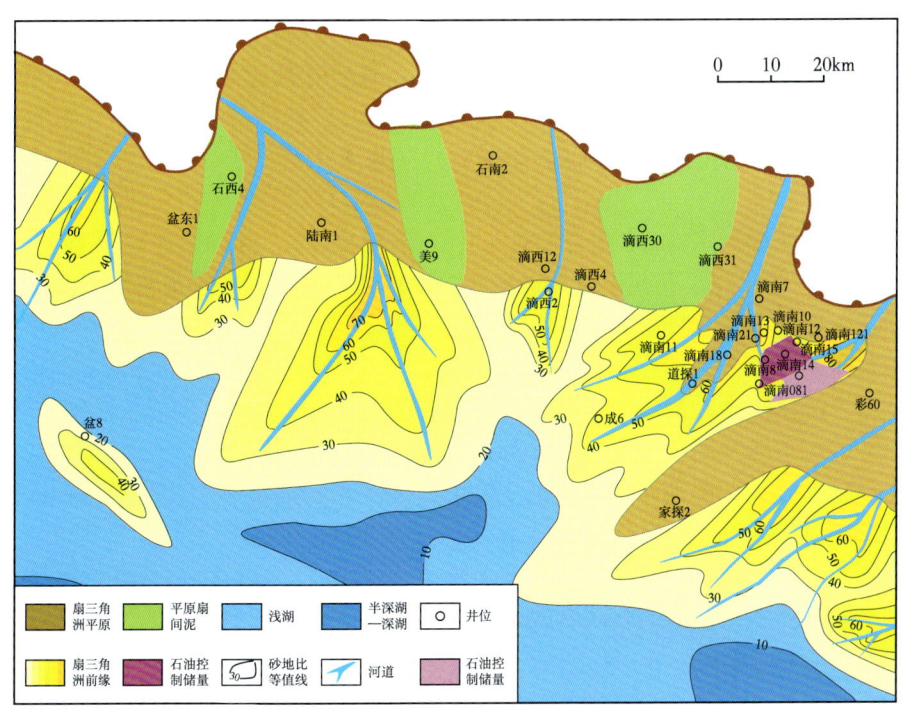

图 6-32　东道海子凹陷上乌尔禾组沉积相图

上乌尔禾组退覆式扇三角洲沉积体系的发育，为东道海子凹陷提供了广泛分布的储集体。除目前钻井证实的东部物源体系外，东道海子凹陷上乌尔禾组还发育西部物源体系，有利相带面积为1800km^2，可扩展领域较大。

三、"相带控藏、孔缝控产"成藏模式的确立是持续获得发现的保障

东道海子凹陷上乌尔禾组沉积受古地形控制，发育扇三角洲平原、扇三角洲前缘亚相。扇三角洲平原砂体单层厚度大，快速堆积呈块状结构，储层物性较差，含油性较差。扇三角洲前缘砂体单层厚度小，呈薄层状，受湖水淘洗作用强，储层物性较好，易成藏，含油性好。平面上沿主沟槽部署的滴南7井、滴南21井、滴南18井、道探1井砂体规模较大，物性较差，为扇三角洲平原沉积。上乌尔禾组一段单砂体最大厚度可达52m，砂地比为55%~78%，储层粒度粗、物性差，孔隙度为1.6%~6.0%，平均为3.4%；上乌尔禾组二段具有一定的继承性，滴南18井、滴南21井砂地比分别为67.6%、60.7%，物性较差，孔隙度为1.3%~6.7%，平均为4.3%。上倾方向滴南121井上乌尔禾组二段同样发育扇三角洲平原沉积，砂地比为65%，孔隙度为6.5%。扇三角洲平原相在上倾方向及侧翼形成致密遮挡带，对油气起到封挡作用，有利于扇三角洲前缘物性较好的砂砾岩储层成藏。滴南15井、滴南14井区正是位于遮挡带之间的扇三角洲前缘有利相带，上乌尔禾组二段单砂体厚度为2~8m，砂地比为26%~46%，孔隙度为2.5%~17.2%，平均为7.6%，储层物性相对较好，故而形成规模油藏。

上乌尔禾组二段储层发育孔缝双重介质，孔隙类型主要为粒间孔和粒间溶孔，裂缝为微裂缝。滴南15井上乌尔禾组二段声波远探测显示其井旁裂缝非常发育，顶部砂层在初期14天试油过程中，随着油嘴的加大，产油量迅速从1.19m^3/d上升至413.11m^3/d，套压从20.2MPa下降到5.22MPa，裂缝对初期高产贡献较大。经过长期试采，一年期平均日产油量为27.8t，油压从18.9MPa下降到11.13MPa，基质孔的贡献逐步显现。至2022年12月31日滴南15井已稳产1037天，日产油5.6~35.6t，日平均产油为16.2t，平均含水率为33.3%，累计产油16834.4t，裂缝利于初期高产，基质孔隙利于长期稳产，孔缝双重介质控制了单井产能。

上乌尔禾组油藏整体具有"相带控藏、孔缝控产"的特征（图6-33），滴南15井和滴南14井区位于扇三角洲前缘有利相带和走滑断裂发育的区域。随着平地泉组烃源岩埋深的加大，其热演化程度提高，凹陷深处上乌尔禾组烃类以轻质油和天然气为主。

东斜坡上乌尔禾组二段薄层砂体已获突破；上乌尔禾组一段3井/3层获得工业油流，凹陷内钻遇了规模砂体。东部物源体系1550km^{2}有利区内已识别有利岩性圈闭12个，面积为558.5km^2，可持续开展预探评价一体化部署，扩大储量规模。

除东部体系外，凹陷西斜坡发育的1800km^{2}扇三角洲前缘有利相带尚未钻揭，凸起区石西16井和石莫1井钻揭上乌尔禾组二段，显示出坡缓、远离物源区，岩石成分成熟度和结构成熟度高的特点，埋深为4700m，平均孔隙度可达11.7%。判断西部物源体系储层条件好于东部物源体系，已识别有利岩性目标13个，面积为612.5km^2，可作为风险领域，寻求新突破。

第六章 准噶尔盆地东道海子凹陷上乌尔禾组开新局

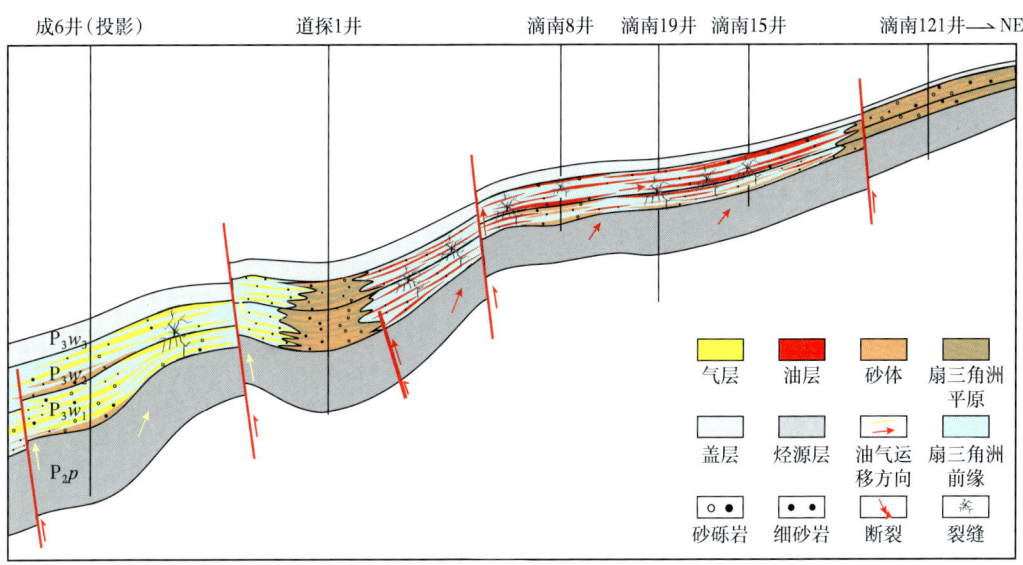

图 6-33 东道海子凹陷上乌尔禾组成藏模式图

参 考 文 献

阿布力米提·依明，吴晓智，李臣，等，2004. 准南前陆冲断带中段油气分布规律及成藏模式 [J]. 新疆石油地质，25（5）：489-491.

曹剑，雷德文，李玉文，等，2015. 古老碱湖优质烃源岩：准噶尔盆地下二叠统风城组 [J]. 石油学报，36（7）：781-790.

陈建平，王绪龙，邓春萍，等，2016. 准噶尔盆地油气源、油气分布与油气系统 [J]. 地质学报，90（3）：421-450.

陈磊，丁靖，潘伟卿，等，2012. 准噶尔盆地玛湖凹陷西斜坡二叠系风城组云质岩优质储层特征及控制因素 [J]. 中国石油勘探，17（3）：8-11，7.

陈磊，杨镱婷，汪飞，等，2020. 准噶尔盆地勘探历程与启示 [J]. 新疆石油地质，41（5）：505-518.

陈世加，等，2014. 油气成藏理论与实践 [M]. 北京：科学出版社.

陈志刚，王大万，1991. 三维地震勘探技术在准噶尔盆地油气勘探中的应用 [J]. 新疆石油地质，12（4）：271-286.

崔景伟，朱如凯，范春怡，等，2019. 页岩层系油气资源有序共生及其勘探意义——以鄂尔多斯盆地延长组长 7 页岩层系为例 [J]. 地质通报，38（6）：1052-1061.

丁湘华，2016. 准噶尔盆地东道海子凹陷油气成因及成藏期次分析 [J]. 科学技术与工程，16（10）：80-84.

杜金虎，支东明，唐勇，等，2019. 准噶尔盆地上二叠统风险领域分析与沙湾凹陷战略发现 [J]. 中国石油勘探，24（1）：24-35.

范光华，甘章槐，1980. 准噶尔盆地陆相生油研究的初步认识 [J]. 新疆石油地质，1（1）：54-68.

范旭，刘宜文，郑鸿明，等，2020. 准噶尔盆地南缘四棵树地区中浅层砾岩层识别刻画 [J]. 新疆石油地质，41（1）：108-113.

冯冲，姚爱国，汪建富，等，2014. 准噶尔盆地玛湖凹陷异常高压分布和形成机理 [J]. 新疆石油地质，35（6）：640-645.

何登发，李德生，童晓光，等，2021. 中国沉积盆地油气立体综合勘探论 [J]. 石油与天然气地质，42（2）：265-284.

何登发，吴松涛，赵龙，等，2018. 环玛湖凹陷二叠系—三叠系沉积构造背景及其演化 [J]. 新疆石油地质，39（1）：35-47.

何登发，尹成，杜社宽，等，2004. 前陆冲断带构造分段特征——以准噶尔盆地西北缘断裂构造带为例 [J]. 地学前缘，11（3）：91-101.

何海清，支东明，雷德文，等，2019. 准噶尔盆地南缘高泉背斜战略突破与下组合勘探领域评价 [J]. 中国石油勘探，24（2）：137-146.

何海清，支东明，唐勇，等，2021. 准噶尔盆地阜康凹陷康探 1 井重大突破及意义 [J]. 中国石油勘探，26（2）：1-11.

何文军，王绪龙，邹阳，等，2019. 准噶尔盆地石油地质条件、资源潜力及勘探方向 [J]. 海相油气地质，24（2）：75-84.

胡鑫，邹红亮，胡正舟，等，2021. 扇三角洲砂砾岩储层特征及主控因素——以准噶尔盆地东道海子凹陷东斜坡二叠系上乌尔禾组为例 [J]. 东北石油大学学报，45（6）：15-26，5-6.

惠荣耀，范光华，许万飞，等，1991. 准噶尔盆地马庄气藏——Ⅰ. 地球化学特征 [J]. 中国科学（B 辑 化学 生命科学 地学），21（12）：1304-1312.

惠荣耀，许万飞，范光华，等，1992. 准噶尔盆地马庄气藏——Ⅱ. 形成的地质条件 [J]. 中国科学（B 辑 化

学 生命科学 地学），22（1）：69-76.

贾承造，2017. 论非常规油气对经典石油天然气地质学理论的突破及意义［J］. 石油勘探与开发，44（1）：1-11.

贾承造，庞雄奇，宋岩，2021. 论非常规油气成藏机理：油气自封闭作用与分子间作用力［J］. 石油勘探与开发，48（3）：437-452.

贾承造，郑民，张永峰，2012. 中国非常规油气资源与勘探开发前景［J］. 石油勘探与开发，39（2）：129-136.

靳军，罗小平，廖健德，等，2015. 准噶尔盆地东道海子凹陷平地泉组烃源岩地球化学特征［J］. 成都理工大学学报（自然科学版），42（2）：196-202.

靳军，王飞宇，任江玲，等，2019. 四棵树凹陷高探1井高产油气成因与烃源岩特征［J］. 新疆石油地质，40（2）：145-151.

匡立春，唐勇，雷德文，等，2012. 准噶尔盆地二叠系咸化湖相云质岩致密油形成条件与勘探潜力［J］. 石油勘探与开发，39（6）：657-667.

匡立春，唐勇，雷德文，等，2014. 准噶尔盆地玛湖凹陷斜坡区三叠系百口泉组扇控大面积岩性油藏勘探实践［J］. 中国石油勘探，19（6）：14-23.

匡立春，王绪龙，张健，等，2012. 准噶尔盆地南缘霍—玛—吐构造带构造建模与玛河气田的发现［J］. 天然气工业，32（2）：11-16.

况军，齐雪峰，2006. 准噶尔前陆盆地构造特征与油气勘探方向［J］. 新疆石油地质，27（1）：5-9.

雷德文，陈刚强，刘海磊，等，2017. 准噶尔盆地玛湖凹陷大油（气）区形成条件与勘探方向研究［J］. 地质学报，91（7）：1604-1619.

雷德文，唐勇，常秋生，2008. 准噶尔盆地南缘深部优质储集层及有利勘探领域分析［J］. 新疆石油地质，29（4）：435-438.

雷德文，张健，陈能贵，等，2012. 准噶尔盆地南缘下组合成藏条件与大油气田勘探前景［J］. 天然气工业，32（2）：16-22.

李斌，连丽霞，雷海艳，等，2107. 准噶尔盆地东道海子凹陷北斜坡上二叠统梧桐沟组储层成岩作用与孔隙演化［J］. 天然气勘探与开发，40（3）：24-29.

李立诚，2012. 准噶尔盆地油气勘探的哲学思考［M］. 北京：石油工业出版社.

李林，陈世加，杨迪生，等，2013. 准噶尔盆地滴南凸起东段油气成因及来源［J］. 石油实验地质，35（5）：480-486.

李珑，2016. 东道海子凹陷北斜坡梧桐沟组沉积体系及有利储层预测［D］. 成都：西南石油大学.

李丕龙，等，2003. 陆相断陷盆地油气地质与勘探［M］. 北京：石油工业出版社.

李威，张元元，倪敏婕，等，2020. 准噶尔盆地玛湖凹陷下二叠统古老碱湖成因探究：来自全球碱湖沉积的启示［J］. 地质学报，94（6）：1839-1852.

李溪滨，1989. 准噶尔盆地东部又一较大突破——小泉沟背斜获工业油气流［J］. 石油勘探与开发（2）：79.

李溪滨，1991. 准噶尔盆地东部地区勘探回顾与建议［J］. 新疆石油地质，12（1）：1-4.

李溪滨，1998. 准东油区勘探历程与回顾［J］. 勘探家（3）：64-69，8.

李溪滨，姜建衡，1987. 准噶尔盆地东部石油地质概况及油气分布的控制因素［J］. 石油与天然气地质，8（1）：99-107.

李溪滨，姜健衡，1987. 准噶尔盆地东部东泉构造圈闭类型和含油范围浅析［J］. 新疆石油地质，8（3）：1-4.

李学义，李天明，2003. 准噶尔盆地南缘三个油气成藏组合研究［J］. 石油勘探与开发，30（6）：32-34.

李学义，王屿涛，陈磊，等，2019. 中国石油地质志·准噶尔油气区［M］. 北京：石油工业出版社.

李艳平，邹红亮，李雷，等，2022. 准噶尔盆地东道海子凹陷上乌尔禾组油气勘探思路及发现［J］. 新疆石油地质，43（2）：127-134.

梁舒艺，吴孔友，2019. 准噶尔盆地东道海子凹陷压扭应力机制发现及对油气富集的控制作用［C］. 第31届全国天然气学术年会（2019）论文集（1 地质勘探）：468-479.

梁宇生，何登发，甄宇，等，2018. 准噶尔盆地沙湾凹陷构造—地层层序与盆地演化［J］. 石油与天然气地质，39（5）：943-954.

刘宝和，胡文瑞，王乃举，等，2011. 中国油气田开发志·新疆油气区油气田卷（下）［M］. 北京：石油工业出版社.

刘得光，王屿涛，杨海波，等，2023. 准噶尔盆地阜康凹陷及周缘凸起区的原油成因与分布［J］. 中国石油勘探，28（1）：94-107.

刘海磊，尹鹤，阿布力米提·依明，等，2022. 准噶尔盆地西部下组合深层天然气成因与保存［J］. 中国矿业大学学报，51（1）：148-159.

刘治凡，陈振声，宋锡熊，1990. 高分辨率地震勘探在北三台地区的应用效果［J］. 石油地球物理勘探，25（5）：624-638，646.

吕焕通，吴永强，高奇，等，2012. 准噶尔盆地南缘下组合复杂构造地震成像技术效果［J］. 新疆石油地质，33（5）：586-587.

罗凯声，2003. 不整合研究在准噶尔盆地勘探中的作用［J］. 新疆石油地质，24（6）：543-545.

罗晓容，肖立新，等，2004. 准噶尔盆地南缘中段异常压力分布及影响因素［J］. 地球科学，29（4）：404-412.

潘建国，陈永波，许多年，等，2008. 夏72井区风城组火山岩喷发模式及其分布［J］. 新疆石油地质，29（5）：551-552.

庞宏，尤新才，胡涛，等，2015. 准噶尔盆地深部致密油藏形成条件与分布预测——以玛湖凹陷西斜坡风城组致密油为例［J］. 石油学报，36（S2）：176-183.

彭希龄，1989. 论准噶尔盆地东部地区油气分布的基本规律［J］. 新疆石油地质，10（4）：1-14.

彭希龄，朱伯生，吴庆福，等，1984. 火南油田的发现及准噶尔盆地东部地区含油前景的展望［J］. 新疆石油地质，5（3）：16-26，42.

乔锦琪，2017. 准噶尔盆地东道海子凹陷东部二叠系油气成藏条件研究［D］. 北京：中国石油大学（北京）.

邱楠生，杨海波，王绪龙，2002. 准噶尔盆地构造—热演化特征［J］. 地质科学，37（4）：423-429.

司学强，袁波，郭华军，等，2020. 准噶尔盆地南缘清水河组储集层特征及其主控因素［J］. 新疆石油地质，41（1）：38-45.

孙晓晨，2017. 东道海子凹陷滴南8井区断裂发育特征研究［D］. 成都：西南石油大学.

谭开俊，田鑫，孙东，等，2004. 准噶尔盆地西北缘断裂带油气分布特征及控制因素［J］. 断块油气田，11（6）：13-14，18.

唐勇，曹剑，何文军，等，2021. 从玛湖大油区发现看全油气系统地质理论发展趋势［J］. 新疆石油地质，42（1）：1-9.

唐勇，郭文建，王霞田，等，2019. 玛湖凹陷砾岩大油区勘探新突破及启示［J］. 新疆石油地质，40（2）：127-137.

唐勇，纪杰，郭文建，等，2022. 准噶尔盆地阜康凹陷东部中／上二叠统不整合结构特征及控藏作用［J］. 石油地球物理勘探，57（5）：1138-1147，1005.

童崇光，1989. 准噶尔盆地油气地质特征及油气勘探［J］. 新疆石油地质，10（3）：23-33.

王小军，王婷婷，曹剑，2018. 玛湖凹陷风城组碱湖烃源岩基本特征及其高效生烃［J］. 新疆石油地质，39（1）：9-15.

参考文献

王心强, 袁波, 杨迪生, 等, 2018. 准噶尔盆地南缘霍尔果斯背斜勘探潜力分析 [J]. 新疆地质, 36 (4): 484-489.

王绪龙, 2013. 准噶尔盆地烃源岩与油气地球化学 [M]. 北京: 石油工业出版社.

王绪龙, 康素芳, 1999. 准噶尔盆地腹部及西北缘斜坡区原油成因分析 [J]. 新疆石油地质, 20 (2): 1-7.

王屿涛, 陈克迅, 1990. 准噶尔盆地东部三台—北三台地区原油的亲缘性及生油层热演化史 [J]. 新疆石油地质, 11 (1): 50-58.

王屿涛, 陈克迅, 1990. 准噶尔盆地东部原油地球化学特征 [J]. 石油与天然气地质, 11 (1): 16-22.

王屿涛, 谷斌, 王立宏, 1998. 准噶尔盆地南缘油气成藏聚集史 [J]. 石油与天然气地质, 19 (4): 291-295.

蔚远江, 李德生, 胡素云, 等, 2007. 准噶尔盆地西北缘扇体形成演化与扇体油气藏勘探 [J]. 地球学报, 28 (1): 62-71.

吴孔友, 查明, 柳广弟, 2002. 准噶尔盆地二叠系不整合面及其油气运聚特征 [J]. 石油勘探与开发, 29 (2): 53-57.

吴庆福, 周德明, 1982. 准噶尔盆地地质结构及找油新启示 [J]. 新疆石油地质, 3 (3): 1-20.

伍致中, 1989. 准噶尔盆地东部地区油气聚集特征及勘探建议 [J]. 新疆石油地质, 10 (4): 15-21.

向鼎璞, 1958. 准噶尔盆地地质构造 [J]. 地质学报 (4): 421-448, 533-534.

肖立新, 雷德文, 魏凌云, 等, 2012. 准南西段构造样式及逆冲推覆构造特征 [J]. 天然气工业, 32 (11): 36-39.

许琳, 常秋生, 杨成克, 等, 2019. 吉木萨尔凹陷二叠系芦草沟组页岩油储层特征及含油性 [J]. 石油与天然气地质, 40 (3): 535-549.

许维新, 张恺, 高明远, 等, 1987. 准噶尔盆地东北缘板块构造演化及其对油气形成的控制 [J]. 石油与天然气地质, 8 (2): 163-170.

许学龙, 陈春勇, 何贤英, 等, 2016. 北三台—沙南油田二叠系梧桐沟组沉积相研究 [J]. 新疆石油天然气, 12 (4): 6-10, 1.

杨迪生, 肖立新, 闫桂华, 等, 2019. 准噶尔盆地南缘四棵树凹陷构造特征与油气勘探 [J]. 新疆石油地质, 40 (2): 138-144.

杨坚强, 陈克迅, 潘利民, 等, 1986. 准噶尔盆地东部某些生油岩中首次发现28, 30—二降藿烷和25, 28, 30—三降藿烷 [J]. 新疆石油地质, 7 (2): 53-60.

杨坚强, 张亮萍, 张淑琴, 1991. 准噶尔盆地东部北三台地区凝析油轻烃组成特征 [J]. 新疆石油地质, 12 (4): 316-322.

杨智, 邹才能, 2019. "进源找油": 源岩油气内涵与前景 [J]. 石油勘探与开发, 46 (1): 173-184.

于兴河, 瞿建华, 谭程鹏, 等, 2014. 玛湖凹陷百口泉组扇三角洲砾岩岩相及成因模式 [J]. 新疆石油地质, 35 (6): 619-627.

喻春辉, 蒋宜勤, 刘树辉, 1996. 准噶尔盆地与吐哈盆地侏罗纪沉积边界的探讨 [J]. 岩相古地理, 16 (6): 48-54.

张厚福, 等, 1999. 石油地质学 [M]. 北京: 石油工业出版社.

张焕旭, 陈世加, 杨迪生, 等, 2017. 东道海子凹陷周缘构造油气源对比及勘探潜力分析 [J]. 沉积学报, 35 (2): 393-402.

张顺存, 黄治赳, 鲁新川, 等, 2015. 准噶尔盆地西北缘二叠系砂砾岩储层主控因素 [J]. 兰州大学学报, 51 (1): 20-30.

张希晨, 马德龙, 魏凌云, 等, 2020. 准噶尔盆地南缘呼图壁背斜变形机理物理模拟实验 [J]. 新疆石油地质, 41 (1): 120-126.

张义杰，齐雪峰，程显胜，1992. 准噶尔盆地东部帐篷沟地区中二叠统平地泉组的沉积环境和对比问题 [J]. 新疆石油地质，13（3）：217-226.

张义杰，向书政，王绪龙，等，2002. 准噶尔盆地含油气系统特点与油气成藏组合模式 [J]. 中国石油勘探，7（4）：25-35，6.

张元元，李威，唐文斌，2018. 玛湖凹陷风城组碱湖烃源岩发育的构造背景和形成环境 [J]. 新疆石油地质，39（1）：48-54.

张志杰，袁选俊，汪梦诗，等，2018. 准噶尔盆地玛湖凹陷二叠系风城组碱湖沉积特征与古环境演化 [J]. 石油勘探与开发，45（6）：972-984.

赵白，1979. 准噶尔盆地的构造性质及构造特征 [J]. 石油勘探与开发（2）：18-26.

赵白，1980. 准噶尔盆地石油地质特征概述 [J]. 石油勘探与开发（3）：22-30.

郑定业，庞雄奇，张可，等，2017. 玛湖凹陷西斜坡致密油藏有效储层物性下限确定 [J]. 科学技术与工程，17（24）：196-203.

支东明，宋永，何文军，等，2019. 准噶尔盆地中—下二叠统页岩油地质特征、资源潜力及勘探方向 [J]. 新疆石油地质，40（4）：389-401.

支东明，唐勇，何文军，等，2021. 准噶尔盆地玛湖凹陷风城组常规—非常规油气有序共生与全油气系统成藏模式 [J]. 石油勘探与开发，48（1）：38-51.

支东明，唐勇，郑孟林，等，2018. 玛湖凹陷源上砾岩大油区形成分布与勘探实践 [J]. 新疆石油地质，39（1）：1-8，22.

支东明，唐勇，郑孟林，等，2019. 准噶尔盆地玛湖凹陷风城组页岩油藏地质特征与成藏控制因素 [J]. 中国石油勘探，24（5）：615-623.

支东明，王小军，李学义，等，2018. 准噶尔盆地油气田典型油气藏（南缘分册）[M]. 北京：石油工业出版社．

支东明，曹剑，向宝力，等，2016. 玛湖凹陷风城组碱湖烃源岩生烃机理及资源量新认识 [J]. 新疆石油地质，37（5）：499-506.

支东明，2016. 玛湖凹陷百口泉组准连续型高效油藏的发现与成藏机制 [J]. 新疆石油地质，37（4）：373-382.

中国石油新疆油田公司，2020. 准噶尔盆地油气田典型油气藏（准东北部分册）[M]. 北京：石油工业出版社．

周朝济，1985. 准噶尔盆地南缘及东部地区油气富集带的探讨 [J]. 新疆石油地质，6（2）：12-17.

朱明，汪新，肖立新，2020. 准噶尔盆地南缘构造特征与演化 [J]. 新疆石油地质，41（1）：9-17.

朱世发，刘欣，马勋，等，2015. 准噶尔盆地下二叠统风城组致密碎屑岩储层发育特征 [J]. 高校地质学报，21（3）：461-470.

准噶尔盆地油气区（中国石油）编纂委员会，2019. 中国石油地质志准噶尔油气区（中国石油）[M]. 北京：石油工业出版社．

卓勤功，雷永良，边永国，等，2020. 准南前陆冲断带下组合泥岩盖层封盖能力 [J]. 新疆石油地质，41（1）：100-107.

邹才能，陶士振，杨智，等，2012. 中国非常规油气勘探与研究新进展 [J]. 矿物岩石地球化学通报，31（4）：312-322.

邹才能，陶士振，袁选俊，等，2009."连续型"油气藏及其在全球的重要性、成藏、分布与评价 [J]. 石油勘探与开发，36（6）：669-682.

邹才能，杨智，张国生，等，2014. 常规—非常规油气"有序聚集"理论认识及实践意义 [J]. 石油勘探与开发，41（1）：14-25.

邹才能，朱如凯，吴松涛，等，2012. 常规与非常规油气聚集类型、特征、机理及展望——以中国致密油和致密气为例 [J]. 石油学报，33（2）：173-187.

参考文献

Cao J, Lei D W, Li Y W, et al., 2015. Ancient high-quality alkaline lacustrine source rocks discovered in the Lower Permian Fengcheng Formation, Junggar Basin[J]. Acta Petrolei Sinica, 36: 781-790.

Cao J, Xia L W, Wang T T, et al., 2020. An alkaline lake in the Late Paleozoic Ice Age(LPIA): A review and new insights into paleoenvironment and petroleum geology[J]. Earth-Science Reviews, 202: 103091.

Francavilla M, Kamaterou P, Intini S, et al., 2015.Cascading microalgae biorefinery: Fast pyrolysis of Dunaliella tertiolecta lipid extracted-residue[J]. Algal Research, 11: 184-193.

Guo Z Q, 2002. On volcanic activity and generation of hydrocarbons[J]. Xinjiang Petroleum Geology, 23: 5-10.

Jia Z, 2017. Breakthrough and significance of unconventional oil and gas to classical petroleum geological theory[J]. Petroleum Exploration and Development, 44(1): 1-11.

Li H J, Li L L, Zhang R, et al., 2014. Fractional pyrolysis of Cyanobacteria from water blooms over HZSM-5 for high quality bio-oil production[J]. Journal of Energy Chemistry, 23: 732-741.

Pollastro R M. Total petroleum system assessment of undiscovered resources in the giant Barnett Shale continuous (unconventional) gas accumulation, Fort Worth Basin, Texas[J].AAPG Bulletin, 2007, 91(4): 551-578.

Wang T G, Zhong N N, Hou D J, et al., 1995. On bacterial role in hydrocarbon generation mechanism, Banqiao Sag[J]. Science in China: Series D, 38: 1123-1134.

Zou N, Yang Z, Zhang S, et al., 2014. Conventional and unconventional petroleum "orderly accumulation": Concept and practical significance[J]. Petroleum Exploration and Development, 41(1): 14-25.